活化水灌溉
理论与方法

王全九　孙燕　张继红 等　著

中国水利水电出版社
www.waterpub.com.cn
·北京·

内 容 提 要

　　本书系统介绍了活化水理化特性，活化水灌溉对土壤理化性质和物质传输、土壤微生物功能、作物种子萌发和生长等的作用机制，以及活化淡水和微咸水膜下滴灌与施肥耦合作用效能。全书共分 8 章，包括绪论、活化水理化性质变化特征、活化水灌溉与土壤理化特征、活化水灌溉与微生物群落结构和功能、活化水灌溉与种子发芽和幼苗生长、活化水灌溉和微量元素耦合促生效能、活化水灌溉下典型植物的生长特征、活化水灌溉和施肥协同调控棉花生境效能等。

　　本书可作为从事农业水利工程、土壤物理化学、土地整治与修复、农业生态环境等方面的教学、科研和管理人员的参考书。

图书在版编目（ＣＩＰ）数据

活化水灌溉理论与方法 / 王全九等著. -- 北京 ：
中国水利水电出版社，2023.9
ISBN 978-7-5226-1379-6

Ⅰ．①活… Ⅱ．①王… Ⅲ．①灌溉管理 Ⅳ.
①S274.3

中国国家版本馆CIP数据核字(2023)第109851号

书　　名	**活化水灌溉理论与方法** HUOHUASHUI GUANGAI LILUN YU FANGFA
作　　者	王全九　孙燕　张继红　等著
出版发行	中国水利水电出版社 （北京市海淀区玉渊潭南路 1 号 D 座　　100038） 网址：www.waterpub.com.cn E - mail：sales@mwr.gov.cn 电话：（010）68545888（营销中心）
经　　售	北京科水图书销售有限公司 电话：（010）68545874、63202643 全国各地新华书店和相关出版物销售网点
排　　版	中国水利水电出版社微机排版中心
印　　刷	天津嘉恒印务有限公司
规　　格	184mm×260mm　16 开本　23.75 印张　578 千字
版　　次	2023 年 9 月第 1 版　2023 年 9 月第 1 次印刷
定　　价	**158.00 元**

序

　　随着人口不断增加、社会经济快速发展以及生态环境的规模化建设，淡水资源短缺已成为世界性问题。我国人均淡水资源占有量及单位土地面积水资源拥有量远远低于世界平均水平，属于贫水国家。淡水资源短缺已成为制约我国工农业发展和生态文明建设的重要因素之一，威胁着水安全、粮食安全、土地安全和生态安全，并阻碍着美丽乡村振兴战略的实施。农业作为用水大户，提升农业水资源利用效率和开发新的农业水源是缓解农业水资源供需矛盾的重要途径。多年来，我国在工程节水、农艺节水、生理节水和管理节水等方面已取得了长足发展，但农业水资源供需矛盾仍然十分突出，特别是西北旱区农业用水与生态用水之间矛盾及土壤次生盐碱化问题依然十分严峻，发展既节水、又实现土地资源高效而可持续利用的理论与方法成为现代绿色农业发展的重要任务。

　　近年来，王全九团队从改善灌溉水理化特性入手，以提升灌溉水生产功能为导向，以提升灌溉水对土壤-作物系统物质传输和能量转化及作物生产能力为突破，系统研究了活化水理化性质、活化水灌溉对土壤供水供养效能与有益微生物功能提升、活化水灌溉对林果与作物和蔬菜生长促进作用，阐明了活化水灌溉改善土壤环境和促进作物生长的作用途径，明确了活化水灌溉与化学改良、施加微量元素耦合促进作物生长的效能，并研发了适宜大田应用的灌溉水磁化器、去电子设备和磁电一体灌溉水活化系统，为挖掘灌溉水的生理生产潜力、提高灌溉水在农业生态系统中的综合功效提供了新的方法，为进一步探究土壤水、肥、氧、热、盐、光、药、微生物等因子对土壤质量和作物生长作用效能，以及优化农田水、肥、盐、氧管理与作物生境调控模式，实现农业水土高效而可持续利用，奠定了坚实的理论基础。

　　该书首次系统介绍了活化水灌溉改善土壤环境和促进作物生长内在机制，为营造作物适宜土壤生境提供了新的思路，也为旱区灌溉农业绿色而高质量发展开辟了新的途径，对推动旱区农业水土资源高效而可持续利用具有重要理论价值和实际意义，也对促进我国农业高质量发展和美丽乡村振兴战略实施具有重要作用并将产生深远的影响。

中国工程院院士

2022 年 2 月于陕西西安

前　言

我国是一个农业大国，农业生产受到水资源短缺和土地生产力低的双重威胁。将提升灌溉水生产能力、土壤质量改善、农业生产提质增效有机结合是实现水土资源高效利用、农业绿色发展和现代生态灌区建设的重要任务。

活化水技术是一种利用物理方法对灌溉水进行处理使水的理化性质发生显著改变，从而提高灌溉水的活性的灌溉水质调控技术。磁-电灌溉水活化技术具有简便、无耗能、低投入、无污染且高效等优势，已受到世界各国的广泛关注。活化水灌溉改善了灌溉水本身理化特性，提升了灌溉水生理与生产功能，促进了土壤-作物系统物能转化效能，进一步挖掘了灌溉水的生理生产潜力，为水土资源生产效能提升与高效利用提供了新的方法。

从 2015 年起，本书课题组采取试验研究与理论分析、模拟模型相结合方法，在陕西、新疆等地深入系统地开展了磁化、去电子、增氧和磁电一体技术对淡水和微咸水理化性质作用效能，活化水灌溉对土壤理化性质、根际微生物活性和作物生长促进效能，以及活化水灌溉与化学改良和覆膜种植等技术协同作用效能等方面的研究工作，阐明了活化水灌溉改善土壤环境和促进作物生长作用途径，构建了活化水灌溉理论体系，并研发了配套设备和菌肥，为活化水灌溉技术应用提供了科学依据和有效方法。

本书系统介绍了活化水灌溉的关键理论和方法，共分 8 章。第 1 章由王全九、孙燕、周蓓蓓等撰写；第 2 章由孙燕、张继红、段曼莉、穆卫谊、刘阳等撰写；第 3 章由孙燕、张继红、曲植、苏李君、猴丽娜、李宗昱、解江博等撰写；第 4 章由孙燕、曲植、段曼莉、张继红、李铭江等撰写；第 5 章由孙燕、张继红、马昌坤、朱梦杰、王怡琛等撰写；第 6 章由孙燕、王全九、张继红、朱梦杰、王怡琛等撰写；第 7 章由孙燕、张继红、陶汪海、韦开、郭毅、王建等主写，王新、乔木、王洪波、崔春亮、景少波等参与撰写；第 8 章由王全九、张继红、宁松瑞、韦开、丁倩、陈勇、彭遥、唐湘伟、哈丽代姆、蔺树栋、王康等撰写。全书由王全九、孙燕和张继红整理统稿，并由王全九最后审定。

全书系统总结了课题组有关活化水灌溉理论和方法方面的研究成果。在整个研究过程中得到了众多单位、领导、专家和同仁的大力指导、支持和帮助，在此一并表示最真诚的感谢。特别感谢中国科学院邵明安院士，中国工程院邓铭江院士，中国科学院新疆生态与地理研究所田长彦研究员，新疆水利厅王新，新疆水利水电科学研究院张江辉书记、张胜江主任、白云岗主任，塔里木河流域巴音郭楞管理局王新友副局长、灌溉试验站 李冰 站长、李威站长、任卫东书记，新疆生产建设兵团农科院和石河子大学有关领导和同仁，河北润农节水科技有限公司首席专家门旗博士，西安理工大学各位老师和同仁等，在项目设计和实施过程中给予的指导、帮助和支持。衷心感谢参加研究的各位研究生和工作人员，帮助团队在"灌溉水活化技术的迷宫"中自由探索，并开辟了农业水土资源高效利用的新途径，为现代农业发展做出了应有的贡献。

　　本书获得国家自然科学基金重点项目"西北旱区活化水灌溉提升地力与促进作物生长机理研究"（41830754）、新疆生产建设兵团重大科技项目"干旱区现代灌区与智慧农业技术体系研究与示范"（2021AA003）、国家自然科学基金面上和青年项目、西安理工大学省部共建西北旱区生态水利国家重点实验室和旱区生态水利研究院项目、新疆水专项项目等资助，在此表示衷心感谢！

　　由于作者水平、时间等方面的限制，对相关问题研究有待进一步深化和完善，错误和不足之处在所难免，恳请批评指正。

作者

2022 年 1 月

目　　录

第 1 章 绪论

1.1 活化水灌溉背景与意义

随着人口不断增加、社会经济快速发展以及生态环境的规模化建设，淡水资源短缺已成为世界性问题。我国人均淡水资源占有量及单位土地面积水资源拥有量远远低于世界平均水平，属于贫水国家。淡水资源短缺已成为制约我国工农业发展和生态文明建设的重要因素之一，威胁着水安全、粮食安全、土地安全和生态安全，以及美丽乡村振兴计划的实施。农业作为用水大户，我国灌溉水利用效率和农业水资源生产效率远低于发达国家，提高农业水资源利用效率和开发新的农业水源是缓解农业水资源供需矛盾的主要途径。多年来，我国在工程节水、农艺节水、生理节水和管理节水等方面已取得长足发展，但农业水资源供需矛盾仍然十分突出，西北旱区土壤次生盐碱化问题、农业用水与生态用水之间矛盾依然十分严峻，发展既节水又实现土地资源高效而可持续利用方法成为国家重大战略需求。

近年来，为了解决水资源供需矛盾，世界各国已把对劣质水的开发利用作为弥补淡水资源短缺的一个重要途径。我国的微咸水资源具有分布范围广、可开发量大和开发程度低等特点，发展微咸水灌溉具有巨大潜力，不失为解决淡水资源短缺的良策，亦是实现我国旱区农业"稳产、高产"的重要保障。然而，微咸水灌溉虽然满足了作物不同时期的需水要求（Pérez-Pérez et al.，2016），但长期使用微咸水灌溉会引起土壤次生盐渍化，使土壤生态环境恶化，造成作物产量和品质下降（Wan et al.，2007；Cao et al.，2016）。因此如何结合旱区实际情况，将开发劣质水资源与土壤盐碱化防治有机结合起来，降低盐分对作物生长的胁迫，是发展旱区农业节水灌溉与实现旱区盐碱地可持续利用的重要研究任务。

从改善灌溉水本身理化特性入手，提升灌溉水生理生产功效，增强灌溉水从土壤到作物的传输效率，提高相关有益微生物活力，挖掘灌溉水的生理生产潜力，提升灌溉水在农业生态系统中的综合功效，成为农业节水灌溉增产提质增效的重要方面。活化水技术是利用一定的物理技术对灌溉水进行处理，使水的理化性质发生显著改善，从而提高水分子的活性。由于设备简便、耗能低、投入少、无污染且效率高等优势，磁化、去电子、增氧等灌溉水活化技术已受到学者们的广泛关注。开展活化水灌溉对土壤理化性质和作物生长影响机理研究，不仅有利于深入了解灌溉水对土壤和作物的滋润效应，深化对灌溉水理化特性与土壤质量和作物生长互作机理的认识，而且有利于进一步探究土壤水、肥、氧、热、盐、光、药、微生物等因子对土壤质量和作物生长作用途径和程度，对优化农田水、肥、盐、氧管理与作物生境调控模式，实现农业水土高效而可持续利用具有重要的科学意义和实用价值。

1.2 灌溉活化水内涵及其理化性质

1.2.1 灌溉活化水内涵

灌溉水活化技术是利用物理技术对灌溉水进行处理，使水的理化性质发生改变，从而提高灌溉水的活性，改善土壤供养能力和作物生产能力的一种方法。采用活化技术对灌溉水进行处理而得到理化性质发生变化的水即称为灌溉活化水。自 20 世纪始，国内外学者就对灌溉水活化技术领域进行了探索。近年来，磁化、去电子、增氧等灌溉水活化技术，已受到学者们的广泛关注（蔡然等，2010；和劲松等，2014；王全九等，2019；Liu et al.，2020；Toledo et al.，2008；Zhu et al.，2021）。

经活化技术处理后的灌溉水，在水分子缔合特征、黏滞系数、表面张力系数、溶氧量、电导率和 pH 值等理化特性方面发生不同程度的变化，对土壤水分运动、盐分和养分运移产生影响，从而改善土壤的物理、化学和生物学特性（王全九等，2017；Al‐Ogaidi et al.，2017；Jia et al.，2019）。同时，活化水灌溉亦会对农作物生长发育特征产生影响。研究表明，磁化、去电子和增氧灌溉水在促进农作物种子萌发和幼苗生长发育、增强农作物抗逆性、提高农作物产量和改善品质等方面均有较好的效果（王全九等，2018；Baghel et al.，2018；Zlotopolski，2017）。此外，近年来利用磁化、去电子或增氧水灌溉，在增强作物抗逆性和提高产量和品质方面表现出更好的促生效果（孟诗原等，2019；朱敏等，2020；Cui et al.，2020）。

1.2.2 活化水理化性质

1.2.2.1 磁化和去电子水理化性质

磁化水技术最早出现于 20 世纪 50 年代，起初主要应用在锅炉领域，被用来消除锅炉水垢（刘展等，2013）。随着对磁化技术的深入探索，20 世纪 70 年代，Joshi（1996）通过永久性磁场将水进行磁化，磁化可改变水的酸碱值。随着磁场的增加，水碱性程度增大，表面张力和介电常数也有相应变化，磁场强度上升至 5700Gs[❶] 时趋于饱和。随着磁化水技术不断发展，逐步涉及化学、矿业工程、建筑学及环境科学与工程领域。大量研究表明，液态水通过磁场的作用，改变了水原有的一些理化性质。如水在磁场的作用下，水分子间平均距离增大，部分氢键变弱甚至断裂，使大的缔合水分子簇变小，成为自由的单体分子和二聚体分子，增加了水体系中自由单体水分子和二聚体水分子的数量（Amiri et al.，2006；Toledo et al.，2008）；化学键角、水-离子胶合体半径减小，渗透压及溶解度增大，水的黏滞系数和表面张力下降，水的 pH 值升高，水中溶氧量增加等（Shimokawa，

---

❶ 1Gs＝0.1mT＝80A/m。

2004）。Otsuka 等（2006）认为，可利用接触角来定量描述水的磁化程度。Zhou 等（2011）研究显示，500Gs 的磁场强度能减小水滴表观接触角，由未经磁场处理的 $117°\pm1.3°$ 减小到磁场处理条件下的 $105°\pm0.4°$；且当磁场强度由 0 增至 500Gs 时，接触角随磁场强度的变化呈现逐渐减小的线性关系。一些学者研究也表明，水的表面张力系数和黏滞系数在优化磁场的作用下会降低，扩散系数会增大，从而使水的扩散能力和渗透性增强，渗透率可提升 34%。水经过磁化以后，氢键断裂，水溶液性质亦会发生变化，促进了气体在水溶液中的溶解与传递，水分子和离子的水合作用增强，溶解度提高。同时，增强了 Ca^{2+}、Mg^{2+} 等金属离子的水合能力，使生物体离子通道更加畅通，从而促进细胞膜上离子的运输，提高生物体吸收水分和养分的能力和速度。王全九等（2016）研究了磁化处理对微咸水理化特性的影响。经磁场处理后，微咸水的理化特性会发生显著变化，表面张力系数减小、溶氧量增加、电导率和 pH 值也受到不同程度的影响。同时，建议可利用表面张力相对减少量对磁化微咸水理化特性进行定量评价，以判断磁化处理后的微咸水活化效果。王全九等（2016）对去电子微咸水理化特性的初步研究结果显示，去电子活化技术同样可以减小微咸水的表面张力系数以及增加溶氧量。上述研究表明，磁化或者去电子技术可以改变微咸水的理化特性。

虽然，磁化与去电子技术作用途径和方式不同，但通过处理后水溶解氧、表面张力、pH 值、电导率等来看，两种处理方式的作用效果基本相同。这就需要进一步分析磁化和去电子技术对水理化性质作用的内在机制。从目前研究来看，磁化对水处理效果与磁场强度有关，磁场强度应维持在 3000～4000Gs，去电子技术需控制接地电阻在 5Ω 以下。

1.2.2.2 增氧技术对灌溉水溶解氧增加效果

国外于 20 世纪 70 年代出现了增氧技术，从生物学角度开辟了灌溉水生理功效提升的新领域。但我国增氧技术多用于水产养殖业中，而有关增氧技术对灌溉水本身理化特性的影响报道甚少。欧阳赞等（2019）探讨了不同加气方式对微咸水中溶解氧浓度的影响，表明微咸水最佳加气方式为微纳米发泡器＋28 气石头增氧泵，可使微咸水中溶解氧增加 74%。同时，微咸水溶解氧浓度随温度的升高而降低。在相同温度下，微咸水的溶解氧浓度增加幅度均高于对应温度下的水溶解氧浓度。纳米氧技术的发展大幅度提高了灌溉水溶解氧浓度，在常温条件下，溶解氧浓度可以达到 30mg/L 以上。

1.3　活化水灌溉研究进展

活化水灌溉促进作物生长是一个复杂的物理、化学和生物过程，且受到诸多环境因子的影响，包括灌溉水活化效果、土壤供水供养能力、作物吸水吸养能力和生产能力等。国内外学者在活化灌溉水理化特性及其作用效应、土壤水肥运移、作物生长特征及模拟模型等方面开展了研究工作，取得了一些研究进展，为进一步明确活化水灌溉下水肥协同促进作物生长机制及构建相应模型奠定了基础。

1.3.1　活化水灌溉对土壤理化性质和物质传输的影响

国内外学者就活化水灌溉对土壤理化性质和物质传输特征的影响开展了探索性研究。

目前主要集中在磁化水和增氧灌溉对土壤理化性质和作物生长影响方面，对去电子水灌溉下土壤理化性质和土壤物质传输影响研究较少。

1.3.1.1　磁化水灌溉对土壤理化性质的影响

目前，关于磁化水对土壤理化性质影响研究主要集中在对土壤结构、土壤矿物质溶解度、离子含量、微生物数量、有机质等影响方面。Mostafazadeh-Fard 等（2012）研究了滴灌条件下磁化水和磁化盐水对土壤化学特性的影响。结果表明，在磁化灌溉水处理条件下，在 $0\sim60cm$ 土壤深度中平均土壤阳离子（如 Ca^{2+}、Na^+、Mg^{2+}）和阴离子（如 HCO_3^-、Cl^-、SO_4^{2-}）含量低于非磁化灌溉水。张润霞等（2014）研究表明，外加电场力能驱使土壤离子迁移，有利于对土壤中危害性离子的清除与修复。同时不仅能提高土壤的吸附力和离子交换能力，还可以储存氮素。黄容等（2015）研究显示，土壤中的电场会影响氮肥所转化的 NO_3^- 的淋失、H^+ 的吸附以及交换性盐基离子的淋失。万晓等（2016）和刘秀梅等（2016）研究表明，磁化水灌溉可提高土壤矿物质的溶解度，增加土壤酶活性，促进土壤养分有效性，从而加快盐渍化土壤脱盐。刘秀梅等（2017）通过磁化和非磁化微咸水灌溉试验，认为磁化水有利于提高土壤固氮能力以及对植株的碳供应能力；增加土壤有机质数量和腐殖化系数，改善土壤结构、提高土壤的固碳能力。同时，磁化微咸水灌溉能显著增加交换性盐基总量、交换性盐基饱和度、Ca^{2+} 和交换性盐基饱和度和 K^+ 的含量，提高土壤阳离子的交换能力，提升土壤养分有效性，改善土壤理化性质及促进土壤团聚体的形成。磁化微咸水灌溉能显著降低交换性 Na^+ 的含量，减少了 Na^+ 向土壤表层的聚集现象，从而延缓甚至减轻土壤盐渍化程度。

综上所述，磁化水灌溉有利于提高土壤养分和有机质转化，促进团聚体形成，改变土壤离子组成，提高土壤的吸附力和离子交换能力，增加土壤酶活性，促进土壤养分有效吸收。从而加快盐渍化土壤的脱盐，进而改善土壤离子组成，提高土壤养分性，有利于改善土壤结构和提高土壤肥力。

1.3.1.2　磁化水灌溉对土壤物质传输的影响

磁化水灌溉对物质传输特征的研究主要集中在土壤入渗、含水量和养分的分布以及盐分的淋洗等方面。Al-Ogaidi 等（2017）研究了磁化水滴灌条件下，湿润体大小和含水量分布特征。磁化水入渗增加地表湿润范围，降低垂直湿润范围；对于均质土壤，磁化水入渗减少了总的湿润体积，而对于层状土则是增加了湿润体积；磁化水只对湿润体范围产生影响，而对含水量的分布影响并不明显。Mostafazadeh-Fard 等（2011）研究了磁化水滴灌条件下的土壤水分分布，表明 $0\sim60cm$ 土壤水分含量高于非磁化灌溉水处理，使土壤水分含量增加 7.5%。Khoshravesh 等（2011）研究表明，经过磁化处理的灌溉水显著提高壤土入渗能力。Zlotopolski（2017）研究显示，与非磁化入渗相比，磁化使土壤持水能力提高了 25%，同时增加了对土壤盐分和各种离子的淋洗效果。张瑞喜等（2014）研究结果显示，在膜下滴灌条件下磁化水灌溉可以加速土壤水盐向下运移，提高土壤渗漏量，促进了 Cl^-、Na^+ 的淋洗。乔国庆等（2014）研究显示，磁化水灌溉可以加快土壤盐分的淋洗，促使盐分向深层土壤运移。王全九等（2017）研究了不同矿化度的磁化微咸水和未磁化微咸水入渗特征，表明土壤入渗速率及湿润锋迁移速率显著降低，湿润体含水率明显提高；磁化微咸水入渗对 Philip 和 Green-Ampt 入渗公式参数影响显著，相同矿化度的磁化微咸水土壤吸渗率、饱和导水率及湿润锋处吸力均小于未磁化微咸水。微咸水矿化度为 3g/L 时，磁化脱盐强度最大，相对盐分淋洗效果最佳。卜东升等（2010）分析 3 年的田间试验结果显示，磁化水的脱盐率为 20%~30%，土壤中的 SO_4^{2-}、Cl^- 含量也有明显的降低。Mostafazadeh-Fard 等（2012）也同样发现磁化水灌溉可以有效降低土壤中的 SO_4^{2-} 离子，加快盐分淋溶，缓解其对植物的伤害，提高植株成活率，促进植株生长发育。Maheshwari 等（2009）研究显示，利用磁化水灌溉芹菜和糖荚豌豆后，土壤中速效磷含量增加。此外，王全九等（2017）研究显示，磁场强度为 3000Gs 条件下的脱盐效果最佳。李夏等（2017）和郑德明等（2008）对磁化的频次进行了研究，发现磁化频次越高，盐分的淋洗效果越明显。人们就去电子活化水对土壤水、盐、肥运移研究比较少，王全九等（2018）初步研究结果显示，去电子活化微咸水同样影响土壤水盐运移特征，提高表层土壤盐分淋洗效率。

从目前的研究结果来看，磁化水灌溉能够提高土壤的持水能力和土壤的盐分淋洗效率，但就磁化水灌溉对土壤入渗能力的影响存在不同的研究结果。这可能是由于试验土壤的质地、结构、离子组成和有机质含量不同，磁化水灌溉对土壤的物质传输动力和通道影响程度不同所致。

1.3.1.3 增氧灌溉对土壤理化性质的影响

目前，增氧灌溉对土壤理化性质影响的研究主要集中在土壤氧气浓度、呼吸速率、微生物数量、土壤温度等方面。Bhattarai 等（2008）研究表明，增氧灌溉使 30cm 深度土壤溶解氧含量显著增大了 50.6%。Ben-Noah 等（2016）研究显示，通过地下滴灌管道向土壤中注入空气，使 20cm 处土壤氧气饱和度增大了 22%。Chen 等（2011）表明，在不同滴头埋深和土壤类型中加气灌溉可使棉花根区土壤溶解氧增加 8.6%~32.6%，土壤呼吸增加 42%~100%。Abuarab 等（2013）和 Bhattarai 等（2009）研究亦表明，增氧水滴灌可以快速缓解作物根区缺氧状况，根系代谢速率加快，微生物的生物活动更加旺盛，加速了其对有机质的分解。Li 等（2016）研究表明，增氧灌溉增加了作物根系土壤主要微生物的数量。Bhattarai 等（2008）研究结果也表明，与地下滴灌相比，不同滴头埋深下加气灌溉的土壤呼吸速率显著增加了 22%~43%。Ehret 等（2010）研究表明，通气有效控制土壤矿质元素释放，显著影响作物对矿质元素的吸收。Brzezinska 等（2005）研究表明，土壤通气性改善可以刺激过氧化氢酶活性，活性随充气孔隙度、氧扩散率、氧化还原电位的增加而提高。Balota 等（2004）研究也显示，增氧灌溉促使土壤氧化还原电位（ORP）升高，对提高过氧化氢酶活性有明显作用。此外，通气能够促进土壤和大气热交换，保持土壤温度均匀。通气良好条件下，好氧菌分解有机质，其分解速度快，分解产物为 CO_2；通气不良土壤中，厌氧菌参与有机质分解，分解速度慢，分解过程产生 H_2S、CH_4 等还原性有害气体。胡德勇（2014）通过黄瓜盆栽试验显示，增氧灌溉能够促进秋黄瓜对土壤中碱解氮、速效磷、速效钾的吸收和土壤有机质的分解及养分利用，且多次增氧效果要好于一次增氧的效果。

国内外学者就活化水灌溉对土壤理化性质和物质传输特征进行了研究，表明增氧灌溉不仅显著改变了土壤理化性质，同时也影响了土壤水、盐、肥运移特征和有效性，但相关作用机制有待进一步分析。

1.3.2 活化水灌溉对作物生长的影响

由于水在植物细胞中大量存在，并且参与植物的新陈代谢，加之活化技术（如磁化、去电子及增氧），在一定程度上改变了水理化特性（表面张力、黏滞系数、溶氧量、电导率、pH 值等），必将对作物生长产生一定影响。

1.3.2.1 磁化水灌溉对作物生长的影响

Savostin（1964）报道了磁场可促进植物地上部的生长，随后大量国内外研究指出磁场具有生物效应。在种子萌发方面，利用磁化水处理种子，增强了种子体内主要酶活性、种子呼吸强度和内部代谢能力，从而提高种子活力，促进种子萌发。另外，一些研究表明磁场会增加细胞内线粒体数目，为细胞呼吸、氧化还原提供足够场所，并为细胞提供大量能量，利于细胞分裂、生长和发育，提高了种子发芽率（徐卫辉等，1994）。Carbonell 等（2004）研究了磁化时间（10～180min）对信号草种子发芽的影响，表明磁化时间与信号草发芽率呈二项式关系，磁化处理均能够提高近 10% 的发芽率，其中磁化处理时间为 60min 时种子的发芽率最高，相比对照处理提高了 18%。Grewal 和 Maheshwari（2011）对灌溉水、糖荚豌豆和鹰嘴豆种子进行磁化处理。研究结果表明，分别对灌溉水和种子进行磁化，均能够显著促进种子发芽率指数和苗干重，提高了种子内 N、K、Ca、Mg、S、Na、Zn、Fe and Mn 的含量；与仅磁化灌溉水处理相比，灌溉水和作物种子均磁化处理下种子的苗干重、根重、养分含量均较低，说明较大的磁场强度可能会对作物生长产生不利影响。

一些研究也表明，磁化水不仅影响种子萌发，而且影响作物生长过程、产量和品质。李铮（2016）利用磁化水对番茄幼苗进行灌溉，叶片总叶绿素含量、叶片净光合速率和蒸腾速率分别提高了 15.2%、8.9% 和 31.6%。王渌等（2016）利用磁化处理的淡水和地下浅表层微咸水灌溉枣树，结果显示磁化水灌溉显著提高叶片叶绿素含量与单叶面积（与对照处理相比分别提高了 12.4% 和 13.8%）。万晓等（2016）利用磁化水对一年生的绒毛白蜡和桑树磁进行连续灌溉。研究结果表明，在绒毛白蜡初期和末期对最高光化学效率的影响极显著，实际光化学效率在初期影响极显著；磁化处理对桑树的实际光化学效率在中期和末期影响极显著，最高光化学效率在末期影响极显著。磁化水灌溉与蒸腾速率、净光合速率、气孔导度间关系极为显著。此外，磁化水灌溉提高了作物的抗盐能力。Sadeghipour 等（2013）研究结果显示，磁化水灌溉可以增大豇豆叶片的气孔导度、光合速率、水分利用效率、叶面积以及比叶面积。一些研究也表明，磁化水灌溉可以提高小麦叶片叶绿素的含量。磁化水处理与对照组相比，叶绿素 a、叶绿素 b、类胡萝卜素和总色素含量分别提高了 17.6%、11.37%、15% 和 15.25%。Mahmood 等（2014）利用磁化（3.5～136mT）和非磁化的自来水、再生水和咸水浇灌糖荚豌豆、芹菜和豌豆。结果表明，磁化处理的再生水和含 3g/L NaCl 的咸水能够使芹菜产量、水分生产力分别提高 12%～23% 和 12%～24%；磁化处理的自来水、再生水和含 1g/L 的咸水分别提高 7.8%、5.9% 和 6.0% 糖荚豌豆的产量；然而磁化处理对豌豆的产量和水分生产力无明显的促进作用。朱练峰等（2014）认为与普通水相比，磁化水对水稻生长发育、产量形成和品质具有促进作用，使水稻的有效穗、结实率和产量分别增加 4.0%～7.9%、3.9%～8.7% 和 5.2%～

9.3%，同时还提高了水稻孕穗期、灌浆期倒三叶的土壤-作物分析仪器开发（soil and plant analyzer develotrnent，SPAD）值，使其垩白粒降低11.4%和7.7%，胶稠提高6.0mm和4.0mm，碱消值提高4.3%～4.8%。然而，由于磁化水的增产与促生机制至今尚未清楚。一些研究发现利用磁化水灌溉作物或处理种子效果并不显著，在农业生产上推广应用有限。邱念伟等（2011）就小麦种子萌发试验结果显示，磁化水处理下小麦种子发芽参数、株高、根长、地上部和根部鲜重等生长参数与对照处理相比无明显差异。此外，叶片色素含量、可溶性糖含量、可溶性蛋白质含量、含水量和细胞汁液渗透势等重要生理特征参数方面也未显示显著差异，对小麦叶片的光合也无显著影响。然而作者项目组大田膜下滴灌棉花试验结果表明，磁化和去电子淡水和微咸水膜下滴灌棉花增产5%～15%，而且活化微咸水增产效果更为明显。

1.3.2.2 增氧灌溉对作物生长的影响

土壤通气性对作物正常的生长发育至关重要，土壤氧气浓度较低会造成根区低氧胁迫，进而影响作物正常的生理代谢和生长发育。作物不同生长阶段的低氧胁迫氧气浓度临界值为0.5%～3%，最大的临界氧气浓度可能超出15%（Hanks and Thorp，1956）。Friedman和Naftaliev（2012）指出，为了保持正常的土壤呼吸作用，应为作物提供良好的生长环境。近年来，增氧灌溉技术得到了广泛应用，通过灌溉系统将氧气或含氧物质输送到作物根区，满足根系生长发育的需要，改善土壤通气性。Bhattarai等（2006）研究了地下增氧滴灌番茄生长特征，表明叶面积、叶片蒸腾速率、水分利用效率、作物的产量和生物量有所增加，缓解较大埋深对作物产量和水分利用效率的影响。谢恒星等（2010）研究表明，温室甜瓜地下滴灌以2天1次的加氧频率具有最好的综合效益。Niu等（2012）研究了地下加氧滴灌番茄生长，结果表明当灌溉水平为80%田间持水量并且通气系数为0.8时，土壤酶活性达到最高。张玉方等（2016）认为，增氧灌溉能够对枣树果实横纵径、单果重、维生素C含量具有显著促进作用，但对糖含量、有机酸含量及可溶性固性物含量的影响不显著，其中溶解氧含量为7～9mg/L效果更为明显。刘鑫等（2017）以郑州黄黏土为研究对象，春小麦为供试作物，采用地下滴灌供水方式，对比研究不同增氧灌溉方式对作物生长及产量的影响，不同增氧方式分别为15mg/L H_2O_2 浓度处理（HP0030型号）、15mg/L H_2O_2 浓度处理（HP3000型号）、循环曝气处理（VAI，灌水前进行20min的循环曝气）。HP3000型号相比HP0030型号具有更快的氧气释放速率和更长的氧气有效性持续时间。试验结果表明，与对照处理相比，循环曝气滴灌显著提高了春小麦气孔导度、蒸腾速率和净光合速率；在拔节孕穗期，分别增大25.46%、3.15%和12.80%；在抽穗扬花期，分别增大15.63%、13.00%和14.47%。H_2O_2 增氧滴灌抑制了作物气孔导度、蒸腾速率和净光合速率；在拔节孕穗期，15mg/L H_2O_2 浓度处理（HP0030型号）的气孔导度减小3.81%，蒸腾速率、净光合速率差异不具有统计学意义；在抽穗扬花期，其蒸腾速率和净光合速率分别减小了10.94%和8.56%，其气孔导度差异不具有统计学意义。15mg/L H_2O_2 浓度处理（HP3000型号）的3个指标的差异均不具有统计学意义。此外，一些研究表明，增氧灌溉对作物种子萌发也具有一定促进作用。胡德勇等（2012）利用增氧水对棚栽秋黄瓜进行调亏灌溉，结果表明与常规灌溉相比，增氧灌溉能够提高秋黄瓜的发芽速率、种子活度。饶晓娟等（2016）利用2种溶解氧浓度水（7.15mg/L和

11.4mg/L）浸润 4 个品种棉花种子后，发现棉种萌发期间增加氧气供给能够促进棉种萌发，与对照处理相比，溶解氧浓度为 11.4mg/L 的浸润水能使 4 种棉花种子的发芽指数和种子活力分别提高 4.61%～25.19% 和 9.49%～18.67%，并对增加棉花幼苗干物重具有一定促进作用。

1.4　活化水灌溉作用途径

1.4.1　磁化和去电子水对土壤水盐传输的作用途径

大量研究表明，液态水通过磁场作用，使大的缔合水分子簇变小，渗透压及溶解度增大，黏滞系数和表面张力下降，接触角变小和溶氧量增加等。本书课题组的初步研究结果也表明，液态水经过去电子处理后，水的表面张力变小，溶氧量增加，与磁化水具有类似的变化特征。当磁化或去电子水进入土壤后，改变了土壤中的物质传输特征，包括影响了土壤入渗特征和土壤盐分淋洗效率。磁化水或去电子水通过何种途径影响土壤水和盐分运移特征需要根据土壤水盐运移基本规律进行分析。

土壤中盐、热、气、肥传输除与土壤特征和物质自身特征有关外，其主要控制性因素是土壤水分传输特征，水分是土壤其他物质传输的载体、溶剂或者催化剂。因此土壤水分状况和传输特征会直接影响土壤物质的传输途径和速度与数量（王全九等，2017）。

土壤水分运动的速率和数量主要取决于传输通道和能量梯度，通常利用非饱和达西定律计算土壤水分通量。土壤水分通量主要取决于吸力梯度和非饱和导水率。由于磁化或去电子技术降低了水的表面张力，必然导致水吸力和导水率下降，进而导致土壤水分通量下降，引起土壤入渗能力下降。同时一些研究表明，磁化和去电子水灌溉会导致土壤入渗率下降，这与上述解释相一致。然而一些研究则表明，磁化和去电子水灌溉会增加土壤入渗率。从土壤水分通量定义来看，这种改变可能是通过增加土壤导水率的途径而实现的。即磁化和去电子水灌溉后，改变了土壤结构，增加了大孔隙数量，进而增加了土壤导水率，并引起土壤入渗能力的提高。

大量研究表明，磁化和去电子水灌溉提高了土壤盐分淋洗效率，主要由于磁化和去电子水的缔合水分子簇和接触角变小，水分更易于侵入到小的土壤孔隙中，并引起水分与土壤盐分更为有效地结合，挟带更多的土壤盐分随水分迁移，增加土壤盐分迁移的对流和弥散作用，进而提高了土壤盐分的淋洗效率。

1.4.2　活化水灌溉对土壤物质转化的作用途径

活化水灌溉对土壤物质转化的影响主要是通过影响土壤中有机质和养分的转化过程来实现的。可能途径主要有以下几方面：首先，活化水灌溉能够促进土壤团聚体的形成，不同粒径团聚体各自所占的比例会影响土壤中的酶活性，包括参与养分转化的酶类，如脲酶、硝酸盐还原酶、磷酸酶；参与土壤氧化还原反应的酶类，如脱氢酶、过氧化氢酶、过氧化物酶。其次，活化水灌溉能够使土壤保持较为合理的碳氮比，碳源是微生物利用的能源，氮源是微生物的营养物质，从而增强微生物活性，促进土壤有机质的分解和转化，提高 N、P、K 养分的转化效率。活化水灌溉可促进土壤中好氧微生物的活动，包括亚硝化细菌和硝化细菌，使有机态氮经矿化作用转化成无机态的速效氮；有机氮分解过程中释放的氨气由土壤固氮菌转化为硝酸盐，供植物体吸收利用。活化水灌溉可提高土壤的氧化还原电位 Eh，降低根区土壤的 pH 值，促使土壤中某些解磷菌分泌 H^+、有机酸等活性物质，将土壤中的难溶性无机磷转化为有效的无机态磷。土壤中存在大量解钾菌，能够将土壤中不溶性的钾转化为易于植物吸收利用的钾。同时，某些解钾菌能够分泌多种植物生长调节物质，包括生长素、细胞分裂素、赤霉素，从而促进植物生长，改善土壤微环境。此外，活化水灌溉能够刺激植物根系分泌大量的低分子有机酸（包括柠檬酸、苹果酸和草酸等），其本身具有酸性或含有大量的酸性基团，可使根际 pH 值明显降低，增强土壤溶解难溶性磷的能力。同时明显抑制土壤对水溶性磷酸盐的固定作用，将土壤中更多的磷转变为植物较易吸收的磷形态。

1.4.3 活化水灌溉对根系吸收水-肥料-氧的作用途径

为维持植物自身的新陈代谢，根系对土壤水分和养分的吸收利用需要充足的氧气供应（Gibbs et al.，2001）。灌溉水经活化技术（磁化、去电子及增氧等）处理后的溶氧能力得到提升，通过向作物根部输送氧气来改善根区的水气环境，进而改善根区土壤的通透性及根系的生长环境，促进了根系的生长发育，并增强了根系对土壤水分和养分的吸收利用。从能量的角度分析，灌溉水经过活化处理后，表面张力下降，水分子间的氢键弱化并形成活性更高、渗透性更强的单体水分子，与离子的水合能力增强，各种矿物盐的溶解能力及土壤养分有效性随之提升，从而有利于植物根系对矿质营养元素的吸收利用。从定量描述角度分析，养分吸收过程总是伴随着根系吸水过程的发生而发生，而目前有关活化水灌溉条件下植物根系吸水模型的研究尚处于起步阶段。借鉴已有研究成果，考虑土壤水分、溶解氧、养分和盐分共同胁迫的根系吸水模型可表示为

$$S = \alpha(h)\alpha(o)\alpha(f)\alpha(s)S_{max} \tag{1.1}$$

式中：S 为根系吸水速率，$cm^3/(cm^3 \cdot d)$；$\alpha(h)$ 为土壤水分胁迫修正函数；$\alpha(o)$ 为溶解氧胁迫修正函数；$\alpha(f)$ 为养分胁迫修正系数；$\alpha(s)$ 为盐分胁迫系数；S_{max} 为最大根系吸水速率，$cm^3/(cm^3 \cdot d)$，表示最优水分条件（充分供水、无气体胁迫）下的根系吸水速率。

大量研究表明，活化水灌溉增加了作物产量，而产量增加是在作物吸收更多养分和水分的基础上完成的，因此活化水灌溉可能会降低水分、养分、盐分和溶解氧胁迫系数。人们对水分胁迫系数进行了大量研究，如 Feddes 等（1976）提出了具有明确物理意义的分段线性土壤水分胁迫修正函数，而有关养分、溶解氧和盐分胁迫修正函数的研究仍需进一步深化。

1.4.4 活化水灌溉对作物生长的作用途径

活化水灌溉能够增加作物产量，即增加了作物的光合作用。而光合产物总量取决于光合作用和呼吸作用两方面，作物通过光合作用制造有机物，同时通过呼吸作用消耗有机物，凡是影响光合作用和呼吸作用的因素均会影响作物的光合作用产量。

活化水灌溉对作物生长的促进作用主要是通过影响光合作用和呼吸作用过程来实现

的。当植物负载量足够时，果实中的干物质可占到叶片中光合作用生产总量的 50%。由此可知，光是限制植物生长和繁殖的重要的资源性因素之一。叶片是光合作用的主要场所，其光合特性为研究植物对光环境的适应和光合同化物的合成及分配起到了关键的作用。因此，活化水灌溉作用的可能途径主要有以下几方面：首先，影响水分利用效率。水分既是光合作用的原料，又是化学反应的媒介。当缺水时，气孔关闭，CO_2 进入受阻，从而间接影响光合作用。活化水通过自身理化特性的改变，促进作物根系对水分的吸收，进而影响光合作用强度。其次，影响光合面积（叶面积指数）和光合参数，包括叶片净光合速率、叶片气孔导度、蒸腾速率和胞间 CO_2 浓度。再者，影响叶绿素含量和叶绿素荧光参数，包括初始荧光和最大荧光产量。叶绿素是叶绿体中最为重要的色素，除具有辐射能量特性外，还具有荧光现象，叶绿素的荧光现象是叶绿素被光激发后产生的，而叶绿素分子的激发是光能转变为化学能的第一步。因此对叶绿素荧光性质的深入研究有助于了解其分子之间的能量传递。同时，影响叶片 N 含量及其光合 N 利用效率，进而影响作物的光合羧化能力，研究光合 N 利用效率更能准确地反映植物叶片氮含量与吸收和固定大气中 CO_2 能力之间的关系。植物体生命进程之一就是通过呼吸作用释放储存在体内的能量，然后使碳水化合物等物质转变为新的组织。酶在植物的整个能量传递及碳水化合物合成及运输当中起到了重要的催化作用，开展叶片光合作用及同化物合成与分配的相关酶对植物光合生理特性的探究具有重要作用。在光合作用中，核酮糖二磷酸（RuBP）酶对固定 CO_2 起到了关键作用。活化水灌溉也会影响碳水化合物（糖类）在作物主要器官内的相互转换，对研究光合同化产物的合成与分配具有重要的指示意义。同时光合同化产物的运输分配是决定作物产量高低和品质好坏的一个重要因素，可用叶片可溶性糖含量、蔗糖合成酶和蔗糖磷酸化酶的活力进行表征。此外，亦会影响暗呼吸速率。由于发生暗呼吸反应的底物为核酮糖二磷酸（RuBP），且受核酮糖-1,5-二磷酸羧化酶/加氧酶（Rubisco）的催化，因此活化水灌溉可能通过影响 RuBP 含量及 Rubisco 活性来影响暗呼吸速率。

1.5　活化水灌溉有待深入研究的问题

国内外学者就磁化水、去电子水和增氧水理化性质等方面的研究表明，活化技术改变了液态水的理化性质，有利于种子发芽和作物生长过程，进而提高作物产量，为灌溉农业增产提质增效提供了新的途径。但总体来看，目前研究仍处于起步阶段，未能系统阐明活化水的作用机制，特别是尚未构建活化水灌溉条件下的土壤物质传输和作物生长模型，因而限制了活化水灌溉技术的应用。因此，开展活化水灌溉改善地力与作物增产研究，不仅有利于深化对灌溉水质-土壤-作物间相互作用机制的认识，而且为灌溉水的高效利用提供有效方法，具有十分重要的理论和应用价值。为有效发挥活化水灌溉的生理生产功效，需重点开展如下几方面的研究工作：

（1）在分析活化淡水和微咸水理化性质变化特征的基础上，确定合理的活化水技术指标和效果评价体系，构建活化技术最优组合模式，以及研发适宜大田活化水灌溉的设备系统。

（2）研究活化水灌溉对土壤质量、土壤水、盐、肥运移特征，以及根系吸水吸养和作物生长与品质的影响，阐明活化水灌溉条件下土壤-植物系统物质转化与传输的内在机制。

（3）系统研究活化水灌溉与土壤改良技术、农田灌溉与施肥技术、作物栽培技术、农田管理技术的耦合作用机制和作用效果，创建集活化水灌溉-土壤改良-农田施肥-作物栽培-田间管理于一体的农田水、肥、氧、盐综合调控技术体系。

（4）构建适合活化水灌溉下的土壤水、盐、肥运移数学模型，明确根系吸水和作物生长的水分、盐分、溶解氧和养分胁迫系数及水肥利用效率。建立活化水灌溉下，气象要素-节水灌溉模式-作物生长特征-土壤环境条件-地下水质量-农田排水方式-农艺措施为一体的模拟模型，提出基于提高作物产量和优化作物品质的农田水、盐、肥、氧管理模式，为灌溉水的安全高效利用及盐碱胁迫土地的改良提供有效方法和技术支撑，同时也为灌溉农业的可持续发展提供理论基础和科学依据。

参 考 文 献

卜东升，奉文贵，蔡利华，等，2010. 磁化水膜下滴灌对新疆棉田土壤脱盐效果的影响 ［J］. 农业工程学报，26（14）：163－166.

蔡然，杨宏伟，和劲松，等，2010. 磁场处理对 $CaCl_2$ 溶液中水分子结构的影响 ［J］. 清华大学学报（自然科学版），50（9）：1404－1407.

和劲松，祁凡雨，裴洛伟，等，2014. 磁场处理对液态水缔合结构影响的综合评价指标 ［J］. 农业工程学报，30（21）：293－300.

胡德勇，2014. 增氧灌溉改善秋黄瓜生长及土壤环境的机理研究 ［D］. 长沙：湖南农业大学.

胡德勇，姚帮松，徐欢欢，等，2012. 增氧灌溉对大棚秋黄瓜生长特性的影响研究 ［J］. 灌溉排水学报，31（3）：122－124.

黄容，徐芊，高明，等，2015. 施用不同氮肥对砖红壤表面电化学性质的影响 ［J］. 西南大学学报（自然科学版），37（11）：137－143.

李夏，乔木，周生斌，2017. 磁化水滴灌对棉田土壤脱盐效果及棉花产量的影响 ［J］. 干旱区研究，34（2）：431－436.

李铮，2016. 不同水处理对番茄幼苗生长及其质量的影响 ［D］. 沈阳：沈阳农业大学.

李宗昱，王全九，张继红，等，2021. 磁化—去电子水对盐渍化土壤水盐运移特征影响 ［J］. 水土保持学报，35（3）：290－295.

刘鑫，刘智远，雷宏军，等，2017. 不同增氧灌溉方式春小麦生长及产量比较 ［J］. 排灌机械工程学报，35（9）：813－819.

刘秀梅，毕思圣，张新宇，等，2017. 磁化微咸水灌溉对欧美杨Ⅰ-107 微量元素和碳氮磷养分特征的影响 ［J］. 生态学报，37（20）：1－9.

刘秀梅，王华田，王延平，等，2016. 磁化微咸水灌溉促进欧美杨Ⅰ-107 生长及其光合特性分析 ［J］. 农业工程学报，32（增刊1）：1－7.

刘秀梅，王禄，王华田，等，2016. 磁化微咸水灌溉对土壤交换性盐基离子组成的影响 ［J］. 水土保持学报，30（2）：266－271.

刘展，刘振法，张利辉，等，2013. ESA/AMPS 共聚物与磁场的协同阻垢作用 ［J］. 环境工程学报，7（10）：3979－3984.

孟诗原，张瑛，张志浩，等，2019. 磁化水灌溉对保护地土壤质量及尖椒品质的影响 ［J］. 中国农学通报，35（33）：116－123.

欧阳赞，田军仓，邓慧玲，等，2019. 不同加气方式对微咸水和中水溶解氧的影响 ［J］. 排灌机械工程学报，37（9）：806－814.

乔国庆，唐诚，王卫兵，等，2014. 棉田磁化水灌溉脱抑盐作用及促生效果示范 [J]. 新疆农垦科技，6：50－51.

邱念伟，谭廷鸿，戴华，等，2011. 磁化水对小麦种子萌发、幼苗生长和生理特性的生物学效应 [J]. 植物生理学报，47（8）：803－810.

饶晓娟，付彦博，孟阿静，等，2016. 不同浓度溶解氧水浸润棉花种子对萌发的影响 [J]. 新疆农业科学，53（3）：518－522.

万晓，刘秀梅，王华田，等，2016. 高矿化度灌溉水磁化处理对绒毛白蜡生理特性及生长的影响 [J]. 林业科学，52（2）：120－126.

王渌，郭建曜，刘秀梅，等，2016. 磁化水灌溉对冬枣生长及品质的影响 [J]. 园艺学报，43（4）：653－662.

王全九，单鱼洋.2017. 旱区农田土壤水盐调控 [M]. 北京：科学出版社.

王全九，许紫月，单鱼洋，等，2017. 磁化微咸水矿化度对土壤水盐运移影响的试验研究 [J]. 农业机械学报，48（7）：198－206.

王全九，许紫月，单鱼洋，等，2018. 去电子处理微咸水矿化度对土壤水盐运移特征的影响 [J]. 农业工程学报，34（4）：125－132.

王全九，张继红，门旗，等，2016. 磁化或电离化微咸水理化特性试验 [J]. 农业工程学报，32（10）：60－66.

谢恒星，蔡焕杰，张振华，2010. 温室甜瓜加氧灌溉综合效益评价 [J]. 农业机械学报，41（11）：79－83.

徐卫辉，石歆莹，邓国础，等，1994. 核磁共振对水稻胚超微结构的影响 [J]. 激光生物学，3（1）：400－403.

张玉方，孙志龙，张雁南，等，2016. 增氧滴灌对设施栽培枣树果实品质的影响 [J]. 节水灌溉，（3）：38－40.

张瑞喜，王卫兵，褚贵新，2014. 磁化水在盐渍化土壤中的入渗和淋洗效应 [J]. 中国农业科学，47（8）：1634－1641.

张润霞，王益权，解迎革，等，2014. 直流电场力作用下土壤中离子迁移与电阻率的时空变化特征 [J]. 土壤通报，45（6）：1364－1369.

郑德明，姜益娟，柳维扬，等，2008. 膜下滴灌磁化水对棉田土壤的脱抑盐效果研究 [J]. 土壤通报，39（3）：494－497.

朱练峰，张均华，禹盛苗，等，2014. 磁化水灌溉促进水稻生长发育提高产量和品质 [J]. 农业工程学报，30（19）：107－114.

朱敏，李彬，2020. 去电子水灌溉对设施番茄产量、品质及水分利用率的影响 [J]. 节水灌溉，11：20－24.

ABUARAB M，MOSTAFA E，IBRAHIM M，2013. Effect of air injection under subsurface drip irrigation on yield and water use efficiency of corn in a sandy clay loam soil [J]. Journal of Advanced Research，4（6）：493－499.

AMIRI M C，DADKHAH A A，2006. On reduction in the surface tension of water due to magnetic treatment [J]. Colloids & Surfaces A Physicochemicaland Engineering Aspects，278（1）：252－255.

BAGHEL L，KATARIA S，GURUPRASAD K N，2018. Effect of static magnetic field pretreatment on growth，photosynthetic performance and yield of soybean under water stress [J]. Photosynthetica，56：718－730.

BALOTA E L，KANASHIRO M，FILHO A C，et al，2004. Soil enzyme activities under long－term till-age and crop rotation systems in subtropical agro－ecosystems [J]. Brazilian Journal of Microbiology，35（4）：300－306.

BEN - NOAH I，FRIEDMAN S P，2016. Aeration of clayey soils by injecting air through subsurface drippers：Lysimetric and field experiments [J]. Agricultural Water Management，176 (6)：222 - 233.

BHATTARAI S P，MIDMORE D J，PENDERGASTL，et al，2008. Yield，water - use efficiencies and root distribution of soybean，chickpea and pumpkin under different subsurface drip irrigation depths and oxygation treatments in vertisols [J]. Irrigation Science，26 (5)：439 - 450.

BHATTARAI S P，PENDERGAST L，MIDMORE D J，2006. Root aeration improves yield and water use efficiency of tomato in heavy clay and saline soils [J]. Scientia Horticulturae，108 (3)：278 - 288.

BHATTARAI S P，PENDERGAST L，MIDMORE D J，2009. Oxygation enhances growth，gas exchange and salt tolerance of vegetable soybean and cotton in a saline vertisol [J]. Journal of Integrative Plant Biology，51 (7)：675 - 688.

BRZEZINSKA M，WLODARCZYK T，STEPNIEWSKI W，et al，2005. Soil aeration status and catalase activity [J]. Acta Agrophysica，5 (3)：555 - 565.

CAO Y，TIAN Y，GAO L，et al，2016. Attenuating the negative effects of irrigation with saline water on cucumber (Cucumis sativus L.) by application of straw biological - reactor [J]. Agricultural Water Management，163：169 - 179.

CARBONELL M，MARTINEZ E，DIAZ J，et al，2004. Influence of magnetically treated water on germination of signalgrass seeds [J]. Seed Science and Technology，32 (2)：617 - 619.

CHEN X M，DHUNGEL J，BHATTARAI S P，et al，2011. Impact of oxygation on soil respiration，yield and water use efficiency of three crop species [J]. Journal of Plant Ecology，4 (4)：236 - 248.

CUI H R，LIU X M，JING R Y，et al，2020. Irrigation with magnetized water affects the soil microenvironment and fruit quality of eggplants in a covered vegetable production system in Shouguang City，China [J]. Journal of Soil Science and Plant Nutrition，20 (4)：2684 - 2697.

EHRET D L，EDWARDS D，HELMER T，et al，2010. Effects of oxygen - enriched nutrient solution on greenhouse cucumber and pepper production [J]. Scientia Horticulturae，125 (4)：602 - 607.

FEDDES R A，KOWALIK P，KOLISKA - MALIKA K，et al，1976. Simulation of field water uptake by plants using a soil water dependent root extraction function [J]. Journal of Hydrology，31 (1 - 2)：13 - 26.

FRIEDMAN S P，NAFTALIEV B，2012. A survey of the aeration status of drip - irrigated orchards [J]. Agricultural Water Management，115 (12)：132 - 147.

GIBBS R J，LIU C Q，YANG M H，et al，2001. Effect of rootzone composition and cultivation/aeration treatment on the physical and root growth performance of golf greens under New Zealand conditions [J]. International Turfgrass Society Research Journal，9：506 - 517.

GREWAL H S，MAHESHWARI B L，2011. Magnetic treatment of irrigation water and snow pea and chickpea seeds enhances early growth and nutrient contents of seedlings [J]. Bioelectromagnetics，32 (1)：58 - 65.

HANKS R J，THORP F C，1956. Seedling emergence of wheat as related to soil moisture content，bulk density，oxygen diffusion rate，and crust strength [J]. Soil Science Society of America Journal，20 (3)：307 - 310.

JIA H，LI L，CAO B，2019. Effect of magnetized water irrigation on growth and fruit quality of Zizyphus jujube in facility [J]. Journal of Nuclear Agriculture，33 (11)：2280 - 2286.

JOSHI K M，1996. Substituted thiazoles and the use thereof as inhibitors of plasminogen activator inhibitor - 1 [J]. Journal of the Indian Chemical Society，(9)：620 - 622.

KHOSHRAVESH M，MOSTAFAZADEH - FARD B，MOUSAVI S F，et al，2011. Effects of magnetized water on the distribution pattern of soil water with respect to time in trickle irrigation [J]. Soil Use and Management，27：515 - 522.

LI Y，NIU W Q，WANG J W，et al，2016. Effects of artificial soil aeration volume and frequency on soil enzyme activity and microbial abundance when cultivating greenhouse tomato [J]. Soil Science Society of America Journal，80：1208 - 1221.

LIU X M，WANG L，Wei Y，et al，2020. Irrigation with magnetically treated saline water influences the growth and photosynthetic capability of Vitis vinifera L. seedlings [J]. Scientia Horticulturae，262：109056.

MAHESHWARI B L，GREWAL H S，2009. Magnetic treatment of irrigation water：Its effects on vegetable crop yield and water productivity [J]. Agricultural Water Management，96 (8)：1229 - 1236.

MAHMOOD S，USMAN M，2014. Consequences of magnetized water application on maize seed emergence in sand culture [J]. Journal of Agricultural Science and Technology，16 (1)：47 - 55.

MOSTAFAZADEH - FARD B，KHOSHRAVESH M，MOUSAVI S F，et al，2011. Effects of magnetized water and irrigation water salinity on soil moisture distribution in trickle irrigation [J]. Journal of Irrigation and Drainage Engineering，137：398 - 402.

MOSTAFAZADEH - FARD B，KHOSHRAVESH M，MOUSAVI S F，et al，2012. Effects of magnetized water on soil chemical components underneath trickle irrigation [J]. Journal of Irrigation and Drainage Engineering，138：1075 - 1081.

NIU W Q，ZANG X，JIA Z X，et al，2012. Effects of rhizosphere ventilation on soil enzyme activities of potted tomato under different soil water stress [J]. Clean - Soil Air Water，40 (3)：225 - 232.

OTSUKA I，OZEKI S，2006. Does magnetic treatment of water change its properties [J]. The Journal of Physical Chemistry B，110 (4)：1509 - 1512.

PÉREZ - PÉREZ J G，ROBLES J M，GARCÍA - SÁNCHEZ F，et al，2016. Comparison of deficit and saline irrigation strategies to confront water restriction in lemon trees grown in semi - arid regions [J]. Agricultural Water Management，164 (4)：46 - 57.

SADEGHIPOUR O，AGHAEI P，2013. Improving the growth of cowpea (Vigna unguiculata L. Walp.) by magnetized water [J]. Journal of Biodiversityand Environmental Sciences，3 (1)：37 - 43.

SAVOSTIN P V，1964. Magnetic growth relations in plants [J]. Planta，12：327.

SHIMOKAWA I，2004. Oxidative stress and calorie restriction [J]. Geriatricsand Gerontology International，4 (s1)：45 - 50.

TOLEDO E J L，RAMALHO T C，MAGRIOTIS Z M，2008. Influence of magnetic field on physical - chemical properties of the liquid water：insights from experimental and theoretical models [J]. Journal of Molecular Structure，888 (1 - 3)：409 - 415.

WAN S，KANG Y，WANG D，et al，2007. Effect of drip irrigation with saline water on tomato (Lycopersicon esculentum Mill) yield and water use in semi - humid area [J]. Agricultural Water Management，90 (1)：63 - 74.

ZHOU Q，RISTENPART W D，STROEVE P，2011. Magnetically induced decrease in droplet contact angle on nanostructured surfaces [J]. Langmuir，27 (19)：11747 - 11751.

ZHU M J，WANG Q J，SUN Y，et al，2021. Effects of oxygenated brackish water on germination and growth characteristics of wheat [J]. Agricultural Water Management，245：106520.

ZLOTOPOLSKI V，2017. The impact of magnetic water treatment on salt distribution in a large unsaturated soil column [J]. International Soil and Water Conservation Research，5 (4)：253 - 257.

第2章 活化水理化性质变化特征

水是植物生长发育的生命之源，作物所需水分主要来源于土壤。土壤水分不仅是土壤物质迁移的介质，也是作物所需养分传输的载体。灌溉水进入土壤后，与土壤发生一系列物理化学作用，从而影响土壤向作物供给养分能力。因此，明确活化水理化性质是揭示活化水灌溉对土壤-作物系统物能传输与能量转化作用机制的基础。

为了研究活化处理对灌溉水理化性质的影响，采用增氧、磁化和去电子三种方法对淡水和微咸水进行活化。选取永磁磁化器和变频磁化器对灌溉水进行磁化处理，其中永磁磁化器的磁场强度分别为1000Gs（简称Gs1）、3000Gs（简称Gs3）和5000Gs（简称Gs5）；变频磁化器采用F型变频磁化器（简称PF）。采用不锈钢（SIW）和镁芯（MIW）两种去电子处理器对灌溉水进行去电子处理。采用微纳米气泡快速发生装置对灌溉水进行增氧处理。

2.1 增氧水溶解氧浓度变化特征

图2.1显示了不同温度下增氧淡水和增氧微咸水的溶解氧浓度衰减过程。由图可知，通过微纳米气泡快速发生装置对灌溉水进行增氧处理，最大溶解氧浓度可提高2～4倍。增氧淡水和增氧微咸水溶解氧浓度随时间增加逐渐减小，并逐渐趋于稳定。溶解氧浓度随着温度增加而降低，温度越高，其稳定时间和稳定浓度越低。增氧淡水溶解氧稳定浓度相比于增氧微咸水提高0.8%～4.8%，且稳定溶解氧浓度与温度之间呈现出良好的线性关系。

不同温度下，增氧淡水和增氧微咸水的溶解氧浓度衰减趋势符合指数函数变化特征。拟合的增氧淡水和微咸水溶解氧随时间衰减过程表达式为

$$C_f = (10.2109 + 0.0647T)e^{-(0.0143T - 0.2119)t} - 0.0647T + 9.1091 \qquad (2.1)$$

$$C_s = (10.3344 + 0.0667T)e^{-(0.0117T - 0.1468)t} - 0.0667T + 8.9856 \qquad (2.2)$$

式中：C_f、C_s 分别为增氧淡水、微咸水溶解氧浓度，mg/L；T 为温度，℃；t 为时间，h。

为了进一步分析增氧淡水和增氧微咸水溶解氧浓度随时间的衰减特征，分别对式（2.1）和式（2.2）进行求导，获得不同温度下增氧淡水和增氧微咸水溶解氧的衰减速率变化过程，如图2.2所示。随着时间增加，溶解氧衰减速率逐渐减小，最后趋于零。温度越高，溶解氧浓度衰减速率越大。在20℃、25℃、30℃、35℃、40℃、45℃温度下，计算获得的增氧淡水临界衰减时间分别为13.3h、11.9h、11.9h、10.7h、8.7h、6.5h；

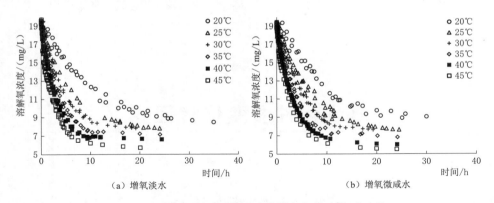

图 2.1 增氧淡水和增氧微咸水溶解氧浓度衰减过程

增氧微咸水临界衰减时间分别为 13.5h、12.4h、12.1h、10.6h、8.9h、8.1h。由此可知，随着温度的升高，增氧淡水和增氧微咸水中溶解氧的临界衰减时间均减小。为了进一步表征溶解氧衰减特征，以 0.25mg/(L·h) 的衰减速率为界，界点衰减速率约为初始衰减速率的 4%。当衰减速率大于 0.25mg/(L·h) 时，定义为快速衰减阶段；当衰减速率小于 0.25mg/(L·h) 时，定义为缓慢衰减段；将衰减速率等于 0.25mg/(L·h) 时，定义为临界衰减时间。因此，在高温天气，增氧灌溉应尽量避开白天高温时段，以增加灌溉水带入土壤中的溶氧量。同时，也应适当控制输水时间，降低输水过程中灌溉水中溶解氧损失。

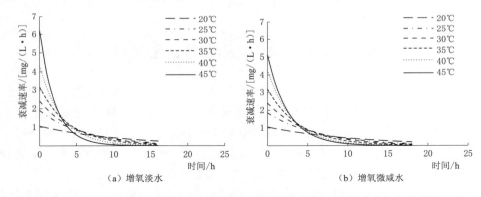

图 2.2 不同温度下增氧淡水和增氧微咸水溶解氧衰减速率随时间变化曲线

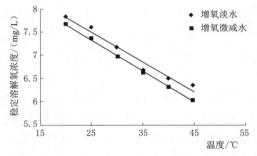

图 2.3 增氧淡水和增氧微咸水的
稳定溶解氧浓度

为了进一步分析增氧淡水和增氧微咸水的稳定溶解氧浓度与温度间的关系，分析了不同温度下增氧淡水和增氧微咸水的稳定溶解氧浓度变化特征，如图 2.3 所示。增氧淡水的稳定溶解氧浓度高于增氧微咸水的稳定溶解氧浓度，在 20℃、25℃、30℃、35℃、40℃、45℃ 六个温度下分别提高 2.0%、3.1%、3.3%、0.8%、2.7%、4.8%。由此可知，不同温度条件下，灌溉水矿化度越高，稳定溶解氧浓度越低。

表 2.1 显示了不同温度下增氧淡水和增氧微咸水（矿化度为 2g/L）的临界衰减时间。增氧微咸水的临界衰减时间整体大于增氧淡水的临界衰减时间。在 20℃、25℃、30℃、40℃、45℃ 五个温度下，分别高出 1.5%、4.2%、1.7%、2.3%、24.6%。但不同温度下增氧淡水和增氧微咸水的临界衰减时间之间差异不显著。因此，在实际的增氧灌溉中，应该尽可能减少灌溉时长，将灌溉时长控制在临界衰减时间内，也可采用"少量多次"的原则进行增氧灌溉。

表 2.1　　　　　　　　　　　　增氧淡水和增氧微咸水的临界衰减时间

温度/℃		20	25	30	35	40	45
临界衰减时间/h	增氧淡水	13.3	11.9	11.9	10.7	8.7	6.5
	增氧微咸水	13.5	12.4	12.1	10.6	8.9	8.1

2.2　磁化和去电子活化水理化性质变化特征

2.2.1　表面张力变化特征

表面张力是指液面作用于单位长度水气界线的张力，常用表面张力系数进行表征。液体表面张力变化与微观分子结构密切相关，其大小随液体内部分子序列的改变而变化。图 2.4 显示了不同活化处理后，水表面张力系数的变化情况。水表面张力系数随着其矿化度的增加而增加；而相同矿化度下，磁化和去电子水表面张力系数较未处理（CK）显著减小。不同活化处理的淡水表面张力系数相比于未活化处理，降低 1.2%～4.6%。经不同活化处理后，1g/L、2g/L、3g/L、5g/L 矿化度微咸水的表面张力系数，分别降低 4.2%～8.8%、6.3%～12.3%、7.0%～12.1%、9.1%～13.8%。

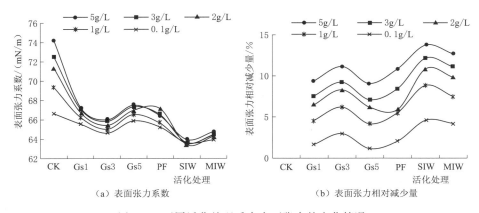

（a）表面张力系数　　　　　　（b）表面张力相对减少量

图 2.4　不同活化处理后水表面张力的变化情况

不同活化处理的水表面张力相对减少量差异性显著，总体表现为 SIW＞MIW＞Gs3＞PF＞Gs1＞Gs5 的变化趋势；矿化度越高，活化处理后的微咸水表面张力相对减少量越大。其中矿化度为 5g/L 的微咸水经活化处理后，其表面张力相对减少了 9.1%～13.8%。从水表面张力相对减少量来看，在相同矿化度条件下，SIW 去电子处理的水表面张力相对减少量最大，MIW 去电子处理次之。对于磁化处理，不是磁场强度越大，表面张力相对减少量越大，而是存在最优磁场强度，在 3000Gs 磁场强度磁化处理下，微咸水表面张力相对减少量最大。变频磁化处理的微咸水表面张力系数较稳定，但表面张力相对减少量略低于最优磁场强度处理下的微咸水。总体而言，去电子灌溉水表面张力相对减少量要高于磁化水。

2.2.2 溶氧量变化特征

适宜的土壤根际氧环境，能促进作物根系生长发育，提高作物吸收养分的能力，增强作物光合作用。因此，研究经过不同活化处理后，灌溉水中溶氧量的变化特征，有利于揭示活化水灌溉的增产机理。图 2.5 显示了不同活化处理后水溶氧量的变化情况。矿化度越高的微咸水，溶氧量越小。在相同矿化度下，磁化及去电子水中的溶氧量较未处理（CK）水均显著增加。不同活化处理的淡水溶氧量相比于未活化处理淡水增加 0.4%～1.6%。经不同活化处理后的 1g/L、2g/L、3g/L、5g/L 矿化度微咸水中溶氧量相比于未活化，分别增加了 0.5%～2.4%、2.2%～4.4%、3.8%～6.3%、7.6%～10.2%。

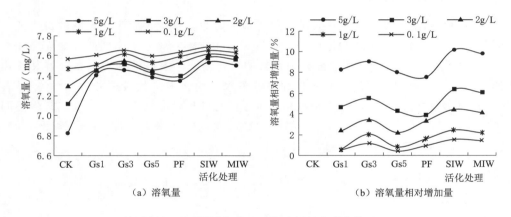

图 2.5 不同活化处理后水溶氧量的变化情况

不同活化处理的水中溶氧量相对增加量存在显著差异，总体表现出 SIW＞MIW＞Gs3＞Gs5＞Gs1＞PF 的变化趋势。矿化度越高，灌溉水经活化处理后，溶氧量相对增加量越大。其中矿化度为 5g/L 的微咸水经活化处理后，溶氧量相对增加 7.6%～10.2%。从微咸水溶氧量相对增加量来看，在相同矿化度条件下，SIW 去电子处理的水溶氧量相对增加量最大，MIW 去电子处理次之。对于不同磁化处理，3000Gs 磁场强度磁化处理为最优磁场强度，其溶氧量相对增加量达到最大值。就变频磁化处理水的溶氧量相对增加量与 3000Gs 磁场强度下处理而言，在矿化度较低时差异不大；当矿化度大于 3g/L 时，变频磁化处理微咸水溶氧量相对增加量则显著降低。总体而言，去电子水溶氧量相对增加量要高于磁化水。

2.2.3 电导率和 pH 值变化特征

不同活化处理后水电导率的变化情况如图 2.6 所示。NaCl 配置的微咸水经活化处理后其电导率值略有增加，但相对增加量较小（不超过 2%），且规律性不显著。

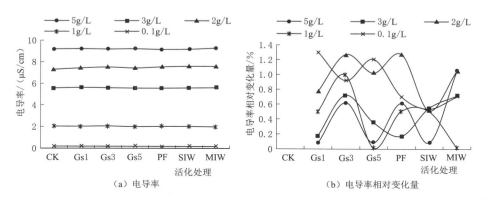

（a）电导率　　　　　　　　　　　（b）电导率相对变化量

图 2.6　不同活化处理后水电导率的变化情况

图 2.7 显示了不同活化处理后水的 pH 值的变化情况。经不同活化处理后，水的 pH 值呈现不同程度波动变化，但是相对变化量较小（不超过 ±3%），且无明显规律。这可能是由于 NaCl 配置的微咸水的离子组成比较单一。

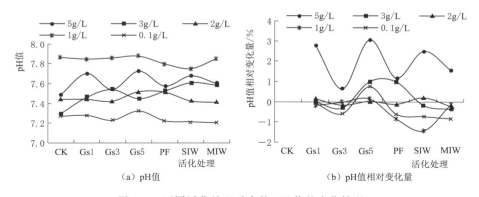

（a）pH 值　　　　　　　　　　　（b）pH 值相对变化量

图 2.7　不同活化处理后水的 pH 值的变化情况

以上对活化水的表面张力、溶氧量、电导率及 pH 值等理化特性变化特征进行了分析，表明灌溉水经活化处理后，表面张力及溶氧量发生了显著变化，而电导率和 pH 值变化较小，且规律性不明显。因而，活化水表面张力和溶氧量能够体现同种活化处理方式对水理化特性的影响。由于水的许多宏观理化特性，如溶解能力、吸附能力、渗透能力、与其他物质发生化学反应能力及反应速度等都与水的表面张力具有密切的关系，因此，水表面张力的相对减少量可以作为评价不同活化处理对水理化特性影响程度的重要指标。

2.2.4　表面张力与溶解氧间的关系

图 2.8 显示了活化处理后，不同矿化度微咸水的表面张力相对减少量及溶氧量相对增

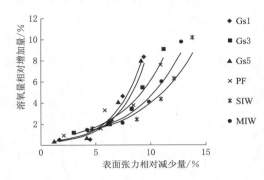

图 2.8　表面张力相对减少量与溶氧量
相对增加量的关系

加量之间的关系。从图 2.8 可知，活化微咸水的溶氧量相对增加量随着表面张力相对减少量的增长呈指数增长趋势。利用指数函数对曲线进行拟合，结果见表 2.2。由表 2.2 可知，拟合的决定系数大于 0.88，系数 t 检验显著，标准误差不超过 0.5。这表明活化微咸水中溶氧量相对增加量与表面张力相对减少量存在指数函数关系。

综上所述，表面张力相对减少量能够综合反映活化处理对微咸水理化特性的影响，可采用表面张力相对减少量对活化微咸水的理化特性进行定量评价，来评估活化处理方式的活化效果。

表 2.2　　　　　　　　表面张力相对减少量与溶氧量相对增加量关系的回归分析

不同活化方式	拟合公式 $S=me^{nC_o}$	决定系数 R^2	估计值标准误差	t 检验显著性	
				系数 m	系数 n
Gs1	$S=0.185e^{0.396C_o}$	0.882	0.492	＊＊	—
Gs3	$S=0.490e^{0.252C_o}$	0.969	0.160	＊＊＊	＊＊
Gs5	$S=0.207e^{0.398C_o}$	0.969	0.249	＊＊＊	＊＊
PF	$S=0.573e^{0.236C_o}$	0.922	0.261	＊＊＊	＊＊
SIW	$S=0.522e^{0.203C_o}$	0.941	0.208	＊＊＊	＊＊
MIW	$S=0.482e^{0.226C_o}$	0.963	0.172	＊＊＊	＊＊

注　S 为表面张力相对减少量，%；C_o 为溶氧量相对增加量，%；＊＊＊表示 $P<0.01$，＊＊表示 $P<0.05$，一表示不显著。

2.3　磁-电活化水理化性质的变化特征

2.3.1　表面张力系数的变化特征

土壤毛管力主要由表面张力和毛管半径决定，而土壤毛管水主要借助毛管力吸持和保存在土壤孔隙中，因此表面张力是影响土壤毛管含水量的重要因素，研究活化处理对水体表面张力的影响对明确活化水与土壤理化性质相互作用机理具有十分重要的意义。

2.3.1.1　流速对表面张力系数的影响

为了探明不同流速条件下活化处理对水理化性质的影响程度，通过室内试验测定了活化淡水与微咸水表面张力系数随流速的变化情况，活化处理包括 CK、M、D、MD，其中 CK 为对照处理，M 为磁化处理，D 为去电子处理，MD 为磁电一体化处理，F 为淡水，B 为微咸水，测定结果如图 2.9 所示。

由图 2.9 可以看出，随着流速的增大，各处理表面张力系数无明显变化。与对照处理相比，活化淡水和微咸水表面张力系数均有不同程度减小。在 0.1～0.7m/s 流速范围内，

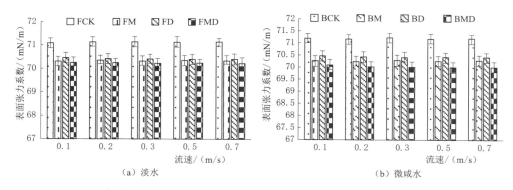

图 2.9　流速对活化淡水和微咸水表面张力系数的影响

流速对活化水表面张力系数的影响较小。在相同流速条件下，各活化处理的表面张力系数变化趋势一致。与对照处理相比，磁化、去电子、磁电一体化水的表面张力系数均有所减小，其中磁电一体化的减小幅度最大，磁化处理次之，去电子处理减小幅度最小。微咸水表面张力系数值略高于淡水，其减小幅度也略大于淡水。在正常情况下，水体中的水分子并不是单独存在的，而是通过氢键相互结合，形成由多个水分子组成的较大水分子集团，而且水分子之间氢键的形成和断开是同时发生的两个过程，处于动态平衡（林家齐等，1996；张协和，1983）。活化处理使得部分氢键断开，原本相互缔合的水分子被分散，变成较小的水分子簇，甚至是单个水分子，这个过程可以表示为

$$(H_2O)_n \rightleftharpoons XH_2O + (H_2O)_{n-X} \tag{2.3}$$

为了比较活化处理方式对表面张力系数的影响程度，采用表面张力系数的相对减小量进行分析。各活化处理淡水和微咸水表面张力系数相对减小量见表 2.3。由表可以看出，不同活化处理对表面张力系数影响程度不同，表面张力系数相对减小量存在明显差异。对于淡水而言，磁化、去电子、磁电一体化处理表面张力系数相对减小量分别在 1.09%～1.15%、0.88%～1.03%、1.17%～1.28%范围内；对于微咸水而言，磁化、去电子、磁电一体化处理的表面张力系数相对减小量分别在 1.27%～1.31%、1.02%～1.14%、1.55%～1.70%范围内。由此可以看出，磁电一体化对表面张力系数的作用最为明显，而且不同活化处理条件下微咸水表面张力系数变化幅度均大于淡水。

表 2.3　　　　　　　　　　　各活化处理下水表面张力系数相对减小量　　　　　　　　　　%

处理	流速/（m/s）				
	0.1	0.2	0.3	0.5	0.7
FM	1.09	1.09	1.15	1.09	1.13
FD	0.88	1.00	1.02	1.02	1.03
FMD	1.17	1.24	1.28	1.25	1.28
BM	1.30	1.30	1.31	1.28	1.27
BD	1.02	1.03	1.14	1.05	1.08
BMD	1.55	1.61	1.70	1.64	1.66

在热力学中，表面熵是一个十分重要概念，表面熵的大小能够反映水分子在气液界面的分布情况，表面熵也影响土壤水分运动过程（王全九等，2016）。表面熵相对变化量与表面张力系数相对减小量间存在如下关系

$$\frac{\Delta S^A}{S_0^A} = \frac{\sigma_0 - \sigma}{\sigma_0} \tag{2.4}$$

式中：S_0^A 与 σ_0 分别为未处理水的表面熵与表面张力系数。

由式（2.4）可以看出，表面张力系数相对减小量在数值上与表面熵相对变化量相等。由此推断，活化处理条件下，水体的表面熵均有所减小。

2.3.1.2　活化次数对表面张力系数的影响

图 2.10 显示了活化淡水和活化微咸水表面张力系数随活化次数的变化情况。由图 2.10 可知，与对照处理相比，活化一次后，表面张力系数明显减小。但随着活化次数的增加，表面张力系数在一定范围内波动，但变化幅度较小。因此，可认为各活化处理方式下，一次活化即可达到活化效果。活化处理与对照处理的表面张力系数存在显著差异，其中磁电一体化处理表面张力系数最小，磁化处理次之，去电子处理最大。活化淡水与微咸水变化规律一致，活化微咸水表面张力系数相对减小量高于淡水。

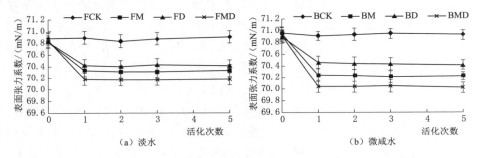

图 2.10　活化次数对活化淡水和活化微咸水表面张力系数的影响

2.3.2　黏滞系数变化特征

水在流动的过程中，在水分子间内聚力作用下具有阻止水体发生剪切变形的能力，将这一性质称为水的黏滞性。黏滞性可用黏滞系数 μ 度量，μ 值越大，液体抵抗变形的能力越强。由于液体分子间距较小，内聚力减小是引发活化水黏滞系数减小的主要原因。因此探究活化处理对黏滞系数的影响，对揭示活化处理的作用机制具有十分重要意义。

2.3.2.1　流速对黏滞系数的影响

为了探明不同流速条件下，活化处理对水理化性质的影响程度，通过室内试验分别测定了活化淡水与活化微咸水黏滞系数随流速的变化情况，结果如图 2.11 所示。由图 2.11 可看出，随着流速的增大，各处理黏滞系数无明显变化。但与对照处理相比，活化淡水和活化微咸水黏滞系数均有不同程度减小。由此可知，在 0.1~0.7m/s 流速范围内，流速不是影响活化水黏滞系数变化的主要因素。在相同流速条件下，各活化水的黏滞系数变化趋势一致。与对照处理相比，磁化、去电子、磁电一体化处理黏滞系数均有所减小，其中磁电一体化减小幅度最大，磁化处理次之，去电子处理减小幅度最小。黏滞系数降低表明水

分子间内聚力减小，这与水分子簇中氢键断裂的理论吻合。活化淡水与微咸水变化规律基本一致，微咸水黏滞系数略高于淡水，其减小幅度也略大于淡水。黏滞系数变化规律与表面张力系数变化规律具有一致性。

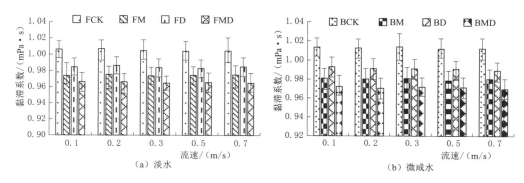

（a）淡水　　　　　　　　　　　　　　（b）微咸水

图 2.11　流速对活化淡水和活化微咸水黏滞系数的影响

为了比较处理方式下黏滞系数变化程度，将淡水和微咸水条件下，各活化水黏滞系数相对减小量列在表 2.4 中。由表可以看出，不同活化方式对黏滞系数影响程度不同，黏滞系数相对减小量存在明显差异。磁化、去电子、磁电一体化处理的淡水黏滞系数相对减小量分别在 2.93%～3.21%、1.93%～2.15%、3.82%～4.04% 范围内；磁化、去电子、磁电一体化微咸水的黏滞系数相对减小量分别在 3.16%～3.29%、2.01%～2.28%、4.01%～4.21% 范围内。由此可以看出，磁电一体化对黏滞系数的作用最为明显，而且不同活化处理条件下微咸水黏滞系数变化幅度均大于淡水。

表 2.4　　　　　　　　　　　各活化处理黏滞系数相对减小量　　　　　　　　　　　%

处理	流速/（m/s）				
	0.1	0.2	0.3	0.5	0.7
FM	3.21	3.13	3.06	2.94	2.93
FD	2.15	2.05	2.06	2.09	1.93
FMD	3.96	4.04	3.96	3.82	3.94
BM	3.21	3.21	3.26	3.29	3.16
BD	2.01	2.13	2.25	2.09	2.28
BMD	4.06	4.18	4.16	4.01	4.21

2.3.2.2　活化次数对黏滞系数的影响

图 2.12 显示了活化淡水和活化微咸水黏滞系数随活化次数的变化情况。由图 2.12 可知，与对照处理相比，活化一次后黏滞系数明显减小。但随着活化次数的增加，黏滞系数在一定范围内波动，变化幅度较小。因此，认为一次活化处理即可实现活化效果。活化淡水与微咸水黏滞系数变化规律一致。对于一次淡水活化，磁化、去电子、磁电一体化处理黏滞系数相对减小量分别为 2.98%、2.07%、3.95%；微咸水黏滞系数相对减小量分别为 3.27%、2.35%、4.11%。

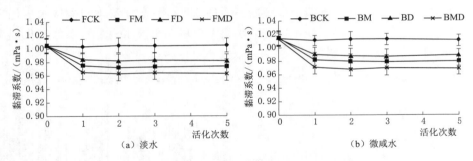

图 2.12　活化次数对活化淡水和活化微咸水黏滞系数的影响

2.3.3　磁–电活化水溶氧量变化特征

溶解氧是指溶解在水中的氧气分子，溶氧量是一个重要的水质参数，也是反映水体理化性质的重要指标。溶氧量与空气中氧的分压、水的温度都有密切关系，将实测的溶解氧含量与相同条件下理论上的饱和溶解氧的比值定义为溶解氧饱和度。由于在不同条件下测得的溶解氧含量受饱和度影响较大，本节采用不饱和溶解氧水进行活化处理，探究不同活化处理对其溶氧量以及溶氧量稳定值的影响。

2.3.3.1　溶氧量变化特征

为了探明不同流速条件下活化处理对水体理化性质的影响程度，通过室内试验分别测定了活化淡水与活化微咸水溶氧量随流速的变化情况，结果如图 2.13 所示。由图 2.13 可以看出，随着流速的增大，各处理溶氧量变幅较小。与对照处理相比，活化淡水和活化微咸水溶氧量均有不同程度增加。在相同流速条件下，各处理溶氧量变化趋势一致。与对照处理相比，磁化、去电子、磁电一体化水的溶氧量均有所增大，其中磁电一体化增大幅度最大，磁化处理次之，去电子处理增大幅度最小。淡水与微咸水变化规律基本一致，微咸水溶氧量值略高于淡水，其增大幅度略大于淡水。

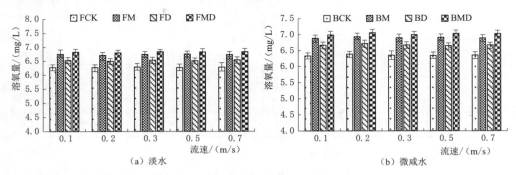

图 2.13　流速对活化淡水和活化微咸水溶氧量的影响

为了比较活化方式对溶氧量影响程度，利用溶氧量的相对增加量进行分析。淡水和微咸水条件下各活化处理的溶氧量相对增加量见表 2.5。由表可以看出，不同活化水的溶氧量变化程度不同，溶氧量相对增加量存在明显差异。磁化、去电子、磁电一体化淡水溶氧量相对增加量分别在 $7.14\% \sim 7.81\%$、$3.66\% \sim 4.13\%$、$8.57\% \sim 9.01\%$ 范围内；磁化、去电子、磁电一体化微咸水溶氧量相对增加量分别在 8.40%～8.98%、4.89%～5.32%、10.11%～10.87%范围内。由此可以看出，磁电一体活化对溶氧量的作用最为明显，而且不同活化处理条件下微咸水溶氧量变化幅度均大于淡水。

表 2.5 各活化处理溶氧量相对增加量 %

处理	流速/(m/s)				
	0.1	0.2	0.3	0.5	0.7
FM	7.73	7.14	7.33	7.81	7.22
FD	4.13	3.66	3.93	3.84	4.10
FMD	8.89	8.57	8.89	9.01	8.84
BM	8.77	8.63	8.59	8.98	8.40
BD	5.32	5.26	5.05	4.89	4.99
BMD	10.38	10.49	10.11	10.87	10.50

2.3.3.2 溶氧量稳定值变化特征

对于溶解氧未饱和水体，随着活化次数的增加其溶氧量逐渐增加，在活化 20 次后溶氧量值趋于稳定，图 2.14 显示了活化淡水与活化微咸水溶解氧稳定值的变化情况。

由图 2.14 可以看出，与对照处理相比，活化水溶氧量稳定值均有所增加。磁化、去电子、磁电一体化淡水溶氧量稳定值相对增加量分别为 3.13%、2.60%、4.70%；磁化、去电子、磁电一体化微咸水溶氧量稳定值相对增加量分别为 3.75%、3.05%、5.40%。磁电一体化对溶氧量稳定值的作用最为明显，而且不同活化处理条件下微咸水溶氧量变化幅度均大于淡水。氧气属于非极性气体分子，多以游离态存在于水分子间

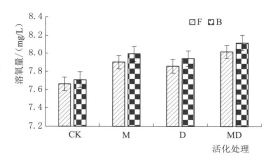

图 2.14 活化处理对溶氧量稳定值的影响

隙，其次水分子和氧气分子间也会发生水合反应，使其紧密地结合在一起。间隙填充和水合作用是氧气分子在水中溶解的主要形式（付晓泰等，1996；韩健，2017）。在初始溶氧量不饱和的情况下，活化处理使得水中溶解氧含量增加的原因是水中原来通过氢键缔合的较大水分子集团被破坏，形成较小的缔合水分簇，使得间隙填充和水合作用增强，水体溶解氧气分子的能力增强，从而导致水中溶氧量的增加。

2.4 活化水理化性质综合评价指标

以上分别对活化水的表面张力系数、黏滞系数、溶氧量等理化指标进行了分析，发现不同活化方式下，各指标均存在不同程度的变化。然而，单一指标只能从一个侧面反映活化水理化性质的变化特征，因此，需要提出一个能反映各个指标变化特征的综合评价指标。和劲松等（2014）通过层次分析法对各单一指标进行了标准化处理，提出了评价磁化

水分子构造的综合指标。王全九等（2016）研究表明，磁化微咸水表面张力系数相对减小量与溶氧量相对增加量存在函数关系，并提出利用表面张力系数相对减小量可以评价磁化水理化性质变化程度。为了综合分析活化处理对各理化指标的影响，引入毛管理论，从理论上分析活化处理对土壤导水率和毛管上升高度的影响，并提出考虑各个理化性质变化特征的综合评价指标。

根据毛管理论，某一尺寸毛管的导水率可以表示为（王全九等，2007）

$$k_h = \frac{T\sigma^2 S^{\frac{2}{n}}}{2\mu g h_d^2} \tag{2.5}$$

式中：k_h 为土壤导水率，cm/min；T 为土壤孔隙的连接性；σ 为表面张力系数，mN/m；S 为土壤饱和度；n 为 Brooks-Corey 模型形状系数，与土壤孔隙特性有关；μ 为黏滞系数，mPa·s；g 为重力加速度，m/s^2；h_d 为土壤进气吸力，cm。

式（2.6）中除 σ 和 μ 外均为与土壤相关的常数或物理常量，因此对上式进行简化可知，在土壤基本指标确定的情况下，土壤导水率与水体的表面张力系数和黏滞系数相关。

根据毛管理论，土壤毛管水上升高度与表面张力系数的关系可以表示为（Prokhorov，1996）

$$h = \frac{2\sigma}{\rho g R} \tag{2.6}$$

式中：h 为毛管水上升高度，cm；ρ 为水的密度，kg/cm^3；R 为当量孔隙直径，cm。

由上式可以看出，土壤毛管水上升高度仅与表面张力系数大小有关。根据以上理论公式可知，表面张力系数的平方与黏滞系数的比值（σ^2/μ）可以表征土壤导水率的大小。因此，将这一比值与溶氧量的乘积作物为活化水综合性能评价指标，并定义为水氧活化指数，综合反映活化水理化性质的变化特征。表 2.6 显示了在 0.3m/s 流速条件下，活化水各指标的计算结果。由表可以看出，与对照处理相比，活化水处理的水氧活化指数均有所增大，其中磁电一体化处理＞磁化处理＞去电子处理＞对照处理，磁化微咸水大于磁化淡水。磁化（FM）、去电子（FD）、磁电一体化淡水（FMD）对应的水氧活化指数相对淡水对照处理（FCK）的增加量分别为 8.19％、3.95％、10.50％。活化微咸水（BM、BD、BMD）的水氧活化指数相对微咸水对照处理（BCK）的增加量分别为 9.31％、5.03％、11.01％。由此可以看出，磁电一体活化技术可有效改善灌溉水的理化性质。

表 2.6 活化水理化性质变化情况

处理	表面张力系数 σ/(mN/m)	黏滞系数 μ/(mPa·s)	溶氧量 DO/(mg/L)	$\frac{\sigma^2}{\mu}$·DO
FCK	71.14	1.005	6.28	31.63
FM	70.32	0.974	6.74	34.22
FD	70.41	0.984	6.52	32.88
FMD	70.23	0.965	6.84	34.95
BCK	71.23	1.014	6.35	31.78
BM	70.29	0.981	6.90	34.74

处理	表面张力系数 σ/(mN/m)	黏滞系数 μ/(mPa·s)	溶氧量 DO/(mg/L)	$\dfrac{\sigma^2}{\mu}$·DO
BD	70.41	0.991	6.67	33.38
BMD	70.01	0.972	6.99	35.28

注　DO—dissolved oxygen（溶解氧）。

参 考 文 献

付晓泰，王振平，卢双舫，1996. 气体在水中的溶解机理及溶解度方程 ［J］. 中国科学（化学），（2）：124－130.

韩健，2017. 氮气氧气在溶气水中的溶解过程研究 ［J］. 西安文理学院学报（自然科学版），20（4）：87－91.

和劲松，祁凡雨，裴洛伟，等，2014. 磁场处理对液态水缔合结构影响的综合评价指标 ［J］. 农业工程学报，30（21）：293－300.

林家齐，孙晶华，傅荔锗，1996. 磁场对水结构的影响 ［J］. 哈尔滨电工学院学报，（4）：470－472.

王全九，邵明安，郑纪勇，2007. 土壤中水分运动与溶质迁移 ［M］. 北京：中国水利水电出版社.

王全九，张继红，门旗，等，2016. 磁化或电离化微咸水理化特性试验 ［J］. 农业工程学报，32（10）：60－66.

张协和，1983. 磁化水机理的探讨 ［J］. 交通部上海船舶运输科学研究所学报，（1）：65－70.

PROKHOROV V A，1996. Refinement of Rayleigh's equation for calculation of surface tension of a liquid from its capillary rise height ［J］. Colloids & Surfaces A Physicochemical & Engineering Aspects，116（3）：309－316.

第3章 活化水灌溉与土壤理化特征

在农业生产活动中，土壤作为农作物的生长基地，为作物的生长发育提供必要的物质和能量。土壤肥力受到耕作、施肥、灌溉等一系列农业技术措施的影响，良好的土壤理化性质和水肥盐环境可促进土壤肥力的发挥。当活化水进入土壤后，引发土壤发生一系列物理和化学作用，改变土壤物理和化学特征，进而为作物生长营造良好的土壤环境。

3.1 活化水灌溉对土壤理化性质的影响

为了探究活化淡水和微咸水灌溉条件下盐碱土和非盐碱土的理化性质和养分状况的变化情况，采用活化水土壤培养试验测定了土壤团聚体、胶体电动电位、阳离子交换量、交换性盐基总量、盐基饱和度、钠吸附比以及土壤铵态氮含量、硝态氮含量、有效磷含量、速效钾含量等指标，并对各指标的变化特征进行了系统分析。灌溉活化方式包括磁化（M）、去电子（D）、磁电一体化（MD）。两种土壤分别采用淡水和微咸水进行灌溉，共计 16 组处理，分别标记为 FX（CK、M、D、MD）、BX（CK、M、D、MD）、FY（CK、M、D、MD）、BY（CK、M、D、MD），其中，CK 表示对照处理，即未处理淡水或微咸水灌溉下的土壤，FX 表示活化淡水灌溉新疆库尔勒盐碱土，BX 表示活化微咸水灌溉新疆库尔勒盐碱土，FY 表示活化淡水灌溉陕西杨凌土壤，BY 表示活化微咸水灌溉陕西杨凌土壤。

3.1.1 团聚体

农田土壤很少以单个土壤固体颗粒的形式存在，而是在腐殖质和外力作用下形成大小不一、性质不同的团聚体。根据团聚体粒径大小可将其分为三个等级，即粒径大于 0.25mm、粒径在 0.053～0.25mm 之间和粒径小于 0.053mm 的三级团聚体。

为了探究土壤团聚体组成随培养时间的变化情况，分别测定了活化水灌溉下第 0 天、第 5 天、第 15 天、第 30 天不同级别团聚体组成。图 3.1 显示了活化淡水灌溉条件下新疆库尔勒土壤团聚体组成的变化情况。由图 3.1 可以看出，土壤中粒径 0.053～0.25mm 的团聚体含量最高，为优势粒级，粒径大于 0.25mm 团聚体含量次之，粒径小于 0.053mm 团聚体含量最少。随着土壤培养时间的增加，粒径小于 0.053mm 团聚体含量呈现先减小后增加的变化趋势。粒径为 0.053～0.25mm 团聚体含量呈现逐渐减小的变化趋势，粒径大于 0.25mm 团聚体含量呈现逐渐增加的变化趋势。培养 30 天后，就对照处理而言，粒径小于 0.053mm、0.053～0.25mm、大于 0.25mm 的团聚体含量分别为 28.00%、31.25%、40.75%；磁化水灌溉下，三个粒径团聚体含量分别为 29.00%、29.75%、41.25%；去电子水灌溉下，三个粒径团聚体含量分别为 29.25%、29.25%、41.50%；磁电一体化水灌溉下，三个粒径团聚体含量分别为 33.25%、24.00%、42.75%。未经培养的土壤，粒径大于 0.25mm 团聚体含量为 37.75%，粒径 0.053～0.25mm 团聚体含量为 39.13%，粒径小于 0.053mm 团聚体含量

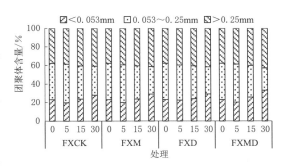

图 3.1　活化淡水灌溉条件下新疆库尔勒土壤团聚体组成的变化情况
0、5、15、30—活化水灌溉下第 0 天、第 5 天、第 15 天、第 30 天

为 23.12%。与土壤初始团聚体含量相比，就对照处理、磁化处理、去电子处理、磁电一体化处理而言，粒径小于 0.053mm 团聚体含量分别增加了 4.88%、5.88%、6.13%、10.13%；粒径 0.053～0.25mm 团聚体含量分别减少了 7.88%、9.38%、9.88%、15.13%；粒径大于 0.25mm 团聚体含量分别增加了 3.00%、3.50%、3.75%、5.00%。由此可以看出，随着培养时间的增加，各处理土壤中粒径小于 0.053mm 和大于 0.25mm 的团聚体含量均有所提高，表明土壤培养过程对改善土壤物理结构性质具有显著效果（廉晓娟等，2009）。

土壤团聚体各粒级含量的变化与预处理时向土壤中施入有机肥有关，一方面，土壤加入有机肥后，有机质的胶结作用有利于土壤大于 0.25mm 粒级团聚体的形成（李海茹等，2021）；另一方面，在土壤培养的过程中，在微生物的作用下，有机肥发生腐殖化过程，可能导致部分 0.053～0.25mm 粒级团聚体的破裂。同时，在腐殖质化过程中产生大量的有机胶体，并与土壤中的无机矿质胶体相结合，形成稳定性不等和性质不同的有机无机复合胶体（朱孟龙，2015），是土壤粒径小于 0.053mm 团聚体含量增加的主要原因。与对照处理相比，培养 30 天后，磁化水灌溉下，粒径小于 0.053mm 团聚体含量增加了 1%，0.053～0.25mm 团聚体含量减少了 1.5%，粒径大于 0.25mm 团聚体含量增加了 0.5%；去电子水灌溉下，粒径小于 0.053mm 团聚体含量增加了 1.25%，0.053～0.25mm 团聚体含量减少了 2%，粒径大于 0.25mm 团聚体含量增加了 0.75%；磁电一体化水灌溉下，粒径小于 0.053mm 团聚体含量增加了 5.25%，0.053～0.25mm 团聚体含量减少了 7.25%，粒径大于 0.25mm 团聚体含量增加了 2%。由此可以看出，活化水灌溉有助于土壤粒径小于 0.053mm 团聚体和粒径小于 0.25mm 团聚体含量的提高。

活化水灌溉主要通过改变微生物活性对各粒级团聚体含量产生影响（王小姣等，2021；蒋雪洋等，2021），有机肥的腐殖化过程离不开土壤微生物的参与，活化处理对灌溉水理化性质改变尤其是溶氧量的增大，会对微生物及其生存环境产生影响，这也是活化水灌溉影响各粒级团聚体含量变化的主要原因之一。

图 3.2 显示了活化微咸水灌溉条件下新疆库尔勒土壤团聚体组成的变化情况。由图 3.2 可以看出，活化微咸水灌溉条件下，新疆库尔勒土壤团聚体组成变化趋势与活化淡水

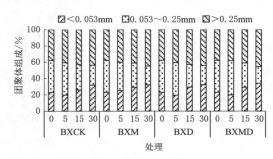

图 3.2 活化微咸水灌溉条件下新疆库尔勒
土壤团聚体组成的变化情况

灌溉一致。随着土壤培养时间的增加，粒径小于 0.053mm 团聚体含量呈现先减小后增加的变化趋势，0.053～0.25mm 团聚体含量呈现逐渐减小的变化趋势，粒径大于 0.25mm 团聚体含量呈现逐渐增加的变化趋势。但与活化淡水灌溉相比，活化微咸水灌溉条件下，粒径小于 0.053mm 团聚体含量显著增加。这是由于微咸水灌溉增大了土壤溶液中电解质的浓度，导致溶液中的胶体发生了凝聚作用。在培养 30 天后，就对照处理而言，各粒级团聚体含量分别为 32.00%、24.25%、43.75%；就磁化处理而言，各粒级团聚体含量分别为 32.25%、23.00%、44.75%；就去电子处理而言，各粒级团聚体含量分别为 32.50%、23.50%、44.00%；就磁电一体化处理而言，各粒级团聚体含量分别为 34.25%、20.25%、45.50%。与初始各团聚体组成含量相比，就对照处理、磁化处理、去电子处理、磁电一体化处理而言，粒径小于 0.053mm 团聚体含量分别增加了 8.88%、9.13%、9.38%、11.13%；0.053～0.25mm 团聚体含量分别减少了 14.88%、16.13%、15.63%、18.88%；粒径大于 0.25mm 团聚体含量分别增加了 6.00%、7.00%、6.25%、7.75%。与活化淡水灌溉相比，活化微咸水灌溉下各粒级团聚体含量变化幅度更大。这是因为微咸水中含有大量的钙镁离子，对土壤结构的改善有促进作用（蔡达伟等，2020）。与对照处理相比，培养 30 天后，磁化处理的粒径小于 0.053mm 团聚体含量增加了 0.25%，0.053～0.25mm 团聚体含量减少了 1.25%，粒径大于 0.25mm 团聚体含量增加了 1%；去电子处理的粒径小于 0.053mm 团聚体含量增加了 0.5%，0.053～0.25mm 团聚体含量减少了 0.75%，粒径大于 0.25mm 团聚体含量增加了 0.25%；磁电一体化处理的粒径小于 0.053mm 团聚体含量增加了 2.25%，0.053～0.25mm 团聚体含量减少了 4%，粒径大于 0.25mm 团聚体含量增加了 1.75%。

图 3.3 显示了活化淡水灌溉条件下陕西杨凌土壤团聚体组成的变化情况。由图 3.3 可以看出，土壤中粒径小于 0.053mm 团聚体含量最高，为优势粒级，0.053～0.25mm 团聚体含量次之，粒径大于 0.25mm 团聚体含量最少。未经培养处理的土壤，粒径大于 0.25mm 团聚体含量为 5.00%，0.053～0.25mm 团聚体含量为 12.63%，粒径小于 0.053mm 团聚体含量为 82.37%。随着土壤培养时间的增加，各处理对应的粒径小于 0.053mm 团聚体含量和粒径大于 0.25mm 团聚体含量呈现逐渐增加的变化趋势，0.053～0.25mm 团聚体含量呈现逐渐减小的变化趋势。培养 30 天后，就对照处理而言，粒径小于 0.053mm 团聚体、0.053～0.25mm 粒级团聚体、粒径大于 0.25mm 团聚体含量分别为 86.75%、5.75%、7.50%；

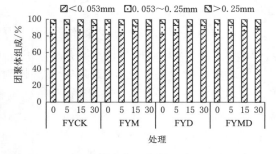

图 3.3 活化淡水灌溉条件下陕西杨凌土壤
团聚体组成的变化情况

磁化处理的各粒级团聚体含量分别为 87.50%、4.25%、8.25%；去电子处理各粒级团聚体含量分别为 87.75%、4.75%、7.50%；磁电一体化处理各粒级团聚体含量分别为 88.50%、3.00%、8.50%。与初始含量相比，就对照处理、磁化处理、去电子处理、磁电一体化处理而言，粒径小于 0.053mm 团聚体含量分别增加了 4.38%、5.13%、5.38%、6.13%，0.053~0.25mm 团聚体含量分别减少了 6.88%、8.38%、7.88%、9.63%，粒径大于 0.25mm 团聚体含量分别增加了 2.50%、3.25%、2.50%、3.50%。与对照处理相比，培养 30 天后，就磁化处理而言，粒径小于 0.053mm 团聚体含量增加了 0.75%，0.053~0.25mm 团聚体含量减少了 1.5%，粒径大于 0.25mm 团聚体含量增加了 0.75%；就去电子处理而言，粒径小于 0.053mm 团聚体含量增加了 1%，0.053~0.25mm 团聚体含量减少了 1%，粒径大于 0.25mm 团聚体含量基本不变；就磁电一体化处理而言，粒径小于 0.053mm 团聚体含量增加了 1.75%，0.053~0.25mm 团聚体含量减少了 2.75%，粒径大于 0.25mm 团聚体含量增加了 1%。

图 3.4 显示了活化微咸水灌溉条件下陕西杨凌土壤团聚体组成的变化情况。由图 3.4 可以看出，活化微咸水灌溉条件下，土壤团聚体组成变化趋势与活化淡水灌溉一致。随着土壤培养时间的增加，各处理相应的粒径小于 0.053mm 团聚体含量和粒径大于 0.25mm 团聚体含量呈现逐渐增加的变化趋势，0.053~0.25mm 团聚体含量呈现逐渐减小的变化趋势。培养 30 天后，就对照处理而言，粒径小于 0.053mm 团聚体、0.053~0.25mm 团聚体、粒径大于 0.25mm 团聚体含量分别为 87.50%、

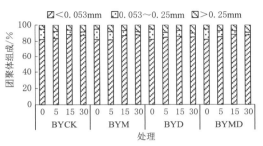

图 3.4 活化微咸水灌溉条件下陕西杨凌土壤团聚体组成的变化情况

4.00%、8.50%；磁化处理的各级团聚体含量分别为 87.75%、4.00%、8.25%；去电子处理的各级团聚体含量分别为 85.25%、4.75%、10.00%；磁电一体化处理各级团聚体含量分别为 87.75%、3.25%、9.00%。与团聚体组成初始含量相比，就对照处理、磁化处理、去电子处理、磁电一体化处理而言，粒径小于 0.053mm 团聚体含量分别增加了 5.13%、5.38%、2.88%、5.38%，0.053~0.25mm 团聚体含量分别减少了 8.63%、8.63%、7.88%、9.38%，粒径大于 0.25mm 团聚体含量分别增加了 3.50%、3.25%、5.00%、4.00%。与对照处理相比，培养 30 天后，就磁化处理而言，粒径小于 0.053mm 团聚体含量增加了 0.25%，0.053~0.25mm 团聚体含量无变化，粒径大于 0.25mm 团聚体含量减少了 0.25%；就去电子处理而言，粒径小于 0.053mm 团聚体含量减少了 2.25%，0.053~0.25mm 团聚体含量增加了 0.75%，粒径大于 0.25mm 团聚体含量增加了 1.50%；就磁电一体化处理而言，粒径小于 0.053mm 团聚体含量增加了 0.25%，0.053~0.25mm 团聚体含量减少了 0.75%，粒径大于 0.25mm 团聚体含量增加了 0.50%。

综上所述，随着培养时间的增加，粒径小于 0.053mm 团聚体含量和粒径大于 0.25mm 团聚体含量均呈现出增加的趋势，而 0.053~0.25mm 团聚体含量逐渐减小。

粒径大于 0.25mm 团聚体含量的增加与腐殖质的胶结作用有关。土壤中粒径小于 0.053mm 团聚体含量增加与土壤胶体的性质变化有关，其中黏粒含量与土壤交换吸附性能有密切关系。对于不同土壤来说，其优势粒级不同，新疆库尔勒土壤优势粒级为 0.053～0.25mm 粒级团聚体，陕西杨凌土壤优势粒级为小于 0.053mm 粒级团聚体，因此陕西杨凌土壤交换吸附性能更好。活化水灌溉对新疆库尔勒土壤各粒级团聚体含量的作用更加明显，在培养 30 天后，粒径小于 0.053mm 粒级团聚体和粒径大于 0.25mm 团聚体含量与对照处理相比均有所提高，其中磁电一体化处理对各粒级团聚体含量的影响最为显著。

3.1.2　胶体电动电位

电动电位是指土壤胶体固相表面液体不活动层与扩散层之间分界面上的电位。土壤胶体电动电位的存在使得胶粒被扩散层相互隔离，从而导致土壤胶体和其他离子一样分散地存在于土壤溶液中，而且不会发生沉降絮凝。当土壤胶体电动电位降低，土壤胶体就会发生凝聚。因此，电动电位能够反映土壤溶液中胶体的稳定程度，电动电位值越大，土壤胶体越稳定，电动电位值越小，土壤胶体越不稳定，越容易发生絮凝，而土壤胶体的凝聚有利于土壤结构的改善。电动电位值的正负代表胶体粒子所带何种电荷，数值的大小表征其稳定性的大小。

为了探究不同活化水灌溉条件下，新疆库尔勒和陕西杨凌两地土壤胶体电动电位随培养时间的变化情况，分别测定了第 0 天、第 5 天、第 15 天、第 30 天的土壤胶体电动电位值。西北地区土壤胶体一般带负电，电动电位值均为负数，本节所示电动电位值均为实测数据的绝对值。图 3.5（a）显示了活化淡水灌溉条件下新疆库尔勒土壤胶体电动电位随培养时间的变化情况。由图可以看出，随着培养时间的增加，各处理土壤胶体电动电位总体上呈现出先减小后增大再减小的变化趋势。培养 30 天后，对照处理、磁化处理、去电子处理、磁电一体化灌溉的土壤胶体电动电位分别为 21.26mV、19.56mV、20.54mV、19.15mV。与初始值相比，各处理电动电位分别减小了 1.35%、9.23%、4.69%、11.14%。各处理土壤胶体电动电位大小顺序依次为对照处理＞去电子处理＞磁化处理＞磁电一体化处理。与对照处理相比，在培养 30 天后，磁化处理、去电子处理、磁电一体化处理的土壤胶体电动电位分别减小了 8.00%、3.39%、9.92%。

综合分析各处理土壤胶体电动电位变化情况可知，培养 30 天后，土壤胶体电动电位均有所减小。与对照处理相比，磁电一体化处理减小幅度最大。电动电位的大小能够反映土壤胶体在土壤溶液中的稳定程度，电动电位值越小，土壤胶体越不稳定，在电解质的作用下土壤胶体越容易发生凝聚（龚振平，2009）。因此，土壤胶体电动电位的减小有利于土壤团聚体的形成。图 3.5（b）显示了活化微咸水灌溉条件下新疆库尔勒土壤胶体电动电位随培养时间的变化情况。由图可以看出，在培养 30 天后，对照处理、磁化处理、去电子处理、磁电一体化处理的土壤胶体电动电位分别为 20.46mV、19.22mV、19.80mV、18.84mV。与初始值相比，各处理电动电位分别减小了 5.06%、11.39%、9.11%、13.69%。活化微咸水灌溉下，土壤胶体电动电位值均小于活化淡水，且相对减少量较活化淡水均有所增大。这是由于微咸水灌溉提高了土壤溶液中钙镁离子的浓度，使得土壤胶

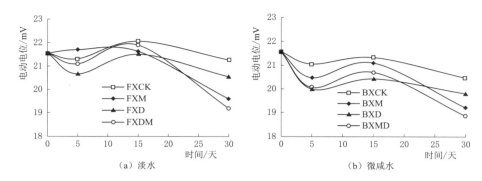

图 3.5 活化淡水和活化微咸水灌溉条件下新疆库尔勒土壤胶体电动电位随培养时间的变化情况

体电动电位降低，从而导致部分土壤胶体发生凝聚，这与活化微咸水灌溉条件下粒径<
0.053mm 土壤团聚体含量增加的实验结果相符合。在培养结束时，各处理的土壤胶体电
动电位大小顺序依次为，对照处理>去电子处理>磁化处理>磁电一体化处理。与对照处
理相比，在培养 30 天后，磁化处理、去电子处理、磁电一体化处理土壤胶体电动电位分
别减小了 6.06%、3.23%、7.92%。

灌溉水经活化处理以后，水的活性增强，从而导致土壤溶液中的钙镁离子的水合作用
增强（王全九等，2019），这是活化水灌溉土壤胶体电动电位降低的原因。与活化淡水相
比，活化微咸水灌溉下的减小幅度有所降低。这是由于在微咸水灌溉条件下，对照处理的
土壤胶体电动电位值也有明显降低，从而导致活化处理相对于对照处理的减小幅度降低。

图 3.6 (a) 显示了活化淡水灌溉条件下陕西杨凌土壤胶体电动电位随培养时间的变化
情况。由图可以看出，随着培养时间的增加，各处理土壤胶体电动电位总体上呈现出逐渐
减小的变化趋势。培养 30 天后，对照处理、磁化处理、去电子处理、磁电一体化处理土
壤胶体电动电位分别为 15.07mV、14.76mV、14.86mV、14.47mV。与初始值相比，各
处理电动电位分别减少了 7.90%、9.80%、9.19%、11.58%。与对照处理相比，培养 30
天后，磁化处理的电动电位降低了 2.06%，去电子处理的电动电位降低了 1.39%，磁电
一体化处理的电动电位降低了 3.98%。综合分析各处理下土壤胶体电动电位变化情况可
知，活化淡水灌溉条件下，培养 30 天后，土壤胶体电动电位均有所减小。这与土壤团聚
体组成中粒径小于 0.053mm 团聚体含量逐渐增大的变化趋势相符合。活化处理的电动电

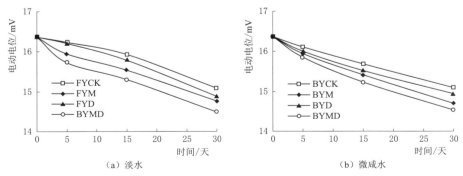

图 3.6 活化淡水和活化微咸水灌溉条件下陕西杨凌土壤胶体电动电位随培养时间的变化情况

位值均小于对照处理，但其减小幅度相对较小，这与陕西杨凌土壤的质地有关。由于土壤质地偏黏，土壤中粒径小于 0.053mm 团聚体含量较其他粒径含量占绝对优势，从而导致活化水灌溉对其土壤胶体的影响不显著。图 3.6（b）显示了活化微咸水灌溉条件下陕西杨凌土壤胶体电动电位随培养时间的变化情况。由图可以看出，随着培养时间的增加，各处理的土壤胶体电动电位总体上呈现出逐渐减小的变化趋势。培养 30 天后，对照处理、磁化处理、去电子处理、磁电一体化处理的土壤胶体电动电位分别为 15.10mV、14.71mV、14.95mV、14.54mV。与初始值相比，各处理的电动电位分别减少了 7.72％、10.10％、8.64％、11.14％。与对照处理相比，培养 30 天后，磁化处理、去电子处理、磁电一体化处理的土壤胶体电动电位分别降低了 2.58％、1.00％、3.71％。综合分析各处理的土壤胶体电动电位变化情况可知，在培养 30 天后，土壤胶体电动电位均有所减小。与对照处理相比，活化处理的减小幅度更大，其中磁电一体化处理减小幅度最大。

3.1.3　阳离子交换量

由于土壤胶体具有巨大的比表面积和表面能，土壤具有很强的交换吸附性能。北方土壤胶体一般带负电，在静电引力的作用下，土壤胶体将土壤溶液中的阳离子吸附在胶体表面，从而表现出很强的阳离子交换吸附性能。阳离子交换吸附性能对调节土壤肥力、保持土壤养分有效性以及维持土壤酸碱平衡具有十分重要的作用。阳离子交换量是定量评价土壤交换吸附性能的指标，能够反映土壤胶体与可交换阳离子相互作用和结合的能力，阳离子交换量大的土壤，其吸肥、保肥和供肥能力强。

为了探究不同活化水灌溉条件下，新疆库尔勒和陕西杨凌两地土壤阳离子交换量随培养时间的变化情况，分别测定了第 0 天、第 5 天、第 10 天、第 15 天、第 20 天、第 25 天、第 30 天的土壤阳离子交换量。图 3.7（a）显示了活化淡水灌溉条件下新疆库尔勒土壤阳离子交换量随培养时间的变化情况。由图可知，随着培养时间的增加，阳离子交换量呈现先减小后增大的变化趋势。其中对照处理、磁化处理和磁电一体化处理的最小值，均出现在第 5 天；去电子处理最小值出现在第 10 天。在培养前期，土壤阳离子交换量减小，可能与土壤胶体电动电位值降低有关。在培养后期，阳离子交换量增加，主要由于土壤有机胶体含量增加。在培养前期（0～10 天），各处理间差异不明显。从第 15 天开始，各处理间出现明显差异，阳离子交换量大小顺序依次为磁电一体化处理＞磁化处理＞去电子处理＞对照处理。培养结束时，对照处理、磁化处理、去电子处理、磁电一体化处理对应的阳离子交换量分别为 5.65cmol/kg、5.85cmol/kg、5.75cmol/kg、5.91cmol/kg；与对照处理相比，各活化处理相对增加量分别为 3.54％、1.77％、4.60％。

图 3.7（b）显示了活化微咸水灌溉条件下新疆库尔勒土壤阳离子交换量随培养时间的变化情况。由图可知，活化微咸水灌溉条件下，土壤阳离子交换量随培养时间的变化趋势与活化淡水灌溉时一致。随着培养时间的增加，阳离子交换量呈现先减小后增大的变化趋势，各处理最小值均出现在第 5 天。在培养前期，各处理间差异不明显。从第 15 天开始，各处理间出现明显差异，阳离子交换量大小顺序依次为磁电一体化处理＞磁化处理＞去电子处理＞对照处理。在培养结束时，对照处理、磁化处理、去电子处理、磁电一体化处

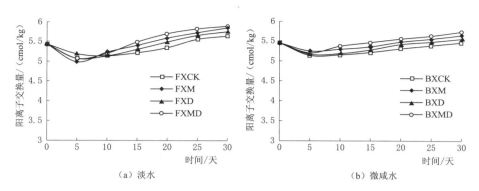

图 3.7 活化淡水和活化微咸水灌溉条件下新疆库尔勒土壤阳离子交换量随培养时间的变化情况

理对应的阳离子交换量分别为 5.46cmol/kg、5.65cmol/kg、5.55cmol/kg、5.74cmol/kg；与对照处理相比，三种活化处理相对增加量分别为 3.48%、1.65%、5.13%。

图 3.8（a）显示了活化淡水灌溉条件下陕西杨凌土壤阳离子交换量随培养时间的变化情况。由图可知，随着培养时间的增加，阳离子交换量呈现逐渐增大的变化趋势。在培养前期，各处理间差异不明显。从第 15 天开始，各处理间出现明显差异，阳离子交换量大小顺序依次为磁电一体化处理＞磁化处理＞去电子处理＞对照处理。在培养结束时，对照处理、磁化处理、去电子处理、磁电一体化处理对应的阳离子交换量分别为 19.72cmol/kg、19.89cmol/kg、19.82cmol/kg、19.98cmol/kg；与对照处理相比，三种活化处理相对增加量分别为 0.86%、0.51%、1.32%。

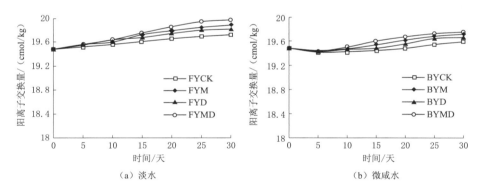

图 3.8 活化淡水和活化微咸水灌溉条件下陕西杨凌土壤阳离子交换量随培养时间的变化情况

图 3.8（b）显示了活化微咸水灌溉条件下陕西杨凌土壤阳离子交换量随培养时间的变化情况。由图可知，随着培养时间的增加，阳离子交换量呈现先减小后增大的变化趋势。但与新疆库尔勒土壤相比，其减小幅度较小，各处理最小值均出现在第 5 天。在培养前期各处理间差异不明显。从第 15 天开始，各处理间出现明显差异，阳离子交换量大小顺序依次为磁电一体化处理＞磁化处理＞去电子处理＞对照处理。培养结束时，对照处理、磁化处理、去电子处理、磁电一体化处理对应的阳离子交换量分别为 19.58cmol/kg、19.71cmol/kg、19.67cmol/kg、19.77cmol/kg；与对照处理相比，三种活化处理相对增加量分别为 0.66%、0.46%、0.97%。与活化淡水相比，活化微咸水的增加幅度有所降

低。对于陕西杨凌土壤而言，变化幅度也远小于新疆库尔勒土壤。这是因为陕西杨凌土壤质地偏黏，土壤胶体含量高，从而导致其阳离子交换量远大于新疆库尔勒土壤，这就使得阳离子交换量的相对增加量减小。

土壤阳离子交换量与土壤胶体类型和数量有直接关系，一般情况下土壤中黏粒含量越高，土壤胶体数量就越高。为了明确土壤阳离子交换量与粒径小于 0.053mm 团聚体含量的关系，采用回归分析的方法，分析两者之间的相关关系，如图 3.9 分别显示了活化淡水和活化微咸水灌溉条件下新疆库尔勒、陕西杨凌两种土壤阳离子交换量与粒径小于 0.053mm 团聚体含量的关系。四种培养方式下，土壤阳离子交换量与粒径小于 0.053mm 团聚体含量呈极显著正相关（$P < 0.01$）。由此可知，粒径小于 0.053mm 土壤团聚体含量的增加与土壤阳离子交换量的增加有关，这与张翠丽等（2020）的研究结果一致。

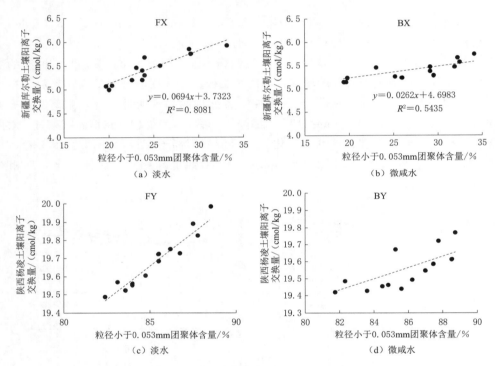

图 3.9　活化淡水和微咸水灌溉条件下两种土壤阳离子交换量
与粒径小于 0.053mm 团聚体含量间关系

3.1.4　交换性盐基总量

土壤胶体上吸附的阳离子一般分为两大类：一类是盐基离子，如 Ca^{2+}、Mg^{2+}、K^+、Na^+、NH_4^+ 等；另一类是致酸离子，包括 H^+ 和 Al^{3+}。盐基离子基本上都是植物需要吸收利用的养分，因此交换性盐基总量和阳离子交换量一样，是衡量土壤养分状况的重要指标，在一定程度上能够反映土壤肥力水平。

为了探究不同活化水灌溉条件下，新疆库尔勒和陕西杨凌两地土壤交换性盐基总量随培养时间的变化情况，分别测定了第 0 天、第 5 天、第 10 天、第 15 天、第 20 天、第 25

天、第 30 天的土壤交换性盐基总量。图 3.10（a）显示了活化淡水灌溉条件下新疆库尔勒土壤交换性盐基总量随培养时间的变化情况。由图可以看出，随着培养时间的增加，交换性盐基总量呈现先减小后增大的变化趋势，各处理最小值均出现在第 5 天。在培养初期交换性盐基总量减小与土壤阳离子交换量的变化规律一致，其根本原因在于土壤团粒结构和土壤胶体的变化。培养 30 天后，各处理交换性盐基总量大小顺序依次为磁电一体化处理＞磁化处理＞去电子处理＞对照处理。对照处理、磁化处理、去电子处理、磁电一体化处理对应的交换性盐基总量分别为 5.05cmol/kg、5.15cmol/kg、5.11cmol/kg、5.18cmol/kg；与对照处理相比，三种活化处理相对增加量分别为 1.98%、1.19%、2.57%。与初始值相比，对照处理、磁化处理、去电子处理、磁电一体化处理交换性盐基总量分别增加了 1.41%、3.41%、2.61%、4.02%。

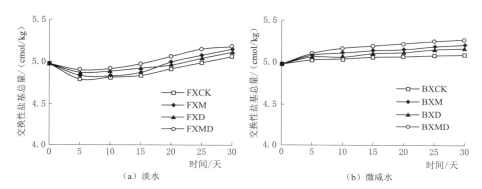

图 3.10　活化淡水和活化微咸水灌溉条件下新疆库尔勒土壤
交换性盐基总量随培养时间的变化情况

图 3.10（b）显示了活化微咸水灌溉条件下新疆库尔勒土壤交换性盐基总量随培养时间的变化情况。由图可以看出，随着培养时间的增加，交换性盐基总量呈现逐渐增大的变化趋势。在培养前期，交换性盐基总量的增加幅度较大，随着培养时间的增加逐渐趋于平缓。微咸水灌溉条件下，在培养初期未出现交换性盐基总量减小的原因是灌溉水中含有大量可溶性的阳离子，使得土壤溶液中盐分浓度的增大，这对土壤交换性盐基总量的增加起到了促进作用。培养 30 天后，各处理交换性盐基总量大小顺序依次为磁电一体化处理＞磁化处理＞去电子处理＞对照处理，这与淡水灌溉条件下变化规律一致。对照处理、磁化处理、去电子处理、磁电一体化处理对应的交换性盐基总量分别为 5.09cmol/kg、5.21cmol/kg、5.17cmol/kg、5.27cmol/kg；与对照处理相比，各活化处理相对增加量分别为 2.36%、1.57%、3.54%。与土壤交换性盐基总量初始值相比，对照处理、磁化处理、去电子处理、磁电一体化处理交换性盐基总量分别增加了 2.21%、4.62%、3.82%、5.82%。

图 3.11（a）显示了活化淡水灌溉条件下陕西杨凌土壤交换性盐基总量随培养时间的变化情况。由图可以看出，随着培养时间的增加，交换性盐基总量呈现逐渐增大的变化趋势，这与土壤阳离子交换量随培养时间的变化情况一致。培养 30 天后，各处理交换性盐基总量大小顺序依次为磁电一体化处理＞磁化处理＞去电子处理＞对照处理。对照处理、

磁化处理、去电子处理、磁电一体化处理对应的交换性盐基总量分别为 11.01cmol/kg、11.16cmol/kg、11.10cmol/kg、11.23cmol/kg；与对照处理相比，各活化处理相对增加量分别为 1.36%、0.82%、2.00%。与土壤交换性盐基总量初始值相比，对照处理、磁化处理、去电子处理、磁电一体化处理交换性盐基总量分别增加了 1.66%、3.05%、2.49%、3.69%。图 3.11（b）显示了活化微咸水灌溉条件下陕西杨凌土壤交换性盐基总量随培养时间的变化情况。由图可以看出，随着培养时间的增加，交换性盐基总量呈现逐渐增大的变化趋势。在培养前期，各处理交换性盐基总量的增加幅度较大，随着培养时间的增加逐渐趋于平缓，这与微咸水灌溉条件下新疆库尔勒土壤交换性盐基总量变化规律一致。培养 30 天后，各处理交换性盐基总量大小顺序依次为磁电一体化处理＞磁化处理＞去电子处理＞对照处理。对照处理、磁化处理、去电子处理、磁电一体化处理对应的交换性盐基总量分别为 13.13cmol/kg、13.38cmol/kg、13.28cmol/kg、13.47cmol/kg；与对照处理相比，各活化处理相对增加量分别为 1.90%、1.14%、2.59%。与土壤交换性盐基总量初始值相比，对照处理、磁化处理、去电子处理、磁电一体化处理交换性盐基总量分别增加了 21.84%、24.22%、23.27%、25.07%。

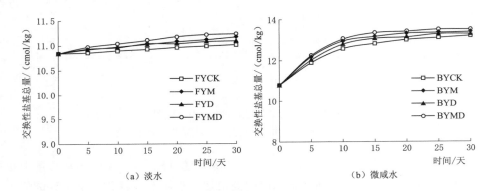

图 3.11 活化淡水和活化微咸水灌溉条件下陕西杨凌土壤交换性盐基
总量随培养时间的变化情况

3.1.5 盐基饱和度

盐基饱和度是指土壤交换性盐基离子占阳离子交换量的比例。盐基饱和度越高，说明土壤胶体吸附的盐基离子数量越多，盐基离子的有效性也越高，所以盐基离子饱和度也是反映土壤肥力水平的重要指标之一。对于盐碱土，由于土壤中含有大量可溶性的盐，其一般均是盐基饱和。盐基饱和度的变化情况与阳离子交换量和盐基离子总量的相对变化有关。

为了探究不同活化水灌溉条件下，新疆库尔勒和陕西杨凌两地土壤盐基饱和度随培养时间的变化情况，分别测定了第 0 天、第 5 天、第 10 天、第 15 天、第 20 天、第 25 天、第 30 天的土壤盐基饱和度。图 3.12（a）显示了活化淡水灌溉条件下新疆库尔勒土壤盐基饱和度随培养时间的变化情况。由图可以看出，随着培养时间的增加，盐基饱和度呈现先增大后减小的变化趋势。对照处理、磁化处理和磁电一体化处理最大值均出现在第 5 天，去电子处理最大值出现在第 10 天。培养 30 天后，各处理盐基饱和度大小顺序依次为对照处理＞去电子处理＞磁化处理＞磁电一体化处理。对照处理、磁化处理、去电子处理、磁电一体化处理对应的盐基饱和度分别为 89.42％、88.14％、88.87％、87.65％。在整个培养过程中，各处理盐基饱和度之间差异较小，与对照处理相比各活化处理盐基饱和度均有所减小。由于在培养过程中，活化水灌溉条件下土壤胶体含量增加幅度大于对照处理，而用淡水灌溉盐碱土对土壤中的盐分有一定的淋洗作用，减弱了土壤盐基离子总量的增加，使得磁化处理、去电子处理、磁电一体化处理土壤阳离子交换量大幅增加而盐基离子总量变化较小，从而导致活化处理土壤盐基饱和度相对较小。图 3.12（b）显示了活化微咸水灌溉条件下新疆库尔勒土壤盐基饱和度随培养时间的变化情况。由图可以看出，随着培养时间的增加，盐基饱和度呈现先增大后减小的变化趋势，各处理最大值均出现在第 5 天。在培养初期，盐基饱和度增大的原因是土壤阳离子交换量在初期呈减小趋势，而微咸水灌溉向土壤中增加了大量可溶性盐，使得土壤盐基离子总量略有增加，从而导致盐基饱和度增大。随着培养时间的增加，土壤阳离子交换量逐渐增大，而土壤盐基离子总量增加幅度相对较小。因此，随着培养时间的增加，各处理盐基饱和度呈现出逐渐减小的变化趋势。培养 30 天后，各处理盐基饱和度大小顺序依次为对照处理＞去电子处理＞磁化处理＞磁电一体化处理。对照处理、磁化处理、去电子处理、磁电一体化处理对应的盐基饱和度分别为 93.17％、92.23％、93.04％、91.75％。与初始值相比，各处理盐基饱和度均有所增加。

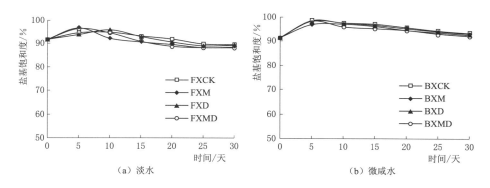

（a）淡水　　　　　　　　　　（b）微咸水

图 3.12　活化淡水和活化微咸水灌溉条件下新疆库尔勒土壤盐基饱和度随培养时间的变化情况

　　图 3.13（a）显示了活化淡水灌溉条件下陕西杨凌土壤盐基饱和度随培养时间的变化情况。由图可以看出，随着培养时间的增加，盐基饱和度呈现逐渐增大的变化趋势。这与土壤阳离子交换量和盐基离子总量随时间的变化规律一致。培养过程中，随着土壤有机肥的腐殖化，产生了大量有机无机复合胶体，土壤对可溶性盐的吸附能力增强，从而导致土壤阳离子交换量和盐基饱和度都有不同程度的增加，这是土壤盐基饱和度增加的原因。培养 30 天后，各处理盐基饱和度大小顺序依次为磁电一体化处理＞磁化处理＞去电子处理＞对照处理。对照处理、磁化处理、去电子处理、磁电一体化处理对应的盐基饱和度分别为 55.80％、56.09％、55.97％、56.21％。图 3.13（b）显示了活化微咸水灌溉条件下陕西杨凌土壤盐基饱和度随培养时间的变化情况。由图可以看出，随着培养时间的增加，盐基

饱和度呈现逐渐增大的变化趋势，各处理在培养前期盐基离子总量的增加幅度较大，随着培养时间的增加逐渐趋于平缓，这与土壤阳离子交换量和盐基离子总量随时间的变化规律一致。培养 30 天后，各处理盐基饱和度大小顺序依次为磁电一体化处理＞磁化处理＞去电子处理＞对照处理。对照处理、磁化处理、去电子处理、磁电一体化处理对应的盐基饱和度分别为 67.04％、67.86％、67.52％、68.13％。

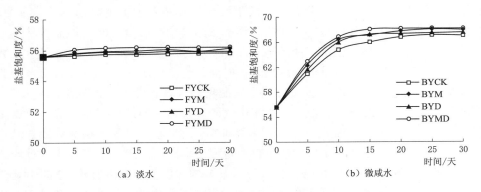

图 3.13　活化淡水和活化微咸水灌溉条件下陕西杨凌土壤盐基
饱和度随培养时间的变化情况

3.1.6　钠吸附比

土壤钠吸附比是利用土壤中交换性的 Na^+、Ca^{2+} 和 Mg^{2+} 含量计算获得。土壤钠吸附比是衡量土壤碱化度的重要指标，一般认为钙、镁离子有助于土壤团粒结构的形成，钠离子含量的增加通常会破坏土壤的团粒结构。因此，土壤钠吸附比的降低有利于土壤团聚结构的形成，对改善土壤结构具有十分重要的作用。

为了探究不同活化水灌溉条件下，新疆库尔勒和陕西杨凌两地土壤钠吸附比随培养时间的变化情况，分别测定了第 0 天、第 5 天、第 10 天、第 15 天、第 20 天、第 25 天、第 30 天的土壤钠吸附比。图 3.14（a）显示了活化淡水灌溉条件下新疆库尔勒土壤钠吸附比随培养时间的变化情况。由图可以看出，随着培养时间的增加，钠吸附比呈现逐渐减小的变化趋势。培养 30 天后，各处理钠吸附比大小顺序依次为对照处理＞去电子处理＞磁化处理＞磁电一体化处理。与对照处理相比，各活化处理相对减少量分别为 1.73％、1.06％、2.27％。与土壤钠吸附比初始值相比，对照处理、磁化处理、去电子处理、磁电一体化处理钠吸附比分别减少了 4.80％、6.53％、5.87％、7.07％。图 3.14（b）显示了活化微咸水灌溉条件下新疆库尔勒土壤钠吸附比随培养时间的变化情况。由图可以看出，随着培养时间的增加，钠吸附比呈现逐渐减小的变化趋势。培养 30 天后，各处理钠吸附比大小顺序依次为对照处理＞去电子处理＞磁化处理＞磁电一体化处理。与对照处理相比，各活化处理相对减少量分别为 2.12％、1.19％、2.79％。与土壤钠吸附比初始值相比，对照处理、磁化处理、去电子处理、磁电一体化处理钠吸附比分别减少了 3.95％、5.99％、5.10％、6.62％。土壤钠吸附比的变化与土壤溶液中阳离子的活度有关。灌溉水经活化处理以后，水分子缔合物之间的氢键发生断裂，水的活性增强，土壤溶液中的钙镁离子的水合作用增强（王全九等，2019），从而导致土壤胶体吸附的钙镁离子含量相对增加，这是活化水灌溉土壤钠吸附比降低的原因。

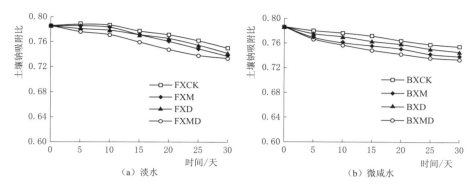

图 3.14　活化淡水和活化微咸水灌溉条件下新疆库尔勒土壤钠吸附比

图 3.15（a）显示了活化淡水灌溉条件下陕西杨凌土壤钠吸附比随培养时间的变化情况。由图可以看出，随着培养时间的增加，钠吸附比呈现逐渐减小的变化趋势。培养 30 天后，各处理钠吸附比大小顺序依次为对照处理＞去电子处理＞磁化处理＞磁电一体化处理与对照处理相比，各活化处理相对减少量分别为 1.00％、0.67％、1.33％。与土壤钠吸附比初始值相比，对照处理、磁化处理、去电子处理、磁电一体化处理钠吸附比分别减少了 0.66％、1.66％、1.32％、1.99％。图 3.15（b）显示了活化微咸水灌溉条件下陕西杨凌土壤钠吸附比随培养时间的变化情况。由图可以看出，随着培养时间的增加，钠吸附比呈现先增大后减小的变化趋势。培养 30 天后，各处理钠吸附比大小顺序依次为对照处理＞去电子处理＞磁化处理＞磁电一体化处理。与对照处理相比，各活化处理（磁化处理、去电子处理、磁电一体化处理）相对减少量分别为 12.38％、5.37％、11.92％。与土壤钠吸附比初始值相比，对照处理、磁化处理、去电子处理、磁电一体化处理钠吸附比分别增加了 41.72％、24.17％、34.11％、24.83％。与初始值相比，各处理土壤钠吸附比增加的原因是微咸水灌溉使得土壤中的盐分含量增大，土壤胶体吸附的阳离子含量也随之增大，从而导致土壤钠吸附比增大，但各活化处理对应的土壤钠吸附比均小于对照处理。

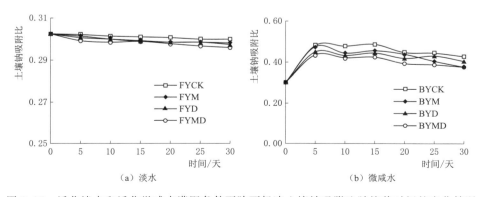

图 3.15　活化淡水和活化微咸水灌溉条件下陕西杨凌土壤钠吸附比随培养时间的变化情况

3.2　活化水灌溉对土壤养分转化的影响

为了研究活化水灌溉对土壤养分转化的影响,开展了土培试验。将有机肥以 5% 的比例与风干、碾压、过筛后的土壤混合均匀,搅拌过程向土壤中喷水,新疆库尔勒和陕西杨凌土壤质量含水率分别提高至 15%、25%。搅拌均匀后,装入黑色塑料袋,置于无光照、恒温 25℃、恒湿 50% 温室中避光培养 10 天。在培养过程中,每天充分搅拌一次。培养结束后,将土壤阴干至含水率分别为 7%、10% 左右备用。将预处理后的土壤装入试验盆中,将活化水定量地灌入土壤中,确保土体全部湿润,灌水量以达到田间持水量(土壤饱和含水率的 65%)为准。灌水结束后,将土壤放置于无光照、恒温 25℃、恒湿 50% 温室中培养,培养时间为 30 天。在第 5 天、第 10 天、第 15 天、第 20 天、第 25 天、第 30 天进行取样,每次取样结束后进行补水,确保土壤含水率维持在田间持水量。

3.2.1　铵态氮含量

土壤中铵态氮主要以 $NH_4^+ - N$ 的形式存在,铵根离子容易被土壤胶体吸附,具有较强的交换吸附性能。同时铵态氮也可溶解在土壤溶液中,能够直接被植物吸收利用,是一种速效性氮肥。土壤中的铵态氮主要来源于铵态氮肥的施用和土壤有机态氮的矿化。在通气良好的条件下,铵态氮会通过硝化作用转化成硝态氮,氨的挥发也是铵态氮损失的途径之一。

为了探究不同活化水灌溉条件下,新疆库尔勒和陕西杨凌两地土壤铵态氮含量随培养时间的变化情况,分别测定了第 0 天、第 5 天、第 10 天、第 15 天、第 20 天、第 25 天、第 30 天的土壤铵态氮含量。图 3.16 显示了活化淡水和活化微咸水灌溉条件下新疆库尔勒土壤铵态氮含量随培养时间的变化情况。由图 3.16 (a) 可以看出,活化淡水灌溉条件下,在培养前期,各处理的铵态氮含量略有升高。随着培养时间的增加,土壤铵态氮含量总体上呈现逐渐减小的变化趋势。培养 30 天后,对照处理、磁化处理、去电子处理、磁电一体化处理对应的铵态氮含量分别为 9.01mg/kg、9.92mg/kg、9.61mg/kg、10.65mg/kg。与初始值相比,对照处理、磁化处理、去电子处理、磁电一体化处理对应的铵态氮含量分别降低了 18.46%、10.24%、13.10%、3.65%,其中磁电一体化处理减少量最小。由图 3.16 (b) 可以看出,

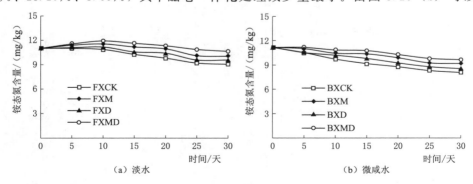

图 3.16　活化淡水和活化微咸水灌溉条件下新疆库尔勒土壤铵态氮含量随培养时间的变化情况

活化微咸水灌溉条件下，随着培养时间的增加，土壤铵态氮含量总体上呈现逐渐减小的变化趋势。在培养 30 天后，对照处理、磁化处理、去电子处理、磁电一体化处理对应的铵态氮含量分别为 8.02mg/kg、9.11mg/kg、8.50mg/kg、9.60mg/kg。与初始值相比，对照处理、磁化处理、去电子处理、磁电一体化处理对应的铵态氮含量分别降低了 27.44%、17.63%、23.15%、13.16%，其中磁电一体化处理减少量最小。与活化淡水灌溉相比，活化微咸水灌溉下，土壤铵态氮含量降低幅度更大。由于利用微咸水灌溉使土壤溶液中的金属阳离子浓度提高，而铵根离子的阳离子交换能力比其他金属阳离子弱，铵根离子被金属阳离子从土壤胶体上交换下来，从而增加了氮素的挥发损失，最终导致土壤铵态氮含量的降低。

　　图 3.17 显示了活化淡水和微咸水灌溉条件下陕西杨凌土壤铵态氮含量随培养时间的变化情况。由图可以看出，活化淡水和活化微咸水灌溉条件下，各处理对应的土壤铵态氮含量变化规律基本一致。在培养初期，土壤铵态氮含量均有较大幅度的增加。随着培养时间的增加，土壤铵态氮含量总体上均呈现逐渐减小的变化趋势。培养 30 天后，活化淡水灌溉条件下，对照处理、磁化处理、去电子处理、磁电一体化处理对应的铵态氮含量分别为 10.04mg/kg、11.10mg/kg、10.75mg/kg、11.69mg/kg。与对照处理相比，各活化处理相应的相对增加量分别为 10.56%、7.07%、16.43%。活化微咸水灌溉条件下，各处理对应的铵态氮含量分别为 9.98mg/kg、11.09mg/kg、10.59mg/kg、11.60mg/kg。与对照处理相比，各活化处理对应的相对增加量分别为 11.12%、6.11%、16.23%。活化淡水和微咸水灌溉对陕西杨凌土壤铵态氮含量的影响差异较小，而且两者变化规律基本一致。这是由于陕西杨凌土壤含盐量小，其盐基饱和度远小于新疆库尔勒土壤，土壤胶体吸附阳离子的能力较强，土壤溶液中的阳离子对铵根离子的影响较小，从而导致利用微咸水灌溉对土壤铵态氮含量的影响减弱。

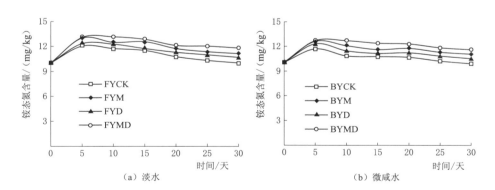

图 3.17　活化淡水和活化微咸水灌溉条件下陕西杨凌土壤铵态氮含量随培养时间的变化情况

3.2.2　硝态氮含量

土壤中的硝态氮主要以 $NO_3^- - N$ 和 $NO_2^- - N$ 的形式存在。在通气良好的条件下，土壤中发生硝化作用，土壤氮素由铵态氮转化为硝态氮。在通气不良条件下，在反硝化细菌的作用下，土壤硝态氮发生还原反应，生成气态氮化物 N_2O 或 N_2，从而造成土壤氮素的损失。当土壤中有机质含量丰富，C/N 大于 25：1 时，土壤微生物在分解利用碳素的同时需要消耗大量氮素，从而导致土壤氮素被微生物吸收同化。这一过程可以减小氮素的淋洗或者氮素的挥发风险，有利于土壤氮素的保存和周转。

为了探究不同活化水灌溉条件下，新疆库尔勒和陕西杨凌两地土壤硝态氮含量随培养时间的变化情况，分别测定了第 0 天、第 5 天、第 10 天、第 15 天、第 20 天、第 25 天、第 30 天的土壤硝态氮含量。图 3.18 显示了活化淡水和活化微咸水灌溉条件下新疆库尔勒土壤硝态氮含量随培养时间的变化情况。由图 3.18（a）可以看出，活化淡水灌溉条件下，随着培养时间的增加，土壤硝态氮含量总体上均呈现逐渐减小的变化趋势。培养 30 天后，对照处理、磁化处理、去电子处理、磁电一体化处理对应的硝态氮含量分别为 106.40mg/kg、90.35mg/kg、95.42mg/kg、79.85mg/kg。与对照处理相比，各活化处理对应的硝态氮含量分别降低了 15.08%、10.32%、24.95%。与初始值相比，各处理对应的硝态氮含量分别降低了 38.84%、48.07%、46.15%、54.10%。土壤硝态氮含量的变化与土壤施用有机肥有关。在正式培养之前，为了提高土壤肥力和微生物活性，向土壤中施入 5% 的有机肥进行预处理，该有机肥 C/N 约为 45：1，远大于微生物矿化所需 C/N（25：1），土壤微生物在分解利用有机碳的同时需要消耗大量氮素，导致土壤中的无机氮被微生物同化。在这一过程中，土壤无机态氮转化为有机态氮，被微生物固定在土壤中，从而导致土壤硝态氮含量降低。而微生物周转很快，死亡之后，这部分氮素会被重新释放到土壤中。活化水灌溉促进了无机态氮的同化固定，这对减少土壤无机态氮的淋洗和氮素的挥发具有十分重要的作用。从土壤氮素循环角度看，微生物对无机态氮的吸收同化，在一定程度上将速效氮转化为缓效氮，增加了土壤的保氮作用，有利于土壤氮素的保存和周转。由图 3.18（b）可以看出，活化微咸水灌溉条件下，在培养初期，对照处理和去电子处理硝态氮含量略有升高。随着培养时间的增加，土壤硝态氮含量总体上均呈现逐渐减小的变化趋势。各培养 30 天后，对照处理、磁化处理、去电子处理、磁电一体化处理对应的硝态氮含量分别为 120.61mg/kg、97.45mg/kg、106.42mg/kg、86.38mg/kg。与对照处理相比，各活化处理对应的硝态氮含量分别降低了 19.20%、11.77%、28.38%。与初始值相比，各处理对应的硝态氮含量分别降低了 30.67%、43.99%、38.83%、50.35%，其中磁电一体化处理减少量最大。活化微咸水灌溉条件下，各处理对应的土壤硝态氮含量均大于活化淡水。由于微咸水灌溉条件下，土壤盐分对微生物产生胁迫，使得微生物活性降低，

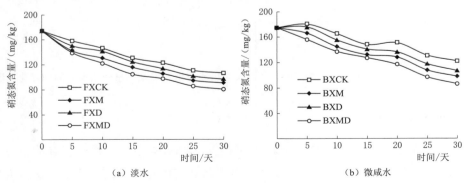

图 3.18　活化淡水和活化微咸水灌溉条件下新疆库尔勒土壤硝态氮含量随培养时间的变化情况

阻碍了微生物对土壤无机态氮的吸收同化。

图 3.19 显示了活化淡水和活化微咸水灌溉条件下陕西杨凌土壤硝态氮含量随培养时间的变化情况。由图 3.19（a）可以看出，活化淡水灌溉条件下，在培养初期，各处理硝态氮含量略有升高，随着培养时间的增加，土壤硝态氮含量总体上均呈现逐渐减小的变化趋势。培养 30 天后，对照处理、磁化处理、去电子处理、磁电一体化处理对应的硝态氮含量分别为 80.34mg/kg、61.68mg/kg、71.11mg/kg、54.23mg/kg。与对照处理相比，各活化处理对应的硝态氮含量分别降低了 23.23%、11.49%、32.50%。与初始值相比，各处理对应的硝态氮含量分别降低了 33.14%、48.66%、40.82%、54.87%，其中磁电一体化处理减少量最大。由图 3.19（b）可以看出，活化微咸水灌溉条件下，随着培养时间的增加，土壤硝态氮含量略有起伏，但总体上均呈现逐渐减小的变化趋势。在培养 30 天后，对照处理、磁化处理、去电子处理、磁电一体化处理对应的硝态氮含量分别为 84.15mg/kg、72.70mg/kg、79.56mg/kg、65.41mg/kg。与对照处理相比，各活化处理对应的硝态氮含量分别降低了 13.61%、5.45%、22.27%。与初始值相比，各处理对应的硝态氮含量分别降低了 29.96%、39.50%、33.79%、45.56%。在培养初期，土壤硝态氮含量略有升高的原因是，在土壤中有机态氮和无机态氮会发生相互转化，而这些过程都是同时发生的。在培养初期，有机态氮的矿化以及硝化作用占据优势，使得土壤硝态氮含量增加。随着培养时间的增加，微生物对无机态氮的吸收同化作用增强，从而导致硝态氮含量逐渐减小。

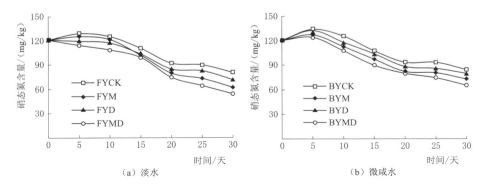

图 3.19　活化淡水和活化微咸水灌溉条件下陕西杨凌土壤硝态氮含量随培养时间的变化情况

3.2.3　有效磷含量

土壤有效磷是指能被当季植物吸收利用的磷。土壤中磷素的转化主要包括有效磷的固定和难溶性磷的有效化两个过程。这两个过程可以发生相互转化，而其转化的速度和方向决定土壤磷素的有效性和土壤磷肥的供应能力。土壤中绝大多数磷肥有效化的过程需要微生物的参与，土壤微生物的活性是影响土壤磷肥有效性的主要因素。

为了探究不同活化水灌溉条件下，新疆库尔勒和陕西杨凌两地土壤有效磷含量随培养时间的变化情况，分别测定了第 0 天、第 5 天、第 10 天、第 15 天、第 20 天、第 25 天、第 30 天的土壤有效磷含量。图 3.20 显示了活化淡水和活化微咸水灌溉条件下新疆库尔勒土壤有效磷含量随培养时间的变化情况。由图可以看出，活化淡水和活化微咸水灌溉条件下，随着培养时间的增加，土壤有效磷含量总体上均呈现逐渐增大的变化趋势。在培养前期，各处理之间差异不明显，但各处理的土壤有效磷的增长趋势大于培养后期。随着培养时间的增加，土壤有效磷含量逐渐趋于稳定。不同处理间，从第 15 天开始出现明显差异。培养 30 天后，各处理对应的有效磷含量大小顺序依次为磁电一体化处理＞磁化处理＞去电子处理＞对照处理。活化淡水灌溉条件下，对照处理、磁化处理、去电子处理、磁电一体化处理对应的有效磷含量分别为 108.19mg/kg、121.68mg/kg、115.09mg/kg、127.40mg/kg。与对照处理相比，各活化处理相对增加量分别为 12.47%、6.38%、17.76%。活化微咸水灌溉条件下，各处理对应的有效磷含量分别为 106.95mg/kg、119.47mg/kg、115.30mg/kg、123.31mg/kg。与对照处理相比，各活化处理相对增加量分别为 11.71%、7.81%、15.30%。活化淡水灌溉下，土壤有效磷含量略高于活化微咸水。由于活化微咸水灌溉使土壤溶液盐分浓度增大，磷酸盐与土壤中的水溶性钙镁、代换性钙镁以及碳酸钙镁发生化学反应，导致有效磷被固定。同时，土壤溶液盐分浓度增大抑制了微生物的活性，导致土壤磷肥有效化的过程受到影响。

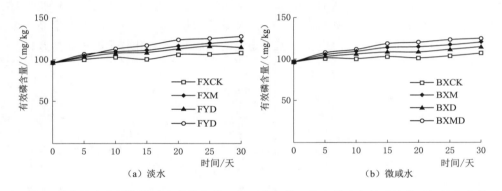

图 3.20　活化淡水和活化微咸水灌溉条件下新疆库尔勒土壤有效磷含量随培养时间的变化情况

图 3.21 显示了活化淡水和活化微咸水灌溉条件下陕西杨凌土壤有效磷含量随培养时间的变化情况。由图可以看出，活化淡水和活化微咸水灌溉条件下，随着培养时间的增加，土壤有效磷含量总体上均呈现由快速增加到逐渐稳定的变化过程。在培养初期，土壤有效磷含量快速增加。随着培养时间的增加，土壤有效磷含量变化幅度较小。在培养后期，活化淡水灌溉条件下，土壤有效磷含量略有增加。活化微咸水灌溉条件下，土壤有效磷含量没有明显变化。培养 30 天后，各处理有效磷含量大小顺序依次为磁电一体化处理＞磁化处理＞去电子处理＞对照处理。活化淡水灌溉条件下，对照处理、磁化处理、去电子处理、磁电一体化处理对应的有效磷含量分别为 112.40mg/kg、122.00mg/kg、118.03mg/kg、124.31mg/kg。与对照处理相比，各活化处理相对增加量分别为 8.54%、5.01%、10.60%。活化微咸水灌溉条件下，各处理对应的有效磷含量分别为 103.68mg/kg、113.95mg/kg、110.37mg/kg、118.41mg/kg。与对照处理相比，各活化处理相对增加量分别为 9.91%、6.45%、14.21%。活化淡水灌溉土壤有效磷含量略高于活化微咸水，这与新疆库尔勒土壤有效磷含量变化规律一致。

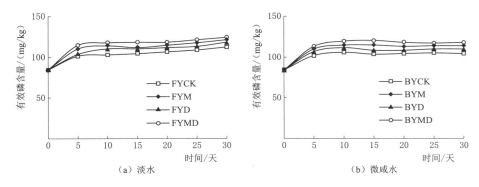

图 3.21 活化淡水和活化微咸水灌溉条件下陕西杨凌土壤有效磷含量随培养时间的变化情况

3.2.4 速效钾含量

土壤中的钾素主要包括无效态钾、缓效态钾和速效钾，其中速效钾易被植物吸收利用，但其含量一般比较小。土壤缓效态钾和速效钾之间会相互转化，当土壤速效钾被植物吸收利用或流失时，缓效态钾会逐渐释放来补充速效钾。速效钾包括水溶性钾和交换性钾，活化水灌溉改变了土壤团粒结构和胶体含量，必定会对土壤速效钾含量产生影响。

为了探究不同活化水灌溉条件下，新疆库尔勒和陕西杨凌两地土壤速效钾含量随培养时间的变化情况，分别测定了第 0 天、第 5 天、第 10 天、第 15 天、第 20 天、第 25 天、第 30 天的土壤速效钾含量。图 3.22 显示了活化淡水和活化微咸水灌溉条件下新疆库尔勒土壤速效钾含量随培养时间的变化情况。由图 3.22（a）可以看出，活化淡水灌溉条件下，随着培养时间的增加，土壤速效钾含量呈现逐渐增大的变化趋势。淡水灌溉条件下，土壤速效钾含量由土壤交换性钾含量决定，而交换性钾含量的变化主要和土壤胶体含量有关。在活化水培养过程中，在微生物的作用下，有机肥料发生腐殖质化过程，产生大量的有机胶体。并与土壤中的无机矿质胶体相结合，形成稳定性不等和性质不同的有机无机复合胶体，进而促进了土壤的交换吸附性能，使得土壤中的缓效态钾向速效钾转化，最终导致土壤速效钾含量增加。培养 30 天后，各处理对应的速效钾含量大小顺序依次为磁电一体化处理＞磁化处理＞去电子处理＞对照处理。对照处理、磁化处理、去电子处理、磁电一体化处理对应的速效钾含量分别为 158.16mg/kg、163.27mg/kg、160.55mg/kg、165.95mg/kg。与对照处理相比，各活化处理相对增加量分别为 3.23％、1.51％、4.93％。

由图 3.22（b）可以看出，活化微咸水灌溉条件下，随着培养时间的增加，土壤速效钾含量呈现逐渐增大的变化趋势。微咸水灌溉条件下，由于灌溉水中含有可溶性的钾离子，进而提高了土壤中水溶性钾的含量。因此，土壤速效钾含量由土壤水溶性钾和交换性钾含量共同决定。微咸水灌溉条件下，土壤速效钾含量提高的原因有两方面，一方面是培养过程中土壤胶体含量增加导致土壤交换性钾含量增加，另一方面是灌溉水中钾离子的补充。培养 30 天后，各处理速效钾含量大小顺序依次为磁电一体化处理＞磁化处理＞去电子处理＞对照处理。对照处理、磁化处理、去电子处理、磁电一体化处理对应的速效钾含量分别为 158.06mg/kg、163.65mg/kg、160.94mg/kg、166.45mg/kg，与对照处理相比，各活化处理相对增加量分别为 3.54％、1.82％、5.31％。

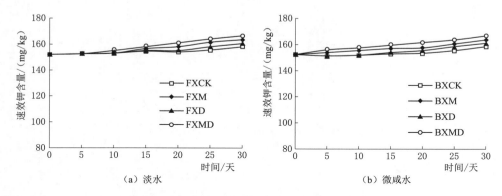

图 3.22　活化淡水和活化微咸水灌溉条件下新疆库尔勒土壤速效钾含量随培养时间的变化情况

图 3.23 显示了活化淡水和活化微咸水灌溉条件下陕西杨凌土壤速效钾含量随培养时间的变化情况。由图可以看出，活化淡水和活化微咸水灌溉条件下，随着培养时间的增加，土壤速效钾含量均呈现逐渐增大的变化趋势。在培养初期，活化淡水灌溉条件下，土壤速效钾含量增长缓慢，而活化微咸水灌溉在培养初期就显示出较大的增长。在培养初期，土壤速效钾含量的增加主要由水溶性钾的变化决定，而微咸水中含有可溶性的钾离子，利用微咸水灌溉使得土壤中的水溶性钾含量明显提高，从而导致在培养初期活化微咸水土壤速效钾含量增长明显。培养 30 天后，各处理速效钾含量大小顺序依次为磁电一体化处理＞磁化处理＞去电子处理＞对照处理。活化淡水灌溉条件下，对照处理、磁化处理、去电子处理、磁电一体化处理对应的速效钾含量分别为 129.97mg/kg、133.95mg/kg、132.02mg/kg、135.56mg/kg。与对照处理相比，各活化处理相对增加量分别为 3.06％、1.58％、4.30％。活化微咸水灌溉条件下，各处理对应的速效钾含量分别为 131.83mg/kg、136.91mg/kg、135.05mg/kg、138.91mg/kg。与对照处理相比，各活化处理相对增加量分别为 3.85％、2.44％、5.37％。

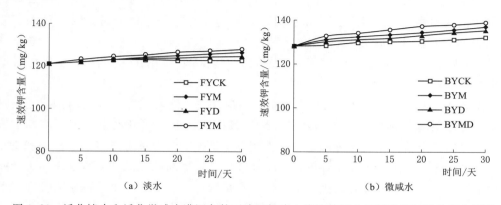

图 3.23　活化淡水和活化微咸水灌溉条件下陕西杨凌土壤速效钾含量随培养时间的变化情况

3.3　活化水灌溉对土壤水盐运移特征的影响

灌溉水经活化处理后，水的表面张力、黏滞系数等理化性质发生改变，对土壤入渗过程产生影响。活化处理不仅对水分在土壤中的运动过程产生影响，而且在入渗的过程中，活化水与土壤中各物质作用能力也发生改变，进而对土壤盐分的淋洗产生影响。土壤含水率也是影响土壤水分入渗和盐分淋洗的重要因素，大量研究表明，土壤初始含水率会对水分入渗的整个过程产生影响（曾辰等，2010；康金林等，2016；吴忠东等，2010；王灿等，2017）。在微咸水入渗情况下，随着碱土初始含水率的增加，土壤的饱和导水能力增加（王全九等，2004），而且趋于稳定入渗的时间也相对缩短（刘目兴等，2012）。土壤水分运动特性的改变也会影响土壤盐分运移。为了进一步明确活化水入渗对土壤水盐运移的影响，以磁化、去电子、磁电一体化三种活化水为研究对象，进行室内一维垂直入渗试验。试验土壤为新疆库尔勒土壤。利用已有入渗模型对各活化处理的模型参数进行拟合分析，并利用 Hydrus－1D 及土壤溶质浓度分布简单代数模型对土壤水盐传输动力参数进行了模拟分析。

3.3.1　入渗特征

为了探究灌溉水活化处理方式对土壤入渗过程的影响，分别对累积入渗量和土壤入渗率随时间的变化情况进行分析。图 3.24 显示了不同灌溉水活化处理方式下累积入渗量随时间的变化情况。由图可以看出，各处理对应的累积入渗量均随时间增加而增加。在入渗初期，土壤入渗主要受土壤基质势控制，土壤入渗较快，活化处理方式对累积入渗量的影响不明显。随着入渗时间的增加，在 90min 以后，不同处理方式之间的累积入渗量开始出现差异。在相同入渗时间下，活化处理的累积入渗量均大于对照处理，其中磁电一体活化水累积入渗量最大。在入渗 420min 后，与对照处理相比，磁化、去电子、磁电一体化处理对应的累积入渗量分别增加了 12.16％、8.11％、21.62％。当达到一定入渗深度（31cm）时，活化水入渗用时较对照处理均有所减少，而累积入渗量相对增加。由此可以看出，活化处理对土壤入渗有促进作用。产生这一现象的主要原因有两方面：一方面，入渗水经活化处理后水的活性增强，影响了入渗水流与土壤盐分的反应能力；同时，改变土壤的孔隙结构，进而促进了土壤水分的入渗。另一方面，经活化处理后水的黏滞系数降低，当土壤含水率增加到一定程度时，水分的运动阻力相对减小，从而提高了土壤水分运动速度。图 3.25 显示了不同灌溉水活化处理方式下土壤入渗率随时间的变化情况。由图可以看出，随着入渗时间的增加，各处理土壤入渗率均呈现由快速减少到逐渐稳定的变化过程。随着时间的推移，在 100min 后，各处理入渗率逐渐趋于稳定。入渗结束时，对照处理、磁化、去电子、磁电一体化水入渗对应的土壤入渗率分别为 0.016cm/min、0.019cm/min、0.018cm/min、0.021cm/min。与对照处理相比，各活化处理入渗率分别增加了 18.75％、12.50％、31.25％，其中磁电一体化处理对土壤入渗率的影响最大。这与活化水理化性质的变化情况一致，进一步说明活化水理化性质的改变是影响土壤水分运动的原因之一。

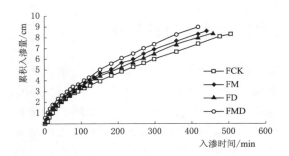

图 3.24　不同灌溉水活化处理方式下累积
入渗量随时间的变化情况

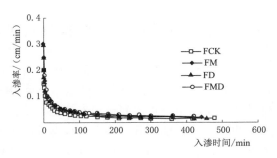

图 3.25　不同灌溉水活化处理方式下土壤
入渗率随时间的变化情况

图 3.26 显示了不同灌溉水活化处理方式下湿润锋的运移情况。由图 3.26 可知，湿润锋深度随入渗时间的变化规律与累积入渗量基本一致。活化处理湿润锋运移深度均大于对照处理。入渗 420min 时，与对照处理相比，磁化、去电子、磁电一体化处理的湿润锋深度分别增加了 9.09%、6.91%、12.73%。入渗结束时，磁化、去电子、磁电一体化处理的入渗时间，相比于对照处理分别减少了 12.99%、9.45%、17.32%，表明活化处理不同程度地提高了土壤水分的运移速率。这主要是由于活化水黏滞系

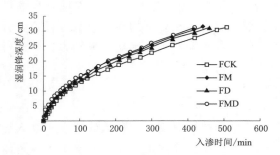

图 3.26　不同灌溉水活化处理方式下湿润锋的
运移情况

数的降低，促进了土壤水分流动速度。入渗结束时，对照、磁化、去电子、磁电一体化处理的湿润体的平均含水率分别为 $0.268cm^3/cm^3$、$0.277cm^3/cm^3$、$0.271cm^3/cm^3$、$0.287cm^3/cm^3$。磁化、去电子、磁电一体化处理相对于对照处理，土壤湿润体平均含水率分别增加了 3.36%、1.12%、7.09%。由此可以看出，活化水入渗不仅增加了土壤水分的运移速率，而且提高了土壤的持水能力。

3.3.2　水盐分布特征

为了探究灌溉水活化处理方式对新疆库尔勒土壤水盐分布特征的影响，对入渗结束时土壤体积含水率和含盐量分布进行分析。不同活化水入渗条件下土壤体积含水率的变化情况如图 3.27 所示。由图可以看出，随着土层深度的增加，土壤体积含水率逐渐减小。在入渗过程中，由于土体上部有 1~2cm 积水，表层土壤体积含水率处于饱和状态。在湿润锋处，土壤体积含水率最小，湿润锋以下土壤仍为土壤初始体积含水率。在相同土壤深度，各处理土壤体积含水率总体表现为对照处理<去电子处理<磁化处理<磁电一体化处理的变化规律，这与累积入渗量和土壤湿润体平均含水率的变化规律一致。在土层深度为 20cm 处，各处理土壤体积含水率分别为 $0.305cm^3/cm^3$、$0.318cm^3/cm^3$、$0.313cm^3/cm^3$、$0.322cm^3/cm^3$；与对照处理相比，磁化、去电子、磁电一体化水入渗下的土壤体积含水率分别增加了 4.26%、2.62%、5.57%，由此可以看出，活化灌溉促进了土壤水分的入

渗，并提高了土壤的持水能力。

不同活化水入渗条件下土壤含盐量的变化情况如图 3.28 所示。由图可以看出，在土壤水分入渗的过程中，上层土壤中盐分溶入水中，并随着水流的入渗向下迁移，使得大量盐分聚集在湿润锋附近，土壤剖面呈现出上层脱盐、下层积盐的现象。表层土壤含水率较高，土壤盐分大量溶入水中并向下迁移，导致表层土壤盐分含量降低。在 0～20cm 深度内，脱盐效果明显，土壤含盐量远小于土壤初始含盐量。在 20cm 以下，随着深度的增加，土壤含盐量逐渐接近初始含盐量，表明土壤从脱盐状态逐渐向积盐状态过渡，脱盐与积盐的分界线在 22cm 左右。在脱盐区（土层深度为 10～20cm），土壤含盐量均较低且较为接近；在积盐区（土层深度为 25～30cm），土壤含盐量相较于上层土壤明显增大，而且不同处理之间差异明显。不同活化处理方式的脱盐效果存在差异，在同一土层深度，与对照处理相比，各活化处理土壤含盐量均有所减少。在 20cm 深度处，对照处理、磁化、去电子、磁电一体化处理对应的土壤含盐量分别为 5.24g/kg、4.85g/kg、5.09g/kg、4.69g/kg；与对照处理相比，分别降低了 7.44%、2.86%、10.50%。由此可以看出，活化水入渗具有良好的脱盐效果。对湿润锋处的土壤含盐量进行分析可知，不同活化处理方式的积盐效果存在明显差异，其中对照处理的积盐量最小，磁电一体化处理的积盐量最大。对照处理、磁化、去电子、磁电一体化处理对应的土壤含盐量分别为 22.96g/kg、24.23g/kg、23.75g/kg、24.78g/kg；与对照组相比，分别增加了 5.53%、3.44%、7.93%，这与脱盐区的分析结果吻合。

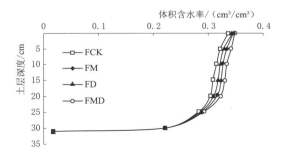

图 3.27 不同活化水入渗条件下土壤体积
含水率的变化情况

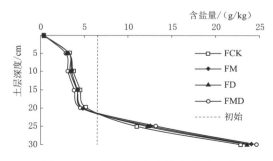

图 3.28 不同活化水入渗条件下土壤
含盐量的变化情况

入渗结束时，由于各活化处理对土壤盐分的淋洗效果不同，而且不同处理之间土壤含水率也存在差异，因此活化处理对土壤中滞留盐分质量浓度也有一定的影响。根据土壤含水率和含盐量剖面，计算了不同土层土壤滞留水量和滞留盐分质量，从而获得不同土壤深度的平均土壤滞留盐分质量浓度。不同灌溉水活化处理方式下土壤盐分质量浓度的变化情况如图 3.29 所示。由图可以看出，土壤盐分质量浓度变化趋势与土壤含盐量变化趋势基本一致，随着土层深度的增加，土壤盐分浓度逐渐增加。在脱盐区，同一土层深度下，各活化处理的土壤盐分浓度均小于对照处理。在 15～20cm 土层深度内，对照处理、磁化、去电子、磁电一体化处理对应的土壤滞留盐分质量浓度分别为 15.90g/L、14.09g/L、14.87g/L、13.28g/L；与对照处理相比，分别降低了 11.38%、6.48%、16.48%。活化水入渗降低了脱盐区的土壤盐分质量浓度，这对降低盐碱化土壤对作物根系的盐分胁迫具

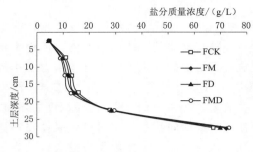

图 3.29　不同灌溉水活化处理方式下土壤
盐分质量浓度的变化情况

有十分重要的作用。

为了进一步对比分析活化水入渗对土壤盐分淋洗效果的影响，分别利用活化水脱盐率、活化脱盐强度、活化水淋洗效率三个指标进行分析。活化水脱盐率是指脱盐区某一土层厚度的初始含盐量和入渗后的土壤含盐量的差值与初始含盐量的比值。活化脱盐强度是指活化水脱盐率和对照处理脱盐率的差值与对照处理脱盐率的比值。活化水淋洗效率是指脱盐区某一土层中被淋洗的盐分总量与透过这一土层的总水量的比值。

表 3.1 显示了在脱盐区，不同土壤深度的活化水脱盐率、活化脱盐强度以及活化水淋洗效率。由表可以看出，在 0～5cm 土层深度之间的脱盐效果明显，脱盐率均在 90% 以上。这是因为表层土壤盐分被大量淋洗，导致土壤含盐量减小。随着土壤深度的增加，脱盐率逐渐减小。在 5～20cm 深度之间，脱盐率最大值为 54.52%。对同一土层深度的脱盐率进行分析可以看出，活化水的脱盐率均大于对照处理。这说明活化处理对土壤上层的脱盐效果明显。在相同土壤深度，各处理脱盐率总体呈现对照处理＜去电子处理＜磁化处理＜磁电一体化处理的规律。脱盐强度随着土壤深度的增加而增加，这说明土层深度越大，活化处理与对照处理的脱盐率差异越大。在同一土壤深度，磁电一体化水入渗的脱盐强度明显大于磁化和去电子处理。由此可以看出，磁电一体化灌溉水入渗具有较好的脱盐效果。由表可以看出，5～10cm 土层淋洗效率最小，15～20cm 土层淋洗效率大于其他土层。在同一土层（5～10cm，10～15cm，15～20cm）中，各活化处理对应的淋洗效率均大于对照处理。各活化处理淋洗效率总体上由大到小依次为磁电一体化处理、磁化处理、去电子处理，这一现象说明单位体积活化水淋洗盐分的能力增大。

表 3.1　　　　　　　　　不同活化处理对应的脱盐率、脱盐强度和淋洗效率

土层深度/cm	活化处理	脱盐率/%	脱盐强度/%	淋洗效率/(g/L)
0～5	FCK	92.59	—	3.51
	FM	93.49	0.98	3.44
	FD	93.25	0.72	3.52
	FMD	93.92	1.43	3.34
5～10	FCK	52.23	—	2.97
	FM	53.86	3.11	3.01
	FD	53.37	2.19	3.04
	FMD	54.52	4.38	3.04
10～15	FCK	42.95	—	3.18
	FM	46.20	7.57	3.42
	FD	44.64	3.93	3.41
	FMD	50.84	18.37	3.60

土层深度/cm	活化处理	脱盐率/%	脱盐强度/%	淋洗效率/(g/L)
	FCK	30.48	—	3.52
15~20	FM	35.42	16.21	4.19
	FD	33.98	11.46	4.03
	FMD	39.52	29.64	4.31

3.3.3 入渗模型参数

利用 Philip 入渗模型（Philip，1957）、Kostiakov 入渗模型（Kostiakov，1932）以及 Green-Ampt 入渗模型（Green，1911）对入渗过程的实测数据进行拟合，分别得到各处理对应的吸渗率 S 和经验系数 M、经验指数 N 以及模型参数 $K_s h_f$。其中 Philip 入渗模型和 Kostiakov 入渗模型拟合的决定系数均高于 0.99，Green-Ampt 入渗模型拟合的决定系数均高于 0.93，说明模型的拟合效果很好，各模型拟合结果见表 3.2。由表可以看出，各活化水入渗对应的吸渗率均大于对照处理，其中磁电一体化处理对应的吸渗率最大。与对照处理相比，磁化、去电子、磁电一体化处理的吸渗率分别增加了 12.39%、8.10%、20.14%。在 Philip 入渗模型中，吸渗率 S 能够反映土壤依靠基质势对土壤水分运动作用的能力，吸渗率增大说明活化处理能够促进土壤水分的入渗。在 Kostiakov 入渗模型中，经验系数 M 能够反映入渗过程中第一个单位时段末的累积入渗量，其大小与第一个单位时段平均入渗速率相等。由表可以看出，各活化处理对应的经验系数 M 均大于对照处理。与对照处理相比，磁化、去电子、磁电一体化处理经验系数分别增加了 24.63%、17.31%、40.75%。由此可以看出，活化处理提高了土壤初始入渗率。土壤水扩散率也是反映土壤水分运动的重要参数，根据雷志栋等（1988）的定义，有效的土壤水扩散率 $\overline{D}$ 可以表示为

$$\overline{D} = \frac{K_s h_f}{\theta_s - \theta_i} \tag{3.1}$$

式中：θ_s 和 θ_i 分别为土壤饱和含水率和土壤初始含水率，cm^3/cm^3；K_s 为土壤饱和导水率，cm/min；h_f 为概化湿润锋处吸力，cm。

Green-Ampt 入渗模型参数 $K_s h_f$ 可直接体现土壤水扩散率的变化情况。由表 3.2 可以看出，各活化处理对应的模型参数 $K_s h_f$ 均大于对照处理。与对照处理相比，磁化、去电子、磁电一体化处理模型参数分别增加了 46.05%、29.44%、63.30%，由此可以看出，活化处理提高了土壤水扩散率。

表 3.2　　　　　　　　　　　　入渗模型参数拟合结果

处理	Philip 模型		Kostiakov 模型			Green-Ampt 模型	
	吸渗率 S	决定系数 R^2	经验系数 M	经验指数 N	决定系数 R^2	模型参数 $K_s h_f$	决定系数 R^2
FCK	0.3446	0.9898	0.2270	0.5757	0.9990	0.2493	0.9390
FM	0.3873	0.9934	0.2829	0.5584	0.9920	0.3641	0.9846
FD	0.3725	0.9955	0.2663	0.5622	0.9985	0.3227	0.9481
FMD	0.4140	0.9926	0.3195	0.5494	0.9992	0.4071	0.9666

3.3.4　水盐传输动力学参数

为了探究活化处理对土壤水盐传输动力参数的影响，利用 Hydrus - 1D 软件以及实测的数据对 van Genuchten 模型中进气吸力倒数 α、形状系数 n、饱和导水率 K_s 进行反演计算。van Genuchten 模型（王全九等，2007）可表示为

$$\theta(h)=\theta_r+\frac{\theta_s-\theta_r}{1+(\alpha h)^n} \tag{3.2}$$

式中：$\theta(h)$ 为土壤体积含水率，cm^3/cm^3；θ_s 为饱和含水率，cm^3/cm^3；θ_r 为滞留含水率，cm^3/cm^3；α 为进气吸力倒数，$1/cm$；h 为土壤吸力，cm；n 为形状系数。

通过土壤含水率、湿润锋深度的实测值与模拟值进行对比分析，对模型进行验证，并采用决定系数 R^2、均方根误差 RMSE、平均绝对误差 MAE 三个指标对模拟的精度进行评价。为了探究活化水入渗对土壤溶质迁移特性的影响，利用一维土壤溶质浓度分布简单代数模型对土壤盐分浓度剖面进行拟合。一维土壤溶质浓度分布简单代数模型（王全九等，2007）可表示为

$$c=c_0 e^{\beta z} \tag{3.3}$$

式中：c 为土壤溶质浓度，g/L；c_0 为 $z=0$ 时的土壤溶质浓度，g/L；z 为土层深度，cm；β 为拟合参数，反映了土壤水分运动特征、土壤和溶质特性与土壤颗粒作用等对土壤溶质迁移特性的影响。

土壤参数反演拟合结果见表 3.3。由表可以看出，各活化处理对应的进气吸力倒数 α 和形状系数 n 与对照处理相比均有所减小，而饱和导水率 K_s 和拟合参数 β 均有所增大，其中磁电一体化处理的变化幅度最大。为了更好地评价各处理对土壤参数的影响程度，对各参数的变异系数 C_v 进行计算，进气吸力倒数 α、形状系数 n、饱和导水率 K_s 和拟合参数 β 对应的变异系数分别为 0.090、0.027、0.037、0.028，由此可知各土壤参数均属于弱变异。

表 3.3　　　　　　　　　　　　　土壤参数反演拟合结果

处理	土　壤　参　数			
	进气吸力倒数 α /(1/cm)	形状系数 n	饱和导水率 K_s /(cm/min)	拟合参数 β
FCK	0.0177	1.498	0.0119	0.1394
FM	0.0153	1.429	0.0126	0.1469
FD	0.0153	1.454	0.0125	0.1446
FMD	0.0138	1.391	0.0132	0.1507

图 3.30 和图 3.31 分别为不同活化水入渗下土壤体积含水率、湿润锋深度实测值与模拟值的对比结果。由图可知，土壤体积含水率实测值与模拟值的决定系数均大于 0.94，均方根误差均小于 0.40，平均绝对误差均小于 0.30，土壤湿润锋深度实测值与模拟值的决定系数均大于 0.99，均方根误差均小于 0.90，平均绝对误差均小于 0.70。对土壤体积含水率而言，其模拟值略大于实测值，各处理实测值与模拟值间存在一定误差，根据 Santhi 等（2001）的研究结果，各参数的反演拟合结果总体满足精度要求。

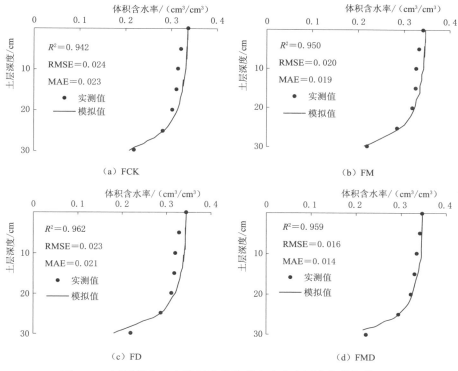

图 3.30　不同活化水入渗下土壤体积含水率实测值与模拟值对比

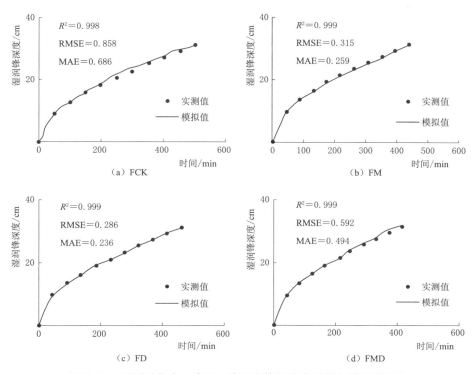

图 3.31　不同活化水入渗下土壤湿润锋深度实测值与模拟值对比

3.3.5 活化水入渗下初始含水率对土壤水盐运移的影响

对活化水理化性质以及活化灌溉条件下土壤理化性质和养分转化变化特征的研究发现，各活化处理中，磁电一体化处理对各指标的影响程度最大。在活化水入渗试验中，磁电一体化处理对土壤水分入渗和盐分淋洗的效果也优于磁化和去电子处理。因此，本节采用磁电一体化处理来探究初始含水率对活化水入渗和土壤水盐运移的影响。

3.3.5.1 水分入渗特征

为了探究磁电一体活化水入渗条件下，土壤初始含水率对累积入渗量和土壤入渗率的影响，开展相关试验研究。图 3.32 显示了不同初始含水率条件下累积入渗量随时间的变化过程。由图 3.32 可以看出，各处理对应累积入渗量均随入渗时间增加而增加。在相同入渗时间下，累积入渗量随着土壤初始含水率的增大而增大，在入渗 180min 后，各初始含水率（质量含水率分别为 $\theta_1 = 1.2\%$、$\theta_2 = 2.1\%$、$\theta_3 = 2.9\%$、$\theta_4 = 3.8\%$、$\theta_5 = 4.9\%$，其中 θ_1 为风干土）对应的累积入渗量分别为 5.5cm、6.0cm、6.5cm、7.0cm、7.4cm。在相同入渗时间下，土壤累积入渗量随着土壤初始含水率的增加而增加的原因可能为，土壤含水率提高有利于土壤中的细小颗粒的结合。与风干土相比，初始含水率越高，土壤的孔隙结构越好，这有助于土壤水分的入渗。当到达一定入渗深度（31cm）时，土壤初始含水率越高，入渗用时越短。入渗结束时，各初始含水率对应的累积入渗量分别为 8.9cm、8.6cm、8.3cm、8.0cm、7.8cm。与风干土相比，θ_2、θ_3、θ_4、θ_5 对应的累积入渗量分别减少了 3.37%、6.74%、10.11%、12.36%。图 3.33 显示了不同初始含水率条件下土壤入渗率随时间的变化过程。由图可以看出，不同初始含水率条件下，各处理土壤入渗率随时间的变化规律一致，随着入渗时间的增加，各处理土壤入渗率均呈现由快速减少到逐渐稳定的变化过程。随着时间的推移，在 100min 后，各处理入渗率逐渐趋于稳定。入渗结束时，θ_1、θ_2、θ_3、θ_4、θ_5 对应的土壤入渗率分别为 0.021cm/min、0.024cm/min、0.029cm/min、0.033cm/min、0.039cm/min。

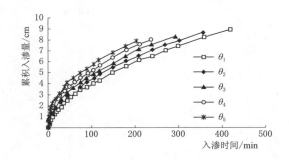

图 3.32　不同初始含水率条件下累积入渗量
随时间的变化过程

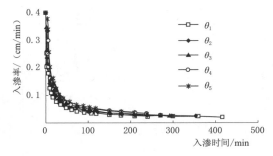

图 3.33　不同初始含水率条件下土壤入渗率
随时间的变化过程

图 3.34 显示了不同初始含水率条件下湿润锋的运移情况。由图 3.34 可知，在相同入渗时间下，湿润锋运移速率随着土壤初始含水率的增大而增大。入渗 180min 后，各初始含水率对应的湿润锋深度分别为 19.5cm、21.6cm、24.2cm、26.6cm、28.8cm。入渗结束时（湿润锋深度为 31cm），土壤初始含水率越低，入渗所用的时间越长。由此可以看

出，土壤初始含水率的增大加快了湿润锋的运移速度。

3.3.5.2 水盐分布特征

为了探究不同初始含水率条件下，土壤水盐分布的变化特征，分别对入渗结束时土壤体积含水率和含盐量进行分析。不同初始含水率条件下，土壤体积含水率变化情况如图 3.35 所示。由图可知，土壤体积含水率随着土层深度的增加逐渐减小。表层土壤体积含水率处于饱和状态，湿润锋处含水率最小，湿润锋以下土壤仍为土壤初始含水率。相同土壤深度，不同初始含水率对应的土壤含水率差异较小。在土层深度为 20cm 时，各处理土壤体积含水率分别为 $0.322cm^3/cm^3$、$0.327cm^3/cm^3$、$0.332cm^3/cm^3$、$0.326cm^3/cm^3$、$0.321cm^3/cm^3$。由累积入渗量的分析结果可知，随着土壤初始含水率的增加，各处理最终累积入渗量明显减少。

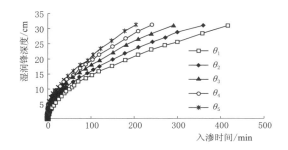

图 3.34 不同初始含水率条件下湿润锋的
运移情况

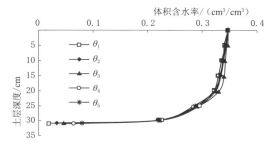

图 3.35 不同初始含水率条件下土壤含水率分布
特征的变化情况

不同初始体积含水率条件下土壤含盐量的变化情况如图 3.36 所示。由图可以看出，在 5～20cm 深度内，各初始含水率下脱盐效果均十分明显，土壤含盐量远小于土壤初始含盐量。在 20cm 以下，随着深度的增加，土壤含盐量逐渐接近初始含盐量。土层从脱盐区向积盐区过渡，脱盐与积盐的分界线在 22cm 左右。对不同深度的土壤含盐量进行分析，在 0～10cm 土层深度内，土壤含盐量均较低，各含水率之间差异不显著。在土层深度为 10～20cm 处，各处理土壤含盐量差异逐渐增大。在积盐区（土层深度为 25～30cm）

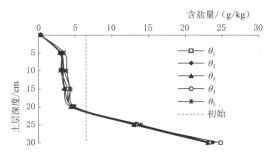

图 3.36 不同初始体积含水率条件下
土壤含盐量的变化情况

土层土壤含盐量相较于上层土壤明显增大，而且不同处理之间差异明显。在 20cm 深度处，各处理土壤含盐量分别为 4.69g/kg、4.88g/kg、4.44g/kg、4.74g/kg、5.08g/kg。随着土壤初始含水率增大，磁电一体活化水的脱盐效果呈现出先增大后减小的变化规律。土壤初始含水率为 2.9% 时，脱盐效果最佳。土壤初始含水率的增加使得土壤盐分更容易和入渗水流发生反应，有助于土壤盐分的淋洗。但是土壤初始含水率的增加导致入渗结束时的累积入渗量和入渗时间减少，而这一过程不利于土壤盐分的淋洗。由此可知，土壤初始含水率的提高在一定范围内有助于土壤盐分的淋洗。

在不同初始含水率条件下土壤盐分质量浓度变化情况如图 3.37 所示。由图可以看出，

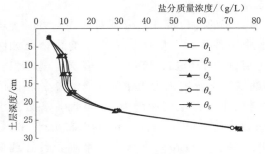

图 3.37　不同初始含水率条件下土壤盐分
质量浓度变化情况

土壤盐分质量浓度变化趋势与土壤含盐量变化趋势基本一致。随着土层深度的增加，土壤盐分浓度逐渐增加。在脱盐区同一土层深度下，各处理土壤盐分质量浓度总体呈现出 $\theta_3 < \theta_2 < \theta_1 < \theta_4 < \theta_5$ 的规律。在 $15 \sim 20 \text{cm}$ 土层深度处，各处理对应的土壤滞留盐分质量浓度分别为 13.28g/L、12.87g/L、11.75g/L、13.67g/L、14.53g/L。

表 3.4 显示了不同初始含水率条件下，脱盐区不同土壤深度的脱盐率、脱盐强度以及土层淋洗效率。由表可以看出，在 $0 \sim 5 \text{cm}$ 土层深度的脱盐效果明显，脱盐率均在 90% 以上。随着土层深度的增加，脱盐率逐渐减小。对同一土层深度的脱盐率进行分析可以看出，土壤初始含水率为 2.9% 时脱盐效果最好。不同初始含水率条件下的脱盐强度以风干土（$\theta_1 = 1.2\%$）作为对照处理。由表可知，当土壤含水率为 3.8% 和 4.9% 时，脱盐强度为负值。这说明当初始含水率为 3.8% 和 4.9% 时，其脱盐率小于风干土对应的脱盐率。由表可以看出，不同土层淋洗效率不同，$5 \sim 10 \text{cm}$ 土层淋洗效率最小，$15 \sim 20 \text{cm}$ 土层淋洗效率大于其他土层。在同一土层中，土壤初始含水率为 2.9% 时，淋洗效率最大。

表 3.4　　　　　　　不同初始含水率对应的脱盐率、脱盐强度和淋洗效率

土层深度/cm	初始含水率/%	脱盐率/%	脱盐强度/%	淋洗效率/(g/L)
0~5	1.2	93.92	—	3.34
	2.1	94.16	0.26	3.48
	2.9	94.52	0.64	3.65
	3.8	92.71	−1.28	3.53
	4.9	92.65	−1.35	3.57
5~10	1.2	54.52	—	3.04
	2.1	55.90	2.54	3.21
	2.9	57.59	5.64	3.46
	3.8	49.64	−8.95	2.98
	4.9	48.73	−10.61	2.82
10~15	1.2	50.84	—	3.60
	2.1	51.75	1.78	3.96
	2.9	54.52	7.23	4.35
	3.8	45.36	−10.78	3.39
	4.9	40.66	−20.02	3.09

土层深度/cm	初始含水率/%	脱盐率/%	脱盐强度/%	淋洗效率/(g/L)
	1.2	39.52	—	4.31
	2.1	44.52	12.65	4.58
15~20	2.9	47.35	19.82	5.45
	3.8	34.82	−11.89	4.03
	4.9	33.61	−14.94	3.38

3.3.5.3 入渗模型参数

利用 Philip 入渗模型、Kostiakov 入渗模型以及 Green – Ampt 入渗模型对入渗过程的实测数据进行拟合，分别获得吸渗率 S 和经验系数 M、经验指数 N 以及模型参数 $K_s h_f$。表 3.5 显示了磁电一体活化水入渗条件下，不同初始含水率对应的入渗模型参数的变化情况。由表可以看出，吸渗率 S 随着土壤初始含水率的增大而增大，其变化规律与累积入渗量和土壤入渗率一致。在 Kostiakov 入渗模型中，经验系数 M 能够反映入渗过程中第一个单位时段末的累积入渗量，其大小与第一个单位时段平均入渗速率相等。由表可以看出，随着土壤初始含水率的增大经验系数 M 也随之增大。模型参数 $K_s h_f$ 也随着土壤初始含水率的增大而增大，由此可以看出，土壤初始含水率的增大提高了土壤水扩散率。

表 3.5   入渗模型参数拟合结果

土壤初始含水率/%	Philip 模型		Kostiakov 模型			Green – Ampt 模型	
	吸渗率 S	决定系数 R^2	经验系数 M	经验指数 N	决定系数 R^2	模型参数 $K_s h_f$	决定系数 R^2
1.2	0.4140	0.9926	0.3195	0.5494	0.9992	0.4071	0.9666
2.1	0.4417	0.9951	0.3442	0.5488	0.9995	0.4678	0.9935
2.9	0.4785	0.9983	0.4318	0.5211	0.9992	0.6715	0.9881
3.8	0.5186	0.9981	0.5546	0.4857	0.9986	1.0740	0.9164
4.9	0.5714	0.9831	0.6809	0.4308	0.9981	1.4880	0.9119

3.3.5.4 水盐传输动力学参数

为了探究磁电一体活化水入渗条件下初始含水率对土壤水盐传输动力参数的影响，利用 Hydrus – 1D 软件以及实测的数据对模型中进气吸力倒数 α、形状系数 n、饱和导水率 K_s 进行反演计算，利用一维土壤溶质浓度分布简单代数模型对土壤盐分浓度剖面进行拟合。同时对土壤含水率、湿润锋深度的实测值与模拟值进行对比分析，对模型进行验证，并采用决定系数 R^2、均方根误差 RMSE、平均绝对误差 MAE 三个指标对模拟的精度进行评价。各土壤参数反演拟合结果见表 3.6。由表可以看出，随着土壤初始含水率的增加进气吸力倒数呈现出逐渐减小的变化趋势，而形状系数和饱和导水率与之相反，呈现出逐渐增大的变化趋势。一维土壤溶质浓度分布简单代数模型拟合参数 β，随着土壤初始含水率的增加呈现出先增加后减小的变化趋势，当土壤初始含水率为 2.9% 时，取值最大。为了更好地评价各处理对土壤参数的影响程度，对各参数的变异系数 C_v 进行计算。进气吸力倒数 α、形状系数 n、饱和导水率 K_s 和拟合参数 β 对应的变异系数分别为 0.20、0.02、

0.10、0.03，由此可知进气吸力倒数 α 属于中等程度变异，形状系数 n、饱和导水率 K_s 和拟合参数 β 均属于弱变异。

表 3.6　　　　　　　　　　　　土壤参数反演拟合结果

土壤初始含水率 /%	土　壤　参　数			
	进气吸力倒数 α /(1/cm)	形状系数 n	饱和导水率 K_s /(cm/min)	拟合参数 β
1.2	0.0138	1.391	0.0132	0.1507
2.1	0.0105	1.411	0.0140	0.1521
2.9	0.0092	1.431	0.0149	0.1547
3.8	0.0085	1.445	0.0167	0.1457
4.9	0.0083	1.450	0.0174	0.1424

　　图 3.38 和图 3.39 分别显示了不同活化水初始含水率入渗下土壤体积含水率、湿润锋深度实测值与模拟值的对比结果。由图可知，土壤体积含水率实测值与模拟值的决定系数均大于 0.95，均方根误差均小于 0.03，平均绝对误差均小于 0.02；土壤湿润锋深度实测值与模拟值的决定系数均大于 0.99，均方根误差均小于 0.90，平均绝对误差均小于 0.70，各参数的反演拟合结果满足精度要求。

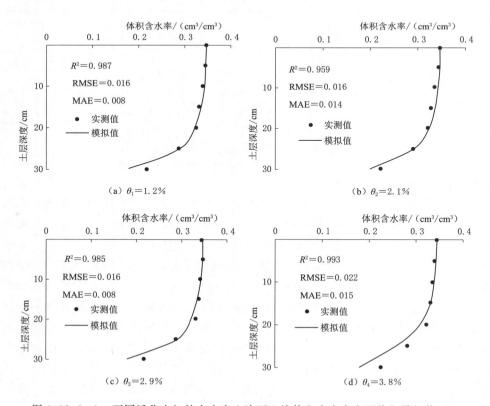

图 3.38（一）　不同活化水初始含水率入渗下土壤体积含水率实测值与模拟值对比

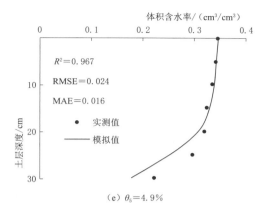

（e）$\theta_5 = 4.9\%$

图 3.38（二） 不同活化水初始含水率入渗下土壤体积含水率实测值与模拟值对比

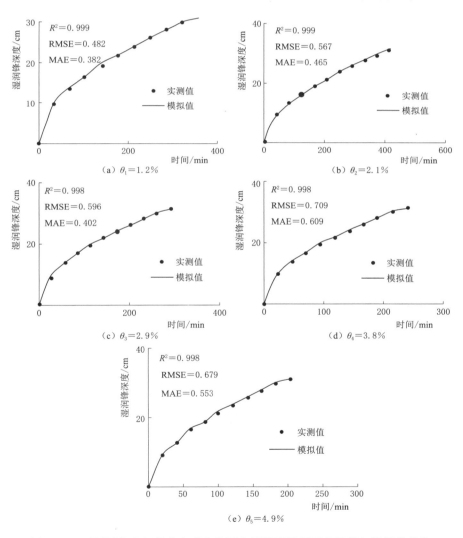

图 3.39 不同活化水初始含水率入渗下土壤湿润锋深度实测值与模拟值对比

参 考 文 献

蔡达伟，孔淑琼，刘瑞琪，2020. 微咸水农田安全灌溉研究进展 [J]. 节水灌溉，(10)：91-95，100.

龚振平，2009. 土壤学与农作学 [M]. 北京：中国水利水电出版社.

蒋雪洋，张前前，沈浩杰，等，2021. 生物质炭对稻田土壤团聚体稳定性和微生物群落的影响 [J]. 土壤学报，58 (6)：1564-1573.

康金林，杨洁，刘窑军，等，2016. 初始含水率及容重影响下红壤水分入渗规律 [J]. 水土保持学报，30 (1)：122-126.

雷志栋，杨诗秀，谢森传，1988. 土壤水动力学 [M]. 北京：清华大学出版社.

廉晓娟，吕贻忠，刘武仁，等，2009. 不同耕作方式对黑土有机质和团聚体的影响 [J]. 天津农业科学，15 (1)：49-51.

李海茹，广彗冰，刘刚，等，2021. 有机质影响溅蚀破坏土壤团聚体的主要作用机制 [J]. 土壤学报，58 (1)：106-114.

刘目兴，聂艳，于婧，2012. 不同初始含水率下黏质土壤的入渗过程 [J]. 生态学报，32 (3)：871-878.

王灿，李志刚，祖超，等，2017. 土地利用和初始含水率对琼东南黄色砖红壤水分入渗的影响 [J]. 热带作物学报，38 (5)：811-816.

王全九，邵明安，郑纪勇，2007. 土壤中水分运动与溶质迁移 [M]. 北京：中国水利水电出版社.

王全九，孙燕，宁松瑞，等，2019. 活化灌溉水对土壤理化性质和作物生长影响途径剖析 [J]. 地球科学进展，34 (6)：660-670.

王全九，叶海燕，史晓南，等，2004. 土壤初始含水率对微咸水入渗特征影响 [J]. 水土保持学报，(1)：51-53.

王小姣，李梦雅，王文丽，等，2021. 接种单细胞微生物对土壤团聚体形成及其稳定性的影响 [J]. 土壤通报，(2)：355-360.

吴忠东，王全九，2010. 不同初始含水率条件下的微咸水入渗实验 [J]. 农业机械学报，41 (S1)：53-58.

曾辰，王全九，樊军，2010. 初始含水率对土壤垂直线源入渗特征的影响 [J]. 农业工程学报，26 (1)：24-30.

张翠丽，支金虎，张桂兵，等，2020. 塔里木河上游棉区不同类型盐土阳离子交换量分布特征及影响因素 [J]. 新疆农业科学，57 (6)：1057-1070.

朱孟龙，2015. 稻草及硫酸铝添加对苏打盐碱土有机质含量及其组成的影响 [D]. 沈阳：吉林农业大学.

GREEN W H，AMPT G，1911. Studies on soil phyics [J]. The Journal of Agricultural Science，4 (1)：1-24.

KOSTIAKOV A N，1932. On the dynamics of the coefficient of water-percolation in soils and on the necessity of studying it from a dynamic point of view for purposes of amelioration [J]. Trans. Sixth Comm. Int. Soc. Soil Sci，Part A：7-21.

PHILIP J，1957. The theory of infiltration：1. The infiltration equation and its solution [J]. Soil Science，83 (5)：345-358.

SANTHI C，ARNOLD J G，WILLIAMS J R，et al，2001. Validation of the SWAT model on a large river basin with point and nonpoint sources [J]. Journal of the American Water Resources Association，37 (5)：1169-1188.

第4章　活化水灌溉与微生物群落结构和功能

　　土壤养分是土壤肥力和作物生长的基础，土壤微生物可以将养分转化为植物可利用的形态，是驱动养分循环的关键因子。活化水灌溉通过改变土壤水分、通气、养分等环境条件，影响土壤微生物的群落结构与功能。研究表明，增氧和磁化灌溉能够影响土壤中微生物的活动（饶晓娟等，2018；张瑛，2019），进而增强作物根系对水分和养分的吸收利用程度，提高水肥利用效率。如增氧灌溉能够增加土壤中硝化细菌的数量，减少土壤中反硝化细菌的数量，进而促进作物对氮的吸收和利用（陈慧等，2016）。磁化水灌溉可为土壤根瘤菌提供更适宜的水分条件，促进根瘤菌的生长和繁殖（Aliverdi et al.，2015）。然而，前期的研究结果主要来源于传统培养方法，而自然界中可培养微生物仅占1%。随着技术的进步，已有大量研究采用高通量测序和宏基因组测序方法，全面分析土壤中微生物的多样性和群落结构特征。

　　图4.1为活化水处理下微生物群落与功能分析流程。本章以不同活化水灌溉下的小麦根区土壤微生物、非种植土壤微生物和堆肥中的微生物等为研究对象，采用高通量测序和宏基因组测序技术，对测序结果进行物种注释及丰度分析。结合与养分转化相关的功能基因分析和基因功能预测分析，研究不同活化水处理中微生物的种群相对丰度、结构和功能，阐明不同活化水处理条件下的微生物群落组成和功能差异，为活化水应用于农业灌溉提供一定的理论依据和指导。

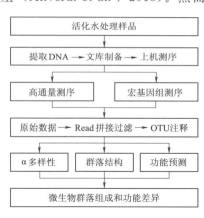

图4.1　活化水处理下微生物群落与功能分析流程

4.1　活化水灌溉与微生物 α 多样性

　　微生物物种多样性（species diversity）是指微生物种类的丰富性，以一个群落中物种的数目及它们的相对多度（即均度）为衡量的指标，强调物种的变异性。物种多样性代表着物种演化的空间范围和对特定环境的生态适应性，是进化机制的最主要产物。通常认为未受干扰的自然土壤中微生物多样性较高，而人为的农业管理措施会降低微生物多样性。微生物物种多样性主要有三个空间尺度：α 多样性，β 多样性，γ 多样性。α 多样性主要关注局域生境下的物种数目，如某个单一样本中微生物种群的多样性；β 多样性指沿环境梯度不同生境之间物种组成的相异性，如不同处理样本中微生物种群多样性差异；γ 多样性描述区域或大陆尺度的物种数量，受区域水热动态、气候和物种形成演化历史等生态过程控制。本节主要针对活化水灌溉微生物物种 α 多样性进行分析。

α 多样性的常用评价方法包括 Chao1 指数、ACE 指数、Shannon 指数和 Simpson 指数等。

（1）Chao1 指数。Chao1 指数主要衡量物种丰富度。Chao1 指数越大，表明某群落物种数目越大。Chao1 指数受 1 条和 2 条序列的物种影响较大，即对稀有物种很敏感。它考虑 3 个因素，一是物种数目，二是只有 1 条序列的物种数目，三是 2 条序列的物种数目，计算公式为

$$Chao1 = S_{obs} + \frac{n_1(n_1-1)}{2(n_2+1)} \tag{4.1}$$

式中：Chao1 为估计的 OTU 数目❶；S_{obs} 为观测到的 OTU 数目；n_1 为只有 1 条序列的 OTU 数目；n_2 为只有 2 条序列的 OTU 数目。

（2）ACE 指数。ACE 指数是基于丰度的覆盖估计值（abundance-based coverage estimator），可用来估计群落中含有 OTU 数目，同样也是生态学中估计物种总数的常用指数之一。ACE 指数越大，表明群落中物种数目越大。默认将序列量 10 以下的 OTU 定义为稀有并单独计算，从而估计群落中实际存在的物种数，计算公式为

$$S_{ACE} = S_{abund} + \frac{S_{rare}}{C_{rare}} + \frac{f_1}{C_{rare}}\hat{\gamma}_{rare}^2 \tag{4.2}$$

$$\hat{\gamma}_{rare}^2 = \max\left\{ \frac{S_{rare}}{C_{rare}} \frac{\sum_{i=1}^{K} i(i-1)f_i}{\left(\sum_{i=1}^{K} if_i\right)\left(\sum_{i=1}^{K} if_i - 1\right)} - 1, 0 \right\} \tag{4.3}$$

$$C_{rare} = \frac{f_1}{N_{rare}} \tag{4.4}$$

$$N_{rare} = \sum_{i=1}^{K} if_i \tag{4.5}$$

式中：S_{abund} 为样本中出现超过 10 次的丰富 OTU 数目；S_{rare} 为出现不多于 10 次的稀有 OTU 数目；C_{rare} 为衡量丰度大于等于 2 次且小于等于 10 次的物种丰度总覆盖率；$\hat{\gamma}_{rare}^2$ 为稀有物种变异系数的估算值；f_1 为序列数为 1 的 OTU 数目；f_i 为含有 i 条序列的 OTU 数目；N_{rare} 为所有稀有物种丰度之和；K 为将物种分为稀有种（频率≤K）和丰富种（频率>K）组的阈值，一般设定 $K=10$。

（3）Shannon 指数。Shannon 指数综合考虑了群落的物种丰富度和均匀度这两个因素。Shannon 指数值越高，表明群落的 α 多样性越高。该指标在计算时将丰度低的物种设

---

❶　在微生物多样性分析中，根据不同的相似度水平，对所有序列进行 OTU 划分，一般情况下，如果序列之间的相似性高于 97%（种水平）就可以把它定义为一个 OTU，每个 OTU 代表一个物种。

置了较大权重，所以低丰度物种较多时该指数值较大，计算公式为

$$H_{shannon} = -\sum_{i=1}^{S_{obs}} \frac{n_i}{N} \ln \frac{n_i}{N} \qquad (4.6)$$

式中：S_{obs} 为观测到的 OTU 数目；n_i 为含有 i 条序列的 OTU 数目；N 为所有的序列数。

（4）Simpson 指数。Simpson 指数同样综合考虑了群落的物种丰富度和均匀度这两个因素。Simpson 指数值越高，表明群落多样性越高。该指标在计算时将丰度高的物种设置了较大权重，所以高丰度物种较多时该指数值较大，计算公式为

$$D_{simpson} = 1 - \sum_{i=1}^{S_{obs}} \frac{n_i(n_i - 1)}{N(N-1)} \qquad (4.7)$$

式中：S_{obs} 为观测到的 OTU 数目；n_i 为含有 i 条序列的 OTU 数目；N 为所有的序列数。

4.1.1 磁化-增氧微咸水灌溉与土壤细菌 α 多样性

不同活化微咸水灌溉条件下的成熟期棉花根区土壤细菌 α 多样性见表 4.1。微咸水（BCK）灌溉以及不同活化微咸水灌溉之间的细菌 α 多样性指数并无显著差异，表明微咸水经磁化（BM）、增氧（BO）以及磁化-增氧耦合（BMO）处理后并不会显著影响细菌的丰富度及多样性指数。

表 4.1　　　　　　　　　小麦根际土壤细菌 α 多样性指数

处理	Chao1	Simpson	Shannon
BCK	3336.50±568.42a	0.9974±0.0009a	10.07±0.07a
BO	3244.60±727.59a	0.9973±0.0005a	9.85±0.18a
BM	3052.75±87.84a	0.9980±0.0001a	10.18±0.07a
BMO	3078.29±545.16a	0.9973±0.0014a	10.07±0.27a

注　BCK—普通微咸水，BO—增氧微咸水，BM—磁化微咸水，BMO—磁化-增氧耦合微咸水；同一列相同小写字母表示不同灌溉水处理间无显著差异（$P<0.05$）。

4.1.2 去电子淡水灌溉与土壤细菌 α 多样性

不同田间持水量（30%WHC、60%WHC、100%WHC、175%WHC）条件下，去电子淡水与普通淡水灌溉所培养的土壤中细菌 α 多样性指数见表 4.2。随着培养时间的延长，细菌丰富度与多样性均有所降低，尤其是含水率较高的土壤，其细菌丰富度与多样性的降低程度越大。与淡水灌溉（FCK）相比，去电子淡水灌溉（FD）对细菌 Chao1 指数无显著影响。培养前期（第 0 天和第 6 天），去电子淡水灌溉的土壤与普通淡水灌溉的土壤细菌 Shannon 指数和 Simpson 指数均无显著差异。在培养后期（第 16 天），去电子淡水灌溉显著降低了土壤细菌的多样性（$P<0.05$），说明去电子水灌溉促进了优势菌群的产生，对特定微生物种属具有明显的激活作用。

表 4.2　　　　　　　　　　　活化水灌溉下土壤中细菌 α 多样性指数

取样时间	水分条件	Chao1		Shannon		Simpson	
		FCK	FD	FCK	FD	FCK	FD
第 0 天	30%WHC	3245.42±122.59a	3330.19±71.58a	9.493±0.07a	9.587±0.02a	0.9953±0.0005a	0.9959±0.0000a
	60%WHC	3489.55±298.60a	3490.61±223.76a	9.526±0.07a	9.559±0.03a	0.9956±0.0004a	0.9958±0.0002a
	100%WHC	3322.09±136.59a	3246.77±3.16a	9.502±0.01a	9.484±0.04a	0.9956±0.0000a	0.9953±0.0003a
	175%WHC	3535.74±258.49a	3575.80±213.15a	9.579±0.05a	9.546±0.02a	0.9958±0.0002a	0.9956±0.0000a
第 6 天	30%WHC	3327.39±260.59a	3169.52±236.10a	9.372±0.04a	9.261±0.05a	0.9950±0.0004a	0.9947±0.0004a
	60%WHC	3372.11±179.38a	3185.48±243.89a	9.363±0.02a	9.328±0.05a	0.9953±0.0000a	0.9950±0.0002a
	100%WHC	3170.21±44.77a	3060.50±45.84a	9.372±0.05a	9.368±0.06a	0.9953±0.0003a	0.9954±0.0003a
	175%WHC	3157.78±67.34a	3107.06±49.00a	9.395±0.02a	9.320±0.06a	0.9952±0.0001a	0.9951±0.0004a
第 16 天	30%WHC	3228.50±229.15a	3071.76±65.31a	9.216±0.16a	8.638±0.07b	0.9939±0.0020a	0.9880±0.0007b
	60%WHC	3178.76±174.36a	3032.92±87.07a	8.965±0.08a	8.591±0.05b	0.9912±0.0007a	0.9871±0.0008b
	100%WHC	3048.93±135.92a	3160.30±217.61a	9.065±0.11a	8.865±0.23b	0.9918±0.0007a	0.9901±0.0023b
	175%WHC	3096.04±48.17a	3076.57±258.66a	9.162±0.02a	8.921±0.11b	0.9933±0.0002a	0.9908±0.0017b

注　FCK—普通淡水，FD—去电子淡水，WHC—田间持水量；同一天同一列不同小写字母表示相同水分条件下淡水与去电子淡水处理间差异显著（$P<0.05$）。

4.1.3　堆肥过程中去电子淡水添加下细菌 α 多样性

堆肥过程中的细菌 α 多样性指数见表 4.3。在不同堆肥时期，与淡水添加（FCK）相比，去电子水添加（FD）显著降低了细菌丰富度（$P<0.05$）。除堆肥第 2 天，FCK 田间和 FD 的细菌多样性差异不显著外（$P>0.05$），在堆肥第 6 天、第 13 天、第 25 天，FD 处理细菌群落多样性显著低于 FCK 处理（$P<0.05$）。表明去电子水添加条件下，群落细菌的种类减少。但 FD 处理和 FCK 处理，细菌优势度差异不显著（$P>0.05$）。说明去电子水有针对性地增加了一些优势细菌的数量，使其直接有效地参与肥料的腐熟过程。

表 4.3　　　　　　　　　　　堆肥过程中的细菌 α 多样性指数

处理	Shannon	Simpson	Chao1	ACE
初始	7.27±0.030ab	0.98±0.001a	830.70±8.606b	824.93±6.248b
FCK-2d	6.43±0.030de	0.96±0.002a	705.04±10.042f	711.77±6.658e
FD-2d	6.44±0.010de	0.97±0.002a	639.94±7.512g	659.29±9.465f
FCK-6d	6.97±0.008bc	0.98±0.001a	739.00±11.556e	742.68±8.712d

续表

处理	Shannon	Simpson	Chao1	ACE
FD-6d	6.38±0.002e	0.96±0.001a	636.51±6.583g	651.57±10.487g
FCK-13d	7.24±0.004ab	0.99±0.002a	807.22±5.386c	803.50±5.023c
FD-13d	6.73±0.003cd	0.97±0.001a	615.83±8.167h	626.34±11.437h
FCK-25d	7.39±0.004a	0.99±0.001a	1041.08±6.868a	1032.83±6.700a
FD-25d	7.00±0.009bc	0.98±0.001a	748.12±4.691d	748.96±5.882d

注 FCK—普通淡水，FD—去电子淡水；同一列不同小写字母表示淡水与去电子淡水处理间差异显著（$P<0.05$）。

4.2 活化水灌溉与微生物群落结构

4.2.1 磁化-增氧微咸水灌溉与土壤细菌群落结构

普通微咸水（BCK）、磁化微咸水（BM）、增氧微咸水（BO）以及磁化-增氧耦合（BMO）处理微咸水灌溉条件下，成熟期棉花根区土壤细菌门水平群落组成如图 4.2所示。不同活化微咸水灌溉条件下，在门水平上土壤细菌的组成相似，但部分细菌门的相对丰度有明显差异。变形菌门（Proteobacteria）、绿弯菌门（Chloroflexi）、放线菌门（Actinobacteria）、芽单胞菌门（Gemmatimonadetes）及酸杆菌门（Acidobacteria）是所有土壤中细菌丰度最高的 5 个门，占细菌总序列的 81.6%。许多研究也证明，这些细菌普遍存在于盐碱土中（Li et al., 2016）。

整体来看，增氧微咸水灌溉（BO）的绿弯菌门相对丰度显著高于微咸水（BCK）处

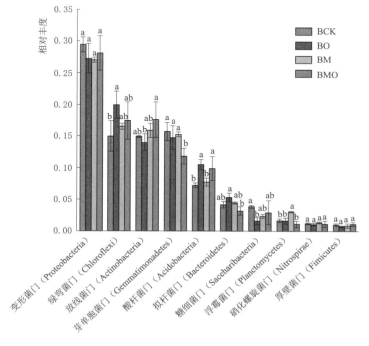

图 4.2 不同灌溉条件下成熟期棉花根区土壤细菌门水平群落组成

理。磁化-增氧耦合微咸水处理（BMO）的放线菌门相对丰度显著高于增氧微咸水（BO），而 BMO 处理的芽单胞菌门相对丰度却显著低于其他三个处理。土壤中的放线菌门能够加速动植物残体的分解，同时在碳氮循环中也发挥着一定的作用（Lauber et al.，2008）。芽单胞菌门的很多成员在生物地球化学转化过程中都具有很活跃的作用，尤其是在高盐土壤中（Zhang et al.，2003）。研究发现高盐土壤中芽单胞菌门的相对丰度明显高于低盐度土壤（Staff，2014）。

增氧微咸水处理（BO）和磁化-增氧耦合微咸水处理（BMO）的酸杆菌门相对丰度显著高于微咸水对照和磁化微咸水处理。酸杆菌门偏好弱酸性环境（Michelle et al.，2006），能够参与土壤中的碳氮循环（Ward et al.，2009）。此外，酸杆菌门在低盐度条件下增加，而在高盐条件下降低（Zheng et al.，2017）。因此，增氧微咸水灌溉对根区土壤盐分的降低具有一定的促进作用，并且磁化-增氧耦合处理相比于单纯的增氧处理更有利于土壤碳氮循环。

图 4.3 显示了不同活化水灌溉下棉花根区土壤细菌属水平相对丰度热图。在属水平上的相对丰度，磁化-增氧耦合微咸水灌溉明显区分于其他三个处理，而增氧微咸水处理又明显区分于微咸水对照和磁化微咸水处理。表 4.4 列出不同活化水灌溉下土壤细菌属水平相对丰度，由表可知，每个处理的优势细菌属差异较为明显。如 BMO 处理中，相对丰度显著高于其他处理的细菌属主要包括芽生球菌属（*Blastococcus*）和固氮弓菌属（*Azoarcus*）；BO 处理中相对丰度较高的细菌属主要包括丰佑菌属（*Opitutus*）、硝化螺旋菌属（*Nitrospira*）、*Pelagibius* 属；BM 处理中，相对丰度显著高于其他处理的细菌属主要包括 *Salinirepens* 属和 AKYG587 属；BCK 处理的相对丰度显著高于其他处理的细菌属主要包括芽单胞菌属（*Gemmatimonas*）和 *Enhygromyxa* 属。此外，芽孢杆菌属（*Bacillus*）、念珠菌固体杆菌属（*Candidatus_Solibacter*）、*Gaiella* 属、罗尔斯通氏菌菌属（H16）、赭黄嗜盐囊菌属（*Haliangium*）在四个处理中没有显著差异。

表 4.4　　　　不同活化水灌溉下棉花根区土壤细菌属水平相对丰度

菌　　属	BCK	BO	BM	BMO
芽生球菌属（*Blastococcus*）	0.22±0.04 c	0.39±0.07 b	0.36±0.03 b	0.54±0.09 a
马杜拉放线菌属（*Actinomadura*）	0.34±0.08 b	0.34±0.08 b	0.48±0.08 ab	0.55±0.04 a
红杆菌属（*Solirubrobacter*）	0.29±0.02 b	0.24±0.04 b	0.42±0.09 a	0.44±0.06 a
杆状孢囊菌属（*Virgisporangium*）	0.31±0.07 ab	0.21±0.04 c	0.30±0.06 bc	0.40±0.00 a
斯科曼氏球菌属（*Skermanella*）	0.25±0.06 a	0.14±0.06 b	0.20±0.06 b	0.33±0.03 a
固氮弓菌属（*Azoarcus*）	0.34±0.04 b	0.13±0.02 c	0.02±0.01 d	0.52±0.03 a
丰佑菌属（*Opitutus*）	0.09±0.05 b	0.25±0.15 a	0.05±0.02 b	0.17±0.10 ab
念珠菌固体杆菌属（*Candidatus_Solibacter*）	0.10±0.04 a	0.19±0.03 a	0.10±0.05 a	0.16±0.06 a
硝化螺旋菌属（*Nitrospira*）	0.20±0.06 ab	0.26±0.01 a	0.21±0.01 ab	0.18±0.02 b
Pelagibius 属	0.50±0.06 ab	0.70±0.18 a	0.46±0.09 bc	0.29±0.05 c
Gaiella 属	0.47±0.05 a	0.48±0.09 a	0.50±0.01 a	0.38±0.08 a
SM1A02 属	0.54±0.12 ab	0.47±0.08 b	0.72±0.11 a	0.23±0.12 c
罗尔斯通氏菌菌属（H16）	0.47±0.01 a	0.63±0.06 a	0.65±0.03 a	0.58±0.18 a

菌　　属	BCK	BO	BM	BMO
木洞菌属（*Woodsholea*）	0.16±0.03 ab	0.09±0.05 b	0.24±0.06 a	0.08±0.06 b
Salinirepens 属	0.02±0.01 b	0.00±0.00 b	0.67±0.07 a	0.07±0.06 b
AKYG587 属	0.15±0.01 b	0.09±0.08 b	0.34±0.05 a	0.12±0.10 b
芽单胞菌属（*Gemmatimonas*）	1.07±0.12 a	0.76±0.07 b	0.79±0.03 b	0.84±0.13 b
Enhygromyxa 属	0.37±0.16 a	0.03±0.03 b	0.19±0.08 b	0.04±0.02 b
赭黄嗜盐囊菌属（*Haliangium*）	0.89±0.29 a	0.55±0.26 a	0.98±0.10 a	0.76±0.20 a
假单胞菌属（*Pseudomonas*）	1.54±1.07 a	0.06±0.02 b	0.26±0.14 ab	1.24±0.96 ab
芽孢杆菌属（*Bacillus*）	0.61±0.19 a	0.25±0.13 a	0.37±0.29 a	0.47±0.18 a

注　同一行不同小写字母表示不同活化水灌溉处理差异显著（$P<0.05$）。

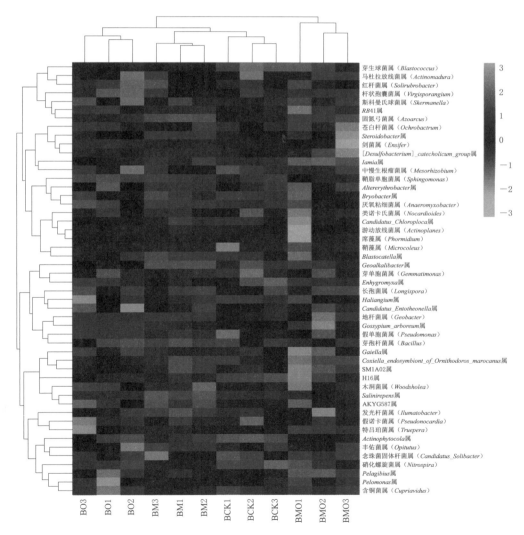

图 4.3　不同活化水灌溉下棉花根区土壤细菌属水平相对丰度热图
注　右侧条形图不同颜色代表不同活化水灌溉下土壤细菌属水平相对丰度的高低。

　　非度量多维尺度（NMDS）分析是一种基于样本距离矩阵的分析方法，通过降维处理简化数据结构，在新的低维坐标系中对样本重新排序，从而在特定距离尺度下描述样本的分布特征。NMDS分析不依赖于特征根和特征向量的计算，而是通过对样本距离进行等级排序，使样本在低维空间中的排序尽可能符合彼此之间的距离远近关系（而非确切的距离数值）。因此，NMDS分析不受样本距离的数值影响，仅考虑彼此之间的大小关系，如图 4.4 所示。NMDS 分析表明，不同活化微咸水灌溉条件下的土壤细菌群落结构差异明显。其中，增氧微咸水（BO）明显区分于微咸水（BCK）、磁化微咸水（BM）及磁化-增氧耦合微咸水（BMO）。

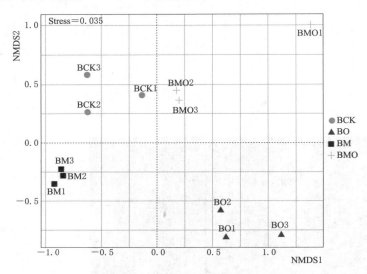

图 4.4　不同活化微咸水处理的 NMDS 分析

　　挑选细菌相对丰度大于 0.01% 的 OTU 参照分子生态学网络分析标准流程进行生态网络构建（Deng et al.，2012），以进一步分析不同活化方式微咸水灌溉对土壤细菌群落共生规律的影响。表 4.5 所示结果表明，原始 OTU 经筛选之后，不同活化微咸水处理共有340 个 OTU 符合网络构建要求。通过随机矩阵理论构建细菌群落生态网络，结果如图 4.5所示。由图可知，细菌网络模块中节点在 4 个以上的复杂模块有 15 个。其中每一个有色圆点代表一个节点（OTU），每一条线代表其连接的两个节点之间存在相关性（links），红色连线代表两节点之间呈正相关关系，蓝色连线代表两节点之间呈负相关关系。该土壤细菌网络共有 732 条 links，其中 560 条正相关 links 及 172 条负相关 links。因此，该土壤细菌网络图表明土壤中的细菌大多表现出相互协作关系。

表 4.5　　　　　　　　　不同活化微咸水处理土壤细菌网络拓扑结构指标

实　验　网　络							随　机　网　络		
相似度阈值	节点数	幂次定律 R^2	平均连接值	平均聚类系数	平均路径长度	模块性	平均聚类系数	平均路径长度	模块性
0.880	340	0.914	4.312	0.256	5.457	0.673	0.028±0.005	3.813±0.050	0.464±0.006

注　随机网络是基于 Erdös-Réyni 模型生成的大小相同的随机网络，其拓扑特性计算为 100 个 Erdös-Réyni 随机网络的平均值。

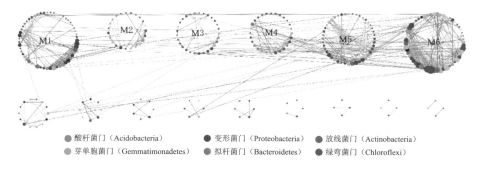

● 酸杆菌门（Acidobacteria）   ● 变形菌门（Proteobacteria）   ● 放线菌门（Actinobacteria）

● 芽单胞菌门（Gemmatimonadetes）   ● 拟杆菌门（Bacteroidetes）   ● 绿弯菌门（Chloroflexi）

图 4.5 不同活化微咸水处理土壤细菌网络图

注 M—模块；圆圈大小代表网络模块中细菌 OTU 节点数目的多少。

图 4.6 所示结果表明，细菌网络由一系列的 OTU 构成，每个 OTU 在网络拓扑结构中的作用也不同，本研究中以 Z_i-P_i 散点图表示。根据 Z_i 与 P_i 散点图可分为四个象限，分别代表四种作用的节点：①$Z_i<2.5$ 且 $0 \leqslant P_i<0.62$ 象限内的节点为外围节点 Peripherals（Specialists），这些节点与外界的联系较少，几乎只与其模块内的节点有联系；②$Z_i \geqslant 2.5$ 且 $P_i<0.62$ 象限内的节点为模块中心点 Module hubs（Generalists），这些节点与各自模块内部的节点联系较为紧密；③$Z_i<2.5$ 且 $P_i \geqslant 0.62$ 象限内的节点为连接节点 Connectors（Generalists），这些节点与模块之间联系较为紧密；④$Z_i \geqslant 2.5$ 且 $P_i \geqslant 0.62$ 象限内的节点为网络中心点 Network hubs（Super generalists），这些节点既与模块之间联系紧密也与模块内节点联系紧密，发挥着连接节点和模块枢纽双重作用。

通常将连接节点 Connectors（Generalists）、模块中心点 Module hubs（Generalists）、网络中心点 Network hubs（Super generalists）这三类节点归为假定的关键微生物物种，以寻找细菌网络中的核心 OTUs。

在细菌网络图中，327 个节点（占总节点数的 96.2%）属于外围节点，8 个节点（占总节点数的 2.3%）属于连接节点，5 个节点（占总节点数的 1.5%）属于模块中心点。连接节点和模块中心点对应具体 OTU 的分类信息如图 4.6 所示。其中模块中心点组成包括芽单胞菌门（Gemmatimonadetes）、β-变形菌纲（Betaproteobacteria）、芽单胞菌科（Gemmatimonadaceae）、亚硝化单胞菌科（Nitrosomonadaceae）和马洛克氏菌属（*Coxiella_endosymbiont_of_Ornithodoros_marocanus*），均属于芽单胞菌门和变形菌门。连接节点组成包括绿弯菌门（Chloroflexi）、芽单胞菌门（Gemmatimonadetes）、拟杆菌门（Bacteroidetes）、热微菌纲（Thermomicrobia）、根瘤菌目（Rhizobiales）、硫磺属（*Sulfurifustis*）、罗尔斯通氏菌菌属（H16）、木洞菌属（*Woodsholea*），均属于绿弯菌门、芽单胞菌门、拟杆菌门和变形菌门。

在相似度阈值（0.880）下构建的实验网络结构指标与随机网络差异明显，实验网络的平均聚类系数、平均路径长度和模块性均高于随机网络。平均连接值越高表明网络越复杂，平均路径长度越短表明节点联系越紧密。网络的模块性值越高表明群落组织有序化程度越高，本研究中的模块性指数大于推荐阈值（0.4）（Newman，2006），表明网络模块性较好，活化微咸水灌溉条件下的细菌网络具有无尺度、小世界及模块性特征（Clauset et al.，2008）。

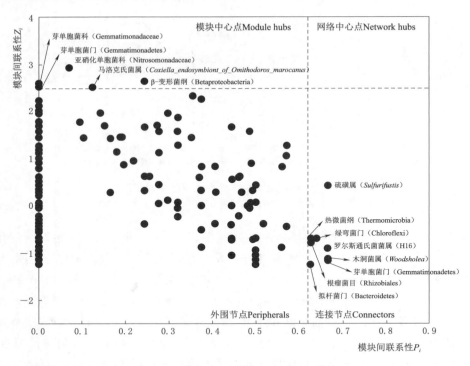

图 4.6 不同活化微咸水处理细菌网络中各 OTU 的拓扑结构作用 $Z_i - P_i$ 散点图

与人类社会网络相似，网络中相互关联的个体越多意味着合作和交流越多。因此，网络能够更加高效运转并且更容易完成共同目标。因此由 $Z_i - P_i$ 散点图分析可知，模块中心点的多少对网络至关重要。如果没有模块中心点，模块内或模块间的节点之间将不能与其他节点产生交流，网络将会变得紊乱，不能进行有效组织、能量交换、物质和信息交流，进而不能有效运转。连接节点和模块中心点在不同处理间的相对丰度见表 4.6。β-变形菌纲、芽单胞菌科、亚硝化单胞菌科、硫磺属和罗尔斯通氏菌菌属在四个处理中没有显著差异。

表 4.6　　　　　　　　　$Z_i - P_i$ 散点图中特殊 OTU 的分类信息及相对丰度　　　　　　　　%

菌种	BCK	BO	BM	BMO
芽单胞菌门（Gemmatimonadetes）	15.71±1.41 a	14.74±1.86 a	15.26±0.39 a	11.83±1.26 b
绿弯菌门（Chloroflexi）	15.00±2.40 b	19.97±2.12 a	16.54±0.47 ab	17.47±2.97 ab
拟杆菌门（Bacteroidetes）	4.20±0.51 ab	5.32±0.71 a	4.45±0.18 ab	3.21±0.66 b
β-变形菌纲（Betaproteobacteria）	3.91±0.91 a	2.88±0.70 a	3.05±0.16 a	3.98±0.19 a
热微菌纲（Thermomicrobia）	1.55±0.10 b	2.33±0.63 a	1.74±0.14 ab	2.27±0.31 a
根瘤菌目（Rhizobiales）	3.03±0.49 ab	3.17±0.17 ab	2.64±0.10 b	3.89±1.07 a
芽单胞菌科（Gemmatimonadaceae）	5.28±0.47 a	4.56±0.54 a	5.51±0.09 a	4.93±0.98 a
亚硝化单胞菌科（Nitrosomonadaceae）	2.38±0.78 a	1.18±0.24 a	2.17±0.14 a	1.50±0.91 a
马洛克氏菌属（Coxiella_endosymbiont_of_Ornithodoros_marocanus）	0.79±0.17 c	1.18±0.14 b	1.48±0.16 a	0.47±0.15 d

菌种	BCK	BO	BM	BMO
硫磺属（*Sulfurifustis*）	0.08±0.03 a	0.07±0.03 a	0.08±0.00 a	0.05±0.04 a
罗尔斯通氏菌菌属（H16）	0.47±0.01 a	0.63±0.06 a	0.65±0.03 a	0.58±0.18 a
木洞菌属（*Woodsholea*）	0.16±0.03 ab	0.09±0.05 b	0.24±0.06 a	0.08±0.06 b

注　同一行不同小写字母表示不同活化水灌溉处理间差异显著（$P<0.05$）。

相比于 BCK 处理，BO 处理显著提高了绿弯菌门、马洛克氏菌属、热微菌纲的相对丰度。绿弯菌门可以依靠光合作用产生能量，但这些细菌的生态功能仍不清楚（Fullerton and Moyer，2016；Shao et al.，2020）。马洛克氏菌属属于黄单胞菌目（Xanthomonadales），是一种根结线虫与真菌复合体引起的病害。BM 处理显著提高了马洛克氏菌属的相对丰度。BMO 处理显著提高了热微菌纲的相对丰度，且显著降低了马洛克氏菌属和芽单胞菌门的相对丰度。芽单胞菌门的很多成员在生物地球化学转化过程中都具有很活跃的作用，尤其是在高盐土壤中（Zhang et al.，2003）。研究发现高盐土壤中芽单胞菌门的相对丰度明显高于低盐度土壤（Staff，2014）。有研究表明热微菌纲大多属于嗜热细菌或耐热细菌，并且与土壤湿度呈显著的正相关关系（Houghton et al.，2015）。

因此，相比于微咸水灌溉，增氧微咸水和磁化微咸水灌溉后的根区土壤更有利于一些致病菌的繁殖，主要危害作物根部，进而危害作物生长。而磁化-增氧耦合处理能够显著降低致病菌在根区土壤中的定殖，同时保持了较低的土壤含盐量及较高的土壤含水量。此外，磁化-增氧耦合处理更能促进土壤养分有效性的提高，平衡的养分供给促进了棉花的生长和根系的发育，土壤中充足的养分更有利于这些细菌的生长发育。

4.2.2　去电子微咸水灌溉与土壤微生物群落结构变化特征

宏基因组测序注释到的土壤微生物主要为土壤细菌，存在少量的土壤真菌，如子囊菌门（Ascomycota）以及奇古菌门（Thaumarchaeota）。单独挑选出所有属于细菌的序列，分别在门水平和属水平上进行展示。图 4.7 所示结果表明，在小麦不同生育期，微咸水处理和去电子微咸水处理根区土壤中的细菌相对丰度差异较明显。其中，放线菌门（Actinobacteria）和变形菌门（Proteobacteria）占有绝对的数量优势。对于放线菌门，微咸水处理和去电子微咸水处理表现出相同的变化趋势，随生育期的推进，放线菌门相对丰度逐渐增加，但在分蘖期下降。在苗期，去电子微咸水处理的放线菌门相对丰度高于微咸水处理，其他生育期去电子微咸水处理的放线菌门相对丰度均低于微咸水处理。放线菌门一般属于好气菌，适合在弱碱性土壤中生存，与土壤养分含量存在显著正相关关系（赵卉琳等，2008）。在各个生育期，去电子微咸水处理的变形菌门和疣微菌门（Verrucomicrobia）相对丰度均高于微咸水处理。有研究表明变形菌门主要参与有机质的分解（Li et al.，2016），被视为有机质分解转化的主要功能细菌，在营养较为丰富的土壤中比例更高（Huang et al.，2016）；疣微菌门大多为厌氧菌，具有纤维素降解和硝酸盐还原能力（Schlesner et al.，2006）。厚壁菌门（Firmicutes）主要进行碳氮元素的固定（Zhang et al.，2016），在苗期和分蘖期，微咸水处理其相对丰度较多；而对于去电子微咸水处理，厚壁菌门相对丰度在分蘖期和抽穗期较多。去电子微咸水处理的酸杆菌门（Acidobacteria）和芽单胞菌门（Gemmatimonadetes）相对丰度较微咸水处理均表现出苗期较高的变化趋势，酸杆菌门与土壤 pH 值呈显著的负相关关系（Lauber et al.，2009），在碳循环中发挥重要作用（Lladó et al.，2016）。因此，在门水平上进行分析，相比于微咸水处理，去电子微咸水处理可能明显改善了小麦各个生育时期的土壤养分状况，尤其是苗期，为小麦出苗及苗期生长提供了良好的土壤环境。

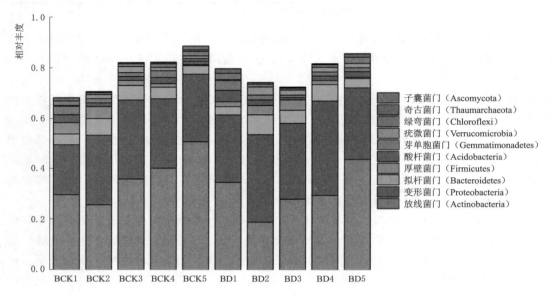

图 4.7　宏基因组测序细菌门水平相对丰度
1—苗期；2—分蘖期；3—抽穗期；4—灌浆期；5—成熟期

　　由于较高的测序深度，宏基因组测序注释到很多 16S rRNA 测序注释不到的细菌属，结果如图 4.8 所示。糖丝菌属（Saccharothrix）和糖霉菌属（Glycomyces）是根际土壤中的优势菌属。研究表明糖丝菌属是一种中度嗜盐菌，广泛存在于盐碱地中（Mohammadipanah and Wink，2016）。在小麦不同生育期，去电子微咸水处理均明显降低了糖丝菌属的相对丰度，尤其是分蘖期和成熟期，这说明去电子微咸水灌溉能够有效改善根区土壤盐环境。此外，去电子微咸水处理也明显降低了小麦各个时期的糖霉菌属放线菌相对丰度。糖霉菌属同样可以在营养匮乏的盐碱土壤环境中广泛生存，可以通过产生抗生素（如链霉素）来抑制其他病原体（Liao et al.，2018）。

　　将苗期至抽穗期作为小麦的营养生长阶段，将抽穗期至成熟期划分为小麦的生殖生长阶段。与微咸水处理相比，去电子微咸水处理提高了小麦营养生长阶段根际土壤中类诺卡氏菌属（Nocardioides）、溶菌性细菌属（Solirubrobacter）、鞘脂单胞菌属（Sphingomonas）、溶杆菌属（Lysobacter）、乳杆菌属（Lactobacillus）和链霉菌属（Streptomyces）的相对丰度。类诺卡氏菌属和溶菌性细菌属被报道可以产生铁载体，与铁元素的循环密不可分（孙磊等，2011）。鞘脂单胞菌属主要负责土壤中复杂有机物质的分解，促进土壤碳氮磷的循环。溶杆菌属是植物根围常见的 PGPR 类型之一，能够通过产生多种胞外水解酶有效抑制病原真菌的生长和繁殖。乳杆菌属可以通过产生有机酸等代谢产物来降低土

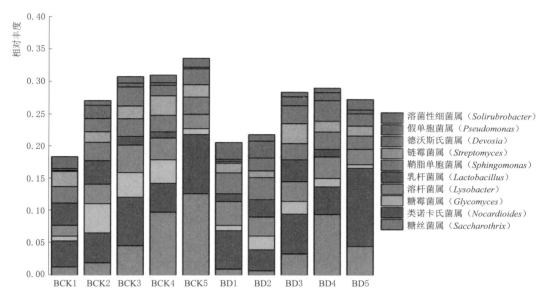

图 4.8 宏基因组测序细菌属水平相对丰度
1—苗期；2—分蘖期；3—抽穗期；4—灌浆期；5—成熟期

壤的 pH 值，进而改善土壤的盐碱化情况，同时对土壤氮和磷元素有效性的提高具有一定的促进作用（侯景清等，2019）。链霉菌属属于最高等的放线菌，可以通过产生抗生素来抑制病原微生物的生长繁殖，达到保护作物的效果。而在生殖生长阶段，去电子微咸水处理明显提高了德沃斯氏菌属（*Devosia*）和假单胞菌属（*Pseudomonas*）的相对丰度。γ-变形菌纲细菌（假单胞菌属）能够与豆科植物结瘤，有利于土壤氮素的固定（蒲强等，2016）。由此可见，在属水平上进行分析，微咸水经去电子技术处理后可能改善小麦整个生育时期内根际土壤的盐环境和养分状况，尤其对小麦营养生长阶段根际土壤中养分循环的促进效果更加明显。

基于宏基因组序列的基因丰度，对微生物在门和属水平进行 NMDS 分析，以评估不同根际土壤样品中微生物菌群的相似性和差异，如图 4.9 所示。应用 NMDS 分析，根据样本中包含的物种信息，以点的形式反映在多维空间上，而不同样本间的差异程度则是通过点与点间的距离体现，能够反映样本的组间或组内差异等，如果样品的物种组成越相似，则它们在 NMDS 图中的距离则越接近。NMDS 结果的评估标准是 stress 值，表示观察到的距离和拟合的距离的不一致性。当 Stress 小于 0.2 时，表明 NMDS 分析具有一定的可靠性。图 4.9（a）所示结果表明，在门水平上，微咸水处理和去电子微咸水处理小麦苗期、分蘖期和抽穗期与灌浆期和成熟期的根际土壤微生物组在第一主轴（MDS1）分开，表明小麦营养生长阶段和生殖生长阶段的微生物群落结构存在较大差异，微生物群落结构的转变可能发生在小麦由营养生长阶段转变为生殖生长阶段的过渡时期。图 4.9（b）所示结果表明，与门水平相似，属水平上小麦抽穗期微咸水处理与去电子微咸水处理的微生物组在第一主轴（MDS1）上具有很好的分异，小麦灌浆期微咸水处理与去电子微咸水处理的微生物组在第二主轴（MDS2）上具有很好的分异，表明微咸水不同处理是小麦抽穗期和灌浆期微生物组变异的最主要影响因素。此外，从图 4.9 中可以看出，微咸水处理形成的椭圆比去电子微咸水处理拥有更大的离心率，说明微咸水处理使小麦各个生育期根际土壤中的微生物群落趋于相似，而去电子微咸水处理可以增加根际微生物的异化程度。

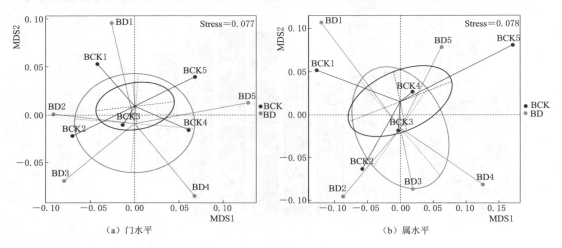

（a）门水平　　　　　　　　　　　　（b）属水平

图 4.9　基于门水平和属水平的微生物 NMDS 分析

1—苗期；2—分蘖期；3—抽穗期；4—灌浆期；5—成熟期

注　Stress 值表示观察到的距离和拟合的距离的不一致性，当 Stress 小于 0.2 时，表明 NMDS 分析具有一定的可靠性。

通过秩和检验和线性判别分析（LDA）评估微咸水不同处理之间具有显著差异的生物标志物（Biomarker），如图 4.10 所示。结果表明，海洋杆菌属（*Pontibacter*）表现出较高的 LDA 得分，该菌属在微咸水处理中的相对丰度明显高于去电子微咸水处理，在微咸水处理中明显富集。5 个菌属在去电子微咸水处理中明显富集；其中 Kofleriaceae 科和中度嗜盐粘细菌（*Haliangium ochraceum*）表现出较高的 LDA 得分，这两种微生物在去电子微咸水处理中的相对丰度明显高于微咸水处理。去电子微咸水灌溉会影响小麦整个生育时期内的微生物标志物，即去电子微咸水灌溉与微咸水灌溉的根际土壤存在不同的微生物特征。

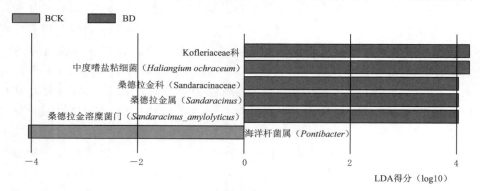

图 4.10　微咸水和去电子微咸水处理微生物菌种水平 LDA 分析

注　每个条表示特定分类单元效应大小的 log10（LDA 得分），较高的 LDA 值表示为较长的条形图。

4.2.3 去电子淡水灌溉与土壤原核生物群落结构变化特征

不同土壤含水率条件下添加普通淡水（FCK）与去电子淡水（FD）培养的土壤中原核生物门水平相对丰度如图 4.11 所示。综合所有样品，相对丰度最高的 10 个门分别为放线菌门（Actinobacteria）、变形菌门（Proteobacteria）、绿弯菌门（Chloroflexi）、拟杆菌门（Bacteroidetes）、酸杆菌门（Acidobacteria）、奇古菌门（Thaumarchaeota）、厚壁菌门（Firmicutes）、芽单胞菌门（Gemmatimonadetes）、异常球菌-栖热菌门（Deinococcus-Thermus）和棒状杆菌门（Rokubacteria）。随着培养时间的延长，土壤中的丰富微生物群落发生了演替，放线菌门和变形菌门的相对丰度明显降低，且土壤含水率越高，其相对丰度降低幅度越大；而拟杆菌门、酸杆菌门、奇古菌门和厚壁菌门在土壤培养过程中相对丰度明显增加。

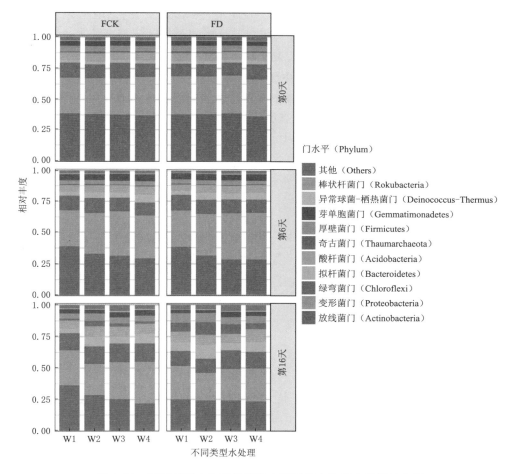

图 4.11 不同类型水处理条件下土壤原核生物门水平相对丰度

FCK—普通淡水处理；FD—去电子淡水处理；W1—30％WHC；W2—60％WHC；

W3—100％WHC；W4—175％WHC；WHC—田间持水量

与普通淡水相比，培养前期（第 6 天）去电子淡水处理土壤原核生物群落组成差异不显著；培养后期（第 16 天），在 30％WHC 和 60％WHC 土壤水分条件下，去电子淡水处理明显降低了放线菌门和绿弯菌门相对丰度，而提高了拟杆菌门、奇古菌门和厚壁菌门相对丰度；在 100%WHC 和 175%WHC 土壤水分条件下，去电子淡水处理降低了变形菌门相对丰度，提高了酸杆菌门和奇古菌门相对丰度；说明去电子水处理对土壤微生物群落的影响与土壤水分条件和灌溉时间有直接关系；去电子水处理可以减弱土壤水分条件改变对细菌群落的影响，增强核心微生物群落的稳定性。

去电子水处理显著提升奇古菌门的相对丰度。有研究表明，奇古菌是迄今已知的唯一一类同时参与自然界碳氮元素循环的古菌，奇古菌在环境中巨大的数量和高度多样性暗示其在生态系统中可能发挥重要作用（张丽梅等，2012）。奇古菌中的氨氧化古菌（Ammonia-oxidizing Archaea，AOA），如 *Nitrosopumilus maritimus*，可以通过催化氨氧化获取能量进行自养生长的代谢（Könneke et al.，2005）。大量研究表明氨氧化古菌在一些自然生态系统的硝化过程中起着主导作用（Tourna et al.，2008；Offre et al.，2009；Zhang et al.，2010）。因此，去电子水处理可以通过影响参与碳氮循环的关键微生物群落组成和丰度来影响土壤碳氮转化过程，提高土壤碳氮元素循环速率。

对不同培养时间、各水分条件下去电子淡水和普通淡水处理原核生物群落进行基于 OTU 水平的 NMDS 分析，以评估各处理中微生物菌群的相似性和差异，如图 4.12 所示。NMDS 分析表明，不同培养时间各处理有明显的聚类特征；第 0 天样品与第 6 天样品在 MDS2 轴向有明显区分，而两者均与第 16 天样品在 MDS1 轴上有明显区分。培养 16 天

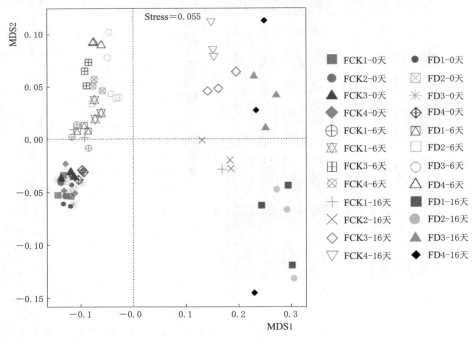

图 4.12　不同处理土壤基于 OTU 水平的 NMDS 分析

FCK—普通淡水处理；FD—去电子淡水处理；1—30%WHC；2—60%WHC；3—100%WHC；
4—175%WHC；WHC—田间持水量；数字代表堆肥天数

注　Stress 值表示观察到的距离和拟合的距离的不一致性，当 Stress 小于 0.2 时，
表明 NMDS 分析具有一定的可靠性。

后，各处理土壤微生物菌群差异性显著提升，其中去电子处理土壤微生物群落与普通淡水处理土壤微生物群落在 MDS1 轴向区域划分明显，说明去电子处理显著改变了土壤微生物群落的组成。结合图 4.11 中不同处理下土壤原核生物门水平相对丰度，可知去电子水可以减弱土壤水分条件改变对微生物高分类等级门水平群落的影响，增强核心微生物群落的稳定性，但同时增加了门水平以下低分类等级种属水平微生物群落结构的差异性，体现了去电子处理对微生物的分选功能。

4.2.4 堆肥过程中添加去电子淡水与细菌群落结构变化特征

堆肥过程中细菌门水平（top10）的相对丰度如图 4.13 所示，样品中微生物主要隶属于 10 个门。在为期 25 天的堆肥过程中，去电子处理和淡水处理中的优势菌门相似，主要包括放线菌门（22.5%～49.3%）、厚壁菌门（6.7%～49.1%）、变形菌门（7.8%～42.9%）、拟杆菌门（0.8%～18.1%），与邓雯文等（2019）和熊志强等（2018）研究结果一致。图 4.13 所示结果表明，与淡水处理相比，在堆肥第 2 天，去电子处理的厚壁菌门相对丰度增加了 18.99%；在堆肥第 6 天，放线菌门和拟杆菌门的相对丰度分别增加了 1.68% 和 8.28%；在堆肥第 13 天，放线菌门和拟杆菌门的相对丰度分别增加了 7.13% 和 6.82%；在堆肥第 25 天，厚壁菌门和拟杆菌门相对丰度分别增加了 6.86% 和 4.10%。

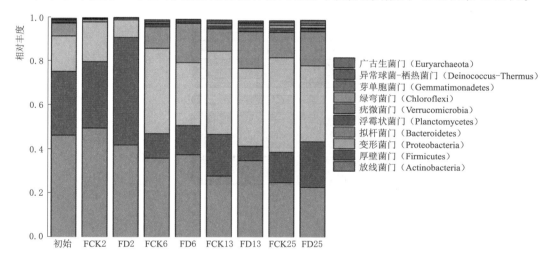

图 4.13　堆肥过程中细菌门水平相对丰度
FCK—普通淡水处理；FD—去电子淡水处理；数字代表堆肥天数

从物种和样本两个层面对细菌 OTU 进行聚类分析，绘制成细菌相对丰度前 30 属的热图，如图 4.14 所示。由图可以看出，在堆肥过程中，细菌群落发生显著变化。将堆肥天数变化较大的菌属分为五类：堆肥初期，以糖霉菌属（*Glycomyces*）、动性球菌属（*Planococcus*）、假黄色单胞菌属（*Pseudoxanthomonas*）为代表的菌群（A），它们能够分解堆料，释放热量提高堆肥温度。由于这些菌群的温度耐受性较差，在升温后大部分死亡。在堆肥第 2 天的升温期，去电子处理以氨芽孢杆菌属（*Ammoniibacillus*）、直丝菌属（*Planifilum*）、热碱芽孢杆菌属（*Caldalkalibacillus*）、芽孢杆菌属（*Bacillus*）为代表的菌群（B）成为优势属菌群。氨芽孢杆菌属是一类好氧或兼型厌氧的杆状细菌，能够分泌许多种胞外产物，如淀粉酶、蛋白酶、纤维素酶及脂肪酶等（Zhu et al.，2021），可以分解堆肥过程中难以分解的淀粉、蛋白质、纤维素等。直丝菌属、热碱芽孢杆菌属和芽孢杆菌属的细菌可加速堆肥过程中木质纤维素的降解和腐殖质的形成。并且直丝菌属作为固氮细菌，能够固定堆肥过程中所需的氮元素（Mekdimu et al.，2021；Yang et al.，2019；Zhang et al.，2020；顾文杰等，2017；李昌宁等，2020）。这些优势属能够促进堆体腐熟和稳定化。FCK 处理中的优势属是耐热芽孢杆菌属（*Thermobacillus*）和假黄色单胞菌属。耐热芽孢杆菌属也具有分解木质纤维素和多糖的能力（赵占春，1984），假黄色单胞菌属在 50℃ 条件下可将肥料中 S^{2-} 转化为 SO_4^{2-}，增加有机肥料中有效硫的含量（Wang et al.，2018）。

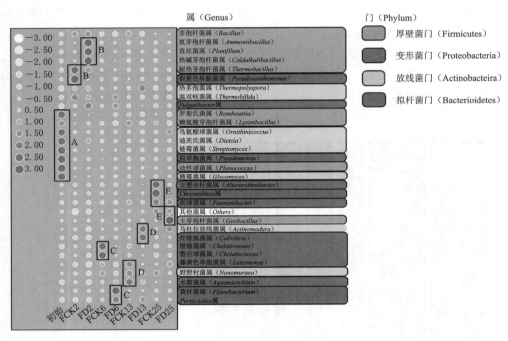

图 4.14　堆肥过程中前 30 属水平细菌的相对丰度

注　同一行中颜色的深浅（和圆圈大小）表示该菌属的相对丰度大小；4 种颜色表示 4 种门水平上的细菌；
FCK—普通淡水处理；FD—去电子淡水处理；数字代表堆肥天数。

在堆肥第 6 天的高温期，去电子处理中以黄杆菌属（*Flavobacterium*）、*Persicitalea* 属为代表的菌群（C）成为优势属菌群，黄杆菌属中大多数菌株产生胞外 DNase，能够水解三酪酯，产生过氧化氢酶化酶和磷酸酶，能够分解堆肥过程中的过氧化氢和磷酸。*Persicitalea* 属可参与杂和胺/酰胺的分解，可降解堆肥里面的葡萄糖（Patel et al.，2019；Zhang et al.，2021）。FCK 处理中优势属为根瘤菌属（*Chelativorans*）和螯台球菌属（*Chelatococcus*）。根瘤菌属可以降解肥料中的有机物，它和螯台球菌属都具有反硝化作用（Li et al.，2016；Thayat et al.，2011；Titiporn et al.，2019），这可能造成堆肥中氮的损失。

在堆肥第 13 天的降温期，去电子处理中以马杜拉放线菌属（*Actinomadura*）、纤维弧菌属（Cellvibrio）为代表的菌群（D）成为优势属菌群，马杜拉放线菌属会产生一种粗微生物酶，可降解聚乳酸（Wang et al.，2018），能产生耐热木聚糖酶（Xie et al.，2015），促进堆肥木聚糖的分解，并且马杜拉放线菌属属于放线菌门，可以产生抗生素促进土壤固氮和碳代谢（Zheng et al.，2021）。纤维弧菌属是革兰阴性和好氧细菌，可降解堆肥过程中纤维素、木聚糖、淀粉和甲壳素，可加速堆肥的腐熟（Li et al.，2020）。FCK 处理中优势属为藤黄色单胞菌属（Luteimonas）和水微菌属（Aquamicrobium）。藤黄色单胞菌属可促进堆肥中抗生素、纤维素、琼脂和其他大分子的降解（Jiang et al.，2019；Su et al.，2021），同时也能加速堆肥过程中木质纤维素的降解和腐殖质的形成（Cheng et al.，2018）。水微菌属具有硝化作用（李凤珍等，1985），也可以对肥料表面活性剂进行有效的生物降解（王蕾等，2013）。

在堆肥第 25 天的腐熟阶段，去电子处理中以土芽孢杆菌属（Geobacillus）为代表的菌群（E）成为优势属菌群，土芽孢杆菌属是常见的细菌类群，它不仅积极参与堆肥过程中碳、氮的转化，其所产生的多糖还能够稳定胶体物质，提高堆肥肥力（吴健等，2012）。土芽孢杆菌属能够形成带有芽孢的生物膜，且代谢产物都能产生环肽、抗生素、酸（多聚谷氨酸、聚 d 冬氨酸）和聚多糖等（Wu et al.，2017），可降解堆肥中纤维素等有机物质。FCK 处理中优势属为交替赤杆菌属（Altererythrobacter）、Chryseolinea 属和副球菌属（Pannonibacter）。交替赤杆菌属可促进有机物的降解，Chryseolinea 属具有降解堆肥中复合糖、纤维素和木质素的能力（Janina et al.，2021），副球菌属作为反硝化剂能够减少肥料中硝酸盐的含量（Hu et al.，2020；Huang et al.，2019）。

在牛粪堆肥相关研究中，本研究中假黄色单胞菌属在堆肥初期发挥的功能与邓雯文等（2019）在堆肥初期属水平上发现的假单胞菌属（Pseudomonas）一致。FCK 处理中耐热芽孢杆菌属在堆肥升温期相对丰度的增加与熊志强等（2018）研究表明的在高温期属水平上芽孢杆菌属和耐热芽孢杆菌属这两种属的相对丰度会增加的结果类似。而许修宏等（2018）研究结果中未发现不同堆肥时期出现类似的优势属。上述研究结果表明去电子处理中的优势属无论在功能作用上，还是属的数量上都比 FCK 处理要更丰富更全面，可以更好地加速堆肥进程。同时，FCK 处理中堆肥的大部分阶段都有反硝化细菌的存在，会降低肥料中氮的含量，导致有机肥肥力不足，这对于堆肥产品的推广非常不利。

4.3 活化水灌溉与土壤微生物群落及功能多样性

4.3.1 去电子淡水培养下土壤氨氧化微生物功能分析

4.3.1.1 土壤氨氧化微生物丰度变化特征

土壤氮素循环包括有机氮矿化、硝化作用、反硝化脱氮、氨挥发、氮淋溶以及植物吸收氮等多个过程（Hu et al.，2017），其中，硝化作用是全球氮循环的关键过程，决定着氮素对作物的有效性（Yao et al.，2011）。氨氧化过程是硝化作用的第一步，也是限速过程，可将铵态氮氨氧化为亚硝酸（Kowalchuk，2001）。氨氧化微生物是该过程的主要参与者，包括氨氧化细菌（Ammonia‑oxidizing Bacteria，AOB）和氨氧化古菌（Ammonia

- oxidizing Archaea，AOA）。长期以来，氨氧化细菌被认为是好氧氨氧化过程的最重要贡献者。近年来，大量研究发现土壤中存在丰富的氨氧化古菌（Könneke et al.，2005），在不同的环境中对氨氧化过程起到了重要作用（Norton and Stark，2011）。氨氧化微生物数量、多样性以及群落结构的改变均会影响土壤硝化过程的速率（Li et al.，2018），从而影响作物对氮素的吸收与自身的生长。

通过基于土壤氨氧化细菌（AOB）与氨氧化古菌（AOA）氨单加氧酶（amoA）基因的实时荧光定量 PCR 技术，分析添加普通淡水（FCK）和去电子淡水（FD）培养土壤 0 天、6 天和 16 天后，土壤氨氧化细菌（AOB）与氨氧化古菌（AOA）绝对丰度，如图 4.15 所示。图 4.15（a）所示结果表明，培养起始时（0 天），相同含水率条件下 FCK 和 FD 处理间的 AOB amoA 基因丰度无显著差异。在培养 6 天时，不同处理条件下土壤 AOB amoA 基因丰度随水分条件的不同有所差异：30%WHC 条件下，FCK1 和 FD1 处理间无显著差异；60%WHC、100%WHC 条件下，FD 处理土壤 AOB amoA 基因丰度显著低于 FCK 处理（$P<0.05$），FD2 较 FCK2 减少 24.47%，FD3 较 FCK3 减少 20.82%；175%WHC 条件下，FCK4 处理土壤 AOB amoA 基因丰度约为 FD 处理的 1.38 倍（$P<0.05$）。16 天时，30%WHC 条件下，FCK1 与 FD1 处理间土壤 AOB amoA 基因丰度无显著差异，其余水分条件下，FD 处理土壤 AOB amoA 基因丰度显著低于 FCK 处理（$P<0.05$），为 FCK 处理的 53.81%～83.94%。总体来看，相同类型水处理下，随着培养时间延长，AOB amoA 基因丰度均表现出一定的上升趋势。

图 4.15（b）所示结果表明，培养初期（0 天），相同含水率条件下 FCK1 和 FD1 处理间的土壤 AOA amoA 基因丰度无显著差异；在培养 6 天时，不同类型水添加条件下，土壤 AOA amoA 基因丰度随水分条件不同有所差异：30%WHC 条件下，FCK1 和 FD1 处理间无显著差异；其余三种水分条件下，FD 处理土壤 AOA amoA 基因丰度高于 FCK 处理，但均未达到显著水平。在培养 16 天时，相同含水率条件下，FD 处理土壤 AOA amoA 基因丰度低于 FCK 处理，FCK1、FCK2、FCK3 处理分别约为 FD1、FD2、FD3 处理的 1.49 倍、2.06 倍、1.23 倍（$P<0.05$），仅 FCK4 与 FD4 处理间的差异未达到显著水平。

通过分析淡水和去电子淡水培养下的土壤氨氧化微生物功能基因发现，AOB 的 amoA 基因丰度为 $1.31×10^7$～$9.97×10^7$ 拷贝数[1]/g，AOA 的 amoA 基因丰度为 $0.95×10^7$～$3.14×10^7$ 拷贝数/g，与许多研究结果中 AOB、AOA amoA 基因丰度在 10^5～10^7 拷贝数/g（干土）相近（万琪慧等，2019；Wang et al.，2014）。随着培养时间延长，各处理 AOA amoA 基因丰度逐渐减少，AOB amoA 基因丰度逐渐增加，AOB/AOA 值逐渐增大，由此可见，AOB 在新疆棉田砂壤土中氨氧化过程中占据主导地位。本研究所用供试土壤的 pH 值约为 8.7，偏碱性，这与李晨华等（2012）研究新疆碱性砂壤土壤中 AOB 丰度高于 AOA 的结果一致，但也有研究发现在咸水灌溉条件下，AOA 可能是新疆土壤硝化作用的主导微生物种群（马丽娟等，2019），本研究为淡水灌溉条件，土壤硝化作用的

---

[1]　基因拷贝：编码一个基因的 DNA 序列在基因组内完整出现一次，称为该基因的一个拷贝。基因拷贝数：指某一种基因或某一段特定的 DNA 序列在单倍体基因组中出现的数目。

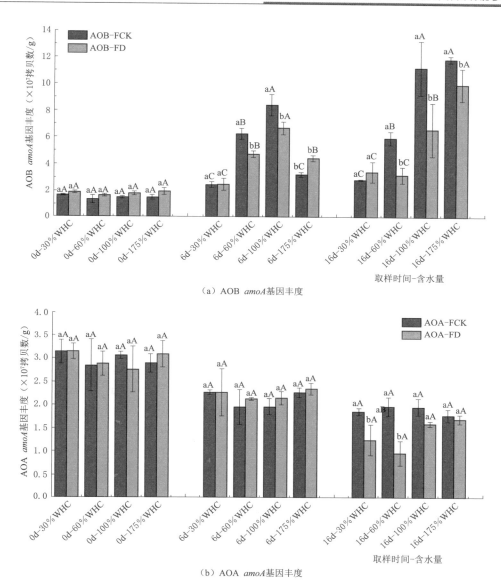

（a）AOB amoA基因丰度

（b）AOA amoA基因丰度

图 4.15 不同处理氨氧化微生物 amoA 基因丰度变化特征

注 不同小写字母表示同一含水率条件下不同类型水处理间差异显著（$P<0.05$）；不同大写字母表示
同种类型水处理下不同含水率条件下差异显著（$P<0.05$）；FCK—普通淡水处理；FD—去电子
淡水处理；30%WHC—田间持水量的 30%；60%WHC—田间持水量的 60%；
100%WHC—田间持水量的 100%；175%WHC—田间持水量的 175%。

主导微生物种群为 AOB。众多研究通过分子生态学稳定性同位素探测技术证实 AOA 在酸性（4.9~7.0）土壤中更易生存（He et al.，2012；Nicol et al.，2008；Zhang et al.，2021），AOB 更喜在碱性土壤（8~8.7）中生存（Goloran et al.，2015；Wang et al.，2014；Wang et al.，2019）。这是因为 NH_3 的氧化是氨氧化微生物生长的唯一能量来源，在偏碱性的土壤中，铵能够解离出的 NH_3 浓度较高，更有利于对 NH_3 具有相对较低亲和力的 AOB 生长（Rotthauwe et al.，1997）。土壤环境条件复杂多变，AOA 和 AOB 对潜在硝化作用的贡献高度依赖于土壤初始环境，环境背景一定程度上决定了对硝化过程起主导作用的氨氧化微生物类型（Chen et al.，2015）。

随着培养时间延长，相同含水率条件下，FD 处理土壤 AOA、AOB 丰度显著低于 FCK 处理，可见，水经去电子处理后灌溉土壤可显著降低 AOA、AOB 的数量。无机氮含量变化特征结果显示，在土壤水分条件不变的前提下，培养前期和中期，FD 处理下土壤硝化作用较 FCK 明显增强。即土壤硝化作用并没有因氨氧化微生物数量减少而受到抑制，反而得到了显著提升，可以看出，虽然 FCK 处理下土壤氨氧化微生物数量上具有相对优势，但并不一定具有功能活性。

4.3.1.2　土壤氨氧化微生物群落结构变化特征

去电子淡水（FD）与普通淡水（FCK）处理土壤中典型氨氧化微生物相对丰度变化如图 4.16 所示，在科水平上，典型氨氧化微生物群落由亚硝化单胞菌科（Nitrosomonadaceae）、热微菌科（Thermomicrobiaceae）、硝化螺旋菌科（Nitrospiraceae）、Nitrososphaeraceae 科和 Unidentified Gammaproteobacteria 科组成。其中 Nitrososphaeraceae 科相对丰度较高，不同含水率条件下，FCK 处理 Nitrososphaeraceae 科占典型氨氧化微生物总 OTU 条带数的 19.67%～40.00%，FD 处理 Nitrososphaeraceae 科占典型氨氧化微生物总 OTU 条带数的 36.40%～61.55%。

将 OTU>5%（物种相对于氨氧化微生物的丰度）定义为氨氧化微生物优势菌属，图 4.17 为不同类型（FCK 和 FD）水处理条件下，第 0 天和第 16 天土壤优势菌属在四种含水率条件下的平均相对丰度。由图可知，培养起始（第 0 天）时，FCK 处理土壤样品中以 OTU2（26.75%）、OTU11（11.03%）、OTU15（8.55%）、OTU474（5.54%）和 OTU143（5.01%）为主，共五种；FD 处理土壤样品中以 OTU2（23.51%）、OTU11（11.59%）、OTU15（11.13%）、OTU474（6.16%）和 OTU143（5.12%）为主，共五种；可知培养起始时，两种类型水处理下土壤优势菌属总体上差异不大。培养期间，OTU6、OTU10、OTU15 相对丰度显著增加，OTU474、OTU143 相对丰度显著降低。培养后期（第 16 天）时，FCK 处理土壤样品中以 OTU2（38.81%）、OTU15（14.16%）、OTU37（12.29%）、OTU6（5.81%）、OTU11（5.22%）和 OTU10（5.0%）为主，共六种；FD 处理土壤样品中以 OTU15（25.30%）、OTU2（23.47%）、OTU6（11.95%）、OTU10（8.71%）、OTU37（7.57%）和 OTU11（7.33%）为主，共六种。可见，在属水平上，各处理土壤优势菌属类别差异不大，但是不同类型水处理土壤优势菌属相对丰度差异显著（$P<0.05$）。

图 4.18 所示为不同处理下土壤优势氨氧化微生物 OTU 相对丰度。由图可知，在相同含水率条件下，不同类型水（FCK、FD）处理土壤中属于 Nitrososphaeraceae 科的 OTU15、OTU10，Unidentified Gammaproteobacteria 科的 OTU6 三个菌属相对丰度差异较为显著。本研究取样的三个时间点中，第 0 天和第 6 天时，多数 FD 处理 OTU15、OTU10、OTU6 占氨氧化微生物相对丰度与 FCK 处理无显著差异。FD 处理 OTU15 占氨氧化微生物相对丰度显著高于 FCK 处理（$P<0.05$），不同含水率条件下分别提高了约 1.28 倍、0.53 倍、0.97 倍和 1.00 倍；FD 处理 OTU10 占氨氧化微生物相对丰度显著高

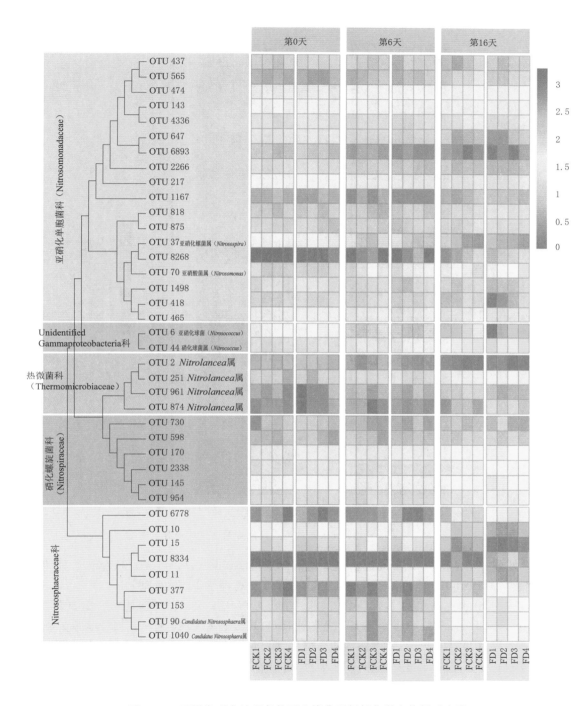

图 4.16　不同类型水处理条件下土壤典型氨氧化微生物相对丰度
注　WHC—田间持水量；1—30％WHC；2—60％WHC；3—100％WHC；4—175％WHC；
不同颜色代表土壤典型氨氧化微生物相对丰度的高低。

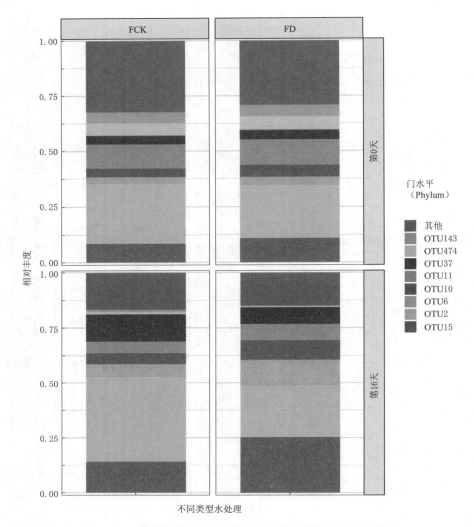

图 4.17　不同类型水处理条件下土壤优势菌属平均相对丰度

于 FCK 处理（$P<0.05$），不同含水率条件下分别提高了约 0.90 倍、0.61 倍、1.28 倍和 0.62 倍；FD 处理 OTU6 占氨氧化微生物相对丰度显著高于 FCK 处理（$P<0.05$），不同含水率条件下分别提高了约 1.73、0.07、0.05 和 2.90 倍；可见，FD 处理对氨氧化微生物中 Nitrososphaeraceae 科影响较大，尤其是对 OTU15 和 OTU10 两个菌属影响最为显著。大部分 FD 处理 OTU2 和 OTU37 占氨氧化微生物相对丰度显著低于 FCK 处理（$P<0.05$）；FD3 处理 OTU11 相对丰度是 FCK3 处理的 1.75 倍（$P<0.05$），其余水分条件下 FD 处理 OTU11 占氨氧化微生物相对丰度与 FCK 处理无显著差异。

　　由氨氧化微生物物种组成和群落结构分析发现，虽然 FD 处理降低了土壤中 AOA、AOB 数量，但是在科水平上，氨氧化古菌 Nitrososphaeraceae 物种相对丰度显著大于 FCK 处理，特别是在属水平上，OTU15 和 OTU10 两个类群作为氨氧化微生物优势种群，其相对丰度显著大于 FCK 处理。王全九等（2016）研究指出水经去电子处理后表面张力

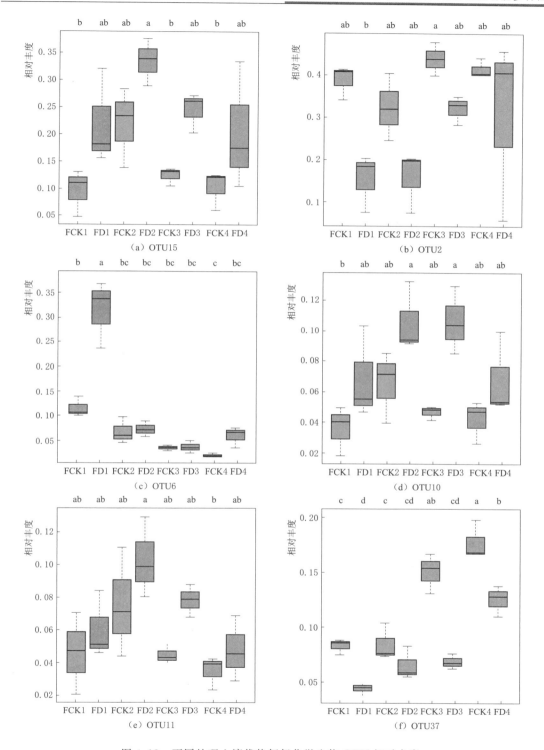

图 4.18 不同处理土壤优势氨氧化微生物 OTU 相对丰度

注 WHC—田间持水量；1—30%WHC；2—60%WHC；3—100%WHC；4—175%WHC；不同小写字母表示同一
含水率条件下不同类型水处理间差异显著（$P<0.05$）。

明显减小，溶解氧明显增加，水分子活性得到进一步提高。氨氧化微生物的群落结构与土壤环境之间有着紧密的联系，可以推测，正是由于这些变化，去电子水灌溉后土壤环境可以朝有利于优势类群的方向改变，有利于它们的生长和繁殖。与 FCK 处理相比，尽管 FD 处理同样降低了氨氧化微生物数量，但是相对丰度较大的部分优势物种可能产生很大的能量进行硝化作用，并且相对其他种群具有更强的竞争优势。AOB 是该土壤主导微生物种群，但是 AOA 中也存在特殊微生物种群，具有一定的功能意义，在土壤硝化作用中仍扮演着重要的角色。

4.3.2　去电子微咸水灌溉与根际土壤微生物菌群基因功能

基于宏基因组测序的微咸水和去电子微咸水灌溉小麦不同生育时期根际土壤微生物群落组成具有显著差异，该物种层面的差异性同样也可能反映在微生物对营养物质的代谢层面。基于宏基因组测序数据的基因功能注释结果有助于阐明处理间的代谢差异。

与三种常用功能数据库进行比对的注释（e-value❶≤10^{-5}）结果见表 4.7。代谢信号通路的主要是依据 KEGG、eggNOG 和 CAZy 数据库。KEGG 是一个关于基因组破译方面整合基因组、化学和系统功能的数据库，通过图形方式呈现各种代谢途径及途径之间的关系，包括细胞生化过程如代谢、膜转运、信号传递、细胞周期（Kanehisa et al.，2004；Altermann et al.，2005）。通过该数据库的注释能够直观全面地了解所要研究的代谢途径。eggNOG 数据库是利用 Smith-Waterman 比对算法对构建的基因直系同源簇进行功能注释，CAZy 数据库是对碳水化合物酶进行功能注释。基因目录中得到的 5016434 条差异基因比对到 eggNOG 数据库有 3249341（64.77%）条基因数目，比对到 CAZy 数据库的为 195383（3.89%），比对到 KEGG 数据库有 3433417 条（68.44%），注释到 CAZy 据库的基因数目是三个数据库中最少的。在 KEGG 数据库中，其注释到 KO_ID 的基因数目为 1859784（37.07%）条，注释到 KEGG_pathway 的为 1202463（23.97%）条，注释到 KEGG_EC 的有 1175133（23.43%）条，这三者中注释到 KEGG_EC 所占比例最少。

表 4.7　　　　　　　　　　　　　　基因功能注释基本信息

功能数据库	基因目录（Unigenes）数目	所占百分比/%
CAZy	195383	3.89
eggNOG	3249341	64.77
KEGG	3433417	68.44
KEGG_ID	1859784	37.07
KEGG_pathway	1202463	23.97
KEGG_EC	1175133	23.43

4.3.2.1　基于 CAZy 数据库分析去电子微咸水灌溉对根际土壤微生物代谢功能的影响

基于 CAZy 数据库，利用宏基因组测序数据对所有根际土壤样品的功能分类统计，结

---

❶　e-value 是在特定数据库中随机条件下发生得分大于或等于当前比对得分的序列数目的期望值。当 e-value 小于 10^{-5} 时，表明两序列有较高的同源性，而不是因为计算错误。

果如图 4.19 所示。该数据库是研究碳水化合物酶的专业数据库，主要涵盖六大功能酶：糖苷水解酶（Glycoside Hydrolases，GHs）、多糖裂解酶（Polysaccharide Lyases，PLs）、糖基转移酶（Glycosyl Transferases，GTs）、辅助氧化还原酶（Auxiliary Activities，AAs）、碳水化合物酯酶（Carbohydrate Esterases，CEs）和碳水化合物结合模块（Carbohydrate-Binding Modules，CBMs）。上述酶把自然界广泛存在的碳水化合物（如能量储存的淀粉、结构维持的纤维素、糖复合物）组装或者降解，形成了具有多样性的碳水化合物（Lombard et al.，2013）。CAZy 数据库是按照催化结构域的 30% 序列相似性进行家族分类，但不能够精准预测不同成员在同一家族内的底物专一性（王帅等，2014）。

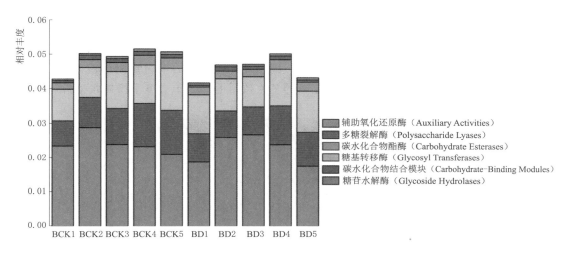

图 4.19　CAZy 注释的 level1 水平上土壤碳水化合物代谢相关基因的相对丰度
1—苗期；2—分蘖期；3—抽穗期；4—灌浆期；5—成熟期

　　CAZy 注释的 level1 水平上土壤碳水化合物代谢相关基因的相对丰度如图 4.19 所示。由图可以看出，小麦不同生育期的根际土壤样品注释到糖苷水解酶的基因数目最多，该酶与糖苷键的水解或重排有关，其最主要的酶是糖苷酶（Glycosidases，EC 3.2.1.-），与淀粉和纤维素降解相关的酶都包含在此类别。碳水化合物是土壤有机质的重要组成部分，主要包括各种糖类、淀粉、纤维素和半纤维素等，是土壤微生物的主要能源之一，同时还能被微生物分解出一些作物能够直接吸收的小分子物质，促进自然界中的碳循环。因此注释到糖苷水解酶的基因数目占有较大比例，且在小麦抽穗期和灌浆期去电子微咸水处理中注释到糖苷水解酶的基因数目占比高于微咸水处理，推测去电子微咸水处理更有利于小麦由营养生长阶段向生殖生长阶段过渡时期微生物对含碳化合物的降解和转化。图 4.20 所示结果表明，糖苷水解酶主要分为内切半纤维素酶（GH28）、α-淀粉酶（GH13）、木糖苷酶（GH43）、葡萄糖苷酶（GH3）。内切半纤维素酶（GH28）在微咸水处理中的苗期和分蘖期占比较高，而在去电子微咸水处理中的分蘖期和抽穗期占比较高，表明微咸水处理土壤中淀粉和纤维素水解的代谢随小麦生育期推进逐渐减弱，而去电子微咸水处理土壤中淀粉和纤维素水解的代谢随小麦营养生长阶段的推进逐渐增强，推测微咸水经去电子处理后更能刺激小麦营养生长阶段微生物对碳水化合物的水解代谢。与内切半纤维素酶（GH28）呈现出相同变化趋势的还有寡糖降解酶（GH38）。同时，微咸水和去电子微咸水处理中丰度其次的是糖基转移酶，该酶与寡糖和多糖的生物合成相关，去电子处理小麦苗期和分蘖期注释到糖基转移酶基因数目的占比高于微咸水处理，其他时期均低于微咸水处理，推测微咸水经去电子处理后更能刺激小麦生长前期土壤中产多糖的微生物，后期逐渐减弱。己糖基转移酶（EC 2.4.1. –）是其主要组成，所有样品中 GT2 和 GT4 占比是糖基转移酶中最高的一类。注释到基因数目次于糖基转移酶的功能酶是碳水化合物结合模块（CMBs），其有能够识别多糖的蛋白质单位从而帮助有催化功能的酶更有效地结合底物。其主要组成 CBM2 和 CBM13 在微咸水处理的成熟期明显高于去电子微咸水处理，推测在小麦成熟期去电子微咸水处理不利于 CBM2 和 CBM13 发挥功能。与糖基转移酶变化趋势相似，去电子处理小麦苗期和分蘖期注释到辅助氧化还原酶基因数目的占比高于微咸水处理，其他时期均低于微咸水处理，推测微咸水经去电子处理后在小麦生长前期可能存在更多的氧化还原反应；在小麦生长过程中，辅助氧化还原酶后期占比高于前期，且微咸水处理在小麦成熟期注释到辅助氧化还原酶的基因数目明显高于去电子微咸水处理。

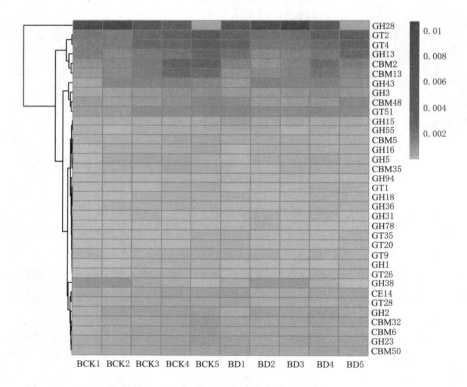

图 4.20　CAZy 注释的 level2 水平上土壤碳水化合物代谢相关基因相对丰度热图

注　1—苗期；2—分蘖期；3—抽穗期；4—灌浆期；5—成熟期；颜色深浅代表 level2 水平上土壤碳水化合物代谢相关基因相对丰度的高低。

4.3.2.2　基于 eggNOG 数据库分析去电子微咸水对根际土壤微生物菌群功能影响

基于 eggNOG 数据库对不同根际土壤样品的功能注释，结果如图 4.21 所示。eggNOG 数据库有 25 个功能模块，去电子微咸水灌溉条件下共注释到 24 个 eggNOG 功能分类，说明某些基因可以归属于多个功能模块。其中，未知功能（S：Function unknown）、复制、重组和修复（L：Replication，recombination and repair），氨基酸转运与代谢（E：Amino acid transport and metabolism）、能量生成和转换（C：Energy production and conversion）和碳水化合物运输和代谢（G：Carbohydrate transport and metabolism）这五个分类在所有样品中具有较高相对丰度，在每个根际土壤中的相对丰度均高于 3.0％。而胞外基质结构（W：Extracellular structures）和细胞核结构（Y：Nuclear structure）这两个分类在所有样品中的相对丰度最低，且微咸水和去电子微咸水处理的苗期和分蘖期均未注释到 W 分类。热图（图 4.22）更加直观地展现了每个功能分类在每个根际土壤样品中的占比，进一步验证了氨基酸和 DNA 代谢在小麦各个生育期中扮演重要的角色。更进一

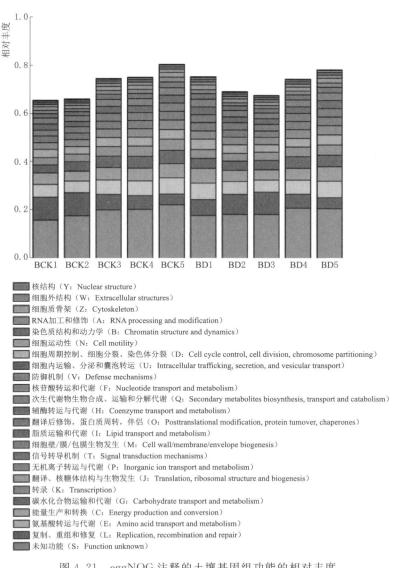

图 4.21　eggNOG 注释的土壤基因组功能的相对丰度

1—苗期；2—分蘖期；3—抽穗期；4—灌浆期；5—成熟期

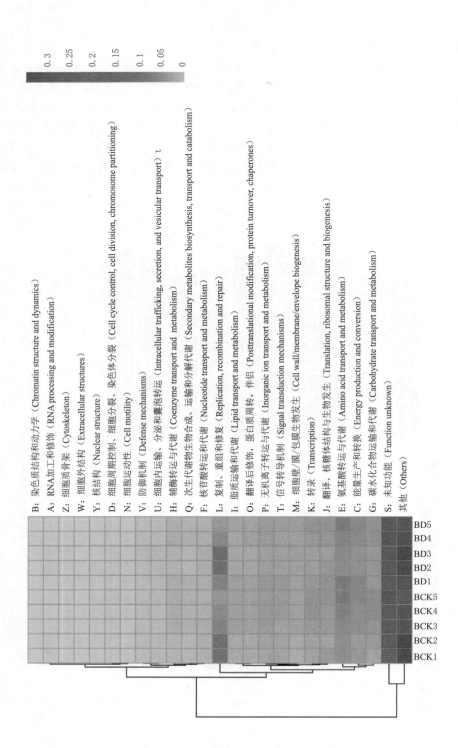

图 4.22　eggNOG 注释的土壤基因组功能的相对丰度热图

注　1—苗期；2—分蘖期；3—抽穗期；4—灌浆期；5—成熟期；颜色深浅代表 eggNOG 注释的土壤基因组功能相对丰度的高低。

步地，DNA 复制、重组和修复在微咸水处理小麦苗期和分蘖期土壤中的占比较高，而在去电子处理小麦分蘖期和抽穗期土壤中的占比较高，推测去电子处理会推迟根际微生物DNA 代谢的活跃期。氨基酸代谢在去电子微咸水处理小麦苗期和成熟期的占比明显高于微咸水处理，其他时期呈相反趋势，推测去电子处理对苗期和成熟期根际微生物的氨基酸代谢刺激作用更强。根际微生物对氨基酸的利用可能主要是用于合成蛋白或分解代谢（特别是在低碳水化合物条件下）。

4.3.2.3 基于 KEGG 数据库分析去电子微咸水对根际土壤微生物菌群功能影响

基于 KEGG 数据库对微咸水和去电子微咸水处理在 level1 分类下的代谢通路注释信息，结果如图 4.23 所示。在这六大类代谢通路中，分属代谢过程（Metabolism）的基因数目占比最多，最少的是分属生物体系统（Organismal Systems）。与 eggNOG 注释相似，随着小麦生育期的推进，微咸水处理注释到的功能分类相对丰度逐渐增加，而去电子微咸水处理在小麦营养生长阶段注释到的部分功能分类数量逐渐减少，而在小麦生殖生长阶段又逐渐增加。即相比于微咸水处理，去电子微咸水处理对小麦苗期和成熟期根际微生物菌群功能的刺激作用更加强烈，同时对小麦由营养生长向生殖生长转变时期的根际微生物菌群功能的刺激作用更加明显。该变化趋势与门水平上的微生物相对丰度变化趋势一致，推测该转变时期的根际菌群发挥功能对去电子处理更加敏感。

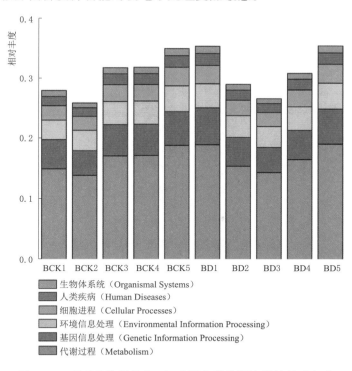

图 4.23　KEGG 注释的 level1 水平上的代谢途径的相对丰度

1—苗期；2—分蘖期；3—抽穗期；4—灌浆期；5—成熟期

在 KEGG level2 分类下代谢通路的注释信息如图 4.24 所示，在这 45 类代谢通路中分属碳水化合物代谢（Carbohydrate Metabolism）、氨基酸代谢（Amino Acid Metabolism）、能量代谢（Energy Metabolism）的相对丰度较高，辅助因子和维生素的代谢（Metabolism of Cofactors and Vitamins）、信号转导（Signal Transduction）和核苷酸代谢（Nucleotide Metabolism）次之。在 KEGG 注释 level2 水平上的代谢途径相对丰度如图 4.25 所示，与 eggNOG 注释类似的是，随着小麦生育期的推进，微咸水处理注释到的功能分类相对丰度逐渐增加，而去电子微咸水处理在小麦营养生长阶段注释到的部分功能分类数量逐渐减少，而在小麦生殖生长阶段又逐渐增加。

图 4.24　KEGG 代谢通路 level2 的分布

　　KEGG 注释的在 level3 水平上的前十代谢途径见表 4.8，在小麦苗期、分蘖期和成熟期去电子微咸水处理注释到的代谢通路基因数目总量比微咸水处理多，推测这三个生育期去电子微咸水灌溉有利于增加微生物代谢通路。此外，在碳水化合物代谢中，分属丙酮酸代谢（Pyruvate Metabolism）、乙醛酸和二羧酸代谢（Glyoxylate and Dicarboxylate Metabolism）两个微生物代谢通路的基因数目较高，且去电子微咸水处理在小麦苗期、分蘖期和成熟期高于微咸水处理，推测在这三个时期内这两种代谢可能活跃。在能量代谢中，分属氧化磷酸化（Oxidative Phosphorylation）的基因数目最高，其次是固碳途径（Carbon Fixation Pathways in Prokaryotes），且与丙酮酸代谢、乙醛酸和二羧酸代谢表现出相似的变化趋势。

表 4.8						KEGG 注释的在 level3 水平上的前十代谢途径				
代 谢 途 径	BCK1	BCK2	BCK3	BCK4	BCK5	BD1	BD2	BD3	BD4	BD5
核苷酸代谢 （Nucleotide Metabolism）： 嘌呤代谢（Purine Metabolism）	541426	473546	568688	562143	603168	670786	534968	483262	537213	632159
跨膜运输 （Membrane Transport）： ABC 转运蛋白 （ABC Transporters）	452852	478383	563585	570549	636009	536501	487072	486304	566957	619247
核苷酸代谢 （Nucleotide Metabolism）： 嘧啶代谢 （Pyrimidine Metabolism）	404698	339342	409259	408059	435079	504006	390511	345879	388199	459280
能量代谢（Energy Metabolism）： 氧化磷酸化 （Oxidative Phosphorylation）	403527	341958	411867	412966	438982	485700	381941	346541	382851	459604
细胞群落-原核生物（Cellular Community – Prokaryotes）： 群体感应转换（Quorum sensing）	364970	321983	395121	406416	445048	437026	346382	331291	389601	449891
翻译（Translation）： 核糖体（Ribosome）	328558	291027	346133	342176	356484	401595	336873	293345	323648	385179
信号转导（Signal Transduction）： 双组分系统 （Two – Component System）	320997	344235	381464	372987	388424	391297	384367	345983	398179	399807
碳水化合物代谢 （Carbohydrate Metabolism）： 丙酮酸代谢 （Pyruvate Metabolism）	316370	276885	335487	336495	367291	398334	311344	289100	318329	381568
碳水化合物代谢 （Carbohydrate Metabolism）： 乙醛酸和二羧酸代谢 （Glyoxylate and Dicarboxylate Metabolism）	321988	260739	315586	324471	358274	391400	292284	268836	297388	368872
能量代谢（Energy Metabolism）： 原核生物的碳固定途径 （Carbon Fixation Pathways in Prokaryotes）	302640	242421	295177	300910	324457	376894	278877	251029	276924	348878

注　1—苗期；2—分蘖期；3—抽穗期；4—灌浆期；5—成熟期。

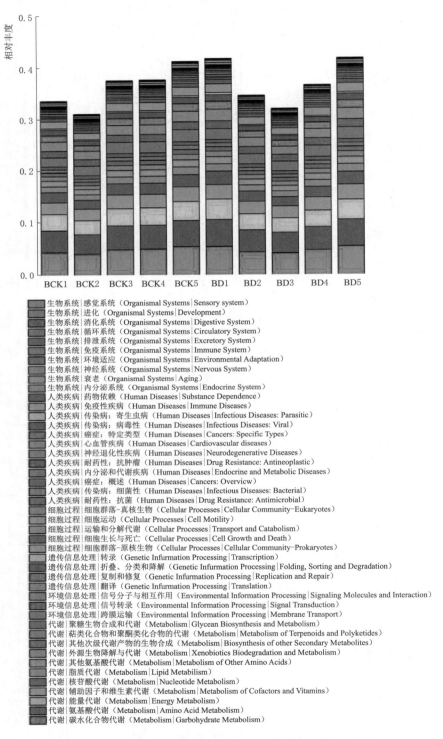

图 4.25　KEGG 注释的 level2 水平上的代谢途径的相对丰度

1—苗期；2—分蘖期；3—抽穗期；4—灌浆期；5—成熟期

4.4 小　　结

活化水灌溉可以通过改变水分子特性、土壤水的运移方式和土壤持水能力等影响微生物对水分的直接利用；同时土壤水分状况的改变，导致土壤孔隙中的氧气浓度和土壤溶液中的养分浓度变化，从而影响微生物对氧气和养分的需求利用，调控微生物群落组成及其生态功能活性。

在微咸水灌溉利用中，结合增氧技术可以显著提高细菌放线菌门、绿弯菌门、酸杆菌门的相对丰度，提高与土壤氮素转化相关的硝化螺旋菌属的占比。磁化-增氧耦合处理可显著提高土壤固氮微生物、硝化微生物及参与碳循环相关微生物的相对丰度，比单纯的增氧处理更有利于促进土壤碳氮循环，提高根区土壤养分有效性。磁化-增氧耦合处理可降低土壤含盐量，提升土壤保水率，有利于对盐碱环境敏感的微生物的生存，增加了微生物的环境适应性，显著降低致病菌在根区土壤中的定殖，降低作物的发病率。

在微咸水灌溉利用中，结合去电子技术可明显改善小麦各个生育时期的土壤养分状况，提高小麦根际土壤的物种总数，并增加不同生育时期根际土壤中特有物种数目，增加根际微生物的异化程度，如苗期增加放线菌门、变形菌门、酸杆菌门、芽单胞菌门和疣微菌门相对丰度，分蘖期和抽穗期增加厚壁菌门相对丰度；提高小麦营养生长阶段根际土壤中与铁循环、有机质分解和固氮作用相关微生物占比，有利于小麦由营养生长阶段向生殖生长阶段过渡时期微生物对含碳化合物的降解，进而促进土壤养分的转化过程。去电子微咸水处理能够提高产酸微生物乳杆菌属的相对丰度，其代谢产物能够降低土壤的 pH 值，改善根区土壤的盐碱化情况，从而降低了糖丝菌属、糖霉菌属等耐盐碱微生物的相对丰度，进而增强其他微生物的环境适应能力。此外，去电子微咸水处理能够提高根际促生菌的相对丰度，产生抗生素来抑制病原微生物的生长繁殖，达到保护作物的效果。

在淡水灌溉利用中，结合去电子技术对土壤微生物群落的影响与土壤水分条件和灌溉时间有直接关系，去电子水可以减弱土壤水分条件改变对微生物高分类等级门水平群落的影响，增强核心微生物群落的稳定性，但同时增加了低分类等级种属水平微生物群落结构的差异性，促进了优势菌群的产生，对特定微生物种属具有明显的激活作用，从而加速土壤碳氮元素循环。如去电子水处理显著提升奇古菌门的相对丰度，尤其是氨氧化古菌在氨氧化微生物中的占比，使其能够在绝对数量不占优势的情况下充分发挥氮素转化功能，提高土壤氮素转化速率。

在堆肥过程中添加去电子水，可使堆肥中细菌物种的总数有所降低，但与木质纤维素等复杂有机物降解和腐殖质的形成相关的优势微生物菌属的数量显著增加，可以更好地加速堆肥进程，使堆肥肥力得以有效提升。

参　考　文　献

陈慧，侯会静，蔡焕杰，等，2016. 加气灌溉温室番茄地土壤 N_2O 排放特征 [J]. 农业工程学报，32 (3)：111-117.

邓雯文，杨盛智，何雪萍，等，2019. 牛粪发酵过程中抗生素耐药基因及相关菌群组成变化规律 [J]. 生态毒理学报，14（2）：153 - 163.

顾文杰，赵冬梅，卢钰升，等，2017. 响应面分析法优化耐高温假黄色单胞菌硫氧化性能 [J]. 微生物学通报，44（4）：991 - 998.

侯景清，王旭，陈玉海，等，2019. 乳酸菌复合制剂对盐碱地改良及土壤微生物群落的影响 [J]. 南方农业学报，50（4）：710 - 718.

李昌宁，苏明，姚拓，等，2020. 微生物菌剂对猪粪堆肥过程中堆肥理化性质和优势细菌群落的影响 [J]. 植物营养与肥料学报，26（9）：1600 - 1611.

李晨华，贾仲君，唐立松，等，2012. 不同施肥模式对绿洲农田土壤微生物群落丰度与酶活性的影响 [J]. 土壤学报，49（3）：567 - 574.

李凤珍，潘星时，芦耀波，等，1985. 芽孢杆菌属产生的胞外多糖的研究 [J]. 微生物学报，25（1）：25 - 30.

马丽娟，张慧敏，侯振安，等，2019. 长期咸水滴灌对土壤氨氧化微生物丰度和群落结构的影响 [J]. 农业环境科学学报，38（12）：2797 - 2807.

蒲强，谭志远，彭桂香，等，2016. 根瘤菌分类的新进展 [J]. 微生物学通报，43（3）：619 - 633.

饶晓娟，付彦博，黄建，等，2018. 增氧灌溉对棉花营养特征及土壤肥力的影响 [J]. 土壤学报，55（4）：797 - 803.

孙磊，邵红，刘琳，等，2011. 可产生铁载体的春兰根内生细菌多样性 [J]. 微生物学报，51（2）：189 - 195.

万琪慧，王书玲，赵伟烨，等，2019. 重庆紫色水稻土中"全程"和"半程"氨氧化微生物的垂直分异 [J]. 微生物学报，59（2）：291 - 302.

王蕾，屈庆，李蕾，2013. 芽孢杆菌属微生物腐蚀研究进展 [J]. 腐蚀研究，27（10）：55 - 60.

王全九，张继红，门旗，等，2016. 磁化或电离化微咸水理化特性试验 [J]. 农业工程学报，32（10）：60 - 66.

王帅，陈冠军，张怀强，等，2014. 碳水化合物活性酶数据库（CAZy）及其研究趋势 [J]. 生物加工过程，12（1）：102 - 108.

吴健，姚人升，易境，等，2012. 猪粪堆肥中芽孢杆菌属细菌的多样性和时空分布特征 [J]. 畜牧与兽医，44：381.

熊志强，霍朝晨，张炜然，等，2018. 牛粪堆肥过程中土霉素降解及其与微生物群落结构的关系 [J]. 土壤与作物，7（2）：111 - 119.

许修宏，成利军，许本姝，等，2018. 基于高通量测序分析牛粪堆肥中细菌群落动态变化 [J]. 东北农业大学学报，49（3）：10 - 20.

张丽梅，贺纪正，2012. 一个新的古菌类群——奇古菌门（Thaumarchaeota）[J]. 微生物学报，52（4）：411 - 421.

张瑛，2019. 磁化水处理对镉胁迫下 107 杨生长、生理特性及土壤微生态环境的影响 [D]. 泰安：山东农业大学.

赵卉琳，来航线，冯昌增，等，2008. 新疆部分地区盐碱荒漠化土壤养分及放线菌区系组成 [J]. 西北农业学报，17（1）：161 - 166.

赵占春，1984. 黄杆菌属的分类和鉴定 [J]. 临床检验杂志，2（4）：45 - 47.

ALIVERDI A，PARSA M，HAMMAMI H，2015. Increased soyabean - rhizobium symbiosis by magnetically treated water [J]. Biological Agriculture & Horticulture，31（3）：167 - 176.

ALTERMANN E，KLAENHAMMER T R，2005. Pathway Voyager：pathway mapping using the Kyoto Encyclopedia of Genes and Genomes（KEGG）database [J]. BMC Genomics，6（1）：60.

CHEN Z，WU W L，SHAO X M，et al，2015. Shifts in abundance and diversity of soil ammonia - oxidizing bacteria and archaea associated with land restoration in a semi – arid ecosystem [J]. Plos One, 10 (7): e0132879.

CHENG Z M, WEI Y S, ZHANG Q Q, et al, 2018. Enhancement of surfactant biodegradation with an anaerobic membrane bioreactor by introducing microaeration [J]. Chemosphere, 343 – 351.

CLAUSET A, MOORE C, NEWMAN M E, 2008. Hierarchical structure and the prediction of missing links in networks [J]. Nature, 453: 98 – 101.

DENG Y, JIANG Y H, YANG Y F, et al, 2012. Molecular ecological network analyses [J]. BMC Bioinformatics, 13: 113.

FULLERTON H, MOYER C L, 2016. Comparative single – cell genomics of chloroflexi from the okinawa trough deep – subsurface biosphere [J]. Applied and Environmental Microbiology, 82: 3000 – 3008.

GOLORAN J B, CHEN C R, PHILLIPS I R, et al, 2015. Pathways of different forms of nitrogen and role of ammonia – oxidizing bacteria in alkaline residue sand from bauxite processing [J]. European Journal of Soil Science, 66 (5): 942 – 950.

HE J Z, HU H W, ZHANG L M, 2012. Current insights into the autotrophic thaumarchaeal ammonia oxidation in acidic soils [J]. Soil Biology and Biochemistry, 55 (6): 146 – 154.

HOUGHTON K M, MORGAN X C, LAGUTIN K, et al, 2015. *Thermorudis pharmacophila* sp. nov. , a novel member of the class *Thermomicrobia* isolated from geothermal soil, and emended descriptions of *Thermomicrobium roseum*, *Thermomicrobium carboxidum*, *Thermorudis peleae* and *Sphaerobacter thermophilus* [J]. International Journal of Systematic and Evolutionary Microbiology, 65: 4479 – 4487.

HU H W, HE J Z, 2017. Comammox – a newly discovered nitrification process in the terrestrial nitrogen cycle [J]. Journal of Soil and Sediment, 17 (12): 2709 – 2717.

HU Y T, CHEN N, LIU T, et al, 2020. The mechanism of nitrate – Cr (VI) reduction mediated by microbial under different initial pHs [J]. Journal of Hazardous Materials, 122434: 1 – 8.

HUANG J S, HU B, QI K B, et al, 2016. Effects of phosphorus addition on soil microbial biomass and community composition in a subalpine spruce plantation [J]. European Journal of Soil Biology, 72, 35 – 41.

HUANG Z S, WEI Z S, XIAO X L, et al, 2019. Simultaneous mercury oxidation and NO reduction in a membrane biofilm reactor [J]. Science of the Total Environment, 658: 1465 – 1474.

JANINA M, DANIEL G, PATRICIA L, et al, 2021. Interactions between nitrogen availability, bacterial communities, and nematode indicators of soil food web function in response to organic amendments [J]. Applied Soil Ecology, 157: 103767.

JIANG Z W, LU Y Y, XU J Q, et al, 2019. Exploring the characteristics of dissolved organic matter and succession of bacterial community during composting [J]. Bioresource Technology, 292: 121942.

KANEHISA M, GOTO S, KAWASHIMA S, et al, 2004. The KEGG resource for deciphering the genome [J]. Nucleic Acids Research, 32 (suppl – 1): 277 – 280.

KÖNNEKE M, BERNHARD A E, TORRE D L, et al, 2005. Isolation of an autotrophic ammonia – oxidizing marine archaeon [J]. Nature, 437 (7058): 543 – 546.

KOWALCHUK G, 2001. Ammonia – oxidizing bacteria: a model for molecular microbial ecology [J]. Annual Review of Microbiology, 55 (1): 485 – 529.

LAUBER C L, HAMADY M, KNIGHT R, et al, 2009. Pyrosequencing – based assessment of soil pH as a predictor of soil bacterial community structure at the continental scale [J]. Applied and Environmental Microbiology, 75 (15): 5111 – 5120.

LAUBER C L, STRICKLAND M S, BRADFORD M A, et al, 2008. The influence of soil properties on the structure of bacterial and fungal communities across land – use types [J]. Soil Biology & Biochemistry，40：2407 – 2415.

LLADÓ S，ŽIFČÁKOVÁ L，VĚTROVSKÝ T，et al，2016. Functional screening of abundant bacteria from acidic forest soil indicates the metabolic potential of Acidobacteria subdivision 1 for polysaccharide decomposition [J]. Biology & Fertility of Soils，52 (2)：251 – 260.

LI G，ZHUA Q H，JIANG Z W，et al，2020. Roles of non – ionic surfactant sucrose ester on the conversion of organic matters and bacterial community structure during composting [J]. Bioresource Technology，308：123279.

LI W，LI M F，ZHANG L，et al，2016. Enhanced NO_x removal performance and microbial community shifts in an oxygen – resistance chemical absorption – biological reduction integrated system [J]. Chemical Engineering Journal，290：185 – 192.

LI X，SUN M L，ZHANG H H，et al，2016. Use of mulberry – soybean intercropping in salt – alkali soil impacts the diversity of the soil bacterial community [J]. Microbial Biotechnology，9 (3)：293 – 304.

LIAO J L，LIANG Y，HUANG D F，2018. Organic farming improves soil microbial abundance and diversity under greenhouse condition：a case study in Shanghai (Eastern China) [J]. Sustainability，10：3825

LOMBARD V，GOLACONDA RAMULU H，DRULA E，et al，2013. The carbohydrate – active enzymes database (CAZy) in 2013 [J]. Nucleic Acids Research，42 (D1)：490 – 495.

MEKDIMU M D，JINGYEONG S，HYUN M J，et al，2021. Effects of biological pretreatments of microalgae on hydrolysis，biomethane potential and microbial community [J]. Bioresource Technology，329：124905.

MICHELLE S，KATHRYN E R，Peter H，2006. Effect of pH on isolation and distribution of members of subdivision 1of the phylum Acidobacteria occurring in soil [J]. Applied and Environmental Microbiology，72：1852 – 1857.

MOHAMMADIPANAH F，WINK J，2016. Actinobacteria from arid and desert habitats：diversity and biological activity [J]. Frontiers in Microbiology，6：1541.

NEWMAN M E，2006. Modularity and community structure in networks [J]. Proceedings of the National Academy of Sciences of the United States of America，103 (23)：8577 – 8582.

NICOL G W，LEININGER S，SCHLEPER C，2008. The influence of soil pH on the diversity，abundance and transcriptional activity of ammonia oxidizing archaea and bacteria [J]. Environmental Microbiology，10 (11)：2966 – 2978.

NORTON J M，STARK J M，2011. Regulation and measurement of nitrification in terrestrial systems [J]. Methods in Enzymology，486：343 – 368.

OFFRE P，PROSSER J I，NICOL G W，2009. Growth of ammonia – oxidizing archaea in soil microcosms is inhibited by acetylene [J]. FEMS Microbiology Ecology，70：99 – 108.

PATEL A B，SINGH S，PATEL A，et al，2019. Synergistic biodegradation of phenanthrene and flfluoranthene by mixed bacterial cultures [J]. Bioresource Technology，284：115 – 120.

ROTTHAUWE J H，WITZEL K P，LIESACK W，1997. The ammonia monooxygenase structural gene amoA as a functional marker：molecular fine – scale analysis of natural ammonia – oxidizing populations [J]. Applied and Environmental Microbiology，63 (12)：4704 – 4712.

SCHLESNER H，JENKINS C，STALEY J T，2006. The phylum Verrucomicrobia：a phylogenetically heterogeneous bacterial group [M]. New York：Springer.

SHAO T Y，ZHAO J J，LIU A H，et al，2020. Effects of soil physicochemical properties on microbial communities in different ecological niches in coastal area [J]. Applied Soil Ecology，150：103486.

STAFF P O，2014. Correction：salinity and bacterial diver – sity：to what extent does the concentration of salt affect the bacterial community in a saline soil [J]. Plos One，9 (9)：e114658.

SU H, ZHANG D C, PHILIP A, et al, 2021. Unraveling the effects of light rare – earth element (Lanthanum (III)) on the efficacy of partial – nitritation process and its responsible functional genera [J]. Chemical Engineering Journal, 408: 127311.

THAYAT S, PEECHAPACK S, KENJI M, et al, 2011. Cloning of a thermostable xylanase from Actinomadura sp. S14 and its expression in Escherichia coli and Pichia pastoris [J]. Journal of Bioscience and Bioengineering, 111 (5): 528 – 536.

TITIPORN P, BODEESORN S, SAISAMORN L, et al, 2019. Development of biodegradation process for Poly (DL – lactic acid) degradation by crude enzyme produced by Actinomadura keratinilytica strain T16 – 1 [J]. Electronic Journal of Biotechnology, 40: 52 – 57.

TOURNA M, FREITAG T E, NICOL G W, et al, 2008. Growth, activity and temperature responses of ammonia – oxidizing archaea and bacteria in soil microcosms [J]. Environmental Microbiology, 10: 1357 – 1364.

WANG K, MAO H L, WANG Z, et al, 2018. Succession of organics metabolic function of bacterial community in swine manure composting [J]. Journal of Hazardous Materials, 360: 471 – 480.

WANG P P, DUAN Y H, XU M G, et al, 2019. Nitrification potential in Fluvo – aquic soils different in fertility and its influencing factors [J]. Acta Pedologica Sinica, 56 (01): 124 – 134.

WANG Y, ZHU G, SONG L, et al, 2014. Manure fertilization alters the population of ammonia – oxidizing bacteria rather than ammonia – oxidizing archaea in a paddy soil [J]. Journal of Basic Microbiology, 54 (3): 190 – 197.

WARD N L, CHALLACOMBE J F, JANSSEN P H, et al, 2009. Three genomes from the phylum acidobacteria provide insight into the lifestyles of these microorganisms in soils [J]. Applied and Environmental Microbiology, 75: 2046 – 2056.

WU M L, YE X Q, CHEN K L, et al, 2017. Bacterial community shift and hydrocarbon transformation during bioremediation of short – term petroleum – contaminated soil [J]. Environmental Pollution, 223: 657 – 664.

XIE Z Z, LIN W T, LUO J F, 2015. Genome sequence of Cellvibrio pealriver PR1, a xylanolytic and agarolytic bacterium isolated from freshwater [J]. Journal of Biotechnology, 214: 57 – 58.

YANG Y, SONG W Y, HUR H G, et al, 2019. Thermoalkaliphilic laccase treatment for enhanced production of high – value benzaldehyde chemicals from lignin [J]. International Journal of Biological Macromolecules, 124: 200 – 208.

YAO H Y, GAO Y M, NICOL G W, et al, 2011. Links between ammonia oxidizer community structure, abundance, and nitrification potential in acidic soils [J]. Applied and Environmental Microbiology, 77 (13): 4618 – 4625.

ZHANG B C, KONG W D, WU N, et al, 2016. Bacterial diversity and community along the succession of biological soil crusts in the Gurbantunggut Desert, Northern China [J]. Journal of Basic Microbiology, 56 (6): 670 – 679.

ZHANG H, SEKIGUCHI Y, HANADA S, et al, 2003. Gemmatimonas aurantiaca gen. nov. , sp. nov. , a gram – negative, aerobic, polyphosphate – accumulating micro – organism, the first cultured representative of the new bacterial phylum gemmatimonadetes phyl. nov [J]. International Journal of Systematic & Evolutionary Microbiology, 53 (Pt 4): 1155 – 1163.

ZHANG L M, OFFRE P R, HE J Z, et al, 2010. Autotrophic ammonia oxidation by soil thaumarchaea [J]. Proceedings of the National Academy of Sciences of the United States of America, 107: 17240 – 17245.

ZHANG M M, LI Z, Häggblom M M, et al, 2021. Bacteria responsible for nitrate – dependent antimonite oxidation in antimony – contaminated paddy soil revealed by the combination of DNA – SIP and met-agenomics [J]. Soil Biology and Biochemistry，108194.

ZHANG W M，YU C X，WANG X J，et al，2020. Increased abundance of nitrogen transforming bacteria by higher C/N ratio reduces the total losses of N and C in chicken manure and corn stover mix composting [J]. Bioresource Technology，297：122410.

ZHENG W，XUE D，LI X，et al，2017. The responses and adaptations of microbial communities to salini-ty in farmland soils：a molecular ecological network analysis [J]. Applied Soil Ecology，（120）：239 – 246.

ZHENG Y C，LIU Y，QU M W，et al，2021. Fate of an antibiotic and its effects on nitrogen transforma-tion functional bacteria in integrated vertical flow constructed wetlands [J]. Chemical Engineering Jour-nal，417：129272.

ZHU N，GAO J，LIANG D，et al，2021. Thermal pretreatment enhances the degradation and humifica-tion of lignocellulose by stimulating thermophilic bacteria during dairy manure composting [J]. Biore-source Technology，319：124149.

第5章 活化水灌溉与种子发芽和幼苗生长

活化技术改变了灌溉水理化性质和土壤环境状况，对种子萌发也会产生影响。为了探明活化水灌溉对种子萌发和幼苗生长的作用效果，开展了增氧和磁化活化水灌溉下种子萌发与幼苗生长特征研究。

5.1 增氧水灌溉与小麦种子萌发与幼苗生长

5.1.1 增氧淡水和增氧微咸水灌溉与小麦种子萌发

为了探明增氧水灌溉对种子萌发与幼苗生长的影响机制，开展了不同矿化度和增氧水平条件下小麦种子萌发试验。灌溉水包括微咸水（BCK）、淡水（FCK）、增氧淡水（FO）、增氧微咸水（BO），其中设置微咸水（1～5g/L）、增氧淡水（9.5～22.5mg/L）各5个灌溉方式。

为了定量分析活化水对种子萌发的影响，采用发芽势、发芽率、发芽指数、活力指数等指标进行分析，各指标技术方法如下：

$$发芽指数(GI) = \sum(n\text{ 天前萌发种子总数}/n)$$
$$活力指数(VI) = 发芽指数(GI) \times 幼苗平均生物量$$
$$幼苗平均生物量 = 根鲜重/供试种子数$$

5.1.1.1 微咸水灌溉与小麦种子萌发

1. 微咸水灌溉下种子萌发指标

图 5.1 显示了不同矿化度微咸水灌溉下，小麦种子发芽势、发芽率、发芽指数、活力指数、单粒根重和幼芽平均高度变化情况。由图可知，随灌溉水矿化度的增加，小麦种子的发芽势、活力指数、发芽指数、幼芽平均高度均呈现出先增加后减小的变化趋势。随矿化度的增加，发芽率和单粒根重呈现减小趋势。

与淡水灌溉（FCK）相比，灌溉水矿化度分别为 2g/L 和 3g/L 时，发芽势和发芽指数均较大，分别增加 8.77%、6.14%；发芽指数分别增加 16.76%、2.73%。灌溉水矿化度为 1g/L 时，发芽势较淡水灌溉（FCK）减小 7.02%，但发芽指数增加了 9.16%。灌溉水矿化度为 4.5g/L 时，发芽势和发芽指数均低于淡水灌溉。

灌溉水矿化度为 1g/L、2g/L 时，小麦活力指数分别较淡水灌溉增加 2.50%、2.70%；矿化度为 3g/L、4g/L、5g/L 微咸水灌溉时，小麦活力指数分别较淡水灌溉减小

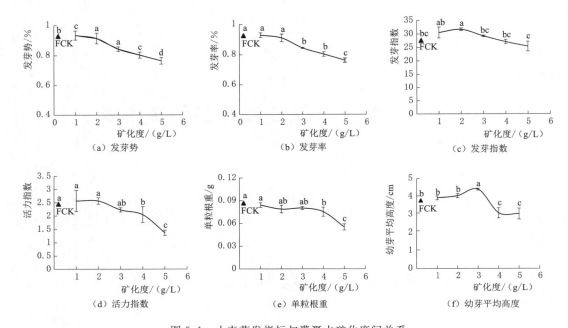

图 5.1　小麦萌发指标与灌溉水矿化度间关系

注　图中的小写字母表示同一时期不同灌溉间差异显著性水平，$P < 0.05$；FCK 为淡水处理条件下的小麦萌发指标。

10.28%、18.37%、44.58%。微咸水灌溉抑制小麦单粒根重增加。与淡水灌溉相比，1g/L、2g/L、3g/L、4g/L、5g/L 灌溉下，小麦单粒根重分别减小 5.14%、10.94%、9.37%、14.27%、37.74%。

灌溉水矿化度为 3g/L 时，活力指数较淡水灌溉表现为抑制，但发芽指数与之相反。说明此条件下单粒根重对活力指数起主导作用。而矿化度为 1g/L、2g/L 时，发芽指数对活力指数起主导作用。随矿化度的升高，发芽率呈减小趋势，矿化度为 1g/L、2g/L、3g/L、4g/L、5g/L 条件下分别较淡水灌溉降低了 0.36%、1.79%、9.32%、14.34%、19.71%，表明微咸水对种子发芽率具有不利影响。在矿化度为 2g/L、3g/L 时，发芽率与发芽势的作用相反。表明 2g/L、3g/L 矿化度有利于种子萌发，4 天时发芽数量增加，但不利于 4~7 天发芽数量的持续增长。

矿化度为 3g/L 微咸水灌溉时，幼芽平均高度最大。相比于淡水灌溉，幼芽平均高度增加 14.53%。矿化度为 1g/L、2g/L 微咸水灌溉条件下，幼芽平均高度分别增加 1.74%、4.65%。矿化度为 4g/L、5g/L 条件下的幼芽平均高度较淡水灌溉减小 20.16%、21.13%。表明当微咸水矿化度大于 4g/L 时，对幼芽平均高度有明显抑制作用。其中在矿化度为 2g/L 时，发芽势、发芽指数、活力指数均为微咸水灌溉下的最大，幼芽平均高度高于淡水灌溉，发芽率略有降低，但仍大于 90%，单粒根重减小幅度不大。可以认为在微咸水条件下，矿化度 2g/L 较利于小麦种子萌发。

淡水灌溉的发芽势低于矿化度 2g/L、3g/L 的发芽势，表明适量的盐胁迫提高了种子萌发初期的发芽数量。淡水灌溉的发芽指数明显低于矿化度为 1g/L、2g/L 的发芽指数，表明较低的盐胁迫使种子萌发初期的发芽数量增加。在矿化度为 1g/L、2g/L 微咸水灌溉下的发芽率未低于 90%，接近淡水灌溉的发芽率，而其发芽指数明显提高。矿化度为 1g/L、2g/L 微咸水灌溉，推进了小麦种子的发芽进程。在矿化度 1g/L 微咸水灌溉下，幼芽平均高度略高于淡水灌溉，在矿化度 2g/L、3g/L 微咸水灌溉下明显高于淡水灌溉。

在较低盐胁迫环境下，小麦的部分种子萌发指标高于淡水灌溉。这可能是小麦萌发过程中对盐胁迫的一种适应性反应。在植物处于逆境时，组织细胞内会大量累积活性氧，导致脂膜过氧化，诱导细胞程序性死亡，而抗氧化酶担任清除活性氧的关键作用。据此推测，在处于较低盐胁迫时，小麦种子组织细胞内累积的活性氧数量较少，抗氧化酶等的酶活性有一定提高，有利于种子的萌发，使部分指标高于淡水灌溉。当矿化度超过 3g/L 时，种子处于较高盐胁迫，组织细胞内累积大量活性氧。此时抗氧化酶已不足以清除活性氧，导致脂膜过氧化，且抗氧化酶和其他未知酶的大量存在或许对种子萌发也有不利影响，致使各项指标迅速下降。

2. 灌溉水矿化度与种子萌发指标间的相关性

微咸水矿化度与小麦种子萌发指标（发芽率、发芽势、发芽指数、活力指数、幼芽平均高度）之间存在一定的相关性，对其进行相关性分析，结果见表 5.1。

由表 5.1 可看出，皮尔逊相关系数均符合 $|r| > 0.5$，表明矿化度与各指标之间具有中度及以上相关性。小麦种子发芽率和活力指数与矿化度之间均呈现显著负相关关系。

表 5.1 微咸水矿化度与各指标间的相关性分析

指标	发芽势	发芽率	发芽指数	活力指数	单粒根重	幼芽平均高度
矿化度	-0.579	-0.990**	-0.875	-0.933*	-0.843	-0.704

注 ** 表示极显著（$P < 0.01$），* 表示极显著（$P < 0.05$）。

5.1.1.2 增氧淡水灌溉与小麦种子萌发

1. 增氧淡水灌溉下种子萌发指标

增氧淡水的溶解氧浓度分别为 9.5mg/L、12.5mg/L、16.5mg/L、19.5mg/L、22.5mg/L，其中溶解氧浓度 9.5mg/L 即未增氧淡水。图 5.2 显示了不同溶解氧浓度增氧淡水灌溉对小麦种子发芽势、发芽率、发芽指数、活力指数、单粒根重和幼芽平均高度的影响。由图 5.2 可知，发芽势和发芽指数随着溶解氧浓度的增加呈现先增加后减小的变化趋势；活力指数、幼芽平均高度随溶解氧浓度的增加先减小后增加；发芽率随溶解氧浓度的增加而减小。

在溶解氧浓度 12.5mg/L 时，发芽势最大，较淡水灌溉增加 14.04%；溶解氧浓度在 12.5～22.5mg/L 时，发芽势缓慢降低。但溶解氧浓度为 16.5mg/L、19.5mg/L、22.5mg/L 条件下，发芽势仍分别较淡水灌溉增加 11.40%、11.40%、10.53%，表明适当提高溶解氧浓度有利于增加小麦种子萌发数量。

在溶解氧浓度为 9.5～16.5mg/L 时，发芽率基本保持不变，在 16.5～22.5mg/L 之间呈现缓慢下降趋势，在 16.5mg/L 和 22.5mg/L 时分别较对照减小 3.58%、4.66%。表明溶解氧浓度的增加对发芽率影响不大，但过高的溶解氧浓度对种子发芽率略有抑制作用。

在溶解氧浓度为 12.5～22.5mg/L 时，发芽指数均高于淡水灌溉，分别增加 1.07%、3.41%、12.37%、9.46%；在溶解氧浓度为 19.5mg/L 时，发芽指数最大，表明溶解氧

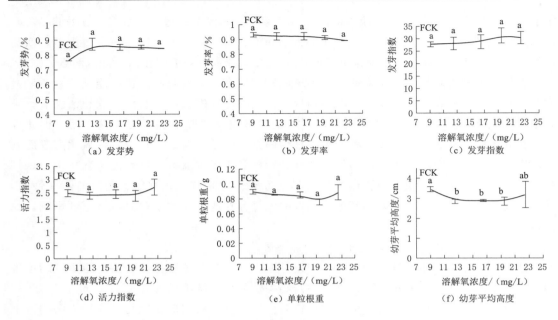

图 5.2　小麦萌发指标与增氧淡水溶解氧浓度间的关系

注　图中的小写字母表示同一时期不同灌溉间差异显著性水平（$P<0.05$）；FCK 为不增氧淡水处理条件下的
小麦萌发指标。

浓度增加有利于种子前期萌发数量的增加。在 12.5mg/L、16.5mg/L、19.5mg/L 时，单粒根重和活力指数均低于未增氧淡水，在溶解氧浓度为 22.5mg/L 时均高于未增氧淡水。结合发芽指数变化特征可以看出，溶解氧浓度为 12.5～19.5mg/L 时，单粒根重的减小引起了活力指数的降低。在溶解氧浓度为 9.5～19.5mg/L 时，幼芽平均高度表现下降趋势；在 19.5～22.5mg/L 时，表现为上升趋势。溶解氧浓度为 22.5mg/L 时，幼芽平均高度仍低于未增氧淡水，对幼芽平均高度具有抑制作用。

2. 增氧浓度与种子萌发指标间的相关性

增氧淡水灌溉条件下，溶解氧浓度与萌发指标（发芽率、发芽势、发芽指数、活力指数、幼芽平均高度）之间存在一定的相关性，结果见表 5.2。

表 5.2　　　　　　　　增氧淡水条件下的溶解氧浓度与各指标间的相关性

指标	发芽势	发芽率	发芽指数	活力指数	单粒根重	幼芽平均高度
溶解氧浓度	0.512	-0.921^*	0.886^*	0.492	-0.358	-0.331

注　*表示极显著（$P<0.05$）。

由表 5.2 可看出，发芽势、发芽率、发芽指数与溶解氧浓度之间的皮尔逊相关系数均符合$|r|>0.5$，表明具有中度及以上相关性。而活力指数、单粒根重、幼芽平均高度与溶解氧浓度之间的皮尔逊相关系数$|r|>0.3$，表明具有低度相关性。显著性相关分析表明，增氧淡水条件下，小麦种子发芽指数与溶解氧浓度之间呈显著正相关关系，而发芽率与溶解氧浓度之间呈现显著负相关关系。

5.1.1.3 增氧微咸水灌溉与小麦种子萌发

1. 增氧微咸水灌溉下种子萌发指标

在微咸水矿化度为 1g/L、3g/L、5g/L 条件下，设置溶解氧浓度分别为 9.5mg/L、12.5mg/L、16.5mg/L、19.5mg/L、22.5mg/L，分析增氧微咸水灌溉下种子萌发状况。图 5.3 显示了不同溶解氧浓度和矿化度的微咸水增氧灌溉下小麦种子萌发指标变化特征。

在矿化度为 1g/L 时，发芽势、单粒根重、幼芽平均高度随着溶解氧浓度的增加而先增加后减小。在溶解氧浓度为 16.5mg/L、19.5mg/L、22.5mg/L 的发芽势分别较未增氧淡水增加 5.26%、23.68%、14.04%；在溶解氧浓度 12.5mg/L 时，较未增氧淡水灌溉减小 3.51%。未增氧灌溉、矿化度 1g/L 的微咸水条件下，发芽势较淡水灌溉减小 7.02%。表明 1g/L 微咸水进行增氧灌溉，可以减弱盐分对发芽势的抑制作用。在矿化度为 1g/L 微咸水灌溉情况下，未增氧条件下，单粒根重较淡水灌溉减小 5.14%；在溶解氧浓度为 12.5mg/L 和 16.5mg/L 时，单粒根重分别较淡水灌溉增加 9.41%、0.53%；在溶解氧浓度为 19.5mg/L 和 22.5mg/L 时，单粒根重分别较淡水灌溉减小 0.82%、11.09%。其中，溶解氧浓度为 12.5mg/L、16.5mg/L、19.5mg/L 时，单粒根重高于未增氧和矿化度 1g/L 的微咸水灌溉。但溶解氧浓度达到 22.5mg/L，单粒根重低于未增氧灌溉微咸水。仅在微咸水溶解氧浓度为 12.5mg/L 时幼芽平均高度高于淡水灌溉。溶解氧浓度为 16.5mg/L、19.5mg/L、22.5mg/L 时，单粒根重较淡水灌溉分别减小 2.00%、2.23%、4.07%。

在矿化度为 1g/L 微咸水灌溉时，发芽率、发芽指数随着溶解氧浓度的增加呈现出先减小后增加、再减小趋势。仅在溶解氧浓度为 19.5mg/L 时，发芽率高于淡水灌溉 4.30%。在溶解氧浓度为 9.5mg/L、12.5mg/L、19.5mg/L 时，发芽指数分别较淡水灌溉增加 7.95%、6.80%、17.16%；在溶解氧浓度 16.5mg/L、22.5mg/L 时，较淡水灌溉减小 5.22%、9.35%。但发芽率和发芽指数均仅在溶解氧浓度为 19.5mg/L 时高于未增氧、矿化度 1g/L 的微咸水灌溉。

在矿化度为 1g/L 时，在溶解氧浓度为 12.5mg/L、19.5mg/L 时，活力指数分别较淡水灌溉增加 15.33%、14.91%，且均明显高于未增氧和矿化度 1g/L 的微咸水灌溉。在溶解氧浓度为 16.5mg/L、22.5mg/L 时，活力指数分别较淡水灌溉减小 5.63%、20.47%，且均明显低于未增氧和矿化度 1g/L 的微咸水灌溉。综合单粒根重和发芽指数变化特征，在溶解氧浓度为 12.5mg/L 时，单粒根重的增长对活力指数增长起主导作用。在溶解氧浓度为 16.5mg/L 时，发芽指数的增长对活力指数增长起主导作用。由此可知，矿化度为 1g/L 和溶解氧浓度为 19.5mg/L 时，增氧灌溉可以降低盐分对种子发芽势、发芽率、单粒根重的抑制作用。

在矿化度为 3g/L 时，发芽势和发芽率随着溶解氧浓度的增加先减小后增加。在增氧灌溉 12.5mg/L 时，发芽势较淡水灌溉增加 3.51%；在增氧灌溉为 16.5mg/L、19.5mg/L、22.5mg/L 时，发芽势分别较淡水灌溉减小 0.44%、1.75%、0.44%。在 4 个增氧灌溉条件下，发芽率均低于淡水灌溉，分别较淡水灌溉减小 12.54%、15.41%、17.92%、15.41%。综合淡水增氧灌溉结果分析，随着溶解氧浓度提高，促进种子发芽势增长的作用逐渐减弱。增氧微咸水灌溉下种子发芽势、发芽率的抑制作用亦逐渐减弱。这说明在 3g/L 矿化度条件下，种子的发芽势已达到较高水平，再进行增氧则对种子的发芽势和发芽率产生不利影响。

在矿化度为 3g/L 时，发芽指数、单粒根重、活力指数和幼芽平均高度随着溶解氧浓度的增加均表现为先减小后增加、再减小后增加的趋势。与淡水灌溉相比，在溶解氧浓度为 12.5mg/L、16.5mg/L、19.5mg/L 条件下，发芽指数分别减小 7.39%、6.01%、10.25%；单粒根重分别减小 19.88%、5.57%、11.27%；活力指数分别减小 26.90%、12.49%、21.37%；且均低于未增氧矿化度 3g/L 微咸水灌溉。在溶解氧浓度为 22.5mg/L 时，发芽指数较淡水灌溉略增长 0.98%。单粒根重与活力指数与淡水灌溉相比，几乎无差异，但均高于未增氧矿化度 3g/L 微咸水灌溉。这说明在 3g/L 矿化度条件下，当溶解氧含量达到 22.5mg/L 时，可以有效缓减盐分对发芽指数、单粒根重和活力指数的抑制作用。幼芽平均高度仅在溶解氧浓度为 12.5mg/L 时低于淡水灌溉 4.55%。在溶解氧浓度为 16.5mg/L、19.5mg/L、22.5mg/L 时，较淡水灌溉分别增长 4.64%、4.13%、4.81%。

在矿化度为 5g/L 时，发芽势随溶解氧浓度的增加而先增加后减小、再增加；发芽率、发芽指数、单粒根重、活力指数、幼芽平均高度均随着溶解氧浓度的增加呈现先增加后减小的趋势。其中，溶解氧浓度为 12.5mg/L 时，小麦种子的发芽势、发芽率、发芽指数、单粒根重、活力指数均最高，分别较淡水灌溉减小 7.02%、17.20%、0.70%、15.05%、16.64%，但均高于未增氧矿化度 5g/L 微咸水灌溉。相比于淡水灌溉，在溶解氧浓度为 16.5mg/L、19.5mg/L、22.5mg/L 时，发芽势分别减小 35.09%、33.33%、23.25%；发芽率分别减小 32.62%、32.62%、37.28%；发芽指数分别减小 21.56%、22.23%、40.84%；单粒根重分别减小 24.08%、22.84%、28.19%；活力指数分别减小 41.29%、40.72%、58.09%，且均低于未增氧矿化度 5g/L 微咸水灌溉。在溶解氧浓度达到 16.5mg/L 时，幼芽平均高度最高，较淡水灌溉减小 10.89%。在溶解氧浓度为 12.5mg/L 时，幼芽平均高度较淡水灌溉减小 13.26%，但均高于矿化度 5g/L 未增的氧微咸水灌溉。在溶解氧浓度为 19.5mg/L、22.5mg/L 时，幼芽平均高度分别较淡水灌溉减小 24.70%、46.85%，且均低于矿化度为 5g/L 的未增氧微咸水灌溉。由此可知，矿化度为 5g/L 时和溶解氧浓度为 12.5mg/L 时，增氧灌溉可以缓解盐分对种子发芽势、发芽率、发芽指数、单粒根重、活力指数、幼芽平均高度的抑制作用。

研究表明，纳米气泡增氧水可以产生活性氧，水中活性氧的含量对种子萌发至关重要，并且纳米气泡增氧水中的活性氧含量与水中纳米气泡密度呈正相关（Nanobubbles，2016）。过量的活性氧具有氧化作用，导致脂质过氧化、DNA 损伤和断裂（Moriz et al.，2013；Tomizawa et al.，2005）。而中等水平的活性氧具有生理促进作用，适量的活性氧对细胞壁的松弛有较大影响，并且可作为作物生长过程中的一种重要信号分子（Kerstin et al.，2009；Ishibashi et al.，2009）。

淡水增氧灌溉表明，在溶解氧浓度 22.5mg/L 时，发芽势、发芽率、发芽指数均较溶解氧浓度为 19.5mg/L 时略有降低。这可能是由于溶解氧浓度 22.5mg/L 时，活性氧过量，对作物细胞产生了不利的氧化作用。在不同矿化度条件下，再进行纳米气泡增氧灌溉，是盐胁迫与纳米气泡增氧灌溉的耦合。对于矿化度 1g/L 微咸水，适宜溶解氧浓度为 19.5mg/L。3g/L 微咸水灌溉下的发芽势明显高于 1g/L 矿化度下，适量的盐胁迫促进了种子萌发初期的发芽势。与 1g/L 矿化度相比，种子处于一个较有利的环境中。这可能提高了种子对活性氧的氧化作用的抵抗能力，种子可以耐受较高溶解氧浓度 22.5mg/L，并使该溶解氧浓度促进种子的代谢作用。5g/L 矿化度微咸水灌溉下，种子的各项指标均明显低于 FCK，种子处于一个非常不利的环境中，其细胞应该已遭受到破坏，导致种子细胞对溶解氧浓度的耐受性明显降低。在溶解氧浓度为 12.5mg/L 时，较未增氧处理表现出促进作用，溶解氧浓度超过 12.5mg/L 则不利于种子发芽。

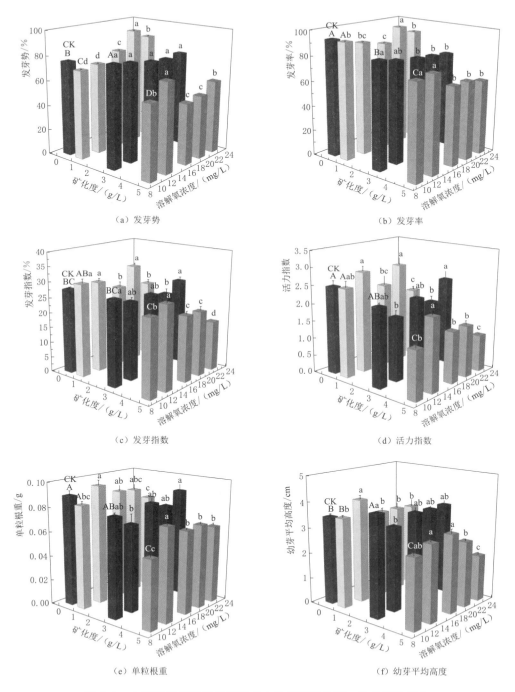

图 5.3　小麦萌发指标随增氧微咸水的溶解氧浓度、矿化度的变化

注　图中的小写字母表示同一时期不同灌溉间差异显著性水平（$P < 0.05$）。

2. 增氧微咸水矿化度与种子萌发指标间相关性

不同矿化度微咸水增氧条件下，小麦种子萌发过程中溶解氧浓度与萌发指标（发芽率、发芽势、发芽指数、活力指数、幼芽平均高度）之间存在一定的相关性，对其进行相关性分析以及显著性分析，结果见表 5.3。

表 5.3　不同矿化度微咸水增氧条件下的溶解氧浓度与小麦萌发指标间的相关性分析

矿化度/(g/L)	发芽势	发芽率	发芽指数	活力指数	单粒根重	幼芽平均高度
1	0.881*	0.104	−0.391	−0.465	−0.466	−0.590
3	−0.900*	−0.818	−0.063	0.365	0.608	−0.224
5	−0.447	−0.929*	−0.883*	−0.557	0.206	−0.669

注　*表示极显著（$P<0.05$）。

由表 5.3 可看出，在矿化度为 3g/L 时，发芽率与溶解氧浓度之间呈现显著负相关。而矿化度为 1g/L 时，发芽率与溶解氧浓度仅具有中度以下相关性。这可能是由于矿化度为 1g/L 微咸水条件下，小麦种子就具有较高发芽率（93%）；在较高增氧灌溉（12.5～16.5mg/L）时，增氧灌溉对小麦种子发芽率影响作用微小，仅在高溶解氧浓度（16.5～22.5mg/L）时具有较小抑制作用。因此矿化度为 1g/L 时，溶解氧浓度与种子发芽率之间相关性不明显。由此可知，当微咸水矿化度较高时，增氧灌溉能够在一定程度上影响小麦种子的发芽率。

5.1.1.4　增氧水灌溉与种子萌发间定量关系

上述指标间相关性和显著性分析结果表明，发芽率与微咸水矿化度、增氧淡水溶解氧浓度、增氧微咸水溶解氧浓度之间均具有较好相关性，可对在微咸水灌溉和增氧灌溉耦合条件下发芽率的变化特征进行定量分析。利用增氧微咸水灌溉的试验数据进行回归分析，建立发芽率与矿化度、溶解氧浓度的经验模型。

假设发芽率与增氧微咸水矿化度、溶解氧浓度之间存在关系为

$$Gv = KC^a M^b \times 100 \tag{5.1}$$

式中：Gv 为发芽率，%；C 为溶解氧浓度，mg/L；M 为矿化度，g/L；K、a、b 为系数。

将式（5.1）取对数，得到

$$\ln G_v = \ln K + a\ln C + b\ln M \tag{5.2}$$

将增氧微咸水试验中发芽率及相应的溶解氧浓度、矿化度数据代入方程（5.2），获得结果为

$$\ln K = 0.26 \tag{5.3}$$
$$a = -0.18$$
$$b = -0.12$$

由式（5.3）可得 $K=1.30$。

即获得方程（5.1）具体形式为

$$Gv = 1.30C^{-0.18}M^{-0.12} \tag{5.4}$$

式（5.4）即为在增氧微咸水灌溉条件下，发芽率与矿化度、溶解氧浓度之间经验关

系，相关系数 $R=0.90$，决定系数 $R^2=0.81$，表明发芽率与增氧微咸水的溶解氧浓度、矿化度之间具有较高相关性。

5.1.2 增氧微咸水灌溉与小麦幼苗生长和根区土壤理化性质

通过分析增氧微咸水地面灌对小麦苗期株高、叶片可溶性糖含量、叶片可溶性蛋白含量、叶片脯氨酸含量的影响，探讨增氧微咸水灌溉对小麦苗期生长特征的影响。通过分析增氧微咸水地面灌溉对根区土壤含水量、含盐量、土壤碱性磷酸酶活性、土壤硝酸还原酶活性，探讨增氧微咸水对小麦苗期根区土壤理化性质的影响。确定促进苗期小麦生长的溶解氧浓度，提出高效的微咸水利用方式，为西部干旱地区开发利用微咸水灌溉及盐胁迫土壤改良提供理论依据。

5.1.2.1 增氧微咸水灌溉与小麦苗期生长特征

1. 增氧微咸水灌溉对株高的影响

在一定程度上株高可反映植株的生长速率以及健康状况，图 5.4 显示了株高增长过程。由图可以看出，不同程度的增氧水灌溉对小麦苗期株高均具有促进作用。其中 BO20 灌溉条件下的株高显著高于其他增氧灌溉。从播种到第 8 天时，株高变化趋势表现为 BO30＞BO20＞BO15＞BO25＞BCK；8 天后的株高趋势表现为 BO20＞BO30＞BO15＞BO25＞BCK，BO20 灌溉下的株高最高。播种后第 8 天、13 天、18 天、23 天，BO20 灌溉株高高出对照分别为 39%、35%、55%、35%。在播种 8 天后，BO30 灌溉的株高增加速率呈现明显的下降趋势，BO20 灌溉对株高的促进作用表现在小麦苗期生长后期。

2. 增氧微咸水灌溉对叶绿素的影响

在一定程度上，叶绿素含量与光合作用能力和健康状态密切相关。采用叶绿素仪 TYS-B 测定苗期小麦的叶绿素含量，结果如图 5.5 所示。由图可以看出，增氧微咸水的溶解氧浓度为 15mg/L、20mg/L 时，对苗期小麦叶绿素具有促进作用。当增氧微咸水溶解氧浓度大于 20mg/L 时，则会对小麦种子的萌发产生一定的抑制作用。播种后第 18 天、23 天、28 天，BO15 灌溉叶绿素分别高出对照 6%、9%、2%；BO20 灌溉分别高出对照 8%、6%、4%；BO30 灌溉叶绿素分别低于对照 3%、2%、3%；BO25 灌溉叶绿素也在播种后第 28 天降低了 1%。

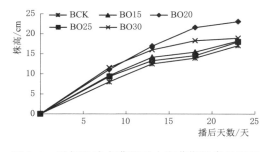

图 5.4 增氧微咸水灌溉对小麦苗期株高的影响

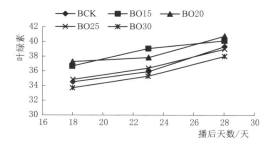

图 5.5 增氧微咸水对小麦苗期叶绿素的影响

3. 增氧微咸水灌溉对生理生化指标的影响

叶片可溶性蛋白含量能反映植株对灰霉病的抗性，较高的可溶性糖含量能增强植株的抗寒性。植株产生的脯氨酸含量与植株所受的盐胁迫程度之间呈现一定的正相关关系。

由表 5.4 可以看出，当溶解氧浓度增至 30mg/L 时，小麦叶片的可溶性糖含量及可溶性蛋白含量整体呈现出先增加后减小的趋势，在 BO20 灌溉下最大。可溶性糖含量呈现 BO20＞BO30＞BO25＞BCK＞BO15 的变化规律，可溶性蛋白含量则呈现 BO20＞BO30＞BO15＞BCK＞BO25 的变化规律。当溶解氧浓度由 BCK 增加至 30mg/L 时，小麦叶片的脯氨酸含量整体呈现出先减小后增加的趋势，最小值出现在 BO20 灌溉，其变化规律为 BO20＜BO15＜BCK＞BO30＜BO25。BO20 灌溉条件下，小麦叶片可溶性糖含量相比于对照情况提高了 115％，叶片可溶性蛋白含量提高了 13％，叶片脯氨酸含量则降低了 51％。BO20 灌溉对小麦苗期生长具有较好的促进作用。当溶解氧浓度进一步增大时，则会对小麦苗期的生长发育过程产生一定的抑制作用。

表 5.4　　　　　　　　增氧微咸水对小麦苗期叶片生理生化指标的影响

溶解氧浓度 /(mg/L)	可溶性糖含量 /(mg/g)	可溶性蛋白含量 /(mg/g)	脯氨酸 /(μg/g)
9	24.8±0.2 d	20.5±1.9 b	134.2±10.0 c
15	22.2±0.5 e	22.2±0.7 ab	115.1±9.4 d
20	53.3±2.1 a	23.1±0.09 a	65.6±9.6 e
25	27.9±2.2 c	22.0±1.8 ab	222.3±11.1 a
30	48.7±13.5 b	22.9±0.1 a	185.8±57.2 b

注　同一列小写字母表示不同溶解氧浓度间差异显著性水平，$P<0.05$。

4. 增氧微咸水灌溉下小麦苗期生长定量评价指标

以上对苗期小麦的株高、叶绿素含量、叶片生理生化指标（可溶性糖含量、可溶性蛋白含量、脯氨酸含量）进行了分析。由于叶片可溶性糖含量相比于对照变化较为显著，选用叶片可溶性糖含量作为增氧微咸水灌溉下小麦苗期生长特征的定量评价指标，并建立可溶性糖含量与各指标间的函数关系（株高和叶绿素均为第 23 天实测数据），如图 5.6～图 5.9 所示。叶片可溶性糖含量在一定程度上可以反映植株的抗寒性，较高的叶片可溶性糖含量能够更好地促进小麦生长发育。因此可溶性糖含量可作为增氧微咸水灌溉条件下小麦苗期生长特征的定量评价指标，比其他指标具有更具代表性。

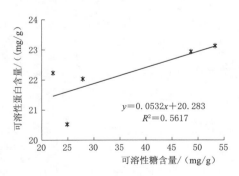

图 5.6　可溶性糖含量与可溶性蛋白含量间的关系

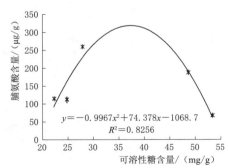

图 5.7　可溶性糖含量与脯氨酸含量间的关系

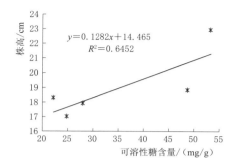

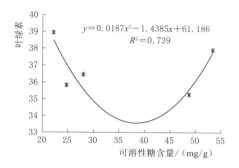

图 5.8 可溶性糖含量与株高间的关系   图 5.9 可溶性糖含量与叶绿素间的关系

5.1.2.2 增氧微咸水灌溉与苗期小麦根区土壤酶活性

1. 增氧微咸水对根区土壤碱性磷酸酶活性的影响

增氧微咸水灌溉对小麦苗期根区（0～5cm、5～10cm、10～15cm、15～20cm）土壤碱性磷酸酶活性的影响，显示在图 5.10 上。由图可以看出，除 BO15 灌溉外，相比于对照情况，不同程度的增氧微咸水灌溉对 0～5cm、5～10cm、10～15cm、15～20cm 深度根区的土壤碱性磷酸酶活性均表现出一定的抑制作用。BO15 灌溉条件下，在 0～5cm、5～10cm 土层深度处碱性磷酸酶活性增强，在 10～15cm、15～20cm 深度处降低。说明不同程度的增氧微咸水灌溉对小麦苗期根区土壤的保水性均有一定的促进作用，但相应地会在一定程度上抑制土壤碱性磷酸酶的活性。

2. 增氧微咸水灌溉对根区土壤硝酸还原酶活性的影响

增氧微咸水灌溉对小麦苗期根区（0～5cm、5～10cm、10～15cm、15～20cm）土壤硝酸还原酶活性的影响，显示在图 5.11 上。硝酸还原酶参与反硝化过程，可将土壤中的 NO_3^- 转化为 NO_2^-。硝酸还原酶活性越强，被转化的 NO_3^- 就越多。植物主要是以 NO_3^- 的形式从土壤中吸收 N 元素，因此土壤硝酸还原酶活性越强，越不利于植物对 NO_3^- 的吸收。

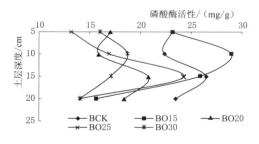

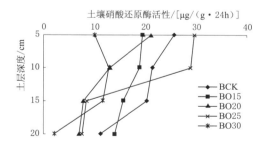

图 5.10 增氧微咸水对苗期小麦根区土壤   图 5.11 增氧微咸水对小麦苗期根区土壤
碱性磷酸酶活性的影响   硝酸还原酶活性的影响

相比于对照，当微咸水溶解氧浓度为 20mg/L 和 30mg/L 时，对 0～5cm、5～10cm、10～15cm、15～20cm 深度根区土壤的硝酸还原酶活性均表现出一定的抑制作用。当微咸水溶解氧浓度为 15mg/L 时，对 0～5cm、5～10cm、10～15cm 深度根区土壤的硝酸还原酶活性均表现出抑制作用；对 15～20cm 深度根区土壤的硝酸还原酶活性表现出一定的促进作用。当微咸水溶解氧浓度为 25mg/L 时，对 10～15cm、15～20cm 深度根区土壤的硝酸还原酶活性均表现出抑制作用；对 0～5cm、5～10cm 深度根区土壤的硝酸还原酶活性则表现出促进作用。

5.2　磁化水灌溉与棉花种子萌发与幼苗生长

通过棉花种子吸水、种子萌发、盆栽出苗等一系列试验（其中 FM0 代表非磁化淡水；FM100 代表 100mT 磁化淡水；FM300 代表 300mT 磁化淡水；FM500 代表 500mT 磁化淡水；BM0 代表非磁化微咸水；BM100 代表 100mT 磁化微咸水；BM300 代表 300mT 磁化微咸水；BM500 代表 500mT 磁化微咸水），研究磁化淡水和微咸水灌溉对棉花种子萌发与幼苗素质的影响，寻找不同灌溉水质的最佳磁场强度阈值，为揭示磁化水增产机理提供理论支撑。

5.2.1　种子吸水特性

种子萌发前的吸胀吸水是种子萌发的必要条件，种子主要依赖于原生质体的物理吸胀。磁化水灌溉下棉花种子的相对吸水量变化曲线如图 5.12 所示。由图可知，棉花种子的相对吸水量均随着浸泡时间的增加先迅速增加后趋于稳定，但种子对不同水质与磁场强度灌溉水的最大相对吸水量和到达稳定所需时间存在显著差异（$P < 0.05$）。与 FM0 相比，棉花种子对 BM0 的最大相对吸水量降低了 7.42%，达到稳定所用时间增加了 9h，说明淡水比微咸水更容易被棉花种子吸收。这主要是由于微咸水中的离子降低了灌溉水的溶质势，对种子吸水造成抑制作用。与 FM0 相比，棉花种子对 FM100、FM300 和 FM500 灌溉水的最大相对吸水量分别增加了 1.29%、4.48% 和 2.53%，达到稳定所用时间分别减少了 2h、4h 和 2h［图 5.12（a）］。与 BM0 相比，棉花种子对 BM100、BM300 和 BM500 灌溉水的最大相对吸水量分别增加了 1.74%、5.66% 和 3.11%，达到恒定所用时间分别减少了 4h、8h 和 7h［图 5.12（b）］。在灌溉水质相同时，300mT 磁化水灌溉下，棉花种子的相对吸水量增加幅度最大；500mT 磁化水灌溉下，棉花种子的相对吸水量增加幅度大于 100mT。在磁场强度相同时，磁化微咸水对相对吸水量的促进作用大于磁化淡水。说明磁化水比非磁化水更容易被棉花种子吸收。这主要是由于水经过磁化后，水分子间平均距离增大，部分氢键变弱甚至断裂，使大的缔合水分子簇变小，自由单体水分子和二聚体水分子的数量增加，化学键角、水-离子胶合体半径减小，表面张力和接触角下降，渗透压及溶解度增大，能够使水分易于通过细胞膜，从而促进棉花种子的吸胀吸水，为种子萌发积蓄能量。

磁化水灌溉下棉花种子的吸水速率变化曲线如图 5.13 所示。由图可知，棉花种子的吸水速率随着浸泡时间的增加而逐渐降低最后趋于 0，不同灌溉水质和磁场强度的种子吸水速率曲线存在显著差异（$P < 0.05$）。与 FM0 相比，BM0 的棉花种子最大吸水速率降低了 32.24%，说明淡水比微咸水能够更快地被棉花种子吸收。磁化与非磁化水的种子吸水速率曲线存在明显的交叉点，交叉点之前为磁效应时间，种子对磁化水的吸收速率大于非磁化水；在交叉点之后，种子对磁化水的吸收速率接近或略低于非磁化水。在 FM100、

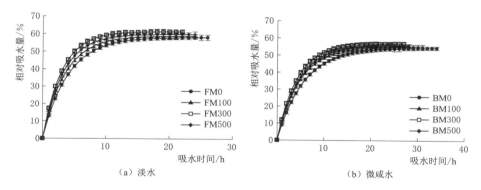

图 5.12 磁化水灌溉下棉花种子的相对吸水量变化曲线

FM300 和 FM500 灌溉下，相比 FM0，棉花种子最大吸水速率分别提高了 14.05%、35.54% 和 24.10%［图 5.13（a）］；BM100、BM300 和 BM500 灌溉下的最大吸水速率相比 BM0，分别提高了 18.07%、37.35% 和 25.62%［图 5.13（b）］。300mT 磁化灌溉下，吸水速率提高幅度最大，而磁化微咸水的提高幅度整体上大于磁化淡水。磁化与非磁化淡水的交叉点约为浸泡后 4h，而磁化与非磁化微咸水的交叉点约为浸泡后 6h。微咸水灌溉下的交叉点相对淡水滞后了 2h，说明微咸水的磁效应时间比淡水长。这主要是由于磁化水灌溉能够促进种皮及内部细胞的生物膜中自由基的形成，高浓度自由基使细胞膜透性增加，种皮通透性提高，从而提高棉花种子对水分的吸收速率（Naser et al.，2020）。

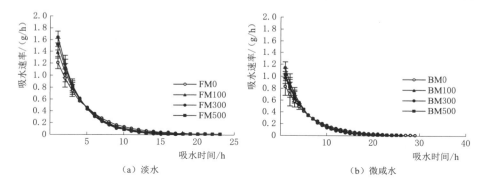

图 5.13 磁化水灌溉下棉花种子的吸水速率变化曲线

5.2.2 种子萌发特性

图 5.14 显示了磁化水灌溉下棉花种子的发芽情况。从图可知，灌溉水质与磁场强度对棉花种子萌发有显著影响（$P < 0.05$）。同一时间，微咸水培育的棉花种子发芽数整体低于淡水，磁化水培育的棉花种子发芽数整体高于非磁化水。培育 2 天后，微咸水灌溉棉花种子发芽数比淡水降低了 51.28%。培育 2～4 天，微咸水灌溉棉花种子发芽数比淡水降低了 65.85%。培育 4～8 天，微咸水灌溉棉花种子发芽数比淡水降低了 33.33%。培育 8 天后，微咸水灌溉棉花种子发芽数比淡水降低了 52.34%。磁化水灌溉能够在一定程度上促进种子发芽，棉花发芽数有所增加。培育 2 天后，FM100、FM300 和 FM500 灌溉棉花

种子发芽数相比 FM0，分别提高了 23.08%、30.77% 和 19.23% [图 5.14（a）]；而 BM100、BM300 和 BM500 灌溉棉花种子发芽数相比 BM0，分别提高了 26.32%、63.16% 和 36.84% [图 5.14（b）]。培育 2～4 天，FM100、FM300 和 FM500 灌溉棉花种子发芽数相比 FM0，分别提高了 24.39%、21.95% 和 19.51%；而 BM100、BM300 和 BM500 灌溉下棉花种子发芽数相比 BM0，分别提高了 55.23%、57.14% 和 56.34%。培育 4～8 天，FM100、FM300 和 FM500 灌溉棉花种子发芽数相比 FM0，分别提高了 8.92%、11.11% 和 10.57%；而 BM100、BM300 和 BM500 灌溉棉花种子发芽数相比 BM0，分别提高了 15.56%、27.78% 和 13.48%。培育 8 天后，FM100、FM300 和 FM500 灌溉棉花种子发芽数相比 FM0，分别提高了 20.56%、22.43% 和 16.82%，而 BM100、BM300 和 BM500 灌溉棉花种子发芽数相比 BM0，分别提高了 23.53%、49.02% 和 33.33%。说明磁化水对培育前 4 天棉花的发芽影响最大，微咸水磁化处理对棉花种子发芽的促进作用大于淡水。这主要是由于磁化灌溉后，水分子活性与溶氧量提高，为种子萌发提供了良好的水分与气体环境，有利于种子萌发。同时磁化水灌溉能够促进种子细胞的呼吸，加快种子的新陈代谢，进而加速了棉花种子的萌发。

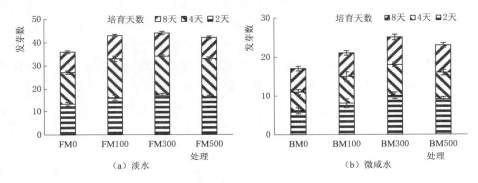

图 5.14　磁化水灌溉下棉花种子的发芽情况

注　图中的每一列表示同一灌溉在不同时期的均值。

种子发芽势（GP）、发芽率（GR）、发芽指数（GI）和活力指数（VI）是反映种子萌发的重要指标，GP 和 GR 直接反映了种子萌发过程中代谢过程启动的快慢，而 GI 与 VI 则反映了种子能够快速和均匀出苗的潜力。不同灌溉水质与磁场强度对棉花种子萌发活力指标的影响，见表 5.5。与淡水灌溉对比，微咸水灌溉下，棉花种子的萌发活力指标均有所降低。与 FM0 相比，BM0 灌溉下棉花种子的 GP、GR、GI 和 VI 分别降低了 58.75%、52.34%、54.37% 和 73.49%。磁化与非磁化水对比发现，磁化水灌溉下棉花种子的萌发活力指标均有所提升。与 FM0 相比，FM100 灌溉棉花种子的 GP、GR、GI 和 VI 分别提高了 23.75%、20.56%、22.70% 和 47.36%；FM300 灌溉下，棉花种子的 GP、GR、GI 和 VI 分别提高了 26.25%、22.43%、26.95% 和 77.99%；FM500 灌溉下，棉花种子的 GP、GR、GI 和 VI 分别提高了 22.50%、16.82%、22.22% 和 57.78%。与 BM0 相比，BM100 灌溉棉花种子的 GP、GR、GI 和 VI 分别提高了 39.39%、23.53%、30.05% 和 129.06%；BM300 灌溉下，棉花种子的 GP、GR、GI 和 VI 分别提高了 60.61%、49.02%、58.55% 和 246.34%；BM500 灌溉下，棉花种子的 GP、GR、GI 和

VI 分别提高了 45.45%、33.33%、38.86% 和 171.17%。由此可见，磁化水灌溉对棉花种子发芽势提升幅度大于发芽率，而活力指数提升幅度大于发芽指数。在灌溉水质相同时，300mT 磁化水灌溉棉花种子各萌发活力指标提高幅度最大，100mT 磁化淡水灌溉棉花种子的发芽势、发芽率和发芽指数均略大于 500mT 磁化淡水灌溉，但活力指数却略小于 500mT 磁化淡水灌溉，但都不显著（$P>0.05$）。500mT 磁化微咸水灌溉棉花种子的各萌发活力指标作用，均大于 100mT 磁化微咸水灌溉。在磁场强度相同时，磁化微咸水灌溉对棉花种子各萌发活力指标的相对促进作用高于磁化淡水。方差分析表明，灌溉水质对棉花种子各萌发活力指标具有极显著影响（$P<0.01$），磁场强度对棉花种子各萌发活力指标同样具有极显著影响（$P<0.01$）。灌溉水质与磁场强度两因素交互作用对 GP 和 VI 具有显著影响（$P<0.05$），而对 GR 和 GI 无显著影响（$P>0.05$）。以上说明，微咸水灌溉抑制了棉花种子的萌发活力与生长潜势，而磁化水灌溉能够有效增强棉花种子活力，增强棉花的发芽潜势。这主要是因为磁化水具有类似植物生长激素的作用，能够激发种子酶系的活性或者加速相关酶的合成，增强了种子的酶促反应，从而提高种子活力。

表 5.5　　　　　　　　　　　　　磁化水灌溉下的棉花种子萌发指标

水质-磁场强度	发芽势/%	发芽率/%	发芽指数	活力指数
FM0	53.33 b	71.33 c	17.63 b	26.39 c
FM100	66.00 a	86.00 ab	21.63 a	38.89 b
FM300	67.33 a	87.33 a	22.38 a	46.98 a
FM500	65.33 a	83.33 b	21.54 a	41.64 b
BM0	22.00 c	34.00 c	8.04 c	7.00 d
BM100	30.67 b	42.00 b	10.46 b	16.03 c
BM300	35.33 a	50.67 a	12.75 a	24.23 a
BM500	32.00 ab	45.33 b	11.17 b	18.97 b
交互作用				
水质	＊＊	＊＊	＊＊	＊＊
磁场强度	＊＊	＊＊	＊＊	＊＊
水质×磁场强度	＊	NS	NS	＊

注　水质：F—淡水，B—微咸水。磁场强度：M0—未加磁场处理，M100—100mT，M300—300mT，M500—500mT。同列不同的字母表示灌溉在 $P<0.05$ 水平上显著性差异，＊和＊＊分别代表在 $P<0.05$ 和 $P<0.01$ 水平上差异显著，NS 表示差异不显著（$P>0.05$）。

5.2.3　出苗率

不同磁化水灌溉下的棉花出苗率变化曲线如图 5.15 所示。由图可知，在播种后 3 天，棉花开始出苗，随着出苗时间的增加，棉花出苗率逐渐增加并趋于稳定。与 FM0 相比，BM0 灌溉的棉花出苗降低了 25.39%，齐苗时间推迟了 2 天。说明灌溉水盐度增加导致作物出苗率低，出苗时间延迟，生长不齐。FM0 灌溉的棉花出苗率为 77.3%，齐苗时间为 8 天 ［图 5.15（a）］。而 FM100、FM300 和 FM500 灌溉棉花的出苗率分别为 84.99%、89.32% 和 88.33%，齐苗时间分别为 8 天、7 天、8 天。与非磁化淡水相比，磁化淡水灌

溉的棉花的出苗率提高了 7.66％～13.15％，300mT 磁化水灌溉的棉花齐苗时间提前了 1
天。BM0 灌溉的棉花出苗率为 58.9％，齐苗时间为 10 天。而 BM100、BM300 和 BM500
灌溉的棉花的出苗率分别为 63.33％、83.56％和 70.00％，齐苗时间分别为 9 天、8 天、9
天。与非磁化微咸水相比，磁化微咸水灌溉的棉花的出苗率提高了 7.52％～41.87％，
100mT 和 500mT 磁化水灌溉的棉花齐苗时间提前了 1 天，而 300mT 磁化水灌溉棉花齐
苗时间提前了 2 天 [图 5.15 （b）]。在相同水质条件下，并非磁场强度越高棉花的出苗率
越好，而是存在一定的磁场强度适宜阈值，300mT 磁化水灌溉对棉花出苗率的促进作用
最强，而 500mT 磁化水灌溉对棉花出苗的促进作用要优于 100mT。说明灌溉水经过磁化
处理能够显著提高棉花出苗率，缩短齐苗时间，有利于根系的生长和壮苗的形成。而微咸
水磁化后，出苗率的提高幅度与齐苗提前时间均大于淡水，这主要是由于微咸水中的矿质
离子加强了磁化作用（邱念伟，2011）。

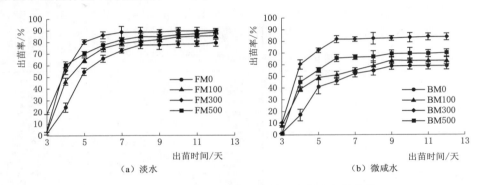

图 5.15　不同磁化水灌溉下的棉花出苗率变化曲线

5.2.4　棉花幼苗生长特征

5.2.4.1　幼苗活力特征

对播种 14 天后拔出的棉花幼苗长、幼根长、幼苗鲜重、幼苗干重和幼苗含水量等幼
苗活力指标进行统计，结果见表 5.6。由表可知，与淡水灌溉相比，微咸水灌溉下棉花幼
苗活力相对淡水均有所降低。与 FM0 相比，BM0 灌溉下棉花幼苗长、幼根长、幼苗鲜
重、幼苗干重和幼苗含水量分别降低了 44.00％、36.96％、55.18％、33.33％和 8.27％，
微咸水灌溉对棉花幼苗鲜重的影响最大。磁化与非磁化水灌溉对比发现，磁化水灌溉下棉
花幼苗活力有所提高。与 FM0 相比，FM100 灌溉下棉花幼苗长、幼根长、幼苗鲜重、幼
苗干重和幼苗含水量分别增加了 4.00％、19.57％、40.07％、19.54％和 2.65％；FM300
灌溉下，棉花幼苗长、幼根长、幼苗鲜重、幼苗干重和幼苗含水量分别增加了 8.00％、
28.26％、62.48％、22.99％和 4.27％；FM500 灌溉下，棉花幼苗长、幼根长、幼苗鲜
重、幼苗干重和幼苗含水量分别增加了 5.33％、34.78％、73.01％、34.48％和 3.90％。
与 BM0 相比，BM100 灌溉下棉花幼苗长、幼根长、幼苗鲜重、幼苗干重和幼苗含水量分
别增加了 40.48％、37.93％、54.92％、22.41％和 5.76％；BM300 灌溉下棉花幼苗长、
幼根长、幼苗鲜重、幼苗干重和幼苗含水量分别增加了 54.76％、55.17％、76.14％、
34.48％和 6.27％；BM500 灌溉下，棉花幼苗长、幼根长、幼苗鲜重、幼苗干重和幼苗含

水量分别增加了 42.86%、31.03%、63.64%、25.86% 和 6.19%。其中，幼根长与幼苗鲜重增加幅度较大，而幼苗含水量增加幅度较小。说明磁化水通过促进幼根长与增加幼苗鲜重来提高幼苗活力，保证棉花成苗率。此外，磁化微咸水对棉花幼苗活力的促进作用大于磁化淡水，表明磁化灌溉能在一定程度上降低盐分对作物活力的抑制作用，提高作物成苗率。500mT 磁化水灌溉对棉花幼根长、幼苗鲜重和幼苗干重的促进作用较大，而300mT 磁化水灌溉对棉花幼苗长和幼苗水分含量的促进作用最大，与不同磁化水培育的棉花种子萌发规律一致。方差分析表明，灌溉水质对棉花幼苗的活力指标具有极显著影响（$P < 0.01$），磁场强度对棉花幼苗各活力指标同样具有极显著影响（$P < 0.01$）。灌溉水质与磁场强度两因素交互作用对幼根长具有显著影响（$P < 0.05$），对幼苗长、幼苗鲜重和幼苗干重具有极显著影响（$P < 0.01$），但对幼苗含水量无显著影响（$P > 0.05$）。

表 5.6　　　　　　　　　　　　磁化水灌溉下的棉花幼苗活力特征

水质-磁场强度	幼苗长/cm	幼根长/cm	幼苗鲜重/g	幼苗干重/g	幼苗含水量/%
FM0	7.5 c	4.6 c	5.89 d	0.87 d	85.17 d
FM100	7.8 b	5.5 b	8.25 c	1.04 c	87.43 c
FM300	8.1 a	5.9 ab	9.57 b	1.07 b	88.81 a
FM500	7.9 b	6.2 b	10.19 a	1.17 a	88.49 b
BM0	4.2 c	2.9 c	2.64 c	0.58 c	78.13 c
BM100	5.9 b	4.0 b	4.09 b	0.71 b	82.63 a
BM300	6.5 a	4.5 a	4.65 a	0.78 a	83.03 a
BM500	6.0 b	3.8 b	4.32 ab	0.73 b	82.97 a
交互作用					
水质	＊＊	＊＊	＊＊	＊＊	＊＊
磁场强度	＊＊	＊＊	＊＊	＊＊	＊＊
水质×磁场强度	＊＊	＊	＊＊	＊＊	NS

注　水质：F—淡水，B—微咸水。磁场强度：M0—未加磁场处理，M100—100mT，M300—300mT，M500—500mT。同列不同的字母表示灌溉在 $P < 0.05$ 水平上显著性差异，＊ 和 ＊＊ 分别代表在 $P < 0.05$ 和 $P < 0.01$ 水平上差异显著，NS 表示差异不显著（$P > 0.05$）。

5.2.4.2　幼苗形态特征

磁化水灌溉下，棉花幼苗的株高、茎粗、叶片数及单片叶面积等形态指标变化特征如图 5.16 所示。由图可知，磁化水灌溉下，棉花幼苗各形态指标均随着生育时间的增加而增加。在定苗后，10 天磁化与非磁化淡水灌溉棉花各形态指标差异较小。随着生育时间的延长，磁化与非磁化淡水灌溉棉花各形态指标差距逐渐增大。在相同时间微咸水灌溉下，棉花株高、茎粗、叶片数和单片叶面积分别降低了 36.48%、39.21%、40.00% 和32.25%。在相同时间，磁化水灌溉棉花株高、茎粗、叶片数、单片叶面积均大于非磁化水。对磁化水灌溉下棉花幼苗株高进行分析发现，定苗后 10～40 天，FM0 灌溉棉花株高的平均增长速率为 0.46cm/d，株高增长速率峰值在定苗后 10～20 天出现［图 5.16（a）］。FM100、FM300 和 FM500 磁化灌溉的棉花株高的平均增长速率分别为 0.56cm/d、0.70cm/d 和 0.63cm/d，株高增长速率峰值在定苗后 30～40 天；而 BM0 灌溉棉花株高的

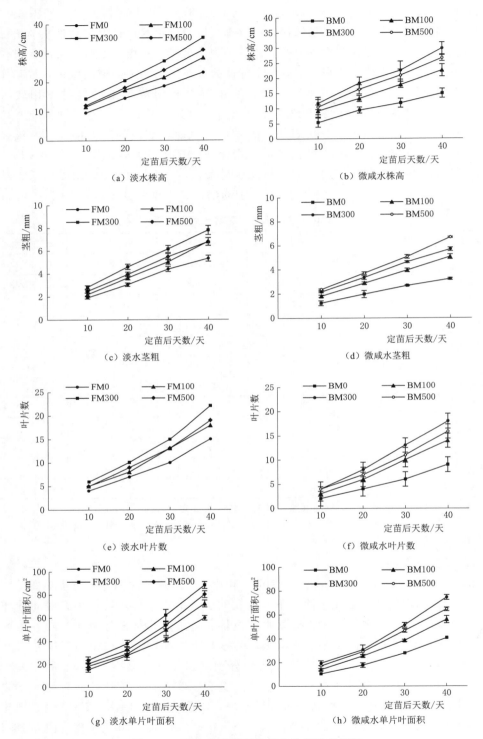

图 5.16　磁化水灌溉下的棉花幼苗形态指标

平均增长速率为 0.31cm/d，株高增长速率峰值在定苗后 10～20 天。BM100、BM300 和 BM500 灌溉棉花株高的平均增长速率分别为 0.44cm/d、0.60cm/d 和 0.53cm/d，株高增长速率峰值在定苗后 30～40 天 [图 5.16（b）]。定苗后 40 天，FM100、FM300 和 FM500 磁化水灌溉的棉花株高相对 FM0 分别提高 21.46%、51.07% 和 33.05%；而 BM100、BM300 和 BM500 磁化水灌溉的棉花株高相对 BM0 分别提高 52.03%、98.68% 和 79.05%。

对磁化水灌溉下棉花幼苗茎粗进行分析发现，定苗后 10～40 天，FM0 灌溉棉花茎粗的平均增长速率为 0.11mm/d，株高茎粗速率峰值在定苗后 20～30 天，FM100、FM300 和 FM500 磁化水灌溉的棉花茎粗的平均增长速率分别为 0.15mm/d、0.17mm/d 和 0.14mm/d，茎粗增长速率峰值在定苗后 30～40 天 [图 5.16（c）]。而 BM0 磁化水灌溉的棉花茎粗的平均增长速率为 0.07mm/d，株高茎粗速率峰值出现在定苗后 20～30 天。BM100、BM300 和 BM500 磁化水灌溉下，棉花茎粗的平均增长速率分别为 0.10mm/d、0.14mm/d 和 0.12mm/d，茎粗增长速率峰值出现在定苗后 30～40 天 [图 5.16（d）]。定苗后 40 天，FM100、FM300 和 FM500 磁化水灌溉的棉花茎粗相比于 FM0，分别提高 27.84%、47.35% 和 28.03%；而 BM100、BM300 和 BM500 磁化水灌溉棉花茎粗相比于 BM0，分别提高 57.94%、97.10% 和 76.64% [图 5.16（d）]。对磁化水灌溉下棉花幼苗叶片数进行分析发现，定苗后 40 天，FM100、FM300 和 FM500 磁化水灌溉棉花叶片数相比于 FM0，分别提高 20.00%、46.67% 和 26.67% [图 5.16（e）]；而 BM100、BM300 和 BM500 磁化水灌溉棉花叶片数相比于 BM0，分别提高 55.56%、96.67% 和 77.78% [图 5.16（f）]。对磁化水灌溉下棉花幼苗单片叶面积进行分析发现，FM100、FM300 和 FM500 灌溉下的棉花单片叶面积相比于 FM0，分别提高 20.15%、46.97% 和 33.80% [图 5.16（g）]；而 BM100、BM300 和 BM500 磁化水灌溉的棉花单片叶面积相对 BM0，分别提高 38.02%、83.24% 和 59.35% [图 5.16（h）]。以上说明磁化微咸水对棉花形态指标的相对促进作用大于磁化淡水。不同强度磁化水作用效果相比，300mT 磁化水灌溉对棉花形态指标的促进作用最大，而 500mT 磁化水灌溉对棉花生长的促进作用略高于 100mT。

5.2.4.3 幼苗光合特征参数

不同灌溉水质与磁化水灌溉下棉花幼苗的光合特征参数见表 5.7。与淡水灌溉相比，微咸水灌溉下棉花幼苗的 P_n、S_c、C_i、T_r 和 $iWUE$ 均有所降低，而叶绿素 SPAD 值与 L_s 有所提高。与 FM0 相比，BM0 灌溉下，棉花幼苗的 P_n、S_c、C_i、T_r 和 $iWUE$ 分别降低了 16.22%、18.18%、25.73%、2.80% 和 14.65%，而叶绿素 SPAD 值与 L_s 分别提高了 25.08% 和 18.52%。与非磁化水对比发现，磁化水灌溉下棉花幼苗的 P_n、S_c、C_i、T_r、SPAD 和 $iWUE$ 均有所提高，而 L_s 有所降低。与 FM0 磁化水相比，FM100 磁化水灌溉下棉花幼苗的 P_n、S_c、C_i、T_r 和叶绿素 SPAD 分别提高了 6.18%、9.09%、2.92%、3.40% 和 47.92%，而 $iWUE$ 和 L_s 降低了 0.96% 和 11.11%；FM300 磁化水灌溉下棉花幼苗的 P_n、S_c、C_i、T_r、SPAD 和 $iWUE$ 分别提高了 33.91%、72.73%、51.46%、24.80%、91.15% 和 5.10%，而 L_s 降低了 25.93%；FM500 灌溉下棉花幼苗的 P_n、S_c、C_i、T_r、SPAD 和 $iWUE$ 分别提高了 32.78%、40.91%、38.01%、22.20%、

66.52％和 5.41％，而 L_s 降低了 22.22％。与 BM0 相比，BM100 磁化水灌溉下棉花幼苗的 P_n、S_c、C_i、T_r、SPAD 和 $iWUE$ 分别提高了 10.71％、22.22％、22.05％、2.88％、7.95％和 4.85％，而 L_s 降低了 18.75％；BM300 磁化水灌溉下棉花幼苗的 P_n、S_c、C_i、T_r、SPAD 和 $iWUE$ 分别提高了 45.08％、44.44％、54.33％、14.20％、27.08％和 25.00％，而 L_s 降低了 25.00％；BM500 磁化水灌溉下棉花幼苗的 P_n、S_c、C_i、T_r、SPAD 和 $iWUE$ 分别提高了 26.43％、44.44％、40.09％、2.06％、12.41％和 23.88％，而 L_s 降低了 21.88％。由此可知，在灌溉水质相同时，300mT 磁化水灌溉对棉花幼苗的 P_n 和 $iWUE$ 的相对促进作用最强，而 500mT 磁化水灌溉的相对促进作用要强于 100mT 磁化水。在磁场强度相同时，磁化微咸水灌溉对棉花幼苗的 P_n 和 $iWUE$ 的相对促进作用强于磁化淡水。方差分析表明，灌溉水质对 C_i 和 $iWUE$ 具有显著影响（$P<0.05$），对 P_n、S_c、SPAD 和 L_s 具有极显著影响（$P<0.01$），而对 T_r 无显著影响（$P>0.05$）。磁场强度对 S_c 和 C_i 具有显著影响（$P<0.05$），对 P_n、SPAD、$iWUE$ 和 L_s 具有极显著影响（$P<0.01$），而对 T_r 无显著影响（$P>0.05$）。灌溉水质与磁场强度两因素交互作用对 T_r 具有显著影响（$P<0.05$），对 P_n、SPAD、$iWUE$ 和 L_s 具有极显著影响（$P<0.01$），而对 S_c 和 C_i 具无显著影响（$P>0.05$）。以上说明，灌溉水盐度增大在一定程度上提高棉花叶绿素含量，但会导致气孔限制值增加，进而导致棉花对光能和水分的利用效率降低（Lei and Middleton，2021）。主要是由于微咸水含有大量微量元素，有利于叶绿素的形成（Ittoutwar et al.，2020），同时微咸水也含有大量 Na^+，过量的 Na^+ 累积容易导致细胞膜系统受损，细胞渗透势降低，气孔限制增加，进而导致光合速率与水分利用效率下降（Boe et al.，1963）。磁化水灌溉能有效提高棉花幼苗气孔导度，减小气孔限制、提高 CO_2 的供应水平，从而提高光合碳同化能力，增强棉花对光能和水分的利用效率。这与韩雪云等（2016）与 Lv et al.（2017）的研究结果一致。这主要是由于磁化水灌溉能够提高作物体内相关酶的活性，提高作物新陈代谢速率（El-mageed et al.，2016）。同时，磁化水灌溉的作物细胞内自由水增多，叶绿素的光化学活性提高，光合磷酸化速度加快，净光合速率提高（Huang et al.，2019）。此外，磁化微咸水灌溉的棉花对光能与水分利用效率的增加幅度大于磁化淡水。这主要是由于微咸水中的矿质离子能够增强磁化过程对其理化性质的改善（Pastermak et al.，1995）。

表 5.7　　　　　　　不同灌溉水质与磁化水灌溉下棉花幼苗的光合特征参数

水质-磁场强度	P_n /[μmol/(m²·s)]	S_c /[mmol/(m²·s)]	C_i /(μmol/mol)	T_r /[mmol/(m²·s)]	SPAD	$iWUE$ /(μmol/mmol)	L_s
FM0	15.04 b	0.22 c	171 b	5.00 a	15.59 d	3.14 b	0.27 a
FM100	15.97 b	0.24 c	176 b	5.17 a	23.06 c	3.11 ab	0.24 b
FM300	20.14 a	0.38 a	259 a	6.24 a	29.80 a	3.30 a	0.20 c
FM500	19.97 a	0.31 b	236 a	6.11 a	25.96 b	3.31 a	0.21 c
BM0	12.60 c	0.18 bc	127 d	4.86 a	19.50 c	2.68 b	0.32 a
BM100	13.95 c	0.22 c	155 c	5.00 a	21.05 bc	2.81 b	0.26 b
BM300	18.28 a	0.26 c	196 a	5.55 a	24.78 a	3.35 a	0.24 c

续表

水质-磁场 强度	P_n /[μmol/(m²·s)]	S_c /[mmol/(m²·s)]	C_i /(μmol/mol)	T_r /[mmol/(m²·s)]	SPAD	$iWUE$ /(μmol/mmol)	L_s
BM500	15.93 b	0.26 ab	179 b	4.96 a	21.92 b	3.32 a	0.25 c
交互作用							
水质	＊＊	＊＊	＊	NS	＊＊	＊＊	＊＊
磁场强度	＊＊	＊	＊	NS	＊＊	＊＊	＊＊
水质×磁场 强度	＊＊	NS	NS	＊	＊＊	＊＊	＊＊

注　水质：F—淡水，B—微咸水。磁场强度：M0—未加磁场处理，M100—100mT，M300—300mT，M500—500mT。P_n—净光合速率，S_c—气孔导度，C_i—胞间 CO_2 浓度，T_r—蒸腾速率，$iWUE$—瞬时水分利用效率，L_s—气孔限制值；同列不同的字母表示灌溉在 $P<0.05$ 水平上显著性差异，＊ 和 ＊＊ 分别代表在 $P<0.05$ 和 $P<0.01$ 水平上差异显著，NS 表示差异不显著（$P>0.05$）。

图 5.17 显示了磁化水灌溉下棉花幼苗光合参数的线性拟合关系。由图可知，P_n 与 S_c 呈较强的线性关系。说明磁化水灌溉下棉花幼苗光合作用的升高是叶片气孔导度的升高所引起的。T_r 与 S_c 也呈现较强的线性相关，这主要是由于磁化水灌溉促进了棉花幼苗叶片气孔的开放，高气孔导致伴随着高蒸腾作用。P_n 与 S_c 的斜率（31.30）高于 T_r 与 S_c 的斜率（8.87）。这主要是由于气孔导度的升高引起了蒸腾速率的升高，而蒸腾速率的升高与气孔导度相比存在滞后性（Hasan et al.，2017）。磁化水灌溉棉花幼苗的 P_n 与叶绿素 SPAD 值呈现正相关关系，而与 L_s 呈现负相关关系。表明光合作用限制是以气孔限制占主导，而磁化水灌溉提高叶绿素含量，为光合作用提供了更多的场所，同时增加叶片的气孔导度，使更多的二氧化碳进入叶片，为光合反应提供了充足的原料。$iWUE$ 与叶绿素 SPAD 值呈现正相关关系，而与气孔限制值呈现负相关，说明磁化水灌溉主要通过提高叶绿素含量与降低气孔限制值，增强光合速率进而提高对水分的利用效率。

5.2.4.4　幼苗干物质量及其分配

磁化水灌溉下棉花幼苗的干物质量及其分配情况见表 5.8。由表可知，微咸水灌溉下棉花幼苗茎、叶、根干重与干物质总量分别降低了 13.02％、14.10％、33.12％ 和 15.36％，其中根干重的降低幅度最大。微咸水灌溉棉花的根冠比显著降低（$P<0.05$），幅度为 20.98％，而茎重比与叶重比变化均不显著（$P>0.05$）。说明微咸水灌溉要通过抑制棉花幼苗根系生长，降低根系对养分和水分的吸水强度和范围，进而影响棉花幼苗生物量的累积。磁化水与非磁化水灌溉的棉花幼苗干物质量及其分配差异显著（$P<0.05$）。与 FM0 相比，FM100、FM300 和 FM500 磁化水灌溉棉花幼苗茎、叶、根干重与干物质总量分别提高了 2.43％～18.75％、10.70％～12.53％、22.93％～33.12％ 和 10.36％～15.04％。与 BM0 相比，BM100、BM300 和 BM500 磁化水灌溉的棉花幼苗茎、叶、根干重与干物质总量分别提高了 2.79％～18.36％、1.82％～20.06％、52.38％～69.52％ 和 5.40％～20.64％。磁化微咸水灌溉的棉花幼苗干物质量相对提高量大于磁化淡水灌溉，其中根干重相对提高量最大。对棉花幼苗干物质分配进行分析发现，FM500 相比 FM0 磁化水灌溉茎重比提高了 3.21％，叶重比降低了 3.78％，而 FM100 和 FM300 与 FM0 磁化水灌溉间差异不显著（$P>0.05$）。磁化微咸水相对于非磁化微咸水灌溉，棉花幼苗茎重

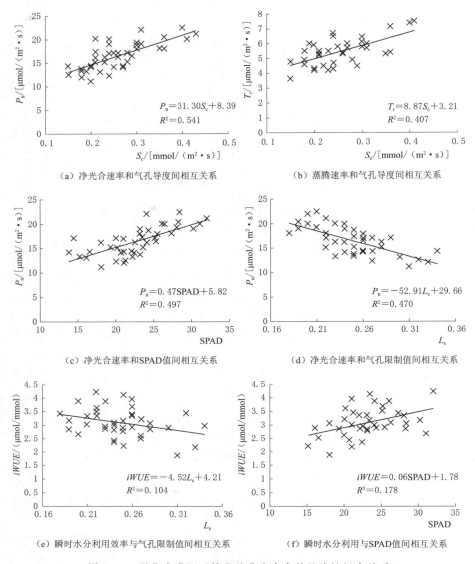

图 5.17　磁化水灌溉下棉花幼苗光合参数的线性拟合关系

比、叶重比差异不显著（$P > 0.05$），而根冠比显著提高，幅度为 23.57% ~ 34.71%。这说明磁化微咸水能够通过增加根系干物质比例，增强对水分和养分的吸收，从而促进棉花整体干物质量的积累。据报道，在磁场中，作物幼根表现出向磁性，磁化水能够增加植物细胞有丝分裂的频率，提高根尖生长区的 RNA 含量，加速根部组织分化，促进根伸长区细胞体积增大和胚根的伸长，增强根系对营养元素的吸收。由此看来，磁化水灌溉可以改善作物对水分和营养的吸收和改善作物后期的经济性状。

　　综上所述，基于棉花种子吸水、种子萌发、盆栽出苗等一系列试验，分析了不同磁场强度（0mT、100mT、300mT 和 500mT）磁化淡水与微咸水灌溉条件下棉花种子吸水、萌发与出苗以及幼苗素质（幼苗活力、形态指标、光合特征参数、干物质量及其分配）变

表 5.8 磁化水灌溉下棉花幼苗的干物质量及其分配情况

水质-磁场强度	茎干重/g	叶干重/g	根干重/g	总干重/g	茎重比/%	叶重比/%	根冠比/%
FM0	5.76 b	11.49 b	1.57 b	18.82 b	30.61 ab	61.05 a	8.34 a
FM100	5.90 b	12.93 a	1.94 a	20.77 a	28.41 bc	62.25 a	9.34 a
FM300	6.11 b	12.83 a	1.93 a	20.87 a	29.28 b	61.48 a	9.25 a
FM500	6.84 a	12.72 a	2.09 a	21.65 a	31.59 a	58.75 b	9.65 a
BM0	5.01 b	9.87 b	1.05 b	15.93 b	31.45 a	61.96 a	6.59 b
BM100	5.15 b	10.05 b	1.60 a	16.80 b	30.65 a	59.82 a	9.52 a
BM300	5.93 a	11.62 ab	1.68 a	19.23 a	30.84 a	60.43 a	8.74 a
BM500	5.56 ab	11.85 a	1.78 a	19.19 a	28.97 a	61.75 a	9.28 a
交互作用							
水质	＊＊	＊＊	＊	＊＊	NS	NS	NS
磁场强度	＊＊	＊＊	＊＊	＊＊	NS	NS	＊＊
水质×磁场强度	NS	NS	NS	NS	＊	＊	＊

注 水质：F—淡水，B—微咸水。磁场强度：M0—未加磁场处理，M100—100mT，M300—300mT，M500—500mT。同列不同的字母表示灌溉在 $P < 0.05$ 水平上显著性差异，＊ 和 ＊＊ 分别代表在 $P < 0.05$ 和 $P < 0.01$ 水平上差异显著，NS 表示差异不显著（$P > 0.05$）。

化特征，明确了棉花种子萌发与幼苗素质对不同灌溉水质与磁场强度灌溉的响应，确定了不同灌溉水质适宜棉花种子萌发与幼苗生长的最佳磁场强度。

（1）微咸水灌溉不利于棉花种子吸水，而磁化水灌溉能够提高种子的最大相对吸水量与吸水速率。棉花种子对微咸水的最大相对吸水量降低了 7.42%，最大吸收率降低了 32.24%。在灌溉水质相同时（即灌溉淡水或者微咸水条件下），不同磁场强度处理对棉花种子相对吸水量与吸水速率的促进作用大致表现为 300mT＞500mT＞100mT＞0mT 的变化趋势。在磁场强度相同时，磁化微咸水灌溉的棉花种子的最大相对吸收量与最大吸水速率提高幅度大于磁化淡水。300mT 磁化淡水灌溉相对非磁化淡水灌溉的棉花种子最大相对吸水量和最大吸收速率分别提高了 4.48% 和 35.54%。300mT 磁化淡水灌溉相对非磁化淡水灌溉的棉花种子最大相对吸水量和最大吸收速率分别提高了 5.66% 和 37.35%。

（2）微咸水灌溉抑制了棉花种子发芽数与萌发活力，而磁化水灌溉能够有效促进棉花种子萌发与萌发活力。培育 8 天后，微咸水灌溉的棉花种子发芽数比淡水降低了 52.34%，发芽势（GP）、发芽率（GR）、发芽指数（GI）和活力指数（VI）分别降低了 58.75%、52.34%、54.37% 和 73.49%。在淡水水质下，磁场强度对棉花种子萌发数与萌发活力的促进作用大致表现为 300mT＞100mT＞500mT＞0mT。在微咸水水质下，磁场强度对棉花种子萌发数与萌发活力的促进作用大致表现为 300mT＞500mT＞100mT＞0mT。在磁场强度相同时，磁化微咸水灌溉的棉花种子的发芽数与萌发活力提高幅度大于磁化淡水。300mT 磁化淡水灌溉的棉花种子发芽数相比非磁化淡水提高了 22.43%，GP、GR、GI 和 VI 分别提高了 26.25%、22.43%、26.95% 和 77.99%。300mT 磁化微咸水灌溉的棉花种子发芽数相比非磁化微咸水提高了 49.02%，GP、GR、GI 和 VI 分别提高了 60.61%、49.02%、58.55% 和 246.34%。

（3）微咸水灌溉降低了棉花出苗率，延缓了齐苗时间，而磁化水灌溉能够有效提升棉花出苗率，缩短了齐苗时间。微咸水灌溉棉花出苗率相比淡水降低了25.39%，齐苗时间推迟了2天。在灌溉水质相同时，不同磁场强度对棉花出苗率的促进作用大致表现为300mT＞500mT＞100mT＞0mT。在磁场强度相同时，磁化淡水灌溉棉花出苗率提高幅度大于磁化微咸水。300mT磁化淡水与微咸水灌溉棉花出苗率相比非磁化淡水与微咸水分别提高了89.32%和83.56%，而齐苗时间分别提前了1天和2天。

（4）微咸水灌溉相对削弱了棉花幼苗素质，而磁化水灌溉能够有效加强棉花幼苗素质。与淡水相比，微咸水灌溉下棉花幼苗活力降低，幼苗长、幼根长、幼苗鲜重、幼苗干重和幼苗含水量分别降低了44.69%、36.23%、55.23%、33.97%和8.27%；形态发展受限，株高、茎粗、叶片数和单片叶面积分别降低了36.48%、39.21%、40.00%和32.25%；光能和水分利用率下降，净光合速率（P_n）和瞬时水分利用效率（$iWUE$）分别降低了16.25%和18.52%；干物质累积减少，棉花幼苗茎、叶、根干重与干物质总量分别降低了12.96%、14.10%、32.91%和15.32%。在灌溉水质相同时，磁场强度对棉花幼苗素质的促进作用大致表现为300mT＞500mT＞100mT＞0mT。在磁场强度相同时，磁化微咸水灌溉棉花幼苗素质提高幅度大于磁化淡水。与非磁化淡水相比，300mT磁化淡水灌溉的棉花幼苗长、幼根长、幼苗鲜重、幼苗干重和幼苗含水量分别增加了7.96%、28.99%、62.42%、22.52%和4.28%；株高、茎粗、叶片数和单片叶面积分别增加了51.07%、47.35%、46.97%和33.80%；P_n和$iWUE$分别提高了33.94%和5.37%；棉花幼苗茎、叶、根干重、干物质总量与根冠比分别提高了6.08%、11.63%、22.93%、10.87%和12.11%。与非磁化微咸水相比，300mT磁化微咸水灌溉的棉花幼苗长、幼根长、幼苗鲜重、幼苗干重和幼苗含水量分别增加了55.20%、54.55%、76.36%、35.84%和6.27%；株高、茎粗、叶片数和单片叶面积分别增加了98.68%、97.10%、96.67%和83.24%；P_n和$iWUE$分别提高了45.16%和25.14%；棉花幼苗茎、叶、根干重、干物质总量与根冠比分别提高了18.84%、17.76%、59.81%、20.73%和35.72%。

参 考 文 献

韩雪云，彭玉峰，马中军，2016. NaCl溶液在磁场作用后的物理特性变化［J］. 河南师范大学学报（自然科学版），44（3）：66-70.

邱念伟，2011. 磁化水对小麦种子萌发、幼苗生长和生理特性的生物学效应［J］. 植物生理学报，47（8）：803-810.

BOE A A, SALUNKHE D K, 1963. Effects of magnetic fields on tomato ripening［J］. Nature, 199: 91-92.

EL-MAGEED T A A, SEMIDA W M, EL-WAHED M H A, 2016. Effect of mulching on plant water status, soil salinity and yield of squash under summer-fall deficit irrigation in salt affected soil［J］. Agricultural Water Management, 173: 1-12.

HUANG M G, HAN Z, ZHU C, et al, 2019. Effect of biochar on sweet corn and soil salinity under conjunctive irrigation with brackish water in coastal saline soil［J］. Scientia Horticulturae, 250: 405-413.

HASAN M M, ALHARBY H F, HAJAR A S, et al, 2017. Leaf gas exchange, Fv/Fm ratio, ion content and growth conditions of the two Moringa species under magnetic water treatment［J］. Pakistan

Journal of Botany, 49 (3): 921 - 928.

ISHIBASHI Y S, TOMOYA T, ZHENG S H, et al, 2009. NADPH oxidases act as key enzyme on germination and seedling growth in barley (*Hordeum vulgare L.*) [J]. Plant Production Science, 13: 45 - 52.

ITTOUTWAR P D, KASIVELU G, RAGURAMAN V, et al, 2020. Effects of biogenic zinc oxide nanoparticles on seed germination and seedling vigor of maize (Zea mays) [J]. Biocatalysis and Agricultural Biotechnology, Elsevier Ltd, 29: 101778.

KERSTIN M, LINKIES A, VREEBURG R A M, et al, 2009. In vivo cell wall loosening by hydroxyl radicals during cress seed germination and elongation growth [J]. Plant Physiology, 150: 1855 - 1865.

LEI T, MIDDLETON B, 2021. Germination potential of *baldcypress* (*Taxodium distichum*) swamp soil seed bank along geographical gradients [J]. Science of the Total Environment, 759: 143484.

LV X, MA F, ZHU H, et al, 2017. Effects of magnetized water treatment on growth characteristics and ion absorption, transportation, and distribution in *Populus* × *euramericana* 'Neva' under NaCl stress [J]. Canadian Journal of Forest Research, 47: 828 - 838.

MORIZ M, GESZKE - MORITZ M, 2013. The newest achievements in synthesis, immobilization and practical applications of antibacterial nanoparticles [J]. Chemical Engineering Journal, 228: 596 - 613.

NANOBUBBLES, 2016. Oxidative capacity of nanobubbles and Its effect on seed germination [J]. ACS Sustainable Chemistry & Engineering, 4: 1347 - 1353.

NASER K F, AL - HAMADANI H, WAROISH M H, et al, 2020. Fabrication of magnetic water system for drip irrigation by using solar energy [J]. IOP Conference Series: Materials Science and Engineering, 881: 012157.

PASTERMAK D, DE M Y, 1995. Irrigation with brackish water under desert conditions X. Irrigation management of tomatoes (*Lycopersicon esculentum Mills*) on desert sand dunes [J]. Agricultural Water Management, 28: 121 - 132.

TOMIZAWA S, IMAI H, TSUKADA S, et al, 2005. The detection and quantification of highly reactive oxygen species using the novel HPF fluorescence probe in a rat model of focal cerebral ischemia [J]. Neuroscience Research, 53: 304 - 313.

第6章 活化水灌溉和微量元素耦合促生效能

铁镁锌元素是作物生长所必需的营养元素，其中镁元素属于中量元素，其质量分数占作物比重较大，是继氮磷钾元素之后作物的第四大必需营养元素（黄东风等，2017），影响作物叶绿素含量（石吉勇等，2019）及其内部碳水化合物的合成和代谢、酶活化、合成蛋白质和活性氧代谢等过程（李晓鸣，2002），对作物正常生长发育具有十分重要的作用。如缺镁会对作物芽和根之间的干物质和碳水化合物的分配产生重要影响（Bordoni et al.，2016），也会通过降低叶绿体内基粒数、类囊体数，直接影响作物光合作用（Cakmak and Kirkby，2010）。如果土壤全镁含量低、有效镁转化速率慢和淋洗严重等问题，会导致土壤中可供作物吸收的有效镁含量过低，无法满足作物的正常生长需求。铁和锌元素属于微量元素，又称"痕量元素"，其中铁元素占地壳元素排名的第四位，地球化学丰度达到5.1%（Kppler，2005）。但是由于土壤中有效铁含量不足、全锌和有效锌含量低等原因，大部分地区的土壤有效铁和有效锌含量无法满足作物正常吸收利用。虽然铁和锌元素在作物体内累积的含量低于万分之一（Datta and Vitolins，2014），但对作物的生长发育有着十分重要的作用。近年来，一方面由于大量元素氮磷钾肥的大量施用以及缺少有机肥，另一方面因单位面积作物的产量不断提高而携带了土壤中大部分铁镁锌元素等原因，土壤中的铁镁锌元素不断被消耗（安航等，2020）。铁镁锌元素短缺，会导致作物产量和品质下降；相反铁镁锌元素在作物体内积累过多，也会抑制作物生长发育（Gomes et al.，2016）。因此，确定活化水灌溉条件下的铁镁锌合理施量，对于作物增产提质具有重要意义。

铁镁锌元素也是人体所需的重要元素组成。其中，铁元素是人体血红蛋白的重要组成成分，一旦缺铁，人体内血红蛋白的制造过程就会被抑制，不仅会导致贫血，而且会致使人体丧失血液运输氧气的功能（Guo et al.，2018；Hennessy et al.，2016）。镁元素是人体合成维生素、激素和酶类物质的重要组成成分，与人体的健康和成长息息相关，对维持人体正常新陈代谢具有十分重要的作用（黄作明等，2010）。锌元素参与人体 DNA 聚合酶、碱性磷酸酶和碳酸酐酶等各类酶的合成过程，影响人体能量消耗和物质代谢等生理过程，协调人体免疫能力。人体如果缺乏铁镁锌元素，则易导致组织结构和生理功能异常，致使人体代谢紊乱，从而引发疾病（Chasspis et al.，2012）。人体所必需的铁镁锌元素主要通过食物获得，有研究指出，人体每日必须摄入一定量微量元素以维持自身正常生命活动（鲁璐等，2010）。同时大量研究表明，在解决人体对微量元素需求的途径中，微量元素生物强化技术被认为是最有前景的途径之一（向月等，2021）。施肥能快速提高作物中的必需营养元素含量（Liu et al.，2006），进而通过人类的日常饮食来改善人体内微量元素缺乏的状况。

综上所述，随着农业生产活动的连续进行，土壤缺乏铁镁锌元素而引起的不利影响仍在不断增加，维持作物体内必需营养元素均衡已成为农业生产中有待解决的重要问题之一。同时，随着人们在生活质量和饮食方式方面的改变，对蔬菜需求与日俱增，除粮食作物外，蔬菜已成为我国最重要的农作物，2018年我国蔬菜表观消费量达69271万t，发展蔬菜高效用水技术已成为我国节水农业发展的重要任务之一。其中，小白菜在中微量元素研究方面具有一定的理论基础，对铁镁锌元素较为敏感（陈春宏等，1992；贾锐鱼等，2011；黄东风等，2017），此外，铁镁锌元素结合活化水灌溉技术对小白菜生长特征的影响研究尚薄弱。因此，采用理论分析、试验研究与模型拟合相结合的方法，利用常规水（FCK）、磁化水（FM）、去电子水（FD）进行灌溉，研究活化水灌溉与铁镁锌施用协同对小白菜生长特征和根区土壤理化性质的影响，明确活化水灌溉对铁镁锌元素吸收的作用效果，阐明活化水灌溉和施铁镁锌对小白菜生长的耦合影响途径，为活化水灌溉与中微量元素耦合技术的发展和科学应用提供理论依据。

6.1 活化水灌溉配施铁镁锌与小白菜生长

小白菜可食用部分的鲜重（地上部鲜重），可作为其生长状况的评价指标。同时，小白菜干重也是评估小白菜元素累积量的重要指标。株高和干重等生长指标在一定程度上能够宏观反映小白菜的生长优劣，便于评估小白菜产量以及土壤养分的供应情况。

6.1.1 活化水灌溉配施铁镁锌对地上部鲜重的影响

6.1.1.1 施铁条件下地上部鲜重的变化特征

在FMZ-0（不施铁镁锌）、Fe-25（施铁25mg/kg）和Fe-50（施铁50mg/kg）处理下，测定了常规水、磁化水、去电子水灌溉下，小白菜地上部鲜重变化过程，结果如图6.1所示。从图中可以看出，鲜重均随播种后天数的增加而增加。

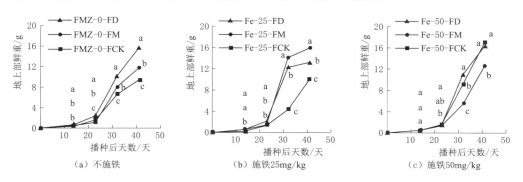

图 6.1 施铁条件下活化水灌溉对小白菜地上部鲜重的影响

在FMZ-0处理下，相比于常规水，采用活化水灌溉均能够显著增加鲜重，其整体变化趋势为FD＞FM＞FCK。在播种后15天、25天、35天和45天，采用去电子水灌溉的鲜重分别高于常规水灌溉❶的 86.90％、51.91％、55.03％和 65.96％；在播种后 35 天和 45 天，采用磁化水灌溉的鲜重分别高于常规水灌溉 22.83％和 24.36％；在播种后 15 天、25 天、35 天和 45 天，采用去电子水灌溉的鲜重分别高于磁化水灌溉 41.97％、51.61％、26.22％和 33.45％。由于磁化水灌溉有利于改善土壤性质，促进了种子萌发和根系生长，增强了光合作用和叶片生长，提高水分利用效率（穆艳等，2019）。去电子水灌溉同样能够提高作物光合性能，因此磁化水和去电子水灌溉均有利于促进小白菜对营养物质的吸收（穆艳等，2019），最终促进小白菜鲜重增长。

在 Fe-25 处理下，相比于常规水，采用活化水灌溉均显著增加鲜重，变化趋势表现为 FM＞FD＞FCK。在播种后 15 天、25 天、35 天和 45 天，采用去电子水灌溉的鲜重分别显著高于常规水灌溉 139.69％、71.69％、179.57％和 31.43％；在播种后 15 天、35 天和 45 天，采用磁化水灌溉的鲜重分别高于常规水灌溉 122.27％、222.69％和 57.95％；在播种后 35 天和 45 天，采用去电子水灌溉的鲜重分别低于磁化水灌溉 13.36 和 16.79％。

在 Fe-50 处理下，相比常规水，去电子水灌溉对鲜重无显著影响，磁化水灌溉则表现为抑制作用，整体变化趋势为 FCK＝FD＞FM。在播种后 25 天、35 天和 45 天，采用磁化水灌溉的鲜重分别显著低于常规水灌溉 20.92％、40.84％和 25.43％；在播种后 35 天和 45 天，去电子水灌溉的鲜重分别显著高于磁化水灌溉 102.08％和 30.22％。

在常规水灌溉条件下，鲜重随着铁施量的增加而增加，施的铁在一定程度上能够促进鲜重增长，整体变化趋势为 Fe-50＞Fe-25＝FMZ-0。在播种后 45 天，Fe-25 处理的鲜重高于 FMZ-0 处理 7.22％，但无显著差异；在播种后 35 天和 45 天，Fe-50 处理的鲜重分别高于 FMZ-0 处理 39.62％和 79.52％；在播种后 25 天、35 天和 45 天，Fe-50 处理的鲜重分别高于 Fe-25 处理 25.08％、108.93％和 67.44％。

在磁化水灌溉条件下，鲜重随着铁施量的增加呈现先增加后减小的趋势，其变化趋势为 Fe-25＞Fe-50＞FMZ-0。在播种后 15 天、35 天和 45 天，Fe-25 处理的鲜重分别高于 FMZ-0 处理 24.19％、75.57％和 36.18％；在播种后 45 天，Fe-50 处理的鲜重高于 FMZ-0 处理 7.64％；在播种后 15 天、35 天和 45 天，Fe-50 处理的鲜重分别低于 Fe-25 处理 44.76％、61.70％和 20.95％。

在去电子水灌溉条件下，鲜重随着铁施量的增加呈现先减小后增加的趋势，其变化趋势为 Fe-50＝FMZ-0＞Fe-25。在播种后 45 天，Fe-25 处理的鲜重低于 FMZ-0 处理 15.09％；在播种后 45 天，Fe-50 处理的鲜重高于 FMZ-0 处理 5.04％，但无显著差异；在播种后 45 天，Fe-50 处理的鲜重高于 Fe-25 处理 23.71％。

综上所述，相比于常规水，在不施铁和中等铁施量时，磁化水和去电子水灌溉对鲜重有显著促进作用。相比于常规水，去电子水灌溉对鲜重的促进作用随着铁施量的增加而减小；在 FMZ-0 处理下的促进作用最大，高出常规水灌溉 65.96％。相比于常规水，磁化水灌溉对鲜重的促进作用随着铁施量的增加呈现先增加后减小的趋势；在 Fe-25 处理下对鲜重的促进作用最大，高出常规水灌溉 57.95％。

6.1.1.2　施镁条件下地上部鲜重的变化特征

在 FMZ-0［该处理见图 6.1（a）］、Mg-45（施镁 45mg/kg）和 Mg-90（施镁

---

❶　此处"常规水灌溉"意为"常规水灌溉的鲜重"，对比表达时语句省略，下同。

90mg/kg）处理下，测定了常规水、磁化水、去电子水灌溉下小白菜地上部鲜重随播种后天数的变化过程，结果如图 6.2 所示。从图中可以看出，鲜重值均随播种后天数的增加而增加。

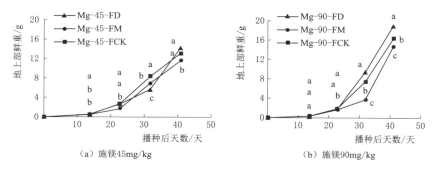

图 6.2 施镁条件下活化水灌溉对小白菜地上部鲜重的影响

在 Mg-45 处理下，相比于常规水，去电子水灌溉对鲜重有一定促进作用，磁化水灌溉则表现为抑制作用，整体变化趋势为 FD＝FCK＞FM。在播种后 15 天和 45 天，去电子水灌溉的鲜重分别高于常规水灌溉 50.63％和 8.85％；在播种后 15 天，磁化水灌溉的鲜重低于常规水灌溉 24.75％，在播种后 25 天、35 天和 45 天，分别显著低于常规水灌溉 38.89％、16.90％和 11.35％；在播种后 15 天、25 天和 45 天，采用去电子水灌溉的鲜重分别高于磁化水灌溉 100.17％、57.12％和 22.79％。

在 Mg-90 处理下，相比于常规水，去电子水表现出促进作用，磁化水则表现出抑制作用，整体变化趋势为 FD＞FCK＞FM。在播种后 35 天和 45 天，去电子水灌溉的鲜重分别高于常规水灌溉 27.43％和 18.75％；在播种后 15 天，磁化水灌溉的鲜重低于常规水灌溉 4.05％，在播种后 25 天、35 天和 45 天，分别低于常规水灌溉 13.77％、50.20％和 10.19％；在播种后 25 天，去电子水灌溉的鲜重高于磁化水灌溉 6.81％；在播种后 35 天和 45 天，分别显著高于磁化水灌溉 155.87％和 32.23％。

此外，在常规水灌溉条件下，其整体变化趋势为 Mg-90＞Mg-45＞FMZ-0，即鲜重随着镁施量的增加而增加，说明此时施的镁在一定程度上能够促进鲜重增长。在播种后 25 天、35 天和 45 天，Mg-45 处理的鲜重分别高于 FMZ-0 处理 77.72％、27.92％和 40.42％；在播种后 25 天、35 天和 45 天，Mg-90 处理的鲜重分别高于 FMZ-0 处理 24.41％、13.33％和 74.12％；在播种后 45 天，Mg-90 处理的鲜重高于 Mg-45 处理 23.99％。

在磁化水灌溉条件下，鲜重随着镁施量的增加而增加，表现为 Mg-90＞Mg-45＝FMZ-0：在播种后 45 天，Mg-45 处理的鲜重高于 FMZ-0 处理 0.10％，且无显著差异；在播种后 25 天和 45 天，Mg-90 处理的鲜重分别高于 FMZ-0 处理 54.26％和 25.74％；在播种后 15 天和 45 天，Mg-90 处理的鲜重分别高于 Mg-45 处理 69.97％和 23.99％。

在去电子水灌溉条件下，鲜重随着镁施量的增加而增加，表现为 Mg-90＞FMZ-0＝Mg-45：在播种后 45 天，Mg-45 处理的鲜重低于 FMZ-0 处理 7.90％，且无显著差异；

在播种后 45 天，Mg-90 处理的鲜重高于 FMZ-0 处理 24.59%；在播种后 35 天和 45 天，Mg-90 处理的鲜重分别高于 Mg-45 处理 65.52% 和 35.27%。

　　综上所述，相比于常规水，在不施镁、中等镁施量和高等镁施量时，去电子水灌溉对鲜重均有显著促进作用；在 FMZ-0 处理下，磁化水灌溉对鲜重有显著促进作用。相比于常规水，去电子水和磁化水灌溉对鲜重的促进作用均随镁施量的增加呈现先减小后增加的趋势；在 FMZ-0 处理下，对鲜重的促进作用均最大，分别高出常规水灌溉 65.96% 和 24.36%。

6.1.1.3　施锌条件下地上部鲜重的变化特征

　　在 FMZ-0 ［该处理见图 6.1 (a)］、Zn-30（施锌 30mg/kg）和 Zn-60（施锌 60mg/kg）处理下，测定了常规水、磁化水、去电子水灌溉下，小白菜地上部鲜重随播种后天数的变化过程，结果如图 6.3 所示。从图中可以看出，鲜重均随播种后天数的增加而增加。

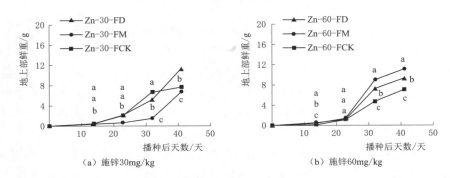

（a）施锌30mg/kg　　　　　　　（b）施锌60mg/kg

图 6.3　施锌条件下活化水灌溉对小白菜地上部鲜重的影响

　　由图 6.3 分析可知，在 Zn-30 处理下，相比于常规水，去电子水对鲜重具有促进作用，磁化水则为抑制作用，整体变化趋势为 FD＞FCK＞FM。在播种后 15 天和 25 天，去电子水灌溉的鲜重分别高于常规水灌溉 6.81% 和 6.60%；在播种后 45 天，显著高于常规水灌溉 47.89%。在播种后 15 天、25 天、35 天和 45 天，磁化水灌溉的鲜重分别低于常规水灌溉 22.41%、68.79%、77.64% 和 12.06%。在播种后 15 天、25 天、35 天和 45 天，去电子水灌溉的鲜重分别显著高于磁化水灌溉 37.67%、241.54%、247.62% 和 68.18%。

　　在 Zn-60 处理下，相比于常规水，活化水灌溉对鲜重起促进作用，整体变化趋势为 FM＞FD＞FCK。在播种后 15 天、35 天和 45 天，去电子水灌溉的鲜重分别高于常规水灌溉 228.59%、52.37% 和 31.65%。在播种后 25 天，磁化水灌溉的鲜重高于常规水灌溉 12.87%，在播种后 15 天、35 天和 45 天，高于常规水灌溉 131.27%、88.12% 和 56.78%。在播种后 35 天和 45 天，去电子水灌溉的鲜重分别低于磁化水灌溉 19.00% 和 16.03%。

　　此外，在常规水灌溉条件下，其整体变化趋势为 FMZ-0＞Zn-30＝Zn-60，表明鲜重随着锌施量的增加而减小。即除 FMZ-0 处理，施锌处理对鲜重均表现为抑制作用。在播种后 45 天，Zn-30 处理的鲜重低于 FMZ-0 处理 18.87%；在播种后 15 天、35 天和 45 天，Zn-60 处理的鲜重分别低于 FMZ-0 处理 53.32%、27.49% 和 25.01%；在播种后 45 天，Zn－60 处理的鲜重低于 Zn－30 处理 7.57％，且无显著差异。

在磁化水灌溉条件下，鲜重随着锌施量的增加呈现先减小后增加的趋势，表现为 FMZ－0＞Zn－60＞Zn－30。在播种后 15 天、25 天、35 天和 45 天，Zn－30 处理的鲜重分别低于 FMZ－0 处理 30.85％、44.83％、81.52％和 42.63％；在播种后 15 天和 45 天，Zn－60 处理的鲜重分别低于 FMZ－0 处理 18.00％和 5.46％；在播种后 25 天、35 天和 45 天，Zn－60 处理的鲜重分别高于 Zn－30 处理 122.99％、500.81％和 64.78％。

在去电子水灌溉条件下，鲜重随着锌施量的增加而减小，表现为 FMZ－0＞Zn－30＞Zn－60。在播种后 15 天、35 天和 45 天，Zn－30 处理的鲜重分别低于 FMZ－0 处理 32.94％、49.09％和 27.70％；在播种后 25 天、35 天和 45 天，Zn－60 处理的鲜重分别低于 FMZ－0 处理 53.49％、28.73％和 40.52％；在播种后 25 天和 45 天，Zn－60 处理的鲜重分别低于 Zn－30 处理 46.08％和 17.73％。

综上所述，相比于常规水，在不施锌、中等和高等锌施量时，去电子水灌溉对鲜重均有显著促进作用；相比于常规水，在不施锌和高等锌施量时，磁化水灌溉对鲜重有显著促进作用。相比于常规水，去电子水灌溉对鲜重的促进作用随着锌施量的增加而减小，在 FMZ－0 处理下的促进作用最大，高出常规水 65.96％。相比于常规水灌溉，磁化水灌溉对鲜重的促进作用随着锌施量的增加呈现先减小后增加的趋势；在 Zn－60 处理下的促进作用最大，高出常规水灌溉 56.78％。

6.1.2　活化水灌溉配施铁镁锌对地上部干重的影响

6.1.2.1　施铁条件下地上部干重的变化特征

在 FMZ－0、Fe－25 和 Fe－50 处理下，测定了常规水、磁化水、去电子水灌溉下，小白菜地上部干重随播种后天数的变化过程，结果如图 6.4 所示。从图中可以看出，干重均随播种后天数的增加而增加。

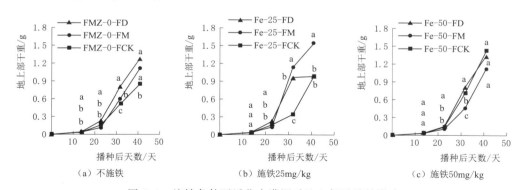

图 6.4　施铁条件下活化水灌溉对地上部干重的影响

在 FMZ－0 处理下，即相比于常规水，活化水灌溉能够显著增加干重，整体变化趋势为 FD＞FM＞FCK。在播种后 15 天、25 天、35 天、45 天，去电子水灌溉的干重分别高于常规水灌溉 81.99％、47.58％、58.26％和 50.24％。在播种后 15 天，磁化水灌溉的干重高于常规水灌溉 61.49％；在播种后 35 天和 45 天，分别高于常规水灌溉 17.74％和 31.12％。这可能是由于活化水能提高土壤中水分的扩散性和土壤的持水能力，促进土壤元素的运输和溶解。同时，活化水灌溉通过促进根系生长、改善作物品质（穆艳等，2019），提高小白菜地上部干物质的累积。

对于 Fe-25 处理，整体变化趋势为 FM＞FCK＝FD。相比于常规水，磁化水灌溉对干重表现为促进作用，去电子水灌溉则无显著影响。在播种后 15 天、35 天和 45 天，磁化水灌溉的干重分别高于常规水灌溉 81.06%、230.48% 和 56.58%。在播种后 15 天，去电子水灌溉的干重低于磁化水灌溉 2.00%；去电子水灌溉的干重高于磁化水灌溉 73.29%。

在 Fe-50 处理下，整体变化趋势为 FCK＝FD＝FM，采用常规水、去电子水和磁化水灌溉下的干重无显著差异。

此外，在常规水灌溉条件下，其整体变化趋势表现为 Fe-50＞Fe-25＝FMZ-0，即干重整体随着铁施量的增加而增加，说明铁元素能促进干重增长的作用。在播种后 35 天和 45 天，Fe-50 处理的干重分别高于 FMZ-0 处理 39.37% 和 68.21%；在播种后 35 天和 45 天，Fe-50 处理的干重分别高于 Fe-25 处理 108.24% 和 45.52%。

在磁化水灌溉条件下，各处理的干重无显著差异，表现为 Fe-25＝Fe-50＝FMZ-0。在去电子水灌溉条件下，各处理的干重无显著差异，表现为 Fe-50＝FMZ-0＝Fe-25。

综上所述，相比于常规水灌溉，在不施铁时，去电子水灌溉对干重有显著促进作用。在不施铁和中等铁施量时，磁化水灌溉对干重有显著促进作用。去电子水灌溉对干重的促进作用随着铁施量的增加而减小，在 FMZ-0 处理下的促进作用最大，高出常规水50.24%；磁化水灌溉对干重的促进作用随着铁施量的增加呈现先增加后减小的趋势，在Fe-25 处理下的促进作用最大，高出常规水 56.58%。

6.1.2.2 施镁条件下地上部干重的变化特征

在 FMZ-0［该处理见图 6.4（a）］、Mg-45 和 Mg-90 处理下，测定了常规水、磁化水、去电子水灌溉下，小白菜地上部干重随播种后天数的变化过程，结果如图 6.5 所示。从图中可以看出，小白菜干重均随播种后天数的增加而增加。在 Mg-45 处理下，整体变化趋势为 FCK＝FM＝FD，即采用常规水、磁化水和去电子水灌溉下的干重无显著差异。在 Mg-90 处理下，整体变化趋势为 FD＝FM＝FCK，即采用去电子水、磁化水和常规水灌溉下的干重无显著差异。

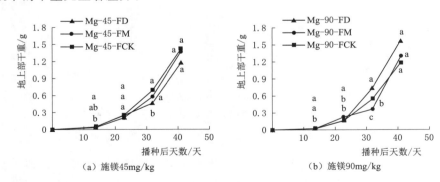

图 6.5 施镁条件下活化水灌溉对地上部干重的影响

在常规水灌溉条件下，整体变化趋势为 Mg-45＝Mg-90＞FMZ-0，干重随着镁施量的增加而增加，说明施镁元素起到促进干重的增长的作用。在播种后 15 天、25 天、35

天和 45 天，Mg－90 处理的干重分别高于 FMZ－0 处理 65.86%、60.99%、35.15% 和 64.35%；在播种后 45 天，Mg－90 处理的干重高于 FMZ－0 处理 38.52%。在磁化水灌溉条件下，各处理小白菜的干重无显著差异，表现为 Mg－45＝Mg－90＝FMZ－0。在去电子水灌溉条件下，各处理小白菜的干重无显著差异，表现为 Mg－90＝FMZ－0＝Mg－45。

综上所述，在 FMZ－0 处理下，活化水灌溉对干重有显著促进作用。相比于常规水灌溉，去电子水和磁化水灌溉对干重的促进作用随着镁施量的增加均呈现先减小后增加的趋势；FMZ－0 处理的促进作用最大，分别高出常规水灌溉 50.24% 和 36.78%。

6.1.2.3 施锌条件下地上部干重的变化特征

在 FMZ－0 ［该处理见图 6.4（a）］、Zn－30 和 Zn－60 处理下，测定了常规水、磁化水、去电子水灌溉下，小白菜地上部干重随播种后天数的变化过程，结果如图 6.6 所示。从图中可以看出，干重均随播种后天数的增加而增加。

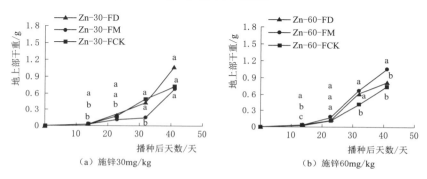

（a）施锌 30mg/kg   （b）施锌 60mg/kg

图 6.6　施锌条件下活化水灌溉对地上部干重的影响

在 Zn－30 处理下，整体变化趋势为 FD＝FCK＝FM，即采用去电子水、常规水和磁化水灌溉下的干重无显著差异。在 Zn－60 处理下，其变化趋势为 FM＞FD＝FCK，即相比于常规水，磁化水对干重起促进作用，去电子水则无显著影响。在播种后 25 天，磁化水灌溉的干重高于常规水灌溉 53.14%；在播种后 15 天、35 天和 45 天，分别高于常规水灌溉 105.32%、65.49% 和 40.53%。在播种后 25 天和 35 天，采用去电子水灌溉的干重低于磁化水灌溉 23.42% 和 8.78%；在播种后 45 天，低于磁化水灌溉 22.37%。

在常规水灌溉条件下，整体变化趋势为 FMZ－0＝Zn－60＝Zn－30，即各处理干重无显著差异，说明施锌处理对干重无显著影响。

在磁化水灌溉条件下，干重随着锌施量的增加呈现先减小后增加的趋势，具体为 FMZ－0＝Zn－60＞Zn－30：在播种后 15 天、35 天和 45 天，Zn－30 处理的干重分别低于 FMZ－0 处理 48.84%、76.05% 和 39.63%；在播种后 15 天、35 天和 45 天，Zn－60 处理的干重分别高于 Zn－30 处理 41.22%、359.23% 和 53.15%。

在去电子水灌溉条件下，干重随着锌施量的增加而减小：在播种后 35 天，Zn－30 处理的干重低于 FMZ－0 处理 47.70%；在播种后 25 天、35 天和 45 天，Zn－60 处理的干重分别低于 FMZ－0 处理 49.70%、25.36% 和 37.36%；在播种后 25 天和 35 天，Zn－60 处理的干重分别低于 Zn－30 处理 45.32% 和 42.71%。

综上所述，相比于常规水，在不施锌时，去电子水灌溉对干重有显著促进作用。在不施锌和高等锌施量时，磁化水灌溉对干重有显著促进作用。相比于常规水灌溉，去电子水灌溉对干重的促进作用随着锌施量的增加而减小。在FMZ-0处理下的促进作用最大，高出常规水50.24%。相比于常规水灌溉，磁化水灌溉对干重的促进作用随着锌施量的增加呈现先减小后增加的趋势；在Zn-60处理下的促进作用最大，高出常规水灌溉40.53%。

6.1.3　活化水灌溉和施铁镁锌对株高的影响

6.1.3.1　施铁条件下株高的变化特征

在FMZ-0、Fe-25和Fe-50处理下，测定了常规水、磁化水、去电子水灌溉下小白菜株高随播种后天数的变化过程，结果如图6.7所示。从图中可以看出，株高均随播种后天数的增加而增加。

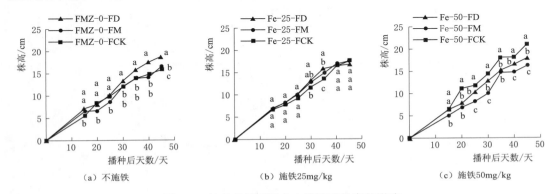

图6.7　施铁条件下活化水灌溉对株高的影响

在FMZ-0处理下，整体变化趋势为FD>FM>FCK，即相比于常规水，活化水灌溉能够显著促进株高增长。在播种后25天，去电子水灌溉的株高高于常规水灌溉3.21%；在播种后15天、30天、35天、40天、45天，分别显著高于常规水灌溉31.61%、9.92%、12.86%、18.78%、18.92%。在播种后15天和45天，磁化水灌溉的株高分别显著高于常规水灌溉20.18%和4.65%。在播种后15天，去电子水灌溉的株高高于磁化水灌溉9.51%；在播种后20天、25天、30天、35天、40天和45天，分别高于磁化水灌溉20.70%、17.53%、10.65%、14.08%、24.11%和13.64%。

在Fe-25处理下，除了播种后30天和35天，整体变化趋势为FM=FCK=FD，即采用常规水、磁化水和去电子水灌溉的株高无显著差异。

在Fe-50处理下，变化趋势为FCK>FD>FM，即相比于常规水，活化水灌溉对株高起到抑制作用。在播种后15天，去电子水灌溉的株高低于常规水灌溉1.29%；在播种后20天、25天、30天、35天、40天和45天，分别低于常规水灌溉30.86%、12.32%、11.27%、15.99%、9.21%和14.76%。在播种后15天、20天、25天、30天、35天、40天和45天，磁化水灌溉的株高分别低于常规水灌溉20.16%、38.29%、30.95%、30.59%、18.76%、18.60%和23.17%。在播种后20天和35天，采用去电子水灌溉的株高分别高于磁化水灌溉12.04%和3.41%；在播种后15天、25天、30天、40天和45天，分别高于磁化水灌溉23.62%、26.97%、27.84%、11.54%和10.95%。

在常规水灌溉条件下，整体变化趋势为 Fe-50＞Fe-25＞FMZ-0，即株高随着铁施量的增加而增加，说明施铁处理能够起到促进株高增长的作用。在播种后 15 天、40 天和 45 天，Fe-25 处理的株高分别高于 FMZ-0 处理 20.92%、9.95% 和 10.36%。在播种后 15 天、20 天、25 天、30 天、35 天、40 天和 45 天，Fe-50 处理的株高分别高于 FMZ-0 处理 18.89%、31.36%、19.46%、18.60%、28.81%、22.85% 和 33.19%。在播种后 20 天、25 天、30 天、35 天、40 天和 45 天，Fe-50 处理的株高分别高于 Fe-25 处理 44.16%、28.25%、23.71%、35.59%、11.73% 和 20.69%。

在磁化水灌溉条件下，各施铁条件下的株高无显著差异，表现为 Fe-25＝FMZ-0＝Fe-50。

在去电子水灌溉条件下，株高随着铁施量的增加呈现先减小后增加的趋势，表现为 FMZ-0＝Fe-50＞Fe-25。在播种后 45 天，Fe-25 处理的株高低于 FMZ-0 处理 10.76%；在播种后 45 天，Fe-50 处理的株高高于 Fe-25 处理 6.97%。

综上所述，相比于常规水灌溉，在 FMZ-0 处理下，去电子水和磁化水灌溉均对株高有显著促进作用；去电子水和磁化水对干重的促进作用随着铁施量的增加而减小，在 FMZ-0 处理下的促进作用最大，分别高出常规水 18.92% 和 4.65%。

6.1.3.2 施镁条件下株高的变化特征

在 FMZ-0［该处理见图 6.7（a）］、Mg-45 和 Mg-90 处理下，测定了常规水、磁化水、去电子水灌溉下，小白菜株高随播种后天数的变化过程，结果如图 6.8 所示。从图中可以看出，株高均随播种后天数的增加而增加。

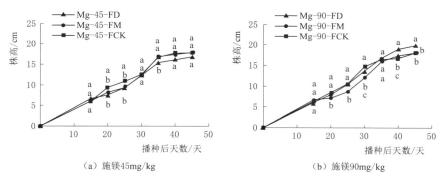

（a）施镁45mg/kg　　　　　　　　　　（b）施镁90mg/kg

图 6.8　施镁条件下活化水灌溉对株高的影响

在 Mg-45 处理下，整体变化趋势为 FD＝FCK＝FM，即采用磁化水、常规水和去电子水灌溉的株高无显著差异。在 Mg-90 的情况下，整体变化趋势为 FD＞FCK＝M，即相比于常规水，去电子水对株高起到显著促进作用，磁化水起抑制作用。在播种后 35 天，去电子水灌溉的株高高于常规水灌溉 1.61%；在播种后 40 天和 45 天，显著高于常规水灌溉 13.43% 和 8.87%。在播种后 20 天和 35 天，去电子水灌溉的株高分别高于磁化水灌溉 11.89% 和 5.00%；在播种后 25 天、30 天、40 天和 45 天，分别高于磁化水灌溉 20.88%、13.72%、9.20% 和 9.97%。

在常规水灌溉条件下，整体变化趋势为 Mg-90＝Mg-45＞FMZ-0，即株高随着镁施量的增加而增加，说明施镁处理能够起到促进株高增长的作用。在播种后 20 天、25 天、

35 天、40 天和 45 天，Mg－45 处理的株高分别高于 FMZ－0 处理 11.54％、10.49％、18.33％、20.14％和 12.26％；在播种后 30 天、35 天、40 天和 45 天，Mg－90 处理的株高分别显著高于 FMZ－0 处理 22.11％、18.10％、13.69％和 15.64％。

在磁化水灌溉条件下，株高随着镁施量的增加而增加，表现为 Mg－90＝Mg－45＞FMZ－0。在播种后 20 天、35 天、40 天和 45 天，Mg－45 处理的株高分别显著高于 FMZ－0 处理 21.80％、21.66％、23.40％和 8.28％；在播种后 35 天、40 天和 45 天，Mg－90 处理的株高分别显著高于 FMZ－0 处理 15.52％、23.40％和 9.39％。

在去电子水灌溉条件下，株高随着镁施量的增加先减少后增加，表现为 Mg－90＞FMZ－0＞Mg－45。在播种后 30 天、40 天和 45 天，Mg－45 处理的株高分别低于 FMZ－0 处理 7.22％、8.00％和 10.22％；在播种后 15 天、35 天、40 天和 45 天，Mg－90 处理的株高分别高于 FMZ－0 处理 14.22％、6.33％、8.57％和 5.87％；在播种后 25 天、30 天、35 天、40 天和 45 天，Mg－90 处理的株高分别高于 Mg－45 处理 11.88％、11.51％、8.86％、18.01％和 17.92％。

综上所述，相比于常规水灌溉，在不施镁和高等镁施量时，去电子淡水灌溉对株高有显著促进作用。在不施镁时，磁化水灌溉对株高有显著促进作用。去电子水对株高的促进作用随着镁施量的增加表现出先减小后增加趋势，在 FMZ－0 处理下的促进作用最大，高出常规水 18.92％。磁化水灌溉对株高的促进作用随着镁施量的增加而减小，在 FMZ－0 处理下的促进作用最大，高出常规水 4.65％。

6.1.3.3　施锌条件下株高的变化特征

在 FMZ－0 [该处理见图 6.7 (a)]、Zn－30 和 Zn－60 处理下，测定了常规水、磁化水、去电子水灌溉下，小白菜株高随播种后天数的变化过程，结果如图 6.9 所示。从图中可以看出，株高均随播种后天数的增加而增加。

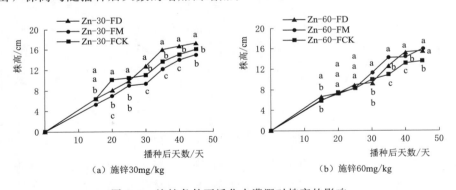

（a）施锌30mg/kg　　　　（b）施锌60mg/kg

图 6.9　施锌条件下活化水灌溉对株高的影响

在 Zn－30 处理下，相比于常规水，去电子水灌溉对株高起促进作用，磁化水灌溉则无显著影响，表现为 FD＞FCK＝FM。在播种后 30 天、35 天、40 天和 45 天，采用去电子水灌溉的株高分别高于常规水灌溉 16.29％、17.65％、10.91％和 7.92％；在播种后 25 天，去电子水灌溉的株高高于磁化水灌溉 9.75％；在播种后 15 天、20 天、30 天、35 天、40 天和 45 天，分别显著高于磁化水灌溉 19.62％、16.35％、36.92％、31.87％、19.42％和 15.88％。

在 Zn-60 处理下，相比于常规水，活化水灌溉对株高起显著促进作用，表现为 FM＝FD＞FCK。在播种后 25 天，去电子水灌溉的株高高于常规水灌溉 11.17%；在播种后 15 天、35 天、40 天和 45 天，分别高于常规水灌溉 17.44%、16.13%、16.41% 和 14.81%。在播种后 15 天和 25 天，磁化水灌溉的株高分别高于常规水灌溉 5.34% 和 3.18%；在播种后 30 天、35 天、40 天和 45 天，分别高于常规水灌溉 12.52%、30.57%、8.78% 和 18.02%。

在常规水灌溉条件下，整体变化趋势为 Zn-30＝FMZ-0＞Zn-60，即株高随着锌施量的增加而减少，即除 FMZ-0 处理，施锌处理抑制了株高增长。在播种后 20 天、25 天、30 天、35 天、40 天和 45 天，Zn-60 处理的株高分别低于 FMZ-0 处理 11.95%、18.17%、17.49%、22.50%、11.09% 和 14.38%；在播种后 20 天、25 天、35 天、40 天和 45 天，Zn-60 处理的株高分别低于 Zn-30 处理 26.70%、22.87%、20.22%、12.47% 和 15.63%。

在磁化水灌溉条件下，株高随着锌施量的增加呈现先减少后增加的趋势，表现为 FMZ-0＝Zn-60＞Zn-30。在播种后 15 天、30 天、35 天和 45 天，Zn-30 处理的株高分别低于 FMZ-0 处理 18.71%、22.63%、12.39% 和 9.70%；在播种后 30 天、35 天和 45 天，Zn-60 处理的株高分别高于 Zn-30 处理 20.79%、16.76% 和 6.94%。

在去电子水灌溉条件下，株高随着锌施量的增加而减小，表现为 FMZ-0＞Zn-30＞Zn-60。在播种后 15 天、40 天和 45 天，Zn-60 处理的株高分别低于 FMZ-0 处理 11.20%、5.14% 和 7.91%；在播种后 15 天、25 天、30 天、35 天、40 天和 45 天，Zn-60 处理的株高分别低于 FMZ-0 处理 7.56%、11.87%、29.70%、20.25%、12.86% 和 17.33%；在播种后 30 天、35 天、40 天和 45 天，Zn-60 处理的株高分别低于 Zn-30 处理 26.57%、21.25%、8.13% 和 10.23%。

综上所述，相比于常规水，在不施锌、中等和高等锌施量时，去电子水灌溉对株高有显著促进作用。在不施锌和高等锌施量时，磁化水灌溉对株高有显著促进作用。去电子水和磁化水灌溉对株高的促进作用随着锌施量的增加均呈现先减小后增加的趋势。在 FMZ-0 处理下，去电子水灌溉促进作用最大，高出常规水 18.92%；在 Zn-60 处理下，磁化水灌溉促进作用最大，高出常规水灌溉 18.92%。

6.1.3.4 活化水灌溉配施铁镁锌下的株高增长模型

基于小白菜生长发育过程，以小白菜播种后天数为生长发育时间尺度，建立评估小白菜生产潜力的小白菜生长模型。采用以下经典 Logistic 模型描述小白菜株高的变化过程：

$$H = \frac{H_{max}}{1 + e^{a+bt}} \tag{6.1}$$

式中：H 为小白菜株高，cm；H_{max} 为小白菜理论最大株高，cm；t 为小白菜播种后天数，天；a、b 为参数。

模型拟合效果采用 R^2 评价。利用式（6.1）对各处理的株高进行拟合，获得了 Logistic 模型拟合参数值，如图 6.10 和表 6.1 所示。由图和表可以看出，利用该模型推求的各处理下小白菜的株高理论最大值之间存在一定差异。

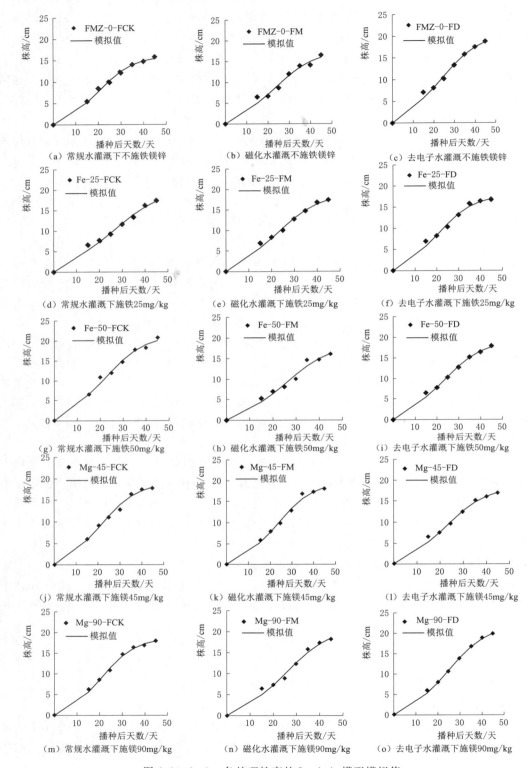

图 6.10（一）　各处理株高的 Logistic 模型模拟值

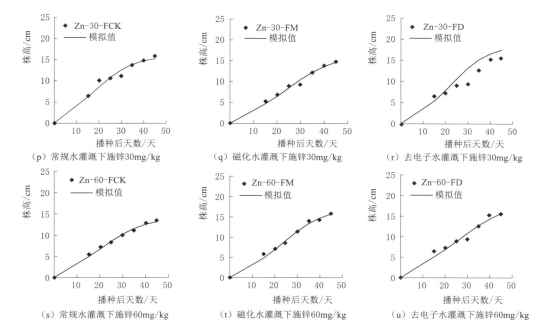

图 6.10（二）　各处理株高的 Logistic 模型模拟值

表 6.1　　　　　　　　　　　各处理株高的 Logistic 模型参数值

处理	Logistic 模型参数值			RMSE	R^2
	H_{max}	a	b		
FMZ－0－FCK	16.02	2.704	－0.1318	0.6398	0.9897
Fe－25－FCK	20.38	2.411	－0.0913	1.0380	0.9760
Fe－50－FCK	21.56	2.570	－0.1152	1.3230	0.9737
Mg－45－FCK	19.10	2.642	－0.1209	1.0470	0.9796
Mg－90－FCK	18.70	2.904	－0.1360	0.7952	0.9886
Zn－30－FCK	15.92	2.243	－0.1190	1.3070	0.9544
Zn－60－FCK	14.27	2.257	－0.1068	0.9185	0.9689
FMZ－0－FM	17.64	2.510	－0.1058	1.1010	0.9701
Fe－25－FM	19.02	2.447	－0.1068	0.9438	0.9812
Fe－50－FM	18.37	2.772	－0.1066	1.0670	0.9737
Mg－45－FM	19.79	2.822	－0.1185	1.0550	0.9801
Mg－90－FM	21.11	2.750	－0.1047	1.1940	0.9743
Zn－30－FM	16.64	2.424	－0.0987	0.9186	0.9748
Zn－60－FM	17.29	2.575	－0.1086	0.9613	0.9767
FMZ－0－FD	20.75	2.546	－0.1053	0.9770	0.9826
Fe－25－FD	17.82	2.607	－0.1238	0.9022	0.9827
Fe－50－FD	19.16	2.634	－0.1128	0.7560	0.9886

处理	Logistic 模型参数值			RMSE	R^2
	H_{max}	a	b		
Mg-45-FD	18.42	2.599	-0.1131	0.9784	0.9784
Mg-90-FD	22.06	2.882	-0.1147	0.9924	0.9924
Zn-30-FD	18.67	2.704	-0.1194	0.8875	0.9843
Zn-60-FD	18.74	2.280	-0.0868	1.3060	0.9533

在 FMZ-0 处理下，去电子水和磁化水灌溉的株高理论最大值分别高于常规水灌溉的29.53%和10.11%，表现为 FD＞FM＞FCK。在 Fe-25 处理下，去电子水和磁化水灌溉的株高理论最大值分别低于常规水灌溉12.56%和6.67%，表现为 FCK＞FM＞FD；在 Fe-50 处理下，去电子水和磁化水灌溉的株高理论最大值分别低于常规水灌溉11.13%和14.80%，表现为 FCK＞FD＞FM。在常规水灌溉条件下，株高理论最大值随着铁施量的增加而增加，表现为 Fe-50＞Fe-25＞FMZ-0；在磁化水灌溉条件下，株高理论最大值随着铁施量的增加呈现先增加后减小的趋势，表现为 Fe-25＞Fe-50＞FMZ-0；在去电子水灌溉条件下，株高理论最大值随着铁施量的增加呈现先减小后增加的趋势，表现为 FMZ-0＞Fe-50＞Fe-25。

在 Mg-45 处理下，去电子水灌溉的株高理论最大值低于常规水灌溉3.56%，磁化水灌溉的株高理论最大值高于常规水灌溉3.61%，表现为 FM＞FCK＞FD。在 Mg-90 处理下，去电子水和磁化水灌溉的株高理论最大值分别高于常规水灌溉17.97%和12.89%，表现为 FD＞FM＞FCK。在常规水灌溉条件下，株高理论最大值随着镁施量的增加呈现先增加后减小的趋势，表现为 Mg-45＞Mg-90＞FMZ-0；在磁化水灌溉条件下，株高理论最大值随着镁施量的增加而增加，表现为 Mg-90＞Mg-45＞FMZ-0；在去电子水灌溉条件下，株高理论最大值随着镁施量的增加呈现先减小后增加的趋势，表现为 Mg-90＞FMZ-0＞Mg-45。

在 Zn-30 处理下，去电子水和磁化水灌溉的株高理论最大值分别高于常规水灌溉17.27%和4.52%，表现为 FD＞FM＞FCK；在 Zn-60 情况下，去电子水和磁化水灌溉的株高理论最大值分别高于常规水灌溉31.32%和21.16%，表现为 FD＞FM＞FCK。在常规水灌溉条件下，株高理论最大值随着锌施量的增加而减小，表现 FMZ-0＞Zn-30＞Zn-60；在磁化水灌溉条件下，株高理论最大值随着锌施量的增加呈现先减小后增加的趋势，表现为 FMZ-0＞Zn-60＞Zn-30；在去电子水灌溉条件下，株高理论最大值随着锌施量的增加呈现先减小后增加的趋势，表现为 FMZ-0＞Zn-60＞Zn-30。且各拟合的 R^2 值均大于0.95，剩余标准差 RMSE 值均较小，说明拟合效果较好。

综上所述，在常规水灌溉条件下，虽然 Fe-25 处理和 FMZ-0 处理的干重之间无显著差异，但 Fe-25 处理的干重仍然高于 FMZ-0 处理干重值。因此，从整体上看，鲜重、干重和株高均随着铁施量的增加而增加，即施铁处理能够在一定程度上促进鲜重、干重和株高的增长。此外，鲜重、干重和株高均随着镁施量增加而增加，即施镁处理也能够在一定程度上促进小白菜鲜重、干重和株高增长。从整体上看，鲜重和株高均随着锌施量的增加而减小，除 FMZ-0 处理，各施锌处理在一定程度上能够抑制鲜重和株高的增长，但各处理的干重无显著差异，即施锌处理对干重无显著影响。上述结果表明，在常规水灌溉条件下，施铁和施镁处理整体上均能够促进小白菜鲜重、干重和株高的增长。除 FMZ－0 处理，各施锌处理整体上能够抑制鲜重和株高的增长，但各处理的干重无显著差异。

在施铁条件下，去电子水灌溉对鲜重、干重和株高的促进和抑制作用不同。但相比于常规水，其对鲜重、干重和株高的促进作用均随着铁施量的增加而减小，均在 FMZ－0 处理下其促进作用最大。去电子水灌溉通过促进株高和干重的增长或者增加小白菜对水分的吸收，进而显著促进鲜重增长。在施镁条件下，对鲜重、干重和株高的促进和抑制作用不同。但相比于常规水，其对鲜重、干重和株高的促进作用均随着镁施量的增加表现出先减小后增加的趋势，在 FMZ－0 处理下促进作用最大。去电子水灌溉通过促进株高和干重的增长或者提高小白菜的吸水量，从而显著促进鲜重增长。在施锌条件下均对鲜重有显著促进作用，且在 FMZ－0 处理下促进作用最明显。FMZ－0 处理下，去电子水灌溉通过促进株高和干重的增长或者提高小白菜的吸水量，从而显著促进鲜重增长。

磁化水相比于常规水灌溉，在 Fe－25 处理下对提高鲜重有最大的促进作用。磁化水通过显著促进株高增长或者促进小白菜对水分的吸收，进而促进了鲜重增长。在 FMZ－0 处理下，对提高鲜重的促进作用最明显。在该处理下，磁化水通过显著促进株高和干重的增长或者提高小白菜的吸水量，从而显著促进鲜重增长。在 FMZ－0 和高等锌施量时，对提高鲜重、干重和株高均有显著促进作用，且在 Zn－60 处理下对提高鲜重的促进作用最明显。在 Zn－60 处理下，磁化水灌溉通过促进株高和干重的增长或者提高小白菜的吸水量，从而显著促进鲜重增长。

在不同活化水灌溉和铁镁锌施量耦合处理条件下，通过对株高实测值和 Logistic 模型获得拟合值的对比分析发现，Logistic 模型能够较为准确地模拟小白菜株高随播种后天数的变化规律，拟合 R^2 值均大于 0.95，拟合效果较好。

对式 (6.1) 求导，当二阶导数等于 0 即一阶导数最大时，小白菜株高生长速率最大，该时间点 ($t=-a/b$) 后小白菜株高生长速率下降并趋于零。当三阶导数为零时可得出二阶导数的极值点 t_1 [式 (6.2)] 和 t_2 [式 (6.3)]，t_1 和 t_2 之间的差值为 Δt，Δt 表示小白菜株高的生长旺盛时长。各处理的 t、t_1、t_2 和 Δt 值见表 6.2。

$$t_1 = \frac{\ln(2+\sqrt{3})-a}{b} \tag{6.2}$$

$$t_2 = \frac{\ln(2-\sqrt{3})-a}{b} \tag{6.3}$$

表 6.2　　　　　　　　　各处理株高的 Logistic 模型特征值　　　　　　　　单位：天

处理	t	t_1	t_2	Δt
FMZ－0－FCK	21	11	31	20
Fe－25－FCK	26	12	41	29
Fe－50－FCK	22	11	34	23
Mg－45－FCK	22	11	33	22
Mg－90－FCK	21	12	31	19

处理	t	t_1	t_2	Δt
Zn－30－FCK	19	8	30	22
Zn－60－FCK	21	9	33	25
FMZ－0－FM	24	11	36	25
Fe－25－FM	23	11	35	25
Fe－50－FM	26	14	38	25
Mg－45－FM	24	13	35	22
Mg－90－FM	26	14	39	25
Zn－30－FM	25	11	38	27
Zn－60－FM	24	12	36	24
FMZ－0－FD	24	12	37	25
Fe－25－FD	21	10	32	21
Fe－50－FD	23	12	35	23
Mg－45－FD	23	11	35	23
Mg－90－FD	25	14	37	23
Zn－30－FD	23	12	34	22
Zn－60－FD	26	11	41	30

综上所述，在常规水灌溉条件下，施铁和施镁均能促进小白菜地上部鲜重、地上部干重和株高的增长；除 FMZ－0 处理外，施锌整体上会抑制鲜重和株高的增长，且各处理间的干重无显著差异。相比于常规水灌溉，在 FMZ－0 处理下，去电子水灌溉对鲜重的促进作用最明显。在 FMZ－0 处理下，去电子水灌溉通过促进株高和干重的增长，进而显著提高鲜重。相比于常规水灌溉，在 Fe－25、FMZ－0 和 Zn－60 处理下，磁化水灌溉对鲜重的促进作用最明显。在 Fe－25 处理下，磁化水通过促进株高增长，进而显著促进鲜重增长。在 FMZ－0 和 Zn－60 处理下，磁化水灌溉均通过显著促进株高增长，进而显著促进鲜重增长。

6.2　活化水灌溉配施铁镁锌下小白菜的养分累积

活化水灌溉与施铁镁锌对小白菜生长特征的影响，不仅体现在地上部鲜重、地上部干重和株高等指标上，而且影响小白菜体内养分的累积。铁元素参与多种生物代谢过程，其中包括氮素同化与固定以及激素合成等（Briat and Lobréaux，1997）。镁作为继氮、磷、钾之后作物需求的必需营养元素对小白菜的碳、氮代谢同样具有极其重要的影响（Mostafazadeh et al.，2012）。锌元素能够加快蔬菜干物质的累积速率和提高蔬菜干物质的累积量，也能加快蔬菜体内营养元素的分配转运（杨静，2012）。小白菜体内的氮、碳、铁、镁、锌营养元素的全量是指小白菜根系从土壤中吸收的有效态营养元素的总量，利用蔬菜的元素累积量公式（蔬菜干重×单位产量养分吸收量）（杨波等，2015）评估小白菜吸收累积元素（N、C、Fe、Mg、Zn）的程度。

6.2.1 活化水灌溉配施铁镁锌下的全氮累积量

6.2.1.1 施铁条件下全氮累积量的变化特征

在 FMZ-0、Fe-25 和 Fe-50 处理下，测定了常规水、磁化水、去电子水灌溉下，小白菜全氮累积量随播种后天数的变化过程，结果如图 6.11 所示。从图中可以看出，小白菜全氮累积量均随着播种后天数的增加而增加。

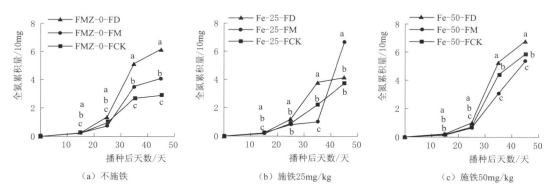

图 6.11 施铁条件下活化水灌溉对全氮累积量的影响

在 FMZ-0 处理下，采用去电子水灌溉的小白菜全氮累积量显著高于磁化水灌溉，采用磁化水灌溉显著高于常规水灌溉，表现为 FD＞FM＞FCK。在播种后 15 天、25 天、35 天和 45 天，去电子水灌溉的小白菜全氮累积量分别高于常规水灌溉 82.11％、42.85％、92.93％和 114.18％；在播种后 15 天、35 天和 45 天，磁化水灌溉的小白菜全氮累积量分别高于常规水灌溉 61.53％、31.15％和 42.01％；在播种后 15 天、25 天、35 天和 45 天，去电子水灌溉的小白菜全氮累积量分别高于磁化水灌溉 12.74％、88.47％、47.11％和 50.82％。这可能是由于活化水灌溉提高了水分在土壤中的渗透性和扩散性，加快了土壤元素的转运。同时，活化水灌溉能够促进根系生长，从而提高小白菜对土壤氮素的吸收累积（穆艳等，2019）。

在 Fe-25 处理下，磁化水灌溉的小白菜全氮累积量显著高于去电子水和常规水灌溉，且去电子水和常规水灌溉的小白菜全氮累积量无显著差异，表现为 FM＞FD＝FCK。在播种后 15 天和 45 天，磁化水灌溉的小白菜全氮累积量分别高于常规水灌溉 61.88％和 77.42％；去电子水灌溉的小白菜全氮累积量低于磁化水灌溉 37.77％。

在 Fe-50 处理下，采用去电子水灌溉的小白菜全氮累积量显著高于常规水灌溉，采用常规水灌溉的小白菜全氮累积量显著高于磁化水灌溉，表现为 FD＞FCK＞FM。在播种后 15 天、25 天、35 天和 45 天，去电子水灌溉的小白菜全氮累积量分别高于常规水灌溉 60.39％、34.75％、20.59％和 15.84％。在播种后 15 天，磁化水灌溉的小白菜全氮累积量低于常规水灌溉 6.84％；在播种后 25 天、35 天和 45 天，低于常规水灌溉 11.34％、29.84％和 8.60％。在播种后 15 天、25 天、35 天和 45 天，去电子水灌溉的小白菜全氮累积量分别高于磁化水灌溉 72.17％、51.99％、71.87％和 26.74％。

在常规水灌溉条件下，小白菜全氮累积量随着铁施量的增加而增加，表现为 Fe-50＞Fe-

25＞FMZ-0。在播种后45天，Fe-25处理的小白菜全氮累积量高于FMZ-0处理的29.88％；在播种后35天和45天，Fe-50处理的小白菜全氮累积量分别高于FMZ-0处理的64.72％和103.67％；在播种后15天、35天和45天，Fe-50处理的小白菜全氮累积量分别高于Fe-25处理的12.97％、99.70％和56.81％。

在磁化水灌溉条件下，小白菜全氮累积量随着铁施量的增加呈现先增加后减小的趋势，表现为Fe-25＞Fe-50＞FMZ-0。在播种后45天，Fe-25处理的小白菜全氮累积量显著高于FMZ-0处理的62.27％；在播种后45天，Fe-50处理的小白菜全氮累积量高于FMZ-0处理的31.08％；在播种后15天、35天和45天，Fe-50处理的小白菜全氮累积量分别低于Fe-25处理的34.99％、207.81％和19.22％。

在去电子水灌溉条件下，小白菜全氮累积量随着铁施量的增加呈现先减小后增加的趋势，表现为Fe-50＞FMZ-0＞Fe-25。在播种后15天、25天、35天和45天，Fe-25处理的小白菜全氮累积量分别低于FMZ-0处理的9.44％、13.56％、26.42％和33.04％；在播种后45天，Fe-50处理的小白菜全氮累积量高于FMZ-0处理的10.16％；在播种后35天和45天，Fe-50处理的小白菜全氮累积量分别高于Fe-25处理39.93％和64.52％。

综上所述，相比于常规水，在不施铁和高等铁施量时，去电子水灌溉对小白菜全氮累积量有促进作用。在不施铁和中等铁施量时，磁化水灌溉对小白菜全氮累积量有显著促进作用。去电子水灌溉对小白菜全氮累积量的促进作用随着铁施量的增加呈现先减小后增加的趋势，在FMZ-0处理下的促进作用均最大，高出常规水灌溉114.18％；磁化水灌溉对小白菜全氮累积量的促进作用随着铁施量的增加呈现先增加后减小的趋势，在Fe-25处理下的促进作用均最大，高出常规水77.42％。

6.2.1.2　施镁条件下全氮累积量的变化特征

在FMZ-0［该处理见图6.11（a）］、Mg-45和Mg-90处理下，测定了常规水、磁化水、去电子水灌溉下，小白菜全氮累积量随播种后天数的变化过程，结果如图6.12所示。从图中可以看出，小白菜全氮累积量均随着播种后天数的增加而增加。

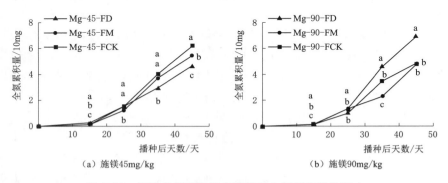

（a）施镁45mg/kg　　　　　　　　　（b）施镁90mg/kg

图6.12　施镁条件下活化水灌溉对全氮累积量的影响

在Mg-45处理下，采用常规水灌溉小白菜全氮累积量高于磁化水灌溉，采用磁化水灌溉小白菜全氮累积量高于去电子水灌溉，表现为FCK＞FM＞FD。在播种后35天和45天，去电子水灌溉的小白菜全氮累积量分别低于常规水灌溉26.57％和24.46％；在播种后 35 天，磁化水灌溉小白菜全氮累积量低于常规水灌溉 7.74%；在播种后 15 天、25 天和 45 天，分别低于常规水灌溉 23.60%、20.20%和 11.92%。在播种后 35 天，去电子水灌溉的小白菜全氮累积量低于磁化水灌溉 20.41%；在播种后 45 天，显著低于磁化水灌溉 14.23%。

在 Mg-90 处理下，采用去电子水灌溉的小白菜全氮累积量显著高于常规水和磁化水，且采用常规水和磁化水灌溉的小白菜全氮累积量无显著差异，表现为 FD>FCK=FM。在播种后 35 天和 45 天，去电子水灌溉的小白菜全氮累积量分别显著高于常规水 33.59%和 42.49%。在播种后 35 天和 45 天，去电子水灌溉的小白菜全氮累积量分别显著高于磁化水灌溉 104.70%和 46.30%。

在常规水灌溉条件下，小白菜全氮累积量随着镁施量的增加呈现先增加后减小的趋势，表现为 Mg-45>Mg-90>FMZ-0。在播种后 15 天、25 天、35 天和 45 天，Mg-45 处理的小白菜全氮累积量分别高于 FMZ-0 处理的 36.69%、58.57%、51.75%和 114.53%；在播种后 15 天、35 天和 45 天，Mg-90 处理的小白菜全氮累积量分别高于 FMZ-0 处理的 60.78%、29.46%和 69.65%；在播种后 15 天、25 天和 45 天，Mg-90 处理的小白菜全氮累积量分别显著低于 Mg-45 处理的 17.62%、34.98%和 20.92%。

在磁化水灌溉条件下，小白菜全氮累积量随着镁施量增加呈现先增加后减小的趋势，表现为 Mg-45>Mg-90>FMZ-0。在播种后 25 天和 45 天，Mg-45 处理的小白菜全氮累积量分别高于 FMZ-0 处理的 66.95%和 33.06%；在播种后 25 天和 45 天，Mg-90 处理的小白菜全氮累积量分别高于 FMZ-0 处理的 82.18%和 16.35%；在播种后 35 天和 45 天，Mg-90 处理的小白菜全氮累积量分别低于 Mg-45 处理的 39.46%和 12.56%。

在去电子水灌溉条件下，小白菜全氮累积量随着镁施量的增加呈现先减小后增加的趋势，表现为 Mg-90>FMZ-0>Mg-45：在播种后 35 天和 45 天，Mg-45 处理的小白菜全氮累积量分别低于 FMZ-0 处理的 42.24%和 24.33%；在播种后 45 天，Mg-90 处理的小白菜全氮累积量高于 FMZ-0 处理的 12.86%；在播种后 35 天和 45 天，Mg-90 处理的小白菜全氮累积量分别高于 Mg-45 处理的 55.21%和 49.16%。

综上所述，相比于常规水，在不施镁和高等镁施量时，去电子水灌溉对小白菜全氮累积量的提高有显著促进作用；在不施镁时，磁化水灌溉有显著促进作用；去电子水和磁化水灌溉对小白菜全氮累积量的促进作用均随着镁施量的增加呈现先减小后增加的趋势；在 FMZ-0 处理下对其促进作用均最大，分别高出常规水 114.18%和 42.01%。

6.2.1.3 施锌条件下全氮累积量的变化特征

在 FMZ-0〔该处理见图 6.11 (a)〕、Zn-30 和 Zn-60 处理下，测定了常规水、磁化水、去电子水灌溉下，小白菜全氮累积量随播种后天数的变化过程，结果如图 6.13 所示。从图中可以看出，小白菜全氮累积量均随着播种后天数的增加而增加。

在 Zn-30 处理下，采用去电子水灌溉小白菜全氮累积量高于磁化水和常规水灌溉，而采用磁化水和常规水灌溉小白菜全氮累积量无显著差异，表现为 FD>FM=FCK。在播种后 25 天，去电子水灌溉的小白菜全氮累积量高于常规水灌溉 7.89%；在播种后 45 天，去电子水灌溉的小白菜全氮累积量显著高于常规水灌溉 50.80%；在播种后 15 天、25 天、35 天和 45 天，去电子水灌溉的小白菜全氮累积量分别显著高于磁化水灌溉 33.47%、

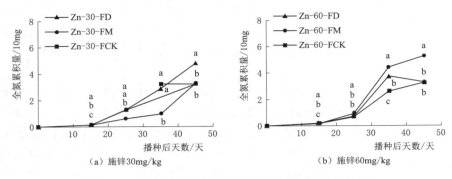

图 6.13　施锌条件下活化水灌溉对全氮累积量的影响

111.84％、199.42％和 46.78％。

在 Zn-60 处理下，采用磁化水灌溉的小白菜全氮累积量显著高于去电子水和常规水灌溉，而采用去电子水和常规水灌溉小白菜全氮累积量无显著差异，表现为 FM＞FD＝FCK；在播种后 15 天、25 天、35 天和 45 天，磁化水灌溉的小白菜全氮累积量分别高于常规水灌溉 105.80％、40.75％、70.10％和 64.19％；在播种后 25 天，去电子水灌溉的小白菜全氮累积量低于磁化水灌溉 20.43％；在播种后 35 天和 45 天，分别低于磁化水灌溉 15.37％和 37.51％。

此外，在常规水灌溉条件下，小白菜全氮累积量随着锌施量的增加各处理之间无显著差异，表现为 Zn-60＝Zn-30＝FMZ-0。

在磁化水灌溉条件下，小白菜全氮累积量随着锌施量的增加呈现先减小后增加的趋势，表现为 Zn-60＞FMZ-0＞Zn-30。在播种后 15 天、35 天和 45 天，Zn-30 处理的小白菜全氮累积量分别低于 FMZ-0 处理的 48.84％、72.59％和 20.56％；在播种后 35 天和 45 天，Zn-60 处理的小白菜全氮累积量分别高于 FMZ-0 处理的 25.63％和 28.17％；在播种后 15 天、25 天、35 天和 45 天，Zn-60 处理的小白菜全氮累积量分别高于 Zn-30 处理 41.25％、48.70％、358.32％和 61.25％。

在去电子水灌溉条件下，小白菜全氮累积量随着锌施量的增加而减小，表现为 FMZ-0＞Zn-30＞Zn-60。在播种后 15 天、35 天和 45 天，Zn-30 处理的小白菜全氮累积量分别低于 FMZ-0 处理的 39.43％、44.21％和 22.69％；在播种后 15 天、25 天、35 天和 45 天，Zn-60 处理的小白菜全氮累积量分别低于 FMZ-0 处理的 21.28％、47.98％、27.73％和 46.89％；在播种后 25 天和 45 天，Zn-60 处理的小白菜全氮累积量分别低于 Zn-30 处理的 44.15％和 31.30％。

综上所述，相比于常规水灌溉，在不施锌和中等锌施量时，去电子水灌溉对小白菜全氮累积量的提高有显著促进作用；在高等锌施量时，对小白菜全氮累积量有促进作用；在不施锌和高等锌施量时，磁化水灌溉对小白菜全氮累积量有显著促进作用；在中等锌施量时，对小白菜全氮累积量有促进作用；去电子水灌溉对小白菜全氮累积量的促进程度随着锌施量的增加而减小，在 FMZ-0 处理下其促进程度最大，高出常规水灌溉 114.18％。磁化水灌溉对小白菜全氮累积量的促进程度随着锌施量的增加呈现先减小后增加的趋势；在 Zn-60 处理下其促进程度最大，高出常规水灌溉 64.19％。

6.2.2 活化水灌溉配施铁镁锌下的全碳累积量

6.2.2.1 施铁条件下全碳累积量的变化特征

在 FMZ-0、Fe-25 和 Fe-50 处理下，测定了常规水、磁化水、去电子水灌溉下，小白菜全碳累积量随播种后天数的变化过程，结果如图 6.14 所示。从图中可以看出，全碳累积量均随着播种后天数的增加而增加。

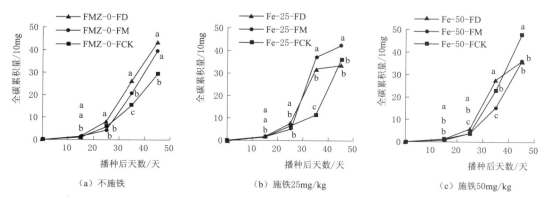

图 6.14 施铁条件下活化水灌溉对全碳累积量的影响

在 FMZ-0 处理下，采用去电子水和磁化水灌溉，全碳累积量显著高于常规水灌溉，表现为 FD＝FM＞FCK。在播种后 15 天、25 天、35 天和 45 天，去电子水灌溉的全碳累积量分别显著高于常规水灌溉 81.98％、44.92％、70.79％和 49.36％；在播种后 15 天、35 天和 45 天，磁化水灌溉的全碳累积量分别高于常规水灌溉 61.49％、34.30％和 35.95％。这可能是由于活化水提高了土壤的持水能力，促进了土壤元素的溶解。

在 Fe-25 处理下，采用磁化水灌溉的全碳累积量显著高于常规水和去电子水灌溉，且采用常规水和去电子水灌溉下全碳累积量无显著差异，表现为 FM＞FCK＝FD。在播种后 15 天、35 天和 45 天，磁化水灌溉的全碳累积量分别高于常规水灌溉 62.26％、242.28％和 18.33％；在播种后 35 天和 45 天，去电子水灌溉的全碳累积量分别显著低于磁化水 14.34％和 21.35％。

在 Fe-50 处理下，采用常规水灌溉的全碳累积量显著高于去电子水和磁化水灌溉，而采用去电子水和磁化水灌溉全碳累积量无显著差异，表现为 FCK＞FD＝FM。在播种后45 天，去电子水灌溉的全碳累积量低于常规水灌溉 24.45％。在播种后 15 天，磁化水灌溉的全碳累积量低于常规水灌溉 5.61％；在播种后 25 天、35 天和 45 天，分别低于常规水灌溉 11.52％、33.11％和 24.61％。

此外，在常规水灌溉条件下，全碳累积量随着铁施量的增加而增加，表现为 Fe-50＞Fe-25＞FMZ-0。在播种后 45 天，Fe-25 处理的小白菜全碳累积量高于 FMZ-0 处理的20.25％；在播种后 35 天和 45 天，Fe-50 处理的小白菜全碳累积量分别高于 FMZ-0 处理的 50.66％和 63.82％；在播种后 35 天和 45 天，Fe-50 处理的小白菜全碳累积量分别高于 Fe-25 处理的 117.82％和 36.23％。

在磁化水灌溉条件下，全碳累积量随着铁施量的增加，各处理之间无显著差异，表现为 Fe-25＝FMZ-0＝Fe-50。

在去电子水灌溉条件下，全碳累积量随着铁施量的增加而减小，表现为 FMZ-0＞Fe-50＝Fe-25。在播种后 45 天，Fe-25 处理的小白菜全碳累积量低于 FMZ-0 处理的 25.08%；在播种后 25 天和 45 天，Fe-50 处理的小白菜全碳累积量分别低于 FMZ-0 处理 27.39% 和 17.14%。

综上所述，相比于常规水灌溉，在不施铁时，去电子水灌溉对全碳累积量有显著促进作用；在不施铁和中等铁施量时，磁化水灌溉对全碳累积量具有显著促进作用；去电子水和磁化水灌溉对全碳累积量的促进程度均随着铁施量的增加而减小，在 FMZ-0 处理下对其促进程度均最大，分别高出常规水 49.36% 和 35.95%。

6.2.2.2　施镁条件下全碳累积量的变化特征

在 FMZ-0［该处理见图 6.14（a）］、Mg-45 和 Mg-90 处理下，测定了常规水、磁化水、去电子水灌溉下，小白菜全碳累积量随播种后天数的变化过程，结果如图 6.15 所示。从图中可以看出，全碳累积量均随着播种后天数的增加而增加。

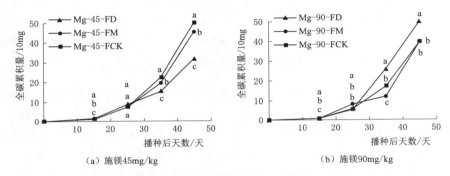

（a）施镁45mg/kg　　　　　　　　　（b）施镁90mg/kg

图 6.15　施镁条件下活化水灌溉对全碳累积量的影响

在 Mg-45 处理下，采用常规水灌溉全碳累积量显著高于磁化水灌溉，采用磁化水灌溉的全碳累积量显著高于去电子水灌溉，表现为 FCK＞FM＞FD。在播种后 35 天和 45 天，去电子水灌溉的全碳累积量分别低于常规水灌溉 32.03% 和 38.91%；在播种后 25 天，磁化水灌溉的全碳累积量低于常规水灌溉 16.70%；在播种后 15 天、35 天和 45 天，分别低于常规水灌溉 23.59%、12.98% 和 13.13%；在播种后 35 天和 45 天，去电子水灌溉的全碳累积量分别低于磁化水灌溉 21.89% 和 29.68%。

在 Mg-90 处理下，采用去电子水灌溉的全碳累积量显著高于常规水和磁化水，且采用常规水和磁化水灌溉全碳累积量无显著差异，表现为 FD＞FCK＝FM。在播种后 35 天和 45 天，去电子水灌溉的全碳累积量分别高于常规水 51.06% 和 34.35%；在播种后 35 天和 45 天，去电子水灌溉的全碳累积量分别高于磁化水灌溉 114.44% 和 35.64%。

此外，在常规水灌溉条件下，全碳累积量随着镁施量的增加呈现先增加后减小的趋势，表现为 Mg-45＞Mg-90＞FMZ-0。在播种后 15 天、25 天、35 天和 45 天，Mg-45 处理的小白菜全碳累积量分别高于 FMZ-0 处理 36.69%、57.98%、44.89% 和 79.40%；在播种后 15 天、35 天和 45 天，Mg-90 处理的小白菜全碳累积量分别高于 FMZ-0 处理的 60.69%、11.35% 和 36.64%；在播种后 25 天、35 天和 45 天，Mg-90 处理的小白菜全碳累积量分别低于 Mg-45 处理的 32.10％、23.15％和 23.83％。

在磁化水灌溉条件下，全碳累积量随着镁施量增加各处理之间无显著差异，表现为 Mg-45＝FMZ-0＝Mg-90。在去电子水灌溉条件下，全碳累积量随着镁施量的增加呈现先减小后增加的趋势，表现为 Mg-90＞FMZ-0＞Mg-45；在播种后 35 天和 45 天，Mg-45 处理的小白菜全碳累积量分别低于 FMZ-0 处理的 42.34％和 26.63％；在播种后 45 天，Mg-90 处理的小白菜全碳累积量高于 FMZ-0 处理的 22.90％；在播种后 35 天和 45 天，Mg-90 处理的小白菜全碳累积量分别高于 Mg-45 处理的 70.80％和 67.51％。

综上所述，相比于常规水，在不施镁和高等镁施量时，去电子水灌溉对全碳累积量的提高有显著促进作用。在不施镁时，磁化水灌溉对全碳累积量的提高有显著促进作用。去电子水和磁化水灌溉对全碳累积量的促进程度，均随着镁施量的增加呈现先减小后增加的趋势。在 FMZ-0 处理下其促进程度均最大，分别高出常规水 49.36％和 35.95％。

6.2.2.3　施锌条件下全碳累积量的变化特征

在 FMZ-0［该处理见图 6.14（a）］、Zn-30 和 Zn-60 处理下，测定了常规水、磁化水、去电子水灌溉下，小白菜全碳累积量随播种后天数的变化过程，结果如图 6.16 所示。从图中可以看出，全碳累积量均随着播种后天数的增加而增加。

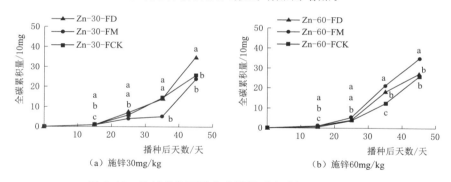

（a）施锌30mg/kg　　　　　　　（b）施锌60mg/kg

图 6.16　施锌条件下活化水灌溉对全碳累积量的影响

在 Zn-30 处理下，采用去电子水灌溉的全碳累积量显著高于常规水和磁化水灌溉，常规水和磁化水灌溉的全碳累积量无显著差异，表现为 FD＞FCK＝FM。在播种后 25 天，去电子水灌溉的全碳累积量高于常规水灌溉 21.02％；在播种后 45 天，高于常规水灌溉 37.43％。在播种后 15 天、25 天、35 天和 45 天，去电子水灌溉的全碳累积量分别高于磁化水灌溉 33.22％、73.24％、174.28％和 47.85％。

在 Zn-60 处理下，采用磁化水灌溉的全碳累积量显著高于去电子水和常规水灌溉，去电子水和常规水灌溉的全碳累积量无显著差异，表现为 FM＞FD＝FCK。在播种后 15 天、25 天、35 天和 45 天，磁化水灌溉的全碳累积量分别高于常规水灌溉 105.32％、56.34％、73.23％和 36.27％；在播种后 25 天，采用去电子水灌溉的全碳累积量低于磁化水灌溉 26.12％；在播种后 35 天和 45 天，分别低于磁化水灌溉 15.64％和 22.67％。

此外，在常规水灌溉条件下，随着锌施量的增加，各处理之间的全碳累积量无显著差异，表现为 FMZ-0＝Zn-60＝Zn-30。

在磁化水灌溉条件下，小白菜的全碳累积量随着锌施量的增加呈现先减小后增加的趋势，表现为 FMZ-0＝Zn-60＞Zn-30。在播种后 15 天、35 天和 45 天，Zn-30 处理的小白菜全碳累积量分别低于 FMZ-0 处理 48.83％、75.56％和 39.79％；在播种后 15 天、35 天和 45 天，Zn-60 处理的小白菜全碳累积量分别高于 Zn-30 处理 41.28％、322.32％和 47.31％。

在去电子水灌溉条件下，全碳累积量随着锌施量的增加而减小，表现为 FMZ-0＞Zn-30＞Zn-60。在播种后 15 天、35 天和 45 天，Zn-30 处理的小白菜全碳累积量分别低于 FMZ-0 处理 39.51％、47.29％和 18.97％；在播种后 15 天、25 天、35 天和 45 天，Zn-60 处理的小白菜全碳累积量低于 FMZ-0 处理，分别为 21.23％、50.71％、31.54％和 37.57％；在播种后 25 天和 45 天，Zn-60 处理的小白菜全碳累积量低于 Zn-30 处理，分别为 44.23％和 22.95％。

综上所述，相比于常规水灌溉，在不施锌和中等锌施量时，去电子水灌溉对全碳累积具有促进作用；相比于常规水，在不施锌和高等锌施量时，磁化水灌溉对全碳累积量的提高有显著促进作用。相比于常规水，去电子水对全碳累积量的促进程度随着锌施量的增加而减小，在 FMZ-0 处理下其促进程度最大，高出常规水 49.36％。磁化水对全碳累积量的促进程度随着锌施量的增加呈现先减小后增加的趋势，在 Zn-60 处理下其促进程度最大，高出常规水 36.27％。

6.2.3　活化水灌溉配施铁镁锌下的铁镁锌累积量

6.2.3.1　施铁条件下全铁累积量的变化特征

在 FMZ-0、Fe-25 和 Fe-50 处理下，测定了常规水、磁化水、去电子水灌溉下，小白菜全铁累积量随播种后天数的变化过程，结果如图 6.17 所示。从图中可以看出，全铁累积量值均随着播种后天数的增加而增加。

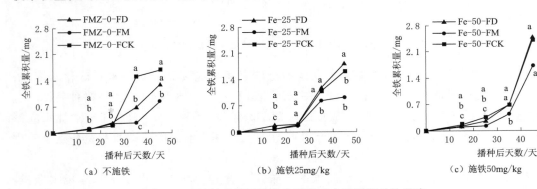

图 6.17　施铁条件下活化水灌溉对全铁累积量的影响

在 FMZ-0 处理下，采用常规水和去电子水灌溉的全铁累积量无显著差异，但均显著高于磁化水灌溉，表现为 FCK＝FD＞FM。在播种后 15 天、35 天和 45 天，磁化水灌溉的全铁累积量值分别低于常规水灌溉 28.53％、82.58％和 49.56。在播种后 25 天，采用去电子水灌溉的全铁累积量值高于磁化水灌溉 11.56％；在播种后 35 天和 45 天，分别高于磁化水灌溉 162.66％和 53.78％。

在 Fe-25 和 Fe-50 处理下，采用去电子水、常规水和磁化水灌溉全铁累积量值无显著差异，表现为 FD＝FCK＝FM。

在常规水灌溉条件下，全铁累积量随着铁施量的增加而增加，表现为 Fe－50＞FMZ－0＝Fe－25。在播种后 15 天、25 天和 45 天，Fe－50 处理的小白菜全铁累积量分别高于 FMZ－0 处理 15.37％、91.96％和 45.00％；在播种后 15 天、25 天和 45 天，Fe－50 处理的小白菜全铁累积量分别高于 Fe－25 处理的 66.44％、93.58％和 50.34％。

在磁化水灌溉条件下，全铁累积量随着铁施量的增加无显著差异，表现为 Fe－50＝Fe－25＝FMZ－0。

在去电子水灌溉条件下，全铁累积量随着铁施量的增加而增加，表现为 Fe－50＝Fe－25＞FMZ－0。在播种后 15 天和 35 天，Fe－25 处理的小白菜全铁累积量分别高于 FMZ－0 处理 72.43％和 70.46％；在播种后 45 天，Fe－50 处理的小白菜全铁累积量高于 FMZ－0 处理 99.43％。

综上所述，相比于常规水，在中等和高等铁施量时，去电子水灌溉对全铁累积量的提高有促进作用。磁化水灌溉则在不施铁时起抑制作用，在中等和高等铁施量时无显著影响。去电子水灌溉对全铁累积量的促进程度随着铁施量的增加呈现先增加后减小的趋势，在 Fe－25 处理下其促进程度均最大，高出常规水 13.67％。磁化水灌溉对全铁累积量的抑制程度随着铁施量的增加而减小，在 Fe－50 处理下其抑制程度均最小，低于常规水 28.80％。

6.2.3.2 施镁条件下小白菜全镁累积量变化特征

在 FMZ－0、Mg－45 和 Mg－90 处理下，测定了常规水、磁化水、去电子水灌溉下，小白菜全镁累积量随播种后天数的变化过程，结果如图 6.18 所示。从图和表中可以看出，全镁累积量均随着播种后天数的增加而增加。

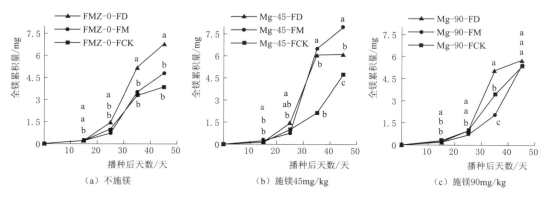

图 6.18 施镁条件下活化水灌溉对全镁累积量的影响

在 FMZ－0 处理下，采用去电子水灌溉小白菜全镁累积量显著高于磁化水和常规水灌溉，且采用磁化水和常规水灌溉无显著差异，表现为 FD＞FM＝FCK。在播种后 15 天、25 天、35 天和 45 天，采用去电子水灌溉小白菜的全镁累积量分别显著高于常规水灌溉 59.35％、45.67％、58.93％和 75.53％。在播种后 25 天、35 天和 45 天，采用去电子水灌溉小白菜的全镁累积量分别显著高于磁化水灌溉 99.00％、47.97％和 41.46％。

在 Mg－45 处理下，采用磁化水灌溉小白菜全镁累积量显著高于去电子水灌溉，采用去电子水小白菜全镁累积量显著高于常规水灌溉，表现为 FM＞FD＞FCK。在播种后 15 天和 25 天，采用去电子水灌溉小白菜的全镁累积量分别高于常规水灌溉 17.52％ 和 45.53％；在播种后 35 天和 45 天，分别显著高于常规水灌溉 184.91％ 和 29.03％。在播种后 15 天、35 天和 45 天，采用磁化水灌溉小白菜的全镁累积量分别显著高于常规水灌溉 100.87％、206.48％ 和 67.78％％。在播种后 35 天，采用去电子水灌溉小白菜的全镁累积量低于磁化水灌溉 7.04％；在播种后 15 天和 45 天，分别显著低于磁化水灌溉 41.50％ 和 23.10％。

在 Mg-90 处理下，采用去电子水、常规水和磁化水灌溉小白菜全镁累积量无显著差异，表现为 FD＝FCK＝FM。

在常规水灌溉条件下，全镁累积量随着镁施量的增加而增加，表现为 Mg-90＝Mg-45＞FMZ-0。在播种后 45 天，Mg-45 处理的小白菜全镁累积量高于 FMZ-0 处理的 22.43％；在播种后 15 天和播种后 45 天，Mg-90 处理的小白菜全镁累积量分别高于 FMZ-0 处理的 125.90％ 和 36.14％。

在磁化水灌溉条件下，全镁累积量随着镁施量的增加呈现先增加后减小的趋势，表现为 Mg-45＞Mg-90＝FMZ-0。在播种后 35 天和播种后 45 天，Mg-45 处理的小白菜全镁累积量分别高于 FMZ-0 处理的 85.43％ 和 65.54％；在播种后 15 天、35 天和 45 天，Mg-90 处理的小白菜全镁累积量分别低于 Mg-45 处理的 38.61％、68.90％ 和 32.20％。

在去电子水灌溉条件下，全镁累积量随着镁施量的增加而减小，表现为 FMZ-0＝Mg-45＞Mg-90。在播种后 45 天，Mg-90 处理的小白菜全镁累积量低于 FMZ-0 处理的 14.94％。

综上所述，相比于常规水，在不施镁和中等镁施量时，去电子水灌溉对全镁累积量的提高有显著促进作用；在不施镁时，磁化水灌溉对全镁累积量的提高有促进作用，在中等镁施量时有显著促进作用。去电子水灌溉对全镁累积量的促进作用随着镁施量的增加而减小。在 FMZ-0 处理下其促进作用最大，高出常规水 75.53％。相比于常规水，磁化水灌溉对全镁累积量的促进作用随着镁施量的增加呈现先增加后减小的趋势，在 Mg-45 处理下其促进程度最大，高出常规水 67.78％。

6.2.3.3　施锌条件下全锌累积量的变化特征

在 FMZ-0、Zn-30 和 Zn-60 处理下，测定了常规水、磁化水、去电子水灌溉下，小白菜全锌累积量随播种后天数的变化过程，结果如图 6.19 所示。从图中可以看出，全锌累积量均随着播种后天数的增加而增加。

在 FMZ-0 处理下，去电子水和磁化水灌溉的小白菜全锌累积量无显著差异，但均显著高于常规水灌溉处理，表现为 FD＝FM＞FCK。在播种后 15 天、25 天、35 天和 45 天，去电子水灌溉的小白菜的全锌累积量分别高于常规水灌溉 163.01％、113.42％、134.56 和 91.41％。在播种后 35 天，磁化水灌溉的小白菜的全锌累积量高于常规水灌溉 26.87％；在播种后 15 天和 45 天，分别高于常规水灌溉 101.53％ 和 55.31％。这可能是由于活化水能提高土壤中水分的扩散性和土壤的持水能力，促进土壤元素的运输和溶解。同时，活化水灌溉通过促进作物根系和胚轴的生长，进而促进根系生长，最终促进小白菜对土壤锌元素的吸收（穆艳等，2019）。

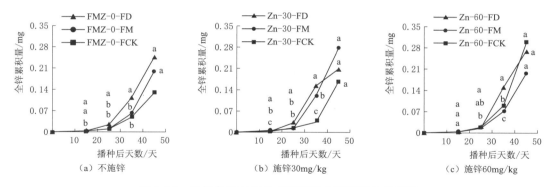

图 6.19　施锌条件下活化水灌溉对全锌累积量的影响

在 Zn-30 处理下，磁化水、去电子水和常规水灌溉的小白菜全锌累积量无显著差异，表现为 FM=FD=FCK。在 Zn-60 处理下，常规水、去电子水和磁化水灌溉的小白菜全锌累积量无显著差异，表现为 FCK=FD=FM。

在常规水灌溉条件下，全锌累积量随着锌施量的增加而增加，表现为 Zn-60＞Zn-30＞FMZ-0。在播种后 15 天、25 天、35 天和 45 天，Zn-60 处理的小白菜全锌累积量分别高于 FMZ-0 处理的 74.94％、73.91％、88.69％和 131.66％。

在磁化水灌溉条件下，全锌累积量随着锌施量的增加无显著差异，表现为 Zn-30＝FMZ-0＝Zn-60。在去电子水灌溉条件下，全锌累积量随着锌施量的增加无显著差异，表现为 Zn-60＝FMZ-0＝Zn-30。相比于常规水，在中等锌施量时，去电子水和磁化水灌溉对全锌累积量的提高有显著促进作用。相比于常规水，去电子水灌溉对全锌累积量的促进作用随着锌施量的增加而减小，在 FMZ-0 处理下其促进作用最大，高出常规水灌溉 91.41％。相比于常规水，磁化水灌溉对全锌累积量的促进作用随着锌施量的增加呈现先增加后减小的趋势。在 Zn-30 处理下，促进作用最大，高出常规水灌溉 65.86％。

综上所述，小白菜的全氮、全碳、全铁、全镁、全锌累积量均随播种后天数的增加而增加。由于相比于常规水灌溉，在 FMZ-0 处理下，去电子水灌溉对鲜重的促进效果最明显。在 FMZ-0 处理下，去电子水灌溉通过显著促进小白菜全氮、全碳、全镁和全锌累积，最终显著促进鲜重增长。相比于常规水灌溉，在 Fe-25 处理、FMZ-0 处理和 Zn-60 处理下，磁化水灌溉对鲜重的促进效果最明显。在 Fe-25 处理下，磁化水灌溉通过显著促进小白菜全氮和全碳累积，最终显著促进鲜重增长；在 FMZ-0 处理下，通过显著促进小白菜全氮、全碳和全镁累积，最终显著促进鲜重增长；在 Zn-60 处理下，通过显著促进小白菜全氮和全碳累积，最终显著促进鲜重增长。

6.3　活化水灌溉和施铁镁锌下土壤养分的变化特征

施用化肥使蔬菜产量不断提高（赵雪雁等，2019），对农业生产具有极大的贡献（王祖力等，2008）。目前，基肥和追肥的施用多为氮磷钾等大量元素肥料，研究表明蔬菜对铁镁锌元素吸收的同时，会对氮磷钾元素的吸收产生不同程度的拮抗或协同作用（李凯等，2018；邢英英等，2014；孟丽梅等，2014；Hermans et al.，2004）。因此，在研究土壤中铁镁锌元素含量变化的同时，对土壤有效态养分的研究，利于探究大量元素与中微量元素耦合作用对小白菜生长的影响途径。土壤有机碳是陆地生态系统碳库的重要组成之一（张晓玲等，2017），且能够较为敏感地反映出外界环境的变化，因此常用来评价土壤肥沃程度（蓝兴福等，2019）。此外，有机碳含量与土壤微生物活动也密切相关（Sultan et al.，2019），可以通过土壤有机碳和全碳含量来反映土壤碳元素的变化情况。因此，本节主要通过测定土壤中有效磷含量、速效钾含量以及氮、碳、铁镁锌元素的有效量和全量值，以探求施铁镁锌条件下活化水灌溉对其在土壤和小白菜之间吸收转化的作用途径。

6.3.1　活化水灌溉配施铁镁锌对土壤全氮含量的影响

6.3.1.1　施铁条件下土壤全氮含量的变化特征

在 FMZ - 0、Fe - 25 和 Fe - 50 处理下，测定了常规水、磁化水、去电子水灌溉下，土壤全氮含量随播种后天数的变化过程，结果如图 6.20 所示。从图中可以看出，土壤全氮含量呈现在播种后 15～25 天减小、25～35 天增加、35～45 天减小的趋势，但是整体上均随播种后天数的增加而减少。

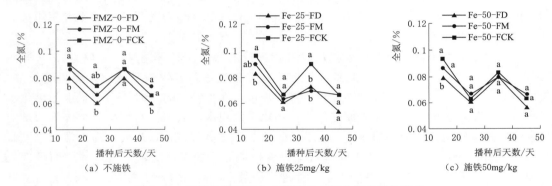

图 6.20　施铁条件下活化水灌溉对土壤全氮含量的影响

在 FMZ - 0 处理下，整体变化趋势为 FCK＞FM＞FD，即常规水灌溉土壤全氮含量高于磁化水灌溉，磁化水灌溉土壤全氮含量高于去电子水灌溉。在播种后 35 天和 45 天，去电子水灌溉的土壤全氮含量分别低于常规水灌溉 7.69％和 10.00％；在播种后 15 天和 25 天，分别低于常规水灌溉 11.11％和 18.18％。在播种后 15 天和 25 天，磁化水灌溉的土壤全氮含量分别低于常规水灌溉 3.70％和 9.09％。在播种后 15 天、25 天和 35 天，去电子水灌溉的土壤全氮含量分别低于磁化水灌溉 7.69％、10.00％和 7.69％；在播种后 45 天，显著低于磁化水灌溉 18.18％。

在 Fe - 25 处理下，整体变化趋势为 FCK＞FM＞FD，即采用常规水灌溉土壤全氮含量高于磁化水灌溉，采用磁化水灌溉土壤全氮含量高于去电子水灌溉。在播种后 25 天和 45 天，去电子水灌溉的土壤全氮含量分别低于常规水灌溉 10.00％和 20.00％；在播种后 15 天和 35 天，分别低于常规水灌溉 13.79％和 18.52％。在播种后 15 天和 25 天，磁化水灌溉的土壤全氮含量分别低于常规水灌溉 6.90％和 5.00％；在播种后 35 天，低于常规水灌溉 22.22％。在播种后 15 天、25 天和 45 天，去电子水灌溉的土壤全氮含量分别低于磁化水灌溉 7.41％、5.26％和 20.00％。

在 Fe-50 处理下，整体变化趋势为 FCK＞FM＞FD，即常规水灌溉土壤全氮含量高于磁化水灌溉，磁化水灌溉土壤全氮含量高于去电子水灌溉。在播种后 25 天、35 天和 45 天，去电子水灌溉的土壤全氮含量分别低于常规水灌溉 5.26％、4.00％和 10.53％；在播种后 15 天，低于常规水灌溉 14.29％。在播种后 15 天和 35 天，磁化水灌溉的土壤全氮含量分别低于常规水灌溉 7.14％和 4.00％。在播种后 15 天、25 天和 45 天，去电子水灌溉的土壤全氮含量分别低于磁化水灌溉 7.69％、10.00％和 15.00％。

在常规水灌溉条件下，土壤全氮含量随着铁施量的增加呈现先增加后减小的趋势，整体表现为 Fe-25＞FMZ-0＞Fe-50。在磁化水灌溉条件下，土壤全氮含量随着铁施量的增加呈现先减小后增加的趋势，整体表现为 FMZ-0＞Fe-50＞Fe-25。在去电子水灌溉条件下，土壤全氮含量随着铁施量的增加呈现先减小后增加的趋势，整体表现为 FMZ-0＞Fe-50＞Fe-25。

综上所述，相比于常规水灌溉，在不施铁、中等铁施量和高等铁施量时，去电子水和磁化水灌溉对土壤全氮含量均有抑制作用。相比于常规水，去电子水和磁化水灌溉对土壤全氮含量的促进作用均随着铁施量的增加呈现先减小后增加的趋势。对于去电子水灌溉，在 Fe-50 处理下抑制作用最小，低出常规水灌溉 8.52％。相比于常规水灌溉，在 FMZ-0 处理下，磁化水灌溉其抑制作用最小，低于常规水灌溉 0.70％。

6.3.1.2 施镁条件下土壤全氮含量的变化特征

在 FMZ-0［该处理见图 6.20（a）］、Mg-45 和 Mg-90 处理下，测定了常规水、磁化水、去电子水灌溉下，土壤全氮含量随播种后天数的变化过程，结果如图 6.21 所示。从图可以看出，土壤全氮含量呈现在播种后 15~25 天减小、25~35 天增加、35~45 天减小或不变的趋势，但是整体上均随播种后天数的增加而减少。

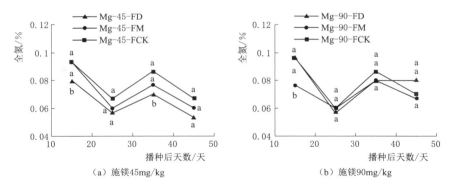

（a）施镁45mg/kg （b）施镁90mg/kg

图 6.21 施镁条件下活化水灌溉对土壤全氮含量的影响

在 Mg-45 处理下，整体变化趋势为 FCK＞FM＞FD，即采用常规水灌溉的土壤全氮含量高于磁化水灌溉，采用磁化水灌溉的土壤全氮含量高于去电子水灌溉。在播种后 25 天和 45 天，去电子水灌溉的土壤全氮含量分别低于常规水灌溉 15.00％和 20.00％；在播种后 15 天和 35 天，分别低于常规水灌溉 14.29％和 19.23％。在播种后 25 天、35 天和 45 天，磁化水灌溉的土壤全氮含量分别低于常规水灌溉 10.00％、11.54％和 10.00％。在播种后 25 天、35 天和 45 天，去电子水灌溉的土壤全氮含量分别低于磁化水灌溉 5.56％、8.70％和 11.11％；在播种后 15 天，显著低于磁化水灌溉 14.29％。

在 Mg-90 处理下，去电子水和常规水灌溉的土壤全氮含量无差异，且均高于磁化水灌溉的土壤全氮含量，表现为 FCK＝FD＞FM。在播种后 35 天和 45 天，磁化水灌溉的土壤全氮含量分别低于常规水灌溉 7.69％和 4.76％；在播种后 15 天，低于常规水灌溉 20.69％。在播种后 45 天，去电子水灌溉的土壤全氮含量高于磁化水灌溉 20.00％；在播种后 15 天，高于磁化水灌溉 26.09％。

在常规水灌溉条件下，土壤全氮含量随着镁施量的增加而减小，整体表现为 FMZ-0＞Mg-45＝Mg-90；在磁化水灌溉条件下，土壤全氮含量随着镁施量的增加而减小，整体表现为 FMZ-0＞Mg-45＞Mg-90；在去电子水灌溉条件下，土壤全氮含量随镁施量的增加呈现先减小后增加的趋势，整体表现为 Mg-90＞FMZ-0＞Mg-45。

综上所述，相比于常规水灌溉，在不施镁和中等镁施量时，去电子水灌溉对土壤全氮含量的提高有抑制作用。在不施镁、中等和高等镁施量时，磁化水灌溉对土壤全氮含量的提高均有抑制作用。相比于常规水灌溉，去电子水灌溉对土壤全氮含量的促进作用均随着镁施量的增加呈现先减小后增加的趋势；在 Mg-90 处理下的促进作用最大，高出常规水灌溉 0.26％。相比于常规水灌溉，磁化水灌溉相比于常规水对土壤全氮含量的促进作用均随着镁施量的增加而减小；在 FMZ-0 处理下其抑制作用最小，低于常规水灌溉 0.70％。

6.3.1.3　施锌条件下土壤全氮含量的变化特征

在 FMZ-0［该处理见图 6.20（a）］、Zn-30 和 Zn-60 处理下，测定了常规水、磁化水、去电子水灌溉下，土壤全氮含量随播种后天数的变化过程，结果如图 6.22 所示。从图可看出，土壤全氮含量呈现在播种后 15～25 天减小、25～35 天增加、35～45 天减小或不变的趋势，但是整体上均随播种后天数的增加而减少。

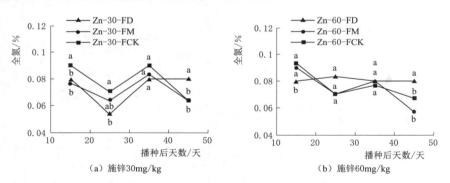

（a）施锌30mg/kg　　　　　　　　（b）施锌60mg/kg

图 6.22　施锌条件下活化水灌溉对土壤全氮含量的影响

在 Zn-30 处理下，常规水灌溉的土壤全氮含量高于去电子水灌溉和磁化水灌溉，表现为 FCK＞FD＝FM。在播种后 35 天，去电子水灌溉的土壤全氮含量低于常规水灌溉 11.11％；在播种后 15 天和 25 天，分别显著低于常规水灌溉 11.11％和 23.81％。在播种后 25 天和 35 天，磁化水灌溉的土壤全氮含量分别低于常规水灌溉 9.52％和 7.41％；在播种后 15 天，低于常规水灌溉 14.81％。在播种后 15 天，采用去电子水灌溉的土壤全氮含量高于磁化水灌溉 4.35％；在播种后 45 天，显著高于磁化水灌溉 26.32％。

在 Zn-60 处理下，去电子水灌溉的土壤全氮含量显著高于常规水和磁化水灌溉，且常规水和磁化水灌溉土壤全氮含量无显著差异，表现为 FD＞FCK＝FM。在播种后 25 天和 35 天，去电子水灌溉的土壤全氮含量分别高于常规水灌溉 19.05％和 4.35％；在播种后 45 天，显著高于常规水灌溉 20.00％。在播种后 15 天和 45 天，磁化水灌溉的土壤全氮含量分别低于常规水灌溉 3.57％和 15.00％。在播种后 25 天，采用去电子水灌溉的土壤全氮含量高于磁化水灌溉 19.05％，在播种后 45 天，显著高于磁化水灌溉 41.18％。

在常规水灌溉条件下，土壤全氮含量随着锌施量的增加而减小，整体表现为 FMZ－0＞Zn－30＞Zn－60。在磁化水灌溉条件下，土壤全氮含量随着锌施量的增加呈现先减小后增加的趋势，整体表现为 FMZ－0＞Zn－60＞Zn－30。在去电子水灌溉条件下，土壤全氮含量随着锌施量的增加而增加，整体表现为 Zn－60＞Zn－30＞FMZ－0。

综上所述，相比于常规水灌溉，在高等锌施量时，去电子水灌溉对土壤全氮含量的提高有促进作用。在不施锌、中等和高等锌施量时，磁化水灌溉对土壤全氮含量的提高均有抑制作用。相比于常规水灌溉，去电子水灌溉对土壤全氮含量的促进作用随着锌施量的增加而增加。在 Zn－60 处理下其促进作用最大，高出常规水灌溉 7.28％。相比于常规水灌溉，磁化水灌溉对土壤全氮含量的促进作用随着锌施量的增加呈现先减小后增加的趋势；在 FMZ－0 处理下其抑制作用最小，低于常规水灌溉 0.70％。

土壤全氮含量随播种后天数增加呈现减小趋势，但具体表现为：在播种后 15～25 天减小，25～35 天增加，35～45 天减小或不变的趋势。这可能是由于在播种后 15～25 天内，小白菜吸收土壤氮素主要用于根系和地上部生长。因此土壤全氮含量减少，随着根系逐渐发育完全，根系微生物的固氮作用逐渐占据主导地位，导致播种后 25～35 天土壤全氮含量增加。但由于盆栽容器的限制，根系不再生长发育，根系周围微生物固氮作用的主导地位逐渐被不断生长的地上部的吸收作用所占据或者两者作用相当，导致播种后 35～45 天土壤全氮含量减小或不变。

6.3.2　活化水灌溉配施铁镁锌对土壤硝态氮含量的影响

6.3.2.1　施铁条件下土壤硝态氮含量的变化特征

在 FMZ－0、Fe－25 和 Fe－50 处理下，测定了常规水、磁化水、去电子水灌溉下，土壤硝态氮（$NO_3^- - N$）含量随播种后天数的变化过程，结果如图 6.23 所示。从图中可以看出，土壤硝态氮含量整体上均随播种后天数的增加而减小。

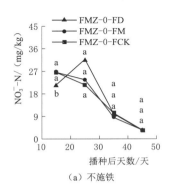
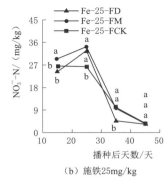
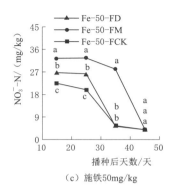

（a）不施铁　　　　　（b）施铁25mg/kg　　　　　（c）施铁50mg/kg

图 6.23　施铁条件下活化水灌溉对土壤硝态氮含量的影响

在 FMZ-0 处理下,活化水灌溉的土壤硝态氮含量均整体高于常规水灌溉,表现为 FD>FM>FCK。在播种后 25 天,去电子水灌溉的土壤硝态氮含量显著高于常规水灌溉 47.23%。在播种后 15 天和 25 天,磁化水灌溉的土壤硝态氮含量分别高于常规水灌溉 0.58% 和 9.69%。在播种后 35 天和 45 天,去电子水灌溉的土壤硝态氮含量分别高于磁化水灌溉 17.96% 和 1.97%;在播种后 25 天,高于磁化水灌溉 34.22%。

在 Fe-25 处理下,磁化水灌溉的土壤硝态氮含量高于常规水灌溉,常规水灌溉土壤硝态氮含量高于去电子水灌溉,表现为 FM>FCK>FD。在播种后 15 天和 45 天,去电子水灌溉的土壤硝态氮含量分别低于常规水灌溉 8.86% 和 18.21%;在播种后 35 天,低于常规水灌溉 53.59%。在播种后 15 天和 25 天,磁化水灌溉的土壤硝态氮含量分别显著高于常规水灌溉 11.07% 和 29.73%。在播种后 25 天和 45 天,去电子水灌溉的土壤硝态氮含量分别低于磁化水灌溉 4.64% 和 15.03%;在播种后 15 天和 35 天,分别显著低于磁化水灌溉 17.94% 和 50.48%。

在 Fe-50 处理下,磁化水灌溉的土壤硝态氮含量高于去电子水灌溉,去电子水灌溉土壤硝态氮含量高于常规水灌溉,表现为 FM>FD>FCK。在播种后 45 天,去电子水灌溉的土壤硝态氮含量高于常规水灌溉 6.66%;在播种后 15 天和 25 天,显著高于常规水灌溉 19.00% 和 32.18%。在播种后 45 天,磁化水灌溉的土壤硝态氮含量高于常规水灌溉 21.31%;在播种后 15 天、25 天和 35 天,分别显著高于常规水灌溉 43.80%、63.55% 和 388.03%。在播种后 45 天,去电子水灌溉的土壤硝态氮含量低于磁化水灌溉 12.07%;在播种后 15 天、25 天和 35 天,分别显著低于磁化水灌溉 17.25%、19.18% 和 80.97%。

在常规水灌溉条件下,土壤硝态氮含量随着铁施量的增加先增加后减小,整体表现为 Fe-25>FMZ-0>Fe-50。在磁化水灌溉条件下,土壤硝态氮含量随着铁施量的增加而增加,整体表现为 Fe-50>Fe-25>FMZ-0。在去电子水灌溉条件下,土壤硝态氮含量随着铁施量的增加而减小,整体表现为 FMZ-0>Fe-25>Fe-50。

综上所述,相比于常规水灌溉,在不施铁和高等铁施量时,去电子水灌溉对土壤硝态氮含量的提高有促进作用。在不施铁、中等和高等铁施量时,磁化水灌溉对土壤硝态氮含量的提高有促进作用。相比于常规水灌溉,去电子水灌溉对土壤硝态氮含量的促进作用随着铁施量的增加呈现先减小后增加的趋势;在 Fe-50 处理下其促进作用均最大,高出常规水 12.68%。相比于常规水灌溉,磁化水灌溉对土壤硝态氮含量的促进作用随着铁施量的增加而增加;在 Fe-50 处理下其促进作用均最大,高出常规水灌溉 129.17%。

6.3.2.2 施镁条件下土壤硝态氮含量的变化特征

在 FMZ-0 [该处理见图 6.23 (a)]、Mg-45 和 Mg-90 处理下,测定了常规水、磁化水、去电子水灌溉下,土壤硝态氮含量随播种后天数的变化过程,结果如图 6.24 所示。从图中可以看出,土壤硝态氮含量整体上均随播种后天数的增加而减小。

在 Mg-45 处理下,常规水灌溉的土壤硝态氮含量高于去电子水灌溉,去电子水灌溉的土壤硝态氮含量高于磁化水灌溉,表现为 FCK>FD>FM。在播种后 45 天,去电子水灌溉的土壤硝态氮含量低于常规水灌溉 10.08%;在播种后 25 天,低于常规水灌溉 20.48%。在播种后 15 天和 45 天,磁化水灌溉的土壤硝态氮含量分别低于常规水灌溉 2.77% 和 6.40%;在播种后 25 天,低于常规水灌溉 37.51%。在播种后 15 天,去电子水

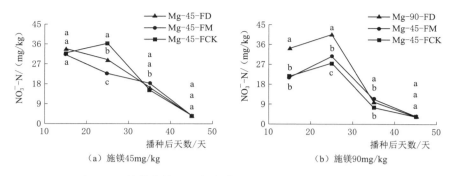

图 6.24 施镁条件下活化水灌溉对土壤硝态氮含量的影响

灌溉的土壤硝态氮含量高于磁化水灌溉 8.90%；在播种后 25 天，显著高于磁化水灌溉 27.25%。

在 Mg-90 处理下，去电子水灌溉土壤硝态氮含量高于磁化水灌溉，磁化水灌溉土壤硝态氮含量高于常规水灌溉，表现为 FD＞FM＞FCK。在播种后 35 天，去电子水灌溉的土壤硝态氮含量高于常规水 33.62%；在播种后 15 天和 25 天，分别显著高于常规水灌溉 57.23% 和 46.96%。在播种后 45 天，磁化水灌溉的土壤硝态氮含量高于常规水灌溉 14.33%；在播种后 25 天和 35 天，分别高于常规水灌溉 11.19% 和 47.67%。在播种后 15 天和 25 天，去电子水灌溉的土壤硝态氮含量分别显著高于磁化水灌溉 61.66% 和 32.17%。

在常规水灌溉条件下，土壤硝态氮含量随着镁施量的增加呈现先增加后减小的趋势，整体表现为 Mg-45＞FMZ-0＞Mg-90。在磁化水灌溉条件下，土壤硝态氮含量随着镁施量增加呈现先增加后减小的趋势，整体表现为 Mg-45＞Mg-90＞FMZ-0。在去电子水灌溉条件下，土壤硝态氮含量随着镁施量的增加而增加，整体表现为 Mg-90＞Mg-45＞FMZ-0。

综上所述，相比于常规水灌溉，在不施镁和高等镁施量时，去电子水和磁化水灌溉对土壤硝态氮含量的提高有促进作用。去电子水和磁化水灌溉对土壤硝态氮含量的促进作用，均随着镁施量的增加呈现先减小后增加的趋势；在 Mg-90 处理下促进作用均最大，分别高出常规水灌溉 33.87% 和 17.61%。

6.3.2.3 施锌条件下土壤硝态氮含量的变化特征

在 FMZ-0［该处理见图 6.23（a）］、Zn-30 和 Zn-60 处理下，测定了常规水、磁化水、去电子水灌溉下，土壤硝态氮含量随播种后天数的变化过程，结果如图 6.25 所示。从图中可以看出，土壤硝态氮含量整体上均随播种后天数的增加而减小。

在 Zn-30 处理下，采用磁化水灌溉土壤硝态氮含量高于去电子水灌溉，去电子水灌溉的土壤硝态氮含量高于常规水灌溉，表现为 FM＞FD＞FCK。在播种后 15 天，去电子水灌溉的土壤硝态氮含量高于常规水灌溉 0.19%；在播种后 35 天，显著高于常规水灌溉 107.27%。在播种后 25 天、35 天和 45 天，磁化水灌溉的土壤硝态氮含量分别显著高于常规水灌溉 16.42%、50.11% 和 61.68%。在播种后 25 天和 45 天，去电子水灌溉的土壤硝态氮含量分别显著低于磁化水灌溉 14.49% 和 39.20%。

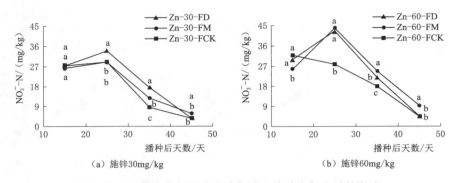

图 6.25　施锌条件下活化水灌溉对土壤硝态氮含量的影响

在 Zn-60 处理下，磁化水灌溉土壤硝态氮含量高于去电子水灌溉，去电子水灌溉土壤硝态氮含量高于常规水灌溉，表现为 FM>FD>FCK。在播种后 45 天，去电子水灌溉的土壤硝态氮含量高于常规水灌溉 9.96%；在播种后 25 天和 35 天，分别显著高于常规水灌溉 52.59% 和 21.78%。在播种后 25 天、35 天和 45 天，磁化水灌溉的土壤硝态氮含量分别显著高于常规水灌溉 57.16%、38.11% 和 129.87%。在播种后 25 天，去电子水灌溉的土壤硝态氮含量低于磁化水灌溉 2.91%；在播种后 35 天和 45 天，分别显著低于磁化水灌溉 11.82% 和 52.17%。

在常规水灌溉条件下，土壤硝态氮含量随着锌施量的增加而增加，整体表现为 Zn-60>Zn-30>FMZ-0。在磁化水灌溉条件下，土壤硝态氮含量随着锌施量的增加而增加，整体表现为 Zn-60>Zn-30>FMZ-0。在去电子水灌溉条件下，土壤硝态氮含量随着锌施量的增加而增加，整体表现为 Zn-60>Zn-30>FMZ-0。

综上所述，相比于常规水灌溉，在不施锌、中等和高等锌施量时，去电子水和磁化水灌溉对土壤硝态氮含量的提高有促进作用；去电子水灌溉对土壤硝态氮含量的促进作用，随着锌施量的增加呈现先增加后减小的趋势；Zn-30 处理下其促进作用最大，高出常规水灌溉 26.33%。磁化水灌溉对土壤硝态氮含量的促进作用，随着锌施量的增加而增加，Zn-60 处理下其促进作用最大，高出常规水灌溉 51.33%。

6.3.3　活化水灌溉配施铁镁锌对土壤铵态氮含量的影响

6.3.3.1　施铁条件下土壤铵态氮含量的变化特征

在 FMZ-0、Fe-25 和 Fe-50 处理下，测定了常规水、磁化水、去电子水灌溉下，土壤铵态氮（NH_4^+-N）含量随播种后天数的变化过程，结果如图 6.26 所示。从图中可看出，土壤铵态氮含量整体上均随播种后天数的增加先减小后增大。

在 FMZ-0 处理下，去电子水灌溉的土壤铵态氮含量高于磁化水灌溉，磁化水灌溉高于常规水灌溉，表现为 FD>FM>FCK。在播种后 25 天和 45 天，去电子水灌溉的土壤铵态氮含量分别高于常规水灌溉 3.25% 和 0.55%；在播种后 35 天，高于常规水灌溉 21.38%。在播种后 25 天，磁化水灌溉的土壤铵态氮含量高于常规水灌溉 2.67%；在播种后 45 天，高于常规水灌溉 18.28%。在播种后 25 天，去电子水灌溉的土壤铵态氮含量高于磁化水灌溉 0.56%；在播种后 35 天，显著高于磁化水灌溉 29.52%。

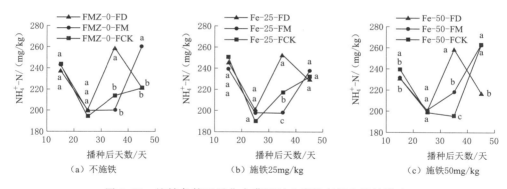

图 6.26 施铁条件下活化水灌溉对土壤铵态氮含量的影响

在 Fe-25 处理下，去电子水灌溉的土壤铵态氮含量高于常规水灌溉，常规水灌溉的土壤铵态氮含量高于磁化水灌溉，表现为 FD＞FCK＞FM。在播种后 25 天，去电子水灌溉的土壤铵态氮含量高于常规水灌溉 5.88％；在播种后 35 天，高于常规水灌溉 16.52％。在播种后 15 天，磁化水灌溉的土壤铵态氮含量低于常规水灌溉 4.38％；在播种后 35 天，低于常规水灌溉 8.91％。在播种后 15 天和 25 天，去电子水灌溉的土壤铵态氮含量分别高于磁化水灌溉 2.67％和 1.46％；在播种后 35 天，显著高于磁化水灌溉 27.91％。

在 Fe-50 处理下，磁化水灌溉的土壤铵态氮含量高于去电子水灌溉，去电子水灌溉的土壤铵态氮含量显著高于常规水灌溉，表现为 FM＞FD＞FCK。在播种后 25 天，去电子水灌溉的土壤铵态氮含量高于常规水灌溉 0.78％；在播种后 35 天，高于常规水灌溉 32.42％。在播种后 25 天和 45 天，磁化水灌溉的土壤铵态氮含量分别高于常规水灌溉 1.52％和 0.48％；在播种后 35 天，高于常规水灌溉 11.62％。在播种后 15 天和 25 天，去电子水灌溉的土壤铵态氮含量分别低于磁化水灌溉 0.05％和 0.73％；在播种后 45 天，显著低于磁化水灌溉 17.69％。

在常规水灌溉条件下，土壤铵态氮含量随着铁施量的增加而增加，整体表现为 Fe-50＞Fe-25＞FMZ-0。在磁化水灌溉条件下，土壤铵态氮含量随着铁施量的增加呈现先降低后增加的趋势，整体表现为 Fe-50＞FMZ-0＞Fe-25。在去电子水灌溉条件下，土壤铵态氮含量随着铁施量的增加呈现先增加后减小的趋势，整体表现为 Fe-25＞FMZ-0＝Fe-50。

综上所述，相比于常规水灌溉，在不施铁、中等和高等铁施量时，去电子水灌溉对土壤铵态氮含量的提高有促进作用。在不施铁和高等铁施量时，磁化水灌溉对土壤铵态氮含量的提高有促进作用。相比于常规水灌溉，去电子水灌溉对土壤铵态氮含量的促进作用随着铁施量的增加而减小；在 FMZ-0 处理下其促进作用最大，高出常规水灌溉 5.61％。相比于常规水灌溉，磁化水灌溉对土壤铵态氮含量的促进作用，随着铁施量的增加呈现先减小后增加的趋势；在 FMZ-0 处理下其促进作用均最大，高出常规水灌溉 3.50％。

6.3.3.2 施镁条件下土壤铵态氮含量的变化特征

在 FMZ-0 ［该处理见图 6.26 (a)］、Mg-45 和 Mg-90 处理下，测定了常规水、磁化水、去电子水灌溉下，土壤铵态氮含量随播种后天数的变化过程，结果如图 6.27 所示。从图中可以看出，整体上土壤铵态氮含量均随播种后天数的增加先减小后增大。

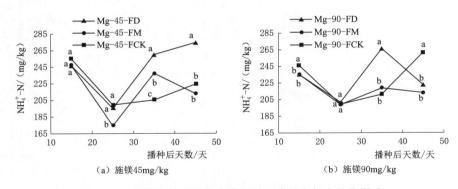

（a）施镁45mg/kg （b）施镁90mg/kg

图 6.27 施镁条件下活化水灌溉对土壤铵态氮含量的影响

在 Mg-45 处理下，去电子水灌溉的土壤铵态氮含量高于常规水灌溉，常规水灌溉的土壤铵态氮含量高于磁化水灌溉，表现为 FD＞FCK＞FM。在播种后 35 天和 45 天，去电子水灌溉的土壤铵态氮含量分别显著高于常规水灌溉 26.61％和 22.31％。在播种后 15 天和 45 天，磁化水灌溉的土壤铵态氮含量分别低于常规水灌溉 2.98％和 5.13％；在播种后 25 天，低于常规水灌溉 12.61％。在播种后 25 天、35 天和 45 天，去电子水灌溉的土壤铵态氮含量分别显著高于磁化水灌溉 12.04％、9.56％和 28.93％。

在 Mg-90 处理下，去电子水灌溉的土壤铵态氮含量高于常规水灌溉，常规水灌溉的土壤铵态氮含量高于磁化水灌溉，表现为 FD＞FCK＞FM。在播种后 25 天，去电子水灌溉的土壤铵态氮含量高于常规水 0.74％；在播种后 35 天，显著高于常规水灌溉 26.09％。在播种后 25 天，磁化水灌溉的土壤铵态氮含量低于常规水灌溉 0.49％；在播种后 15 天和 45 天，分别显著低于常规水灌溉 4.44％和 18.47％。在播种后 15 天、25 天和 45 天，去电子水灌溉的土壤铵态氮含量分别高于磁化水灌溉 0.04％、1.24％和 4.21％；在播种后 35 天，显著高于磁化水灌溉 21.81％。

在常规水灌溉条件下，土壤铵态氮含量随着镁施量的增加呈现先减小后增加的趋势，整体表现为 Mg-90＞FMZ-0＞Mg-45。在磁化水灌溉条件下，土壤铵态氮含量随着镁施量增加而减小，整体表现为 FMZ-0＞Mg-45＞Mg-90。在去电子水灌溉条件下，土壤铵态氮含量随着镁施量的增加呈现先增加后减小的趋势，表现为 Mg-45＞Mg-90＞FMZ-0。

综上所述，相比于常规水灌溉，在不施镁、中等和高等镁施量时，去电子水灌溉对土壤铵态氮含量的提高有促进作用。在不施镁和中等镁施量时，磁化水灌溉对土壤铵态氮含量的提高有促进作用。相比于常规水灌溉，去电子水灌溉对土壤铵态氮含量的促进作用，均随着镁施量的增加呈现先增加后减小的趋势；在 Mg-45 处理下其促进作用最大，高出常规水灌溉 10.89％。相比于常规水灌溉，磁化水灌溉对土壤铵态氮含量的促进作用，均随着镁施量的增加而减小；在 FMZ-0 处理下其促进作用最大，高出常规水灌溉 3.50％。

6.3.3.3 施锌条件下土壤铵态氮含量的变化特征

在 FMZ-0 ［该处理见图 6.26（a）］、Zn-30 和 Zn-60 处理下，测定了常规水、磁化水、去电子水灌溉下，土壤铵态氮含量随播种后天数的变化过程，结果如图 6.28 所示。从图中可以看出，整体上土壤铵态氮含量均随播种后天数的增加先减小后增大。

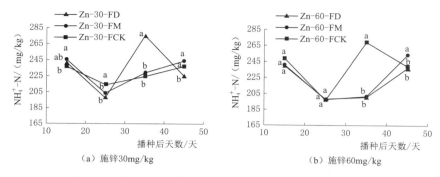

（a）施锌30mg/kg   （b）施锌60mg/kg

图 6.28 施锌条件下活化水灌溉对土壤铵态氮含量的影响

在 Zn-30 处理下，磁化水灌溉的土壤铵态氮含量高于常规水水灌溉，常规水水灌溉的土壤铵态氮含量高于去电子水灌溉，表现为 FM＞FCK＞FD。在播种后 15 天，去电子水灌溉的土壤铵态氮含量高于常规水灌溉 2.23％；在播种后 35 天，高于常规水灌溉 25.43％。在播种后 35 天和 45 天，磁化水灌溉的土壤铵态氮含量分别高于常规水灌溉 2.34％和 3.09％；在播种后 15 天，显著高于常规水灌溉 4.03％。在播种后 35 天，去电子水灌溉的土壤铵态氮含量显著高于磁化水灌溉 22.57％。

在 Zn-60 处理下，常规水灌溉的土壤铵态氮含量高于磁化水灌溉，磁化水灌溉的土壤铵态氮含量高于去电子水灌溉，表现为 FCK＞FM＞FD。在播种后 15 天和 45 天，去电子水灌溉的土壤铵态氮含量分别低于常规水灌溉 3.57％和 0.97％；在播种后 35 天，低于常规水灌溉 25.36％。在播种后 15 天，磁化水灌溉的土壤铵态氮含量低于常规水灌溉 3.20％；在播种后 35 天，显著低于常规水灌溉 24.93％。在播种后 15 天和 35 天，去电子水灌溉的土壤铵态氮含量分别低于磁化水灌溉 0.38％和 0.57％；在播种后 45 天，显著低于磁化水灌溉 6.36％。

在常规水灌溉条件下，土壤铵态氮含量随着锌施量的增加而增加，表现为 Zn-60＞Zn-30＞FMZ-0。在磁化水灌溉条件下，土壤铵态氮含量随着锌施量的增加呈现先增加后减小的趋势，表现为 Zn-30＞FMZ-0＞Zn-60。在去电子水灌溉条件下，土壤铵态氮含量随着锌施量的增加呈现先增加后减小的趋势，表现为 Zn-30＞FMZ-0＞Zn-60。

综上所述，相比于常规水灌溉，在不施锌和中等锌施量时，去电子水灌溉对土壤铵态氮含量的提高有促进作用。在不施锌时，磁化水灌溉对土壤铵态氮含量的提高有促进作用。相比于常规水灌溉，去电子水灌溉对土壤铵态氮含量的促进作用随着锌施量的增加而减小；在 FMZ-0 处理下其促进作用最大，高出常规水灌溉 5.61％。相比于常规水灌溉，磁化水灌溉对土壤铵态氮含量的促进作用随着锌施量的增加而减小；在 FMZ-0 处理下其促进作用最大，高出常规水灌溉 3.50％。

不同情况下，土壤全氮、硝态氮和铵态氮含量随播种后天数增加整体均呈现减小趋势。此外，无机氮（主要为硝态氮和铵态氮含量）随播种后天数增加整体呈现减小趋势。这可能是由于小白菜主要从土壤中吸收无机态氮（王鹏程，2018）来满足自身氮需求，无机氮减少的同时，土壤全氮含量也会减少。虽然土壤硝态氮和铵态氮含量均随播种后天数的增加逐渐减小，但是土壤硝态氮含量的减少程度均高于土壤铵态氮含量。这可能是由于小白菜主要通过吸收土壤硝态氮来满足自身的生长需求（何欣等，2009），因而对土壤硝态氮的吸收能力较强以及吸收量较多。

6.3.4 活化水灌溉配施铁镁锌对土壤全碳含量的影响

6.3.4.1 施铁条件下土壤全碳含量的变化特征

在 FMZ-0、Fe-25 和 Fe-50 处理下，测定了常规水、磁化水、去电子水灌溉下，土壤全碳含量随播种后天数的变化过程，结果如图 6.29 所示。从图中可以看出，土壤全碳含量随播种后天数的增加整体上逐渐减小。

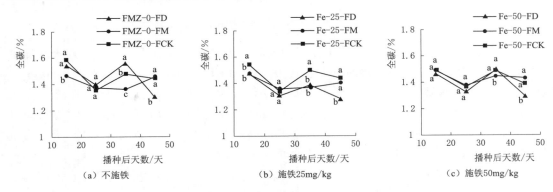

图 6.29 施铁条件下活化水灌溉对土壤全碳含量的影响

在 FMZ-0 处理下，常规水灌溉的土壤全碳含量高于去电子水灌溉，去电子水灌溉高于磁化水灌溉，整体变化趋势为 FCK＞FD＞FM。在播种后 15 天，去电子水灌溉的土壤全碳含量低于常规水灌溉 2.63%；在播种后 45 天，显著低于常规水灌溉 9.72%。在播种后 15 天和 35 天，磁化水灌溉的土壤全碳含量分别低于常规水灌溉 7.68% 和 7.80%。在播种后 25 天，去电子水灌溉的土壤全碳含量高于磁化水灌溉 1.70%；在播种后 15 天和 35 天，分别高于磁化水灌溉 5.47% 和 14.71%。

在 Fe-25 处理下，常规水灌溉的土壤全碳含量高于磁化水灌溉，磁化水灌溉的土壤全碳含量高于去电子水灌溉，整体变化趋势为 FCK＞FM＞FD。在播种后 25 天，去电子水灌溉的土壤全碳含量低于常规水灌溉 2.74%；在播种后 15 天、35 天和 45 天，分别显著低于常规水灌溉 4.55%、7.57% 和 10.90%。在播种后 45 天，磁化水灌溉的土壤全碳含量低于常规水灌溉 2.55%；在播种后 15 天和 35 天，分别低于常规水灌溉 4.76% 和 8.69%。在播种后 25 天，去电子水灌溉的土壤全碳含量低于磁化水灌溉 3.93%，在播种后 45 天，低于磁化水灌溉 8.57%。

在 Fe-50 处理下，采用磁化水灌溉土壤全碳含量高于常规水灌溉，采用常规水灌溉土壤全碳含量高于去电子水灌溉，整体变化趋势为 FM＞FCK＞FD。在播种后 15 天和 25 天，去电子水灌溉的土壤全碳含量分别低于常规水灌溉 2.01% 和 2.93%；在播种后 45 天，低于常规水灌溉 6.75%。在播种后 15 天和 35 天，磁化水灌溉的土壤全碳含量分别低于常规水灌溉 0.45% 和 3.02%。在播种后 15 天和 25 天，去电子水灌溉的土壤全碳含量分别低于磁化水灌溉 1.57% 和 3.62%；在播种后 45 天，显著低于磁化水灌溉 9.79%。

在常规水灌溉条件下，土壤全碳含量随着铁施量的增加而减小，整体表现为 FMZ－0＞Fe－25＞Fe－50。在磁化水灌溉条件下，土壤全碳含量随着铁施量的增加呈现先减小后增加的趋势，整体表现为 Fe－50＞FMZ－0＞Fe－25。在去电子水灌溉条件下，土壤全碳含量随着铁施量的增加呈现先减小后增加的趋势，整体表现为 FMZ－0＞Fe－50＞Fe－25。

综上所述，相比于常规水灌溉，在不施铁、中等和高等铁施量时，去电子水灌溉对土壤全碳含量的提高有抑制作用。在不施铁和中等铁施量时，磁化水灌溉对土壤全碳含量的提高有抑制作用。相比于常规水灌溉，去电子水和磁化水灌溉对土壤全碳含量的促进作用随着铁施量的增加均呈现先减小后增加的趋势。在 FMZ－0 处理下，去电子水灌溉对其抑制作用最小，低于常规水灌溉 0.91％；在 Fe－50 处理下，磁化水灌溉对其促进作用最大，高出常规水灌溉 0.15％。

6.3.4.2　施镁条件下土壤全碳含量的变化特征

在 FMZ－0 ［该处理见图 6.29 （a）］、Mg－45 和 Mg－90 处理下，测定了常规水、磁化水、去电子水灌溉下，土壤全碳含量随播种后天数的变化过程，结果如图 6.30 所示。从图中可以看出，土壤全碳含量随播种后天数的增加整体上逐渐减小。

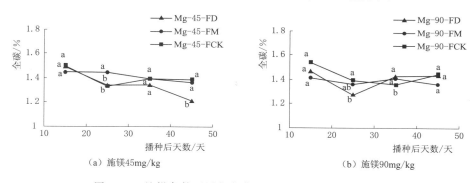

图 6.30　施镁条件下活化水灌溉对土壤全碳含量的影响

在 Mg－45 处理下，磁化水灌溉的土壤全碳含量高于常规水灌溉，常规水灌溉的土壤全碳含量高于去电子水灌溉，整体变化趋势为 FM＞FCK＞FD。在播种后 15 天和 35 天，去电子水灌溉的土壤全碳含量分别低于常规水灌溉 0.67％和 3.58％；在播种后 45 天，低于常规水灌溉 12.74％。在播种后 25 天，磁化水灌溉的土壤全碳含量高于常规水灌溉 8.37％。在播种后 35 天，去电子水灌溉的土壤全碳含量低于磁化水灌溉 3.58％；在播种后 25 天和 45 天，分别低于磁化水灌溉 7.27％和 8.57％。

在 Mg－90 处理下，常规水灌溉土壤全碳含量高于磁化水灌溉，去电子水灌溉土壤全碳含量高于去磁化灌溉，整体变化趋势为 FCK＞FD＞FM。在播种后 15 天和 45 天，去电子水灌溉的土壤全碳含量分别低于常规水 4.56％和 0.81％；在播种后 25 天，低于常规水灌溉 8.85％。在播种后 15 天、25 天和 45 天，磁化水灌溉的土壤全碳含量分别低于常规水灌溉 8.03％、2.15％和 5.76％。在播种后 15 天、35 天和 45 天，去电子水灌溉的土壤全碳含量分别高于磁化水灌溉 3.77％、1.18％和 5.26％。

在常规水灌溉条件下，土壤全碳含量随着镁量的增加呈现先减小后增加的趋势，整体表现为 FMZ－0＞Mg－90＞Mg－45。在磁化水灌溉条件下，土壤全碳含量随着镁量增加呈现先增加后减小的趋势，整体表现为 Mg－45＞FMZ－0＞Mg－90。在去电子水灌溉条件下，土壤全碳含量随着镁施量的增加呈现先减小后增加的趋势，表现为 FMZ－0＞Mg－90＞Mg－45。

综上所述，相比于常规水灌溉，在不施镁、中等和高等镁施量时，去电子水灌溉对土壤全碳含量的提高有抑制作用。在中等镁施量时，磁化水灌溉对土壤全碳含量的提高有抑制作用。相比于常规水灌溉，去电子水灌溉对土壤全碳含量的促进作用，均随着镁施量的增加呈现先减小后增加的趋势；在 FMZ－0 处理下其抑制作用最小，低于常规水灌溉 0.91％。相比于常规水灌溉，磁化水灌溉对土壤全碳含量的促进作用，均随着镁施量的增加呈现先增加后减小的趋势；在施 Mg－45 处理下其促进作用最大，高出常规水灌溉 0.84％。

6.3.4.3 施锌条件下土壤全碳含量的变化特征

在 FMZ－0［该处理见图 6.29（a）］、Zn－30 和 Zn－60 处理下，测定了常规水、磁化水、去电子水灌溉下，土壤全碳含量随播种后天数的变化过程，结果如图 6.31 所示。从图中可以看出，土壤全碳含量随播种后天数的增加整体上逐渐减小。

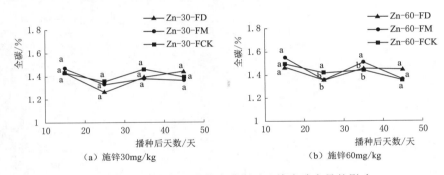

（a）施锌30mg/kg　　　　　　（b）施锌60mg/kg

图 6.31　施锌条件下活化水灌溉对土壤全碳含量的影响

在 Zn－30 处理下，常规水灌溉的土壤全碳含量高于磁化水灌溉，磁化水灌溉的土壤全碳含量高于去电子水灌溉，整体变化趋势为 FCK＞FM＞FD。在播种后 15 天、25 天和 35 天，去电子水灌溉的土壤全碳含量分别低于常规水灌溉 0.12％、6.77％和 4.78％。在播种后 25 天、35 天和 45 天，磁化水灌溉的土壤全碳含量分别低于常规水灌溉 1.85％、5.69％和 2.15％。在播种后 15 天和 25 天，去电子水灌溉的土壤全碳含量分别低于磁化水灌溉 2.49％和 5.01％。

在 Zn－60 的处理下，磁化水灌溉的土壤全碳含量高于去电子水灌溉，去电子水灌溉的土壤全碳含量高于常规水灌溉，表现为 FM＞FD＞FCK。在播种后 35 天和 45 天，去电子水灌溉的土壤全碳含量分别高于常规水灌溉 0.92％和 7.14％。在播种后 15 天和 45 天，磁化水灌溉的土壤全碳含量分别高于常规水灌溉 3.56％和 0.74％；在播种后 35 天，显著高于常规水灌溉 4.62％。在播种后 15 天和 25 天，去电子水灌溉的土壤全碳含量分别低于磁化水灌溉 5.16％和 0.49％。

在常规水灌溉条件下，土壤全碳含量随着锌施量的增加呈现先减小后增加的趋势，整体表现为 FMZ－0＞Zn－60＞Zn－30。在磁化水灌溉条件下，土壤全碳含量随着锌施量的增加呈现先减小后增加的趋势，整体表现为 Zn－60＞FMZ－0＞Zn－30。在去电子水灌溉条件下，土壤全碳含量随着锌施量的增加呈现先减小后增加的趋势，整体表现为 FMZ－0＞Zn－60＞Zn－30。

综上所述，相比于常规水灌溉，在高等锌施量时，去电子水和磁化水灌溉对土壤全碳含量的提高有促进作用。相比于常规水灌溉，去电子水灌溉对土壤全碳含量的促进作用随着锌施量的增加呈现先减小后增加的趋势；在 Zn－60 处理下对其促进作用最大，高出常规水灌溉 0.46％。相比于常规水灌溉，磁化水灌溉对土壤全碳含量的促进作用，随着锌施量的增加而增加；在 Zn－60 处理下对其促进作用最大，高出常规水灌溉 1.23％。

6.3.5 活化水灌溉配施铁镁锌对土壤有机碳含量的影响

6.3.5.1 施铁条件下土壤有机碳含量的变化特征

在 FMZ－0、Fe－25 和 Fe－50 处理下，测定了常规水、磁化水、去电子水灌溉下，土壤有机碳含量随播种后天数的变化过程，结果如图 6.32 所示。

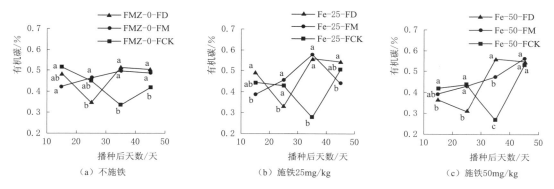

图 6.32 施铁条件下活化水灌溉对土壤有机碳含量的影响

在 FMZ－0 处理下，磁化水灌溉的土壤有机碳含量高于去电子水灌溉，去电子水灌溉高于常规水灌溉，表现为 FM＞FD＞FCK。在播种后 35 天和 45 天，去电子水灌溉的土壤有机碳含量分别高于常规水灌溉 52.23％和 20.80％。在播种后 25 天，磁化水灌溉的土壤有机碳含量高于常规水灌溉 2.96％；在播种后 35 天和 45 天，分别高于常规水灌溉 48.26％和 16.80％。在播种后 25 天，去电子水灌溉的土壤有机碳含量低于磁化水灌溉 25.18％。

在 Fe－25 处理下，去电子水灌溉的土壤有机碳含量高于磁化水灌溉，磁化水灌溉土壤有机碳含量高于常规水灌溉，表现为 FD＞FM＞FCK。在播种后 15 天和 45 天，去电子水灌溉的土壤有机碳含量分别高于常规水灌溉 10.86％和 7.59％；在播种后 35 天，高于常规水灌溉 102.41％。在播种后 25 天，磁化水灌溉的土壤有机碳含量高于常规水灌溉 6.20％；在播种后 35 天，高于常规水灌溉 109.64％。在播种后 15 天和 45 天，去电子水灌溉的土壤有机碳含量分别高于磁化水灌溉 27.59％和 23.48％。

在 Fe－50 处理下，磁化水灌溉的土壤有机碳含量高于去电子水灌溉，去电子水灌溉土壤有机碳含量高于常规水灌溉，表现为 FM＞FD＞FCK。在播种后 45 天，去电子水灌溉的土壤有机碳含量高于常规水灌溉 3.14％；在播种后 35 天，高于常规水灌溉 110.00％。在播种后 45 天，磁化水灌溉的土壤有机碳含量高于常规水灌溉 6.29％；在播种后 35 天，显著高于常规水灌溉 78.13％。在播种后 15 天和 45 天，去电子水灌溉的土壤有机碳含量分别低于磁化水灌溉 7.59％和 2.96％；在播种后 25 天，显著低于磁化水灌溉 27.91％。

在常规水灌溉条件下，土壤有机碳含量整体随着铁施量的增加而减小，表现为 FMZ－0＞Fe－25＞Fe－50。在磁化水灌溉条件下，土壤有机碳含量随着铁施量的增加而增加，整体表现为 FMZ－0＞Fe－25＝Fe－50。在去电子水灌溉条件下，土壤有机碳含量随着铁施量的增加呈现先增加后减小的趋势，整体表现为 Fe－25＞FMZ－0＞Fe－50。

相比于常规水，在不施铁、中等和高等铁施量时，去电子水和磁化水能够促进土壤有机碳含量的增加。相比于常规水灌溉，去电子水灌溉对土壤有机碳含量的促进作用随着铁施量的增加而减小；在 FMZ－0 处理下对其促进作用均最大，高出常规水灌溉 37.02％。相比于常规水灌溉，磁化水灌溉对土壤有机碳含量的促进作用，随着铁施量的增加呈现先增加后减小的趋势；在 Fe－25 处理下对其促进作用最大，高出常规水灌溉 22.47％。

6.3.5.2　施镁条件下土壤有机碳含量的变化特征

在 FMZ－0 ［该处理见图 6.32（a）］、Mg－45 和 Mg－90 处理下，测定了常规水、磁化水、去电子水灌溉下，土壤有机碳含量随播种后天数的变化过程，结果如图 6.33 所示。

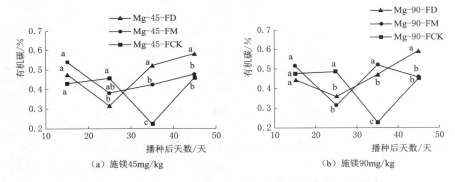

图 6.33　施镁条件下活化水灌溉对土壤有机碳含量的影响

在 Mg－45 处理下，去电子水灌溉的土壤有机碳含量高于磁化水灌溉，磁化水灌溉的土壤有机碳含量高于常规水灌溉，表现为 FD＞FM＞FCK。在播种后 15 天，去电子水灌溉的土壤有机碳含量高于常规水灌溉 10.85％；在播种后 35 天和 45 天，分别显著高于常规水灌溉 132.84％和 26.09％。在播种后 15 天和 45 天，磁化水灌溉的土壤有机碳含量分别高于常规水灌溉 24.81％和 3.62％；在播种后 35 天，显著高于常规水灌溉 90.30％。在播种后 15 天和 25 天，去电子水灌溉的土壤有机碳含量分别低于磁化水灌溉 11.18％和 17.54％。

在 Mg－90 处理下，采用去电子水灌溉的土壤有机碳含量高于磁化水，采用磁化水灌溉的土壤有机碳含量高于常规水，表现为 FD＞FM＞FCK。在播种后 35 天和 45 天，去电子水灌溉的土壤有机碳含量分别显著高于常规水灌溉 108.89％和 32.09％。在播种后 15 天和 45 天，磁化水灌溉的土壤有机碳含量分别高于常规水灌溉 8.39％和 2.24％；在播种后 35 天，高于常规水灌溉 131.11%。在播种后 25 天，去电子水灌溉的土壤有机碳含量高于磁化水灌溉 13.83%；在播种后 45 天，高于磁化水灌溉 29.20%。

在常规水灌溉条件下，土壤有机碳含量随着镁施量的增加呈现先减小后增加的趋势，整体表现为 FMZ-0>Mg-90>Mg-45。在磁化水灌溉条件下，土壤有机碳含量随着镁施量增加而减小，整体表现为 FMZ-0>Mg-45>Mg-90。在去电子水灌溉条件下，土壤有机碳含量随着镁施量的增加呈现先增加后减小的趋势，表现为 Mg-45>FMZ-0>Mg-90。

综上所述，相比于常规水灌溉，在不施镁、中等和高等镁施量时，去电子水和磁化水灌溉对土壤有机碳含量的提高有促进作用。相比于常规水灌溉，去电子水和磁化水对土壤有机碳含量的促进作用均随着镁施量的增加而增加，在 Mg-90 处理下对其促进作用均最大，分别高出常规水灌溉 70.49% 和 66.67%。

6.3.5.3 施锌条件下土壤有机碳含量的变化特征

在 FMZ-0［该处理见图 6.32（a）］、Zn-30 和 Zn-60 处理下，测定了常规水、磁化水、去电子水灌溉下，土壤有机碳含量随播种后天数的变化过程，结果如图 6.34 所示。

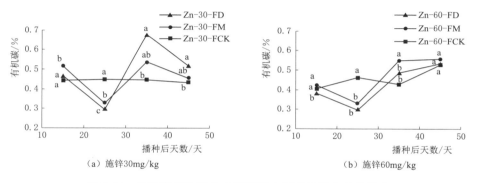

（a）施锌30mg/kg　　　　　　　　　　（b）施锌60mg/kg

图 6.34　施锌条件下活化水灌溉对土壤有机碳含量的影响

在 Zn-30 处理下，采用去电子水灌溉土壤有机碳含量高于磁化水，采用磁化水灌溉土壤有机碳含量高于常规水灌溉，整体变化趋势为 FD>FM>FCK。在播种后 15 天，去电子水灌溉的土壤有机碳含量高于常规水灌溉 4.87%；在播种后 35 天和 45 天，高于常规水灌溉 51.49% 和 19.23%。在播种后 15 天、35 天和 45 天，磁化水灌溉的土壤有机碳含量分别高于常规水灌溉 15.73%、20.15% 和 5.38%。在播种后 35 天和 45 天，去电子水灌溉的土壤有机碳含量分别高于磁化水灌溉 26.09% 和 13.14%。

在 Zn-60 处理下，采用磁化水灌溉土壤有机碳含量高于常规水灌溉，采用常规水灌溉土壤有机碳含量高于去电子水灌溉，表现为 FM>FCK>FD。在播种后 15 天和 25 天，去电子水灌溉的土壤有机碳含量分别显著低于常规水灌溉 5.74% 和 35.97%。在播种后 15 天和 45 天，磁化水灌溉的土壤有机碳含量高于常规水灌溉 4.51% 和 5.70%；在播种后 35 天，显著高于 27.91%。在播种后 25 天和 45 天，去电子水灌溉的土壤有机碳含量低于磁化水灌溉 10.10% 和 4.19%；在播种后 15 天和 35 天，分别显著低于磁化水灌溉 9.80% 和 11.52%。

在常规水灌溉条件下，土壤有机碳含量随着锌施量的增加而增加，整体表现为 Zn-

$60>Zn-30>FMZ-0$。在磁化水灌溉条件下，土壤有机碳含量随着锌施量的增加呈现先减小后增加的趋势，整体表现为$FMZ-0>Zn-60>Zn-30$。在去电子水灌溉条件下，土壤有机碳含量随着锌施量的增加呈现先增加后减小的趋势，整体表现为$Zn-30>FMZ-0>Zn-60$。

综上所述，相比于常规水灌溉，在不施锌和中等锌施量时，去电子水和磁化水灌溉对土壤有机碳含量的提高有促进作用。相比于常规水灌溉，去电子水和磁化水灌溉对土壤有机碳含量的促进作用均随着锌施量的增加而减小；在$FMZ-0$处理下对其促进作用最大，分别高出常规水灌溉37.02%和12.56%。

6.3.6　活化水灌溉配施铁镁锌对土壤有效磷含量的影响

6.3.6.1　施铁条件下土壤有效磷含量的变化特征

在$FMZ-0$、$Fe-25$和$Fe-50$处理下，测定了常规水、磁化水、去电子水灌溉下，土壤有效磷含量随播种后天数的变化过程，结果如图6.35所示。

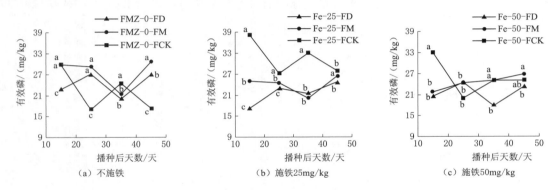

图6.35　施铁条件下活化水灌溉对土壤有效磷含量的影响

在$FMZ-0$处理下，采用磁化水灌溉的土壤有效磷含量高于去电子水灌溉，采用去电子水灌溉高于常规水灌溉，表现为$FM>FD>FCK$。在播种后25天和45天，去电子水灌溉的土壤有效磷含量分别显著高于常规水灌溉55.86%和52.26%。在播种后15天，磁化水灌溉的土壤有效磷含量高于常规水灌溉0.15%；在播种后25天和45天，分别显著高于常规水灌溉66.64%和72.17%。在播种后25天和35天，去电子水灌溉的土壤有效磷含量分别低于磁化水灌溉6.47%和6.13%；在播种后15天和45天，分别显著低于磁化水灌溉22.72%和11.56%。

在$Fe-25$处理下，常规水灌溉的土壤有效磷含量高于磁化水灌溉，磁化水灌溉的土壤有效磷含量高于去电子水灌溉，表现为$FCK>FM>FD$。在播种后15天、25天、35天和45天，去电子水灌溉的土壤有效磷含量分别低于常规水灌溉52.81%、14.99%、33.87%和10.26%。在播种后15天、25天、35天和45天，磁化水灌溉的土壤有效磷含量分别显著低于常规水灌溉33.28%、9.27%、37.44%和4.60%。在播种后15天、25天和45天，去电子水灌溉的土壤有效磷含量分别显著低于磁化水灌溉29.27%、6.30%和5.93%。

在 Fe-50 处理下，采用常规水土壤有效磷含量高于磁化水灌溉，采用磁化水灌溉土壤有效磷含量高于去电子水灌溉，表现为 FCK＞FM＞FD。在播种后 45 天，去电子水灌溉的土壤有效磷含量低于常规水灌溉 7.07％；在播种后 15 天和 35 天，分别显著低于常规水灌溉 35.84％和 27.73％。在播种后 35 天，磁化水灌溉的土壤有效磷含量低于常规水灌溉 0.54％；在播种后 15 天，显著低于常规水灌溉 32.61％。在播种后 15 天，去电子水灌溉的土壤有效磷含量低于磁化水灌溉 4.79％；在播种后 35 天和 45 天，分别显著低于磁化水灌溉 27.34％和 12.55％。

在常规水灌溉条件下，土壤有效磷含量随着铁施量的增加呈现先增加后减小的趋势，表现为 Fe-25＞Fe-50＞FMZ-0。在磁化水灌溉条件下，土壤有效磷含量随着铁施量的增加呈现先减小后增加的趋势，表现为 FMZ-0＞Fe-50＞Fe-25；在去电子水灌溉条件下，土壤有效磷含量随着铁施量的增加呈现先减小后增加的趋势，表现为 FMZ-0＞Fe-50＞Fe-25。

综上所述，相比于常规水灌溉，在不施铁时，去电子水和磁化水灌溉促进土壤有效磷含量增加。相比于常规水灌溉，去电子水和磁化水灌溉对土壤有效磷含量的促进作用均随着铁施量的增加呈现先减小后增加的趋势；在 FMZ-0 处理下其促进作用均最大，分别高出常规水灌溉 17.02％和 31.73％。

6.3.6.2 施镁条件下土壤有效磷含量的变化特征

在 FMZ-0〔该处理见图 6.35（a）〕、Mg-45 和 Mg-90 处理下，测定了常规水、磁化水、去电子水灌溉下，土壤有效磷含量随播种后天数的变化过程，结果如图 6.36 所示。

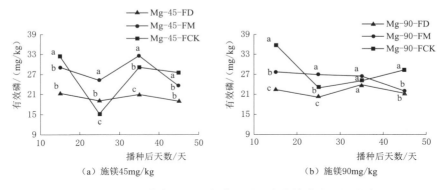

（a）施镁45mg/kg　　　　（b）施镁90mg/kg

图 6.36　施镁条件下活化水灌溉对土壤有效磷含量的影响

在 Mg-45 处理下，采用磁化水灌溉土壤有效磷含量高于常规水灌溉，采用常规水灌溉土壤有效磷含量高于去电子水灌溉，表现为 FM＞FCK＞FD。在播种后 15 天、35 天和 45 天，去电子水灌溉的土壤有效磷含量分别低于常规水灌溉 32.74％、26.51％和 29.71％。在播种后 25 天和 35 天，磁化水灌溉的土壤有效磷含量分别高于常规水灌溉 60.87％和 11.49％。在播种后 15 天、25 天、35 天和 45 天，去电子水灌溉的土壤有效磷含量分别低于磁化水灌溉 25.65％、23.48％、34.09％和 18.31％。

在 Mg-90 处理下，采用常规水灌溉土壤有效磷含量高于磁化水，采用磁化水灌溉土壤有效磷含量高于去电子水，表现为 FCK＞FM＞FD。在播种后 35 天，去电子水灌溉的土壤有效磷含量低于常规水 4.46%；在播种后 15 天、25 天和 45 天，分别显著低于常规水灌溉 36.38%、11.72%和 24.08%。在播种后 15 天和 45 天，磁化水灌溉的土壤有效磷含量分别低于常规水灌溉 21.93%和 21.65%。在播种后 35 天和 45 天，去电子水灌溉的土壤有效磷含量分别低于磁化水灌溉 9.51%和 3.10%；在播种后 15 天和 25 天，分别低于磁化水灌溉 18.51%和 24.06%。

在常规水灌溉条件下，土壤有效磷含量随着镁施量的增加而增加，整体表现为 Mg-90＞Mg-45＞FMZ-0。在磁化水灌溉条件下，土壤有效磷含量随着镁施量的增加而减小，整体表现为 FMZ-0＞Mg-45＞Mg-90。在去电子水灌溉条件下，土壤有效磷含量随着镁施量的增加呈现先减小后增加的趋势，整体表现为 FMZ-0＞Mg-90＞Mg-45。

综上所述，相比于常规水灌溉，在不施镁时，去电子水灌溉能够促进土壤有效磷含量增加。在不施镁和中等镁施量时，磁化水灌溉能够促进土壤有效磷含量增加。相比于常规水灌溉，去电子水和磁化水灌溉对土壤有效磷含量的促进作用均随着镁施量的增加而减小；在 FMZ-0 处理下对其促进作用均最大，分别高出常规水灌溉 17.02%和 31.73%。

6.3.6.3　施锌条件下土壤有效磷含量的变化特征

在 FMZ-0［该处理见图 6.35（a）］、Zn-30 和 Zn-60 处理下，测定了常规水、磁化水、去电子水灌溉下，土壤有效磷含量随播种后天数的变化过程，结果如图 6.37 所示。

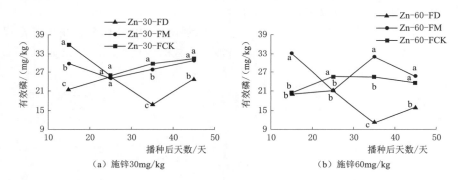

图 6.37　施锌条件下活化水灌溉对土壤有效磷含量的影响

在 Zn-30 处理下，采用常规水灌溉的土壤有效磷含量显著高于磁化水灌溉，磁化水灌溉的土壤有效磷含量显著高于去电子水灌溉，表现为 FCK＞FM＞FD。在播种后 25 天，去电子水灌溉的土壤有效磷含量低于常规水灌溉 1.44%；在播种后 15 天、35 天和 45 天，分别显著低于常规水灌溉 38.68%、41.63%和 20.14%。在播种后 25 天和 45 天，磁化水灌溉的土壤有效磷含量分别低于常规水灌溉 3.65%和 1.67%；在播种后 15 天和 35 天，分别显著低于常规水灌溉 16.52%和 5.77%。在播种后 15 天、35 天和 45 天，去电子水灌溉的土壤有效磷含量分别低于磁化水灌溉 26.54%、38.06%和 18.79%。

在 Zn-60 处理下，磁化水灌溉的土壤有效磷含量显著高于常规水灌溉，常规水灌溉的土壤有效磷含量显著高于去电子水灌溉，表现为 FM＞FCK＞FD。在播种后 15 天，去电子水灌溉的土壤有效磷含量低于常规水灌溉 2.73%；在播种后 25 天、35 天和 45 天，分别显著低于常规水灌溉 16.47%、53.65%和 30.34%。在播种后 45 天，磁化水灌溉的土壤有效磷含量高于常规水灌溉 8.04%；在播种后 15 天和 35 天，分别高于常规水灌溉

57.59%和24.58%。在播种后15天、35天和45天，去电子水灌溉的土壤有效磷含量分别低于常规水灌溉38.28%、62.79%和35.52%。

在常规水灌溉条件下，土壤有效磷含量随着锌施量的增加呈现先增加后减小的趋势，整体表现为Zn-30＞Zn-60＞FMZ-0。在磁化水灌溉条件下，土壤有效磷含量随着锌施量的增加呈现先增加后减小的趋势，整体表现为Zn-30＞Zn-60＞FMZ-0。在去电子水灌溉条件下，土壤有效磷含量随着锌施量的增加而减小，整体表现为FMZ-0＞Zn-30＞Zn-60。

综上所述，相比于常规水灌溉，在不施锌时，去电子水灌溉促进土壤有效磷含量增加。在不施锌和高等锌施量时，磁化水灌溉促进土壤有效磷含量增加。相比于常规水灌溉，去电子水灌溉对土壤有效磷含量的促进作用随着锌施量的增加而减小；在FMZ-0处理下对其促进作用最大，高出常规水灌溉17.02%。相比于常规水灌溉，磁化水灌溉对土壤有效磷含量的促进作用随着锌施量的增加呈现先减小后增加的趋势；在FMZ-0处理下对其促进作用最大，高出常规水灌溉31.73%。

6.3.7 活化水灌溉配施铁镁锌对土壤速效钾含量的影响

6.3.7.1 施铁条件下土壤速效钾含量的变化特征

在FMZ-0、Fe-25和Fe-50处理下，测定了常规水、磁化水、去电子水灌溉下，土壤速效钾含量随播种后天数的变化过程，结果如图6.38所示。

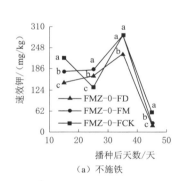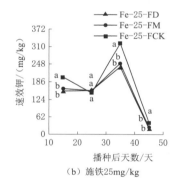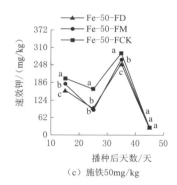

(a) 不施铁 (b) 施铁25mg/kg (c) 施铁50mg/kg

图6.38 施铁条件下活化水灌溉对土壤速效钾含量的影响

在FMZ-0处理下，常规水灌溉的土壤速效钾含量高于磁化水灌溉，采用磁化水灌溉高于去电子水灌溉，表现为FCK＞FM＞FD。在播种后15天、35天和45天，去电子水灌溉的土壤速效钾含量分别低于常规水灌溉29.71%、18.75%和47.58%。在播种后35天，磁化水灌溉的土壤速效钾含量低于常规水灌溉0.60%；在播种后15天和45天，分别低于常规水灌溉16.05%和40.57%。在播种后15天、25天、35天和45天，去电子水灌溉的土壤速效钾含量分别低于磁化水灌溉16.27%、8.84%、18.26%和11.78%。

在Fe-25处理下，常规水灌溉的土壤速效钾含量高于磁化水灌溉，磁化水灌溉的土壤速效钾含量高于去电子水灌溉，表现为FCK＞FM＞FD。在播种后15天、35天和45天，去电子水灌溉的土壤速效钾含量分别低于常规水灌溉20.75%、24.47%和34.39%。

在播种后 15 天、35 天和 45 天，磁化水灌溉的土壤速效钾含量分别低于常规水灌溉 17.60％、21.04％和 25.19％。在播种后 15 天、25 天、35 天和 45 天，去电子水灌溉的土壤速效钾含量分别低于磁化水灌溉 3.82％、0.14％、4.35％和 12.30％。

在 Fe-50 处理下，常规水土壤速效钾含量高于磁化水灌溉，磁化水灌溉土壤速效钾含量高于去电子水灌溉，表现为 FCK＞FM＞FD。在播种后 45 天，采用去电子水灌溉的土壤速效钾含量低于常规水灌溉 7.80％；在播种后 15 天、25 天和 35 天，分别显著低于常规水灌溉 18.73％、37.09％和 12.35％。在播种后 45 天，磁化水灌溉的土壤速效钾含量低于常规水灌溉 0.58％；在播种后 15 天、25 天和 35 天，分别低于常规水灌溉 9.59％、39.68％和 7.39％。在播种后 45 天，去电子水灌溉的土壤速效钾含量低于磁化水灌溉 7.27％；在播种后 15 天和 35 天，分别低于磁化水灌溉 10.11％和 5.37％。

在常规水灌溉条件下，土壤速效钾含量随着铁施量的增加呈现先增加后减小的趋势，整体表现为 Fe-25＞FMZ-0＞Fe-50。在磁化水灌溉条件下，土壤速效钾含量随着铁施量的增加而减小，整体表现为 FMZ-0＞Fe-25＞Fe-50。在去电子水灌溉条件下，土壤速效钾含量随着铁施量的增加呈现先增加后减小的趋势，整体表现为 Fe-25＞FMZ-0＞Fe-50。

综上所述，相比于常规水灌溉，在不施铁、中等和高等铁施量时，去电子水和磁化水灌溉对土壤速效钾含量的提高均有抑制作用。相比于常规水灌溉，去电子水灌溉对土壤速效钾含量的促进作用随着铁施量的增加而减小；在 FMZ-0 处理下对其抑制作用最小，低于常规水灌溉 18.82％。相比于常规水灌溉，磁化水灌溉对土壤速效钾含量的促进作用随着铁施量的增加呈现先减小后增加的趋势；在 FMZ-0 处理下对其抑制作用最小，低于常规水灌溉 6.19％。

6.3.7.2　施镁条件下土壤速效钾含量的变化特征

在 FMZ-0〔该处理见图 6.38（a）〕、Mg-45 和 Mg-90 处理下，测定了常规水、磁化水、去电子水灌溉下，土壤速效钾含量随播种后天数的变化过程，结果如图 6.39 所示。

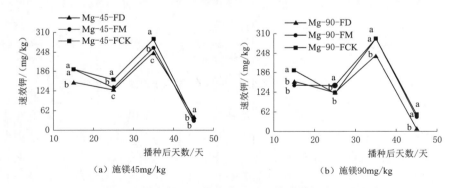

（a）施镁45mg/kg　　　　　　　　（b）施镁90mg/kg

图 6.39　施镁条件下活化水灌溉对土壤速效钾含量的影响

在 Mg-45 处理下，常规水灌溉的土壤速效钾含量高于去电子水灌溉，去电子水灌溉土壤速效钾含量高于磁化水灌溉，表现为 FCK＞FD＞FM。在播种后 15 天、25 天和 35 天，去电子水灌溉的土壤速效钾含量分别低于常规水灌溉 19.67％、17.93％和 13.62％。在播种后 15 天和 45 天，磁化水灌溉的土壤速效钾含量分别低于常规水灌溉 0.17％和

11.72％；在播种后 25 天和 35 天，分别低于常规水灌溉 14.03％和 8.70％。在播种后 45天，去电子水灌溉的土壤速效钾含量高于磁化水灌溉 30.06％。

在 Mg－90 处理下，采用常规水灌溉的土壤速效钾含量高于磁化水灌溉，磁化水灌溉的土壤速效钾含量高于去电子水灌溉，表现为 FCK＞FM＞FD。在播种后 15 天、35 天和45 天，去电子水灌溉的土壤速效钾含量分别低于常规水灌溉 16.63％、16.81％和61.46％。在播种后 45 天，磁化水灌溉的土壤速效钾含量低于常规水灌溉 9.75％；在播种后 15 天和 25 天，分别低于常规水灌溉 22.17％和 17.20％。在播种后 25 天、35 天和 45天，去电子水灌溉的土壤速效钾含量分别低于磁化水灌溉 13.24％、17.08％和 57.30％。

在常规水灌溉条件下，土壤速效钾含量随着镁施量的增加而减小，表现为 FMZ－0＞Mg－45＞Mg－90。在磁化水灌溉条件下，土壤速效钾含量随着镁施量增加呈现先减小后增加的趋势，表现为 FMZ－0＞Mg－90＞Mg－45。在去电子水灌溉条件下，土壤速效钾含量随着镁施量的增加呈现先增加后减小的趋势，表现为 Mg－45＞FMZ－0＞Mg－90。

综上所述，相比于常规水灌溉，在不施镁、中等和高等镁施量时，去电子水和磁化水灌溉对土壤速效钾含量的提高均有抑制作用。相比于常规水灌溉，去电子水灌溉对土壤速效钾含量的促进作用均随着镁施量的增加呈现先增加后减小的趋势；在 Mg－45 处理下对其抑制作用最小，低于常规水灌溉 8.96％。相比于常规水灌溉，磁化水灌溉对土壤速效钾含量的促进作用，均随着镁施量的增加呈现先减小后增加的趋势；在 Mg－90 处理下，对其抑制作用最小，低于常规水灌溉 3.60％。

6.3.7.3 施锌条件下土壤速效钾含量的变化特征

在 FMZ－0 ［该处理见图 6.38 （a）］、Zn－30 和 Zn－60 处理下，测定了常规水、磁化水、去电子水灌溉下，土壤速效钾含量随播种后天数的变化过程，结果如图 6.40 所示。

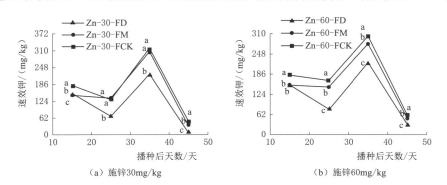

（a）施锌30mg/kg　　　　　　　　（b）施锌60mg/kg

图 6.40　施锌条件下活化水灌溉对土壤速效钾含量的影响

在 Zn－30 处理下，采用常规水灌溉的土壤速效钾含量高于磁化水灌溉，磁化水灌溉的土壤速效钾含量高于去电子水灌溉，表现为 FCK＞FM＞FD。在播种后 15 天、25 天、35 天和 45 天，去电子水灌溉的土壤速效钾含量分别显著低于常规水灌溉 14.72％、40.70％、28.08％和 59.50％。在播种后 35 天，磁化水灌溉的土壤速效钾含量低于常规水灌溉 3.89％；在播种后 15 天和 45 天，分别低于常规水灌溉 18.00％和 19.83％。在播种后 25 天、35 天和 45 天，去电子水灌溉的土壤速效钾含量分别低于磁化水灌溉 42.82％、25.17％和 49.48％。

在 Zn-60 处理下，采用常规水灌溉土壤速效钾含量高于磁化水灌溉，采用磁化水灌溉土壤速效钾含量高于去电子水灌溉，表现为 FCK＞FM＞FD。在播种后 15 天、25 天、35 天和 45 天，去电子水灌溉的土壤速效钾含量分别低于常规水灌溉 14.67%、47.58%、25.42% 和 35.73%。在播种后 15 天、25 天、35 天和 45 天，磁化水灌溉的土壤速效钾含量分别低于常规水灌溉 15.54%、10.94%、7.41% 和 13.43%。在播种后 25 天、35 天和 45 天，去电子水灌溉的土壤速效钾含量分别低于常规水灌溉 41.14%、19.45% 和 25.76%。

在常规水灌溉条件下，土壤速效钾含量随着锌施量的增加，呈现先减小后增加的趋势，表现为 Zn-60＞FMZ-0＞Zn-30。在磁化水灌溉条件下，土壤速效钾含量随着锌施量的增加呈现先减小后增加的趋势，表现为 FMZ-0＞Zn-60＞Zn-30。在去电子水灌溉条件下，土壤速效钾含量随着锌施量的增加呈现先减小后增加的趋势，表现为 FMZ-0＞Zn-60＞Zn-30。

综上所述，相比于常规水灌溉，在不施锌、中等和高等锌施量时，去电子水和磁化水灌溉对土壤速效钾含量的提高均有抑制作用。相比于常规水灌溉，去电子水灌溉对土壤速效钾含量的促进作用，随着锌施量的增加呈现先减小后增加的趋势；在 FMZ-0 处理下对其抑制作用最小，低于常规水灌溉 18.82%。相比于常规水灌溉，磁化水灌溉对土壤速效钾含量的促进作用随着锌施量的增加而减小；在 FMZ-0 处理下对其抑制作用最小，低于常规水灌溉 6.19%。

6.3.8　活化水灌溉配施铁镁锌对土壤铁镁锌含量的影响

6.3.8.1　施铁条件下土壤铁含量变化特征

1. 施铁条件下土壤有效铁含量的变化特征

在 FMZ-0、Fe-25 和 Fe-50 处理下，测定了常规水、磁化水、去电子水灌溉下，土壤有效铁含量随播种后天数的变化过程，结果如图 6.41 所示。

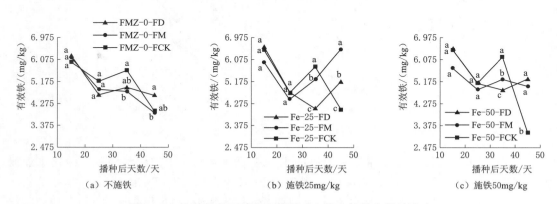

图 6.41　施铁条件下活化水灌溉对土壤有效铁含量的影响

在 FMZ-0 处理下，常规水灌溉的土壤有效铁含量高于去电子水灌溉，去电子水灌溉的土壤有效铁含量高于磁化水灌溉，表现为 FCK＞FD＞FM。在播种后 25 天和 35 天，去电子水灌溉的土壤有效铁含量分别低于常规水灌溉 10.68% 和 12.39%。在播种后 25 天和

45 天，磁化水灌溉的土壤有效铁含量分别低于常规水灌溉 6.50% 和 1.51%；在播种后 35 天，显著低于常规水灌溉 15.17%。在播种后 15 天和 35 天，去电子水灌溉的土壤有效铁含量分别高于磁化水灌溉 1.37% 和 3.27%；在播种后 45 天，显著高于磁化水灌溉 17.85%。

在 Fe-25 处理下，在播种后 35 天，去电子水灌溉的土壤有效铁含量显著低于常规水灌溉 29.38%。在播种后 45 天，磁化水灌溉的土壤有效铁含量显著高于常规水灌溉 59.79%。在播种后 35 天和 45 天，去电子水灌溉的土壤有效铁含量分别显著低于磁化水灌溉 22.42% 和 19.78%。

在 Fe-50 处理下，在播种后 45 天，去电子水灌溉的土壤有效铁含量显著高于常规水灌溉 69.89%。在播种后 15 天和 25 天，磁化水灌溉的土壤有效铁含量分别低于常规水灌溉 11.36% 和 5.39%；在播种后 35 天，显著低于常规水灌溉 14.62%。在播种后 15 天、25 天和 45 天，去电子水灌溉的土壤有效铁含量分别高于磁化水灌溉 12.81%、5.20% 和 6.02%。

在常规水灌溉条件下，土壤有效铁含量随着铁施量的增加呈现先增加后减小的趋势，表现为 Fe-25＞Fe-50＞FMZ-0。在磁化水灌溉条件下，土壤有效铁含量随着铁施量的增加呈现先增加后减小的趋势，表现为 Fe-25＞Fe-50＞FMZ-0。在去电子水灌溉条件下，土壤有效铁含量随着铁施量的增加而增加，表现为 Fe-50＞Fe-25＞FMZ-0。

综上所述，相比于常规水灌溉，在高等铁施量时，去电子水灌溉对土壤有效铁含量的提高有促进作用。在中等铁施量时，磁化水灌溉对土壤有效铁含量的提高有促进作用。相比于常规水灌溉，去电子水灌溉对土壤有效铁含量的促进作用随着铁施量的增加而增加；在 Fe-50 处理下对其促进作用均最大，高出常规水灌溉 11.95%。相比于常规水灌溉，磁化水灌溉对土壤有效铁含量的促进作用随着铁施量的增加呈现先增加后减小的趋势；在 Fe-25 处理下对其促进作用均最大，高出常规水灌溉 9.35%。

2. 施铁条件下土壤全铁含量的变化特征

在 FMZ-0、Fe-25 和 Fe-50 处理下，测定了常规水、磁化水、去电子水灌溉下，土壤全铁含量随播种后天数的变化过程，结果如图 6.42 所示。

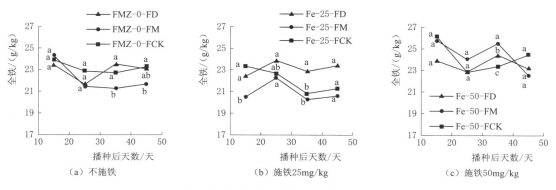

图 6.42 施铁条件下活化水灌溉对土壤全铁含量的影响

在 FMZ-0 处理下，采用常规水灌溉的土壤全铁含量高于去电子水灌溉，采用去电子水灌溉高于磁化水灌溉，表现为 FCK＞FD＞FM。在播种后 15 天、25 天和 45 天，去电子水灌溉的土壤全铁含量分别低于常规水灌溉 1.91％和 5.34％；在播种后 45 天，低于常规水灌溉 0.83％。在播种后 25 天和 45 天，磁化水灌溉的土壤全铁含量分别低于常规水灌溉 6.10％和 6.91％；在播种后 35 天，低于常规水灌溉 6.40％。在播种后 15 天和 25 天，去电子水灌溉的土壤全铁含量高于磁化水灌溉 0.82％和 6.53％；在播种后 35 天，显著高于磁化水灌溉 10.62％。

在 Fe－25 处理下，采用去电子水灌溉的土壤全铁含量高于常规水灌溉，且采用常规水灌溉的土壤全铁含量高于磁化水灌溉，表现为 FD＞FCK＞FM。在播种后 25 天和 45 天，去电子水灌溉的土壤全铁含量分别高于常规水灌溉 5.21％和 9.57％；在播种后 35 天，高于常规水灌溉 9.90％。在播种后 25 天、35 天和 45 天，磁化水灌溉的土壤全铁含量分别低于常规水灌溉 2.01％、1.16％和 3.62％；在播种后 15 天，低于常规水灌溉 12.08％。在播种后 45 天，去电子水灌溉的土壤全铁含量高于磁化水灌溉 13.69％；在播种后 15 天、25 天和 35 天，分别高于磁化水灌溉 9.22％、7.37％和 11.18％。

在 Fe－50 处理下，在播种后 15 天和 45 天，去电子水灌溉的土壤全铁含量分别低于常规水灌溉 8.54％和 5.35％。在播种后 25 天，磁化水灌溉的土壤全铁含量高于常规水灌溉 5.43％；在播种后 35 天，高于常规水灌溉 9.23％。在播种后 15 天，去电子水灌溉的土壤全铁含量低于磁化水灌溉 7.33％；在播种后 25 天和 35 天，分别低于磁化水灌溉 4.87％和 4.29％。

在常规水灌溉条件下，土壤全铁含量随着铁施量的增加呈现先减小后增加的趋势，表现为 Fe－50＞FMZ－0＞Fe－25。在磁化水灌溉条件下，土壤全铁含量随着铁施量的增加呈现先减小后增加的趋势，表现为 Fe－50＞FMZ－0＞Fe－25。在去电子水灌溉条件下，土壤全铁含量随着铁施量的增加呈现逐渐增加的趋势，表现为 Fe－50＞Fe－25＞FMZ－0。

综上所述，相比于常规水灌溉，在中等铁施量时，去电子水灌溉对土壤全铁含量的提高有促进作用。在高等铁施量时，磁化水灌溉对土壤全铁含量的提高有促进作用。相比于常规水灌溉，去电子水灌溉对土壤全铁含量的促进作用随着铁施量的增加呈现先增加后减小的趋势；在 Fe－25 处理下对其促进作用最大，高出常规水灌溉 5.28％。相比于常规水灌溉，磁化水灌溉对土壤全铁含量的促进作用，随着铁施量的增加呈现先减小后增加的趋势；在 Fe－50 处理下对其促进作用最大，高出常规水灌溉 1.39％。

6.3.8.2　施镁条件下土壤镁含量的变化特征

1. 施镁条件下土壤有效镁含量的变化特征

在 FMZ－0、Mg－45 和 Mg－90 处理下，测定了常规水、磁化水、去电子水灌溉下，土壤有效镁含量随播种后天数的变化过程，结果如图 6.43 所示。

在 FMZ－0 处理下，采用去电子水灌溉的土壤有效镁含量高于磁化水灌溉，采用磁化水灌溉的土壤有效镁含量高于常规水灌溉，表现为 FD＞FM＞FCK。在播种后 25 天和 45 天，去电子水灌溉的土壤有效镁含量分别高于常规水灌溉 0.55％和 4.20％；在播种后 35 天，高于常规水灌溉 55.34％。在播种后 25 天、35 天和 45 天，磁化水灌溉的土壤有效镁含量分别高于常规水灌溉 6.02％、3.46％和 1.70％。在播种后 15 天和 45 天，去电子水灌溉的土壤有效镁含量分别高于磁化水灌溉 0.44％和 2.46％；在播种后 35 天，高于磁化

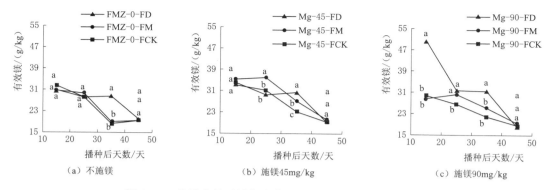

图 6.43 施镁条件下活化水灌溉对土壤有效镁含量的影响

水灌溉 50.14%。

在 Mg-45 处理下，采用磁化水灌溉的土壤有效镁含量高于去电子水灌溉，采用去电子水灌溉的土壤有效镁含量高于常规水灌溉，表现为 FM＞FD＞FCK。在播种后 15 天，去电子水灌溉的土壤有效镁含量高于常规水灌溉 2.73%；在播种后 35 天，高于常规水灌溉 31.35%。在播种后 15 天和 45 天，磁化水灌溉的土壤有效镁含量分别高于常规水灌溉 6.53% 和 5.20%；在播种后 25 天和 35 天，分别高于常规水灌溉 15.10% 和 17.67%。在播种后 15 天和 45 天，去电子水灌溉的土壤有效镁含量分别低于磁化水灌溉 3.56% 和 5.32%；在播种后 25 天，低于磁化水灌溉 17.67%。

在 Mg-90 处理下，采用去电子水灌溉下土壤有效镁含量高于磁化水灌溉，采用磁化水灌溉下土壤有效镁含量高于常规水灌溉，整体变化趋势为 FD＞FM＞FCK。在播种后 15 天、25 天和 35 天，去电子水灌溉的土壤有效镁含量分别高于常规水灌溉 69.12%、19.19% 和 43.86%。在播种后 35 天和 45 天，磁化水灌溉的土壤有效镁含量分别高于常规水灌溉 15.01% 和 5.17%；在播种后 25 天，高于常规水灌溉 14.07%。在播种后 25 天，去电子水灌溉的土壤有效镁含量高于磁化水灌溉 4.49%；在播种后 15 天和 35 天，分别高于磁化水灌溉 75.91% 和 25.09%。

在常规水灌溉条件下，土壤有效镁含量随着镁施量的增加呈现先增加后减小的趋势，表现为 Mg-45＞FMZ-0＞Mg-90。在磁化水灌溉条件下，土壤有效镁含量随着镁施量的增加呈现先增加后减小的趋势，表现为 Mg-45＞Mg-90＞FMZ-0。在去电子水灌溉条件下，土壤有效镁含量随着镁施量的增加而增加，表现为 Mg-90＞Mg-45＞FMZ-0。

综上所述，相比于常规水灌溉，在不施镁、中等和高等镁施量时，去电子水和磁化水灌溉对土壤有效镁含量的提高有促进作用。相比于常规水灌溉，去电子水灌溉对土壤有效镁含量的促进作用，均随着镁施量的增加呈现先减小后增加的趋势；在 Mg-90 处理下对其促进作用最大，高出常规水灌溉 44.06%。相比于常规水灌溉，磁化水灌溉对土壤有效镁含量的促进作用，均随着镁施量的增加呈现先增加后减小的趋势；在 Mg-45 处理下对其促进作用最大，高出常规水灌溉 12.11%。

2. 施镁条件下土壤全镁含量的变化特征

在 FMZ-0、Mg-45 和 Mg-90 处理下，测定了常规水、磁化水、去电子水灌溉下，土壤全镁含量随播种后天数的变化过程，结果如图 6.44 所示。

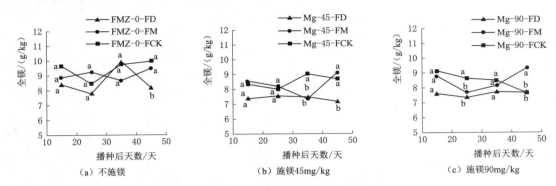

（a）不施镁　　　（b）施镁45mg/kg　　　（c）施镁90mg/kg

图 6.44　施镁条件下活化水灌溉对土壤全镁含量的影响

在 FMZ－0 处理下，采用常规水灌溉的土壤全镁含量高于磁化水灌溉，采用磁化水灌溉的土壤全镁含量高于去电子水灌溉，表现为 FCK＞FM＞FD。在播种后 15 天和 25 天，去电子水灌溉的土壤全镁含量分别低于常规水灌溉 12.83% 和 7.85%；在播种后 45 天，低于常规水灌溉 18.22%。在播种后 15 天和 35 天，磁化水灌溉的土壤全镁含量分别低于常规水灌溉 8.08% 和 11.12%。在播种后 15 天和 25 天，去电子水灌溉的土壤全镁含量分别低于磁化水灌溉 5.17% 和 15.84%；在播种后 45 天，低于磁化水灌溉 13.95%。

在 Mg－45 处理下，采用常规水灌溉的土壤全镁含量高于磁化水灌溉，采用磁化水灌溉的土壤全镁含量高于去电子水灌溉，表现为 FCK＞FM＞FD。在播种后 15 天和 25 天，去电子水灌溉的土壤全镁含量分别低于常规水灌溉 11.90% 和 5.56%；在播种后 35 天和 45 天，分别低于常规水灌溉 17.27% 和 17.75%。在播种后 35 天，磁化水灌溉的土壤全镁含量低于常规水灌溉 18.67%。在播种后 15 天和 25 天，去电子水灌溉的土壤全镁含量分别低于磁化水灌溉 14.17% 和 7.78%；在播种后 45 天，低于磁化水灌溉 21.50%。

在 Mg－90 处理下，采用磁化水灌溉的土壤全镁含量高于常规水灌溉，采用常规水灌溉的土壤全镁含量高于去电子水灌溉，表现为 FM＞FCK＞FD。在播种后 15 天和 35 天，去电子水灌溉的土壤全镁含量分别低于常规水灌溉 16.71% 和 9.28%；在播种后 25 天，低于常规水灌溉 14.88%。在播种后 45 天，磁化水灌溉的土壤全镁含量高于常规水灌溉 21.87%。在播种后 15 天和 25 天，去电子水灌溉的土壤全镁含量分别低于磁化水灌溉 13.36% 和 4.25%；在播种后 45 天，低于磁化水灌溉 17.43%。

在常规水灌溉条件下，土壤全镁含量随着镁施量的增加呈现逐渐减小的趋势，表现为 FMZ－0＞Mg－45＞Mg－90。在磁化水灌溉条件下，土壤全镁含量随着镁施量的增加呈现先减小后增加的趋势，表现为 FMZ－0＞Mg－90＞Mg－45。在去电子水灌溉条件下，土壤全镁含量随着镁施量的增加呈现先减小后增加的趋势，表现为 FMZ－0＞Mg－90＞Mg－45。

综上所述，相比于常规水灌溉，在不施镁、中等和高等镁施量时，去电子水灌溉对土壤全镁含量的提高有抑制作用。在高等镁施量时，磁化水灌溉对土壤全镁含量的提高有抑制作用。相比于常规水灌溉，去电子水和磁化水灌溉对土壤全镁含量的促进作用，均随着镁施量的增加呈现先减小后增加的趋势；在 FMZ－0 处理下，去电子水灌溉对其抑制作用最小，低于常规水灌溉 12.28%。在 Mg－90 处理下，磁化水灌溉对其促进作用最大，高出常规水灌溉 1.03%。

6.3.8.3 施锌条件下土壤锌含量的变化特征

1. 施锌条件下土壤有效锌含量的变化特征

在 FMZ－0、Zn－30 和 Zn－60 处理下，测定了常规水、磁化水、去电子水灌溉下，土壤有效锌含量随播种后天数的变化过程，结果如图 6.45 所示。

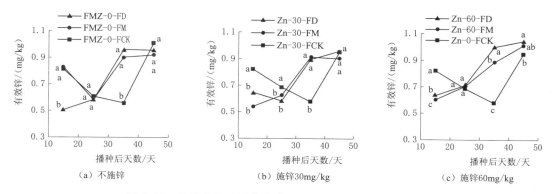

（a）不施锌　　　　　（b）施锌 30mg/kg　　　　　（c）施锌 60mg/kg

图 6.45　施锌条件下活化水灌溉对土壤有效锌含量的影响

在 FMZ－0 处理下，在播种后 35 天，去电子水灌溉的土壤有效锌含量高于常规水灌溉 72.04%。在播种后 15 天，磁化水灌溉的土壤有效锌含量高于常规水灌溉 2.00%；在播种后 35 天，高于常规水灌溉 61.06%。在播种后 15 天，去电子水灌溉的土壤有效锌含量低于磁化水灌溉 38.88%。

在 Zn－30 处理下，在播种后 45 天，去电子水灌溉的土壤有效锌含量高于常规水灌溉 0.92%；在播种后 35 天，高于常规水灌溉 55.90%。在播种后 45 天，磁化水灌溉的土壤有效锌含量低于常规水灌溉 5.02%；在播种后 15 天和 25 天，分别低于常规水灌溉 34.63% 和 8.89%。在播种后 15 天和 45 天，去电子水灌溉的土壤有效锌含量分别高于磁化水灌溉 19.95% 和 6.25%。

在 Zn－60 处理下，采用去电子水灌溉的土壤有效锌含量高于磁化水灌溉，采用磁化水灌溉的土壤有效锌含量高于常规水灌溉，表现为 FD＞FM＞FCK。在播种后 25 天，去电子水灌溉的土壤有效锌含量高于常规水灌溉 3.20%；在播种后 35 天和 45 天，分别高于常规水灌溉 60.60% 和 9.13%。在播种后 25 天和 45 天，磁化水灌溉的土壤有效锌含量分别高于常规水灌溉 2.00% 和 6.09%；在播种后 35 天，高于常规水灌溉 42.15%。在播种后 25 天和 45 天，去电子水灌溉的土壤有效锌含量分别高于磁化水灌溉 1.18% 和 2.87%；在播种后 15 天和 35 天，分别高于磁化水灌溉 5.35% 和 12.98%。

在常规水灌溉条件下，土壤有效锌含量随着锌施量的增加而增加，表现为 Zn－60＞Zn－30＞FMZ－0 处理。在磁化水灌溉条件下，土壤有效锌含量随着锌施量的增加呈现先减小后增加的趋势，表现为 FMZ－0＞Zn－60＞Zn－30。在去电子水灌溉条件下，土壤有效锌含量随着铁锌量的增加而增加，表现为 Zn－60＞Zn－30＞FMZ－0。

综上所述，相比于常规水灌溉，在不施锌、中等和高等锌施量时，去电子水和磁化水灌溉对土壤有效锌含量的提高有促进作用。相比于常规水灌溉，去电子水和磁化水灌溉对土壤有效锌含量的促进作用，均随着锌施量的增加呈现先减小后增加的趋势。在 Zn–60 处理下，去电子水灌溉对其促进作用最大，高出常规水灌溉 11.31%；在 FMZ–0 处理下，磁化水灌溉对其促进作用最大，高出常规水灌溉 12.45%。

2. 施锌条件下土壤全锌含量的变化特征

在 FMZ–0、Zn–30 和 Zn–60 处理下，测定了常规水、磁化水、去电子水灌溉下，土壤全锌含量随播种后天数的变化过程，结果如图 6.46 所示。

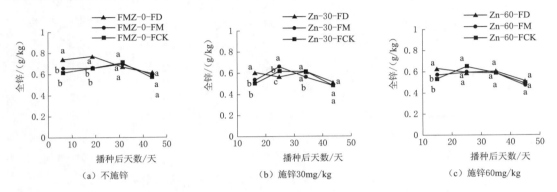

图 6.46　施锌条件下活化水灌溉对土壤全锌含量的影响

在 FMZ–0 处理下，采用去电子水灌溉的土壤全锌含量显著高于磁化水灌溉，采用磁化水灌溉的土壤全锌含量高于常规水灌溉，表现为 FD＞FM＞FCK。在播种后 45 天，去电子水灌溉的土壤全锌含量高于常规水灌溉 7.64%；在播种后 15 天和 25 天，高于常规水灌溉 20.19% 和 18.30%。在播种后 15 天、25 天和 45 天，磁化水灌溉的土壤全锌含量分别高于常规水灌溉 5.91%、0.71% 和 4.69%。在播种后 45 天，去电子水灌溉的土壤全锌含量高于磁化水灌溉 2.82%；在播种后 15 天和 25 天，分别高于磁化水灌溉 13.48% 和 17.47%。

在 Zn–30 处理下，采用去电子水灌溉的土壤全锌含量高于磁化水灌溉，采用磁化水灌溉的土壤全锌含量高于常规水灌溉，表现为 FD＞FM＞FCK。在播种后 45 天，去电子水灌溉的土壤全锌含量高于常规水灌溉 7.86%；在播种后 15 天，高于常规水灌溉 20.18%。在播种后 15 天和 45 天，磁化水灌溉的土壤全锌含量分别高于常规水灌溉 5.87% 和 0.92%；在播种后 25 天，高于常规水灌溉 6.68%。在播种后 45 天，去电子水灌溉的土壤全锌含量高于磁化水灌溉 6.88%；在播种后 15 天和 35 天，分别高于磁化水灌溉 13.52% 和 9.31%。

在 Zn–60 处理下，采用去电子水灌溉的土壤全锌含量高于常规水灌溉，采用常规水灌溉的土壤全锌含量高于磁化水灌溉，表现为 FD＞FCK＞FM。在播种后 35 天和 45 天，去电子水灌溉的土壤全锌含量分别高于常规水灌溉 2.70% 和 5.11%；在播种后 15 天，高于常规水灌溉 17.35%。在播种后 25 天和 45 天，磁化水灌溉的土壤全锌含量分别低于常规水灌溉 8.50% 和 4.13%。在播种后 25 天、35 天和 45 天，去电子水灌溉的土壤全锌含量分别高于磁化水灌溉 0.14% 和 2.20% 和 9.63%；在播种后 15 天，高于磁化水灌溉 10.40%。

在常规水灌溉条件下，土壤全锌含量随着锌施量的增加呈现先减小后增加的趋势，表现为 FMZ－0＞Zn－60＞Zn－30。在磁化水灌溉条件下，土壤全锌含量随着锌施量的增加而减小，表现为 FMZ－0＞Zn－30＞Zn－60。在去电子水灌溉条件下，土壤全锌含量随着锌施量的增加呈现先减小后增加的趋势，表现为 FMZ－0＞Zn－60＞Zn－30。相比于常规水灌溉，在不施锌、中等和高等锌施量时，去电子水灌溉对土壤全锌含量有促进作用。在中等锌施量时，磁化水灌溉对土壤全锌含量的提高有抑制作用，其余处理下与常规水灌溉无差异。相比于常规水灌溉，去电子水和磁化水灌溉对土壤全锌含量的促进作用随着锌施量的增加而减小；在 FMZ－0 处理下对其促进作用最大，分别高出常规水灌溉 10.20% 和 2.31%。

综上可知，相比于常规水灌溉，在 FMZ－0 处理下，去电子水灌溉对小白菜地上部鲜重的促进作用最明显。在 Fe－25 处理、FMZ－0 处理和 Zn－60 处理下，磁化水灌溉对小白菜地上部鲜重的促进作用最明显。

对于氮素营养（土壤硝态氮、铵氮、全氮和小白菜全氮累积量）而言，相对于常规水，在 FMZ－0 处理下，去电子水灌溉增加了土壤硝态氮和铵态氮含量，并增加了小白菜全氮累积量。在 Fe－25 处理下，磁化水灌溉增加了土壤硝态氮含量，减少了土壤铵态氮含量，仍增加了小白菜全氮累积量。这说明影响小白菜全氮累积量的主要因素是土壤硝态氮含量，与何欣等（2009）研究得出的小白菜主要通过吸收土壤硝态氮来满足自身生长需求的结论一致。此外，相对于常规水灌溉，在 FMZ－0 处理下，去电子水灌溉增加了土壤硝态氮和铵态氮含量，并增加了小白菜全氮累积量。在 Zn－60 处理下，磁化水灌溉增加了土壤硝态氮含量、减少了土壤铵态氮含量，增加了小白菜全氮累积量。

对于碳素（有机碳、全碳累积量）而言，相比于常规水灌溉，在 FMZ－0 处理下采用去电子水灌溉以及在 Fe－25 处理、FMZ－0 处理和 Zn－60 处理下采用磁化水灌溉，均能够增加土壤有机碳含量并促进小白菜全碳累积量的增加。

对于施铁条件下的土壤有效磷含量和速效钾含量而言，相对于常规水灌溉，在 FMZ－0 处理下，去电子水灌溉增加了土壤有效磷含量，但减少了土壤有效铁含量；在 Fe-25 处理下，磁化水灌溉减少了土壤有效磷含量，但增加了土壤有效铁含量。有研究表明，当磷肥施用量不同时，随着磷肥的增加，作物对磷的吸收逐渐增加，对铁的吸收呈现先增加后减小的趋势，即磷和铁元素之间存在拮抗作用（臧成风等，2016）。该结论与本章研究结果一致，即土壤有效磷含量和土壤有效铁含量增减趋势相反，土壤有效磷含量的增加在一定程度上抑制了土壤有效铁含量的增加。

对于施镁条件下的土壤有效磷含量和速效钾含量来说，相对于常规水灌溉，在 FMZ－0 处理下，去电子水和磁化水灌溉分别显著促进了小白菜全镁累积量的增加，且均增加了土壤有效镁和有效磷含量，减少了土壤速效钾含量。有研究表明，当镁肥施用量不同时，随着镁肥的增加，作物对镁和磷吸收累积均逐渐增加，即镁和磷之间存在协同作用（黄东风等，2017），而镁和钾之间存在拮抗作用（张亚晨，2018）。因此，去电子水和磁化水灌溉在增加有效镁含量以及促进小白菜全镁累积量提高的同时，促进土壤有效磷含量的增加并抑制土壤速效钾含量的增加。对于施锌条件下的土壤有效磷含量和速效钾含量来说，在 FMZ－0 处理和 Zn－60 处理下，去电子水和磁化水灌溉降低了土壤速效钾含量并增加了土壤有效磷含量。这可能是由于锌和钾之间既有协同作用又有拮抗作用（谢振翅等，1981）。而对于小白菜而言，土壤锌和钾表现为拮抗作用，即增加土壤有效锌含量的同时会抑制土壤速效钾含量的增加。

相比于常规水灌溉，在施锌条件下，去电子水和磁化水灌溉对锌的吸收转化作用不一致，在施铁镁条件下对铁和镁的吸收转化作用一致。因此，对于锌（土壤有效锌含量、土壤全锌含量、全锌累积量）而言，在施锌条件下，相比于常规水灌溉，在 FMZ-0 处理和 Zn-60 处理下，去电子水和磁化水灌溉对鲜重的促进作用最明显。相对于常规水，在 FMZ-0 处理下，去电子水灌溉有利于土壤有效锌含量的增加，增加土壤有效锌含量并提高小白菜全锌累积量；在 Zn-60 处理下，磁化水灌溉有利于土壤有效锌含量的增加，提高土壤有效锌含量但并未增加小白菜全锌累积量。这可能由于锌肥的施用量对作物的生长发育具有促进和抑制的双重效应（Gomes et al.，2016）。在 FMZ-0 处理下，土壤中的锌含量适宜小白菜生长，全锌累积量的增多有利于小白菜生长发育，去电子水灌溉通过促进小白菜体内全锌累积量的增多而显著促进小白菜鲜重增长；而在 Zn-60 处理下，小白菜体内锌累积过多可能不利于其生长发育，磁化水灌溉则通过降低小白菜体内全锌的累积而显著促进鲜重增长。

6.4　活化水灌溉配施铁镁锌下营养元素利用效率定量分析

小白菜从土壤中吸收有效铁、有效镁和有效锌等，小白菜体内所含营养元素的全量即为小白菜根系从土壤中吸收的所有营养元素含量。利用蔬菜的元素累积量公式（蔬菜产量×单位产量养分吸收量）（杨波等，2015），计算小白菜对营养元素的利用效率。采用典型相关分析方法对小白菜生长指标、元素累积指标以及土壤指标进行相关性分析，在 $P<0.01$ 和 $P<0.05$ 条件下对两两变量间的显著性进行检验。同时，确定小白菜适宜的活化水灌溉以及铁镁锌合理施量。

6.4.1　营养元素利用效率

利用元素利用率公式［（蔬菜吸收量$_{施铁镁锌肥}$－蔬菜吸收量$_{未施铁镁锌肥}$）/施用量］（余小芬等，2020），结合小白菜的全铁、全镁和全锌累积量值，分别计算了常规水、磁化水和去电子水灌溉下，小白菜对铁镁锌元素的利用效率（％），结果见表 6.3。

表 6.3　　　　　　　不同活化水灌溉条件下小白菜对铁镁锌元素的利用效率

播种后天数/d	处理类型/%	常规水/%	磁化水/%	去电子水/%
45	Fe-25/FMZ-0	-0.34	0.44	3.05
	Fe-50/FMZ-0	2.14	2.51	3.67
	Fe-50/Fe-25	4.62	4.58	4.29
45	Mg-45/FMZ-0	2.76	10.02	-2.16
	Mg-90/FMZ-0	2.23	0.94	-1.61
	Mg-90/Mg-45	1.69	-8.15	-1.07

续表

播种后天数/d	处理类型/%	常规水/%	磁化水/%	去电子水/%
45	Zn-30/FMZ-0	0.18	0.371	−0.181
	Zn-60/FMZ-0	0.41	−0.01	0.06
	Zn-60/Zn-30	0.64	−0.39	0.30

在 Fe-25 处理下，相比于 FMZ-0 处理，去电子水灌溉下的铁元素利用率高于磁化水灌溉，磁化水灌溉下的铁元素利用率高于常规水灌溉，表现为 FD＞FM＞FCK。在 Fe-50 处理下，相比于 Fe-25 处理，常规水灌溉下的铁元素利用率高于磁化水，磁化水灌溉下的铁元素利用率高于去电子水灌溉，表现为 FCK＞FM＞FD。在 Fe-50 处理下，相比于 FMZ-0 处理，去电子水灌溉下的铁元素利用率高于磁化水灌溉，磁化水灌溉下的铁元素利用率高于常规水灌溉，表现为 FD＞FM＞FCK。

在施铁条件下，Fe-25 处理相比于 FMZ-0 处理以及 Fe-50 处理相比于 Fe-25 处理下，去电子水灌溉比常规水灌溉更能促进土壤中铁元素的转化，以及提高小白菜对铁元素的吸收利用效率。在施铁条件下，相比于 FMZ-0 处理，Fe-25 处理下，磁化水灌溉比常规水灌溉更能促进土壤中铁元素的转化以及提高小白菜对铁元素的吸收利用效率，且去电子水灌溉优于磁化水灌溉。

在 Mg-45 处理下，相比于 FMZ-0 处理，磁化水灌溉下的镁元素利用率高于常规水灌溉，常规水灌溉下的镁元素利用率高于去电子水灌溉，表现为 FM＞FCK＞FD。在 Mg-90 处理下，相比于 Mg-45 处理，常规水灌溉下的镁元素利用率高于去电子水灌溉，去电子水灌溉下的镁元素利用率高于磁化水灌溉，表现为 FCK＞FD＞FM。在 Mg-90 处理下，相比于 FMZ-0 处理，常规水灌溉下的镁元素利用率高于磁化水灌溉，磁化水灌溉下的镁元素利用率高于去电子水灌溉，表现为 FCK＞FM＞FD。以上结果表明，在施镁条件下，相比于常规水灌溉，去电子水灌溉下小白菜对镁元素的利用率较低；相比于 FMZ-0 处理，Mg-45 处理下，磁化水灌溉比常规水灌溉更能促进土壤中镁元素的转化，以及提高小白菜对镁元素的吸收利用效率。

在 Zn-30 处理下，相比于 FMZ-0 处理，磁化水灌溉下的锌元素利用率高于常规水灌溉，常规水灌溉下的锌元素利用率高于去电子水灌溉，表现为 FM＞FCK＞FD。在 Zn-60 处理下，相比于 Zn-30 处理，常规水灌溉下的锌元素利用率高于去电子水灌溉，去电子水灌溉下的锌元素利用率高于磁化水灌溉，表现为 FCK＞FD＞FM。在 Zn-60 处理下，相比于 FMZ-0 处理，常规水灌溉下的锌元素利用率高于去电子水灌溉，去电子水灌溉下的锌元素利用率高于磁化水灌溉，表现为 FCK＞FD＞FM。以上结果表明，在施锌条件下，相比于 FMZ-0 处理，Zn-30 处理下，去电子水灌溉比常规水灌溉更能降低小白菜对锌元素的吸收利用效率；相比于 Zn-30 处理，Zn-60 处理下，去电子水和磁化水灌溉均比常规水灌溉更能降低小白菜对锌元素的吸收利用效率。

6.4.2　相关性分析

在施铁镁锌条件下，相比于常规水灌溉，去电子水灌溉对鲜重的提高均在 FMZ-0 处理下的促进效果最明显。在施铁镁锌条件下，相比于常规水灌溉，磁化水灌溉对鲜重的提高分别在 Fe-25 处理、FMZ-0 处理和 Zn-60 处理下的促进效果最明显。因此，分别对去电子水灌溉下的 FMZ-0 处理，磁化水灌溉下的 Fe-25 处理、FMZ-0 处理和 Zn-60 处理进行相关性分析。

对于 Fe-25 处理，磁化水灌溉下土壤和小白菜各指标间的相关性分析结果见表 6.4。由表可知，在 Fe-25 处理下，采用磁化水灌溉时，随着播种后天数的增加，地上部鲜重与干重、株高、全碳累积量、全铁累积量呈极显著性正相关，与全氮累积量呈显著性正相关，与土壤硝态氮含量呈极显著性负相关。在与鲜重呈显著性关系的指标中，地上部干重与株高、全氮累积量、全碳累积量、全铁累积量呈极显著性正相关，与土壤硝态氮含量呈极显著性负相关；株高与全氮累积量、全碳累积量、全铁累积量呈极显著性正相关，与土壤硝态氮含量呈极显著性负相关，与全氮呈显著性负相关；全氮累积量与全碳累积量呈极显著正相关，与全铁累积量、有效铁、土壤全铁含量呈显著正相关，与土壤速效钾含量和土壤硝态氮含量呈极显著负相关；全碳累积量与全铁累积量呈极显著正相关，与土壤硝态氮含量呈极显著负相关；全铁累积量与土壤有机碳含量呈显著正相关，与土壤硝态氮含量呈极显著负相关；土壤硝态氮与有效铁含量呈显著负相关。

对于 FMZ-0 处理，去电子水灌溉下土壤和小白菜各指标间的相关性分析结果见表 6.5。由表可知，在 FMZ-0 处理下，采用去电子水灌溉时，随着播种后天数的增加，地上部鲜重与小白菜生长生理指标均呈极显著正相关，与土壤硝态氮含量呈极显著负相关。在与鲜重呈显著性关系的指标中，地上部干重与小白菜株高、全氮累积量、全碳累积量、全铁累积量呈极显著正相关，与土壤硝态氮含量呈极显著负相关；株高与全氮累积量、全碳累积量、全铁累积量呈极显著正相关，与土壤硝态氮含量呈极显著负相关，与土壤有效铁呈显著负相关；小白菜全氮累积量与小白菜全碳累积量、全铁累积量呈极显著正相关，与土壤硝态氮含量呈极显著负相关；小白菜全碳累积量与小白菜全铁累积量呈极显著正相关，与土壤硝态氮含量呈极显著负相关；小白菜全铁累积量与土壤硝态氮含量呈极显著负相关，与土壤速效钾含量和全碳含量呈显著负相关；土壤硝态氮含量与土壤有机碳和全铁含量呈极显著负相关。

综上所述，在 FMZ-0-FD 和 Fe-25-FM 处理下，小白菜地上部鲜重与小白菜生长生理指标均呈显著正相关。在土壤指标中，土壤硝态氮含量与小白菜地上部鲜重、干重、株高、全氮累积、全碳累积和全铁累积量均呈极显著负相关。即随着生育期的增加，小白菜的地上部鲜重、干重、株高、全氮累积、全碳累积和全铁累积量随着土壤硝态氮含量的减少而不断增加，说明小白菜主要吸收土壤硝态氮来满足自身的生长需求（何欣等，2009）。去电子水和磁化水灌溉下主要通过促进土壤氮素转化，提高小白菜对土壤硝态氮的吸收量，最终促进小白菜干重、株高、全氮、全碳和全铁累积量的提高。

对于 FMZ-0 处理，磁化水灌溉下土壤和小白菜各指标间的相关性分析结果见表 6.6。由表可知，在 FMZ-0 处理下，采用磁化水灌溉时，随着播种后天数的增加，地上部鲜重与小白菜生长生理指标均呈极显著正相关，与土壤硝态氮含量和土壤有效镁含量呈极显著负相关。在与鲜重呈显著性关系的指标中，地上部干重与小白菜株高、全氮累积量、全碳累积量、全镁累积量呈极显著正相关，与土壤硝态氮含量和有效镁含量呈极显著负相关；株高与小白菜全氮累积量、全碳累积量、全镁累积量呈极显著正相关，与土壤有机碳含量

表 6.4 磁化水灌溉下土壤和小白菜各指标间的相关性分析结果 （Fe-25）

指标	FW	DW	H	TNC	TCC	TIC	K	P	TN	NO_3^-	NH_4^+	TC	TOC	AI	TI
FW	1														
DW	0.962**	1													
H	0.957**	0.957**	1												
TNC	0.706*	0.783**	0.797**	1											
TCC	0.997**	0.944**	0.957**	0.708**	1										
TIC	0.981**	0.947**	0.951**	0.692*	0.977**	1									
K	-0.219	-0.348	-0.363	-0.843**	-0.225	-0.210	1								
P	-0.215	-0.096	-0.076	0.502	-0.206	-0.183	-0.867**	1							
TN	-0.438	-0.484	-0.623*	-0.414	-0.439	-0.467	0.199	0.052	1						
NO_3^-	-0.982**	-0.953**	-0.914**	-0.732**	-0.976**	-0.961**	0.278	0.135	0.289	1					
NH_4^+	0.008	0.135	-0.032	0.451	-0.011	-0.012	-0.643*	0.632*	0.518	-0.177	1				
TC	-0.244	-0.252	-0.347	-0.059	-0.242	-0.376	-0.144	0.198	0.690*	0.124	0.572	1			
TOC	0.535	0.426	0.494	-0.100	0.532	0.585*	0.553	-0.724**	-0.469	-0.433	-0.681*	-0.580*	1		
AI	0.441	0.508	0.352	0.642*	0.426	0.394	-0.577	0.384	0.374	-0.587*	0.868**	0.498	-0.379	1	
TI	0.424	0.555	0.538	0.695**	0.409	0.363	-0.624*	0.347	-0.178	-0.457	0.455	0.253	-0.173	0.568	1

注 ** 和 * 分别在 $P<0.01$ 和 $P<0.05$ 时显示出显著的相关性。FW、DW、H、TNC、TCC、TIC、K、P、TN、NO_3^-、NH_4^+、TC、TOC、AI、TI分别表示地上部鲜重、干重、株高、全碳累积量、全铁累积量、全氮累积量、全氮、有效磷、速效钾、硝态氮、铵态氮、全碳、有机碳、有效铁、全铁。

表 6.5　去电子水灌溉下土壤和小白菜各指标间的相关性分析结果（FMZ－0）

指标	FW	DW	H	TNC	TCC	TIC	K	P	TN	NO$_3^-$	NH$_4^+$	TC	TOC	AI	TI
FW	1														
DW	0.995**	1													
H	0.985**	0.979**	1												
TNC	0.982**	0.976**	0.990**	1											
TCC	0.996**	0.990**	0.984**	0.971**	1										
TIC	0.956**	0.977**	0.920**	0.915**	0.951**	1									
K	−0.488	−0.495	−0.391	−0.320	−0.532	−0.584*	1								
P	0.082	0.111	0.077	−0.033	0.147	0.194	−0.667*	1							
TN	−0.289	−0.316	−0.308	−0.204	−0.340	−0.381	0.581*	−0.865**	1						
NO$_3^-$	−0.894**	−0.869**	−0.830**	−0.871**	−0.870**	−0.816**	0.422	0.191	−0.056	1					
NH$_4^+$	0.196	0.162	0.176	0.283	0.132	0.067	0.444	−0.898**	0.803**	−0.489	1				
TC	−0.516	−0.539	−0.467	−0.380	−0.565	−0.626*	0.901**	−0.830**	0.855**	0.290	0.665*	1			
TOC	0.500	0.463	0.431	0.492	0.457	0.405	−0.128	−0.434	0.378	−0.768**	0.691*	0.109	1		
AI	−0.511	−0.526	−0.597*	−0.543	−0.544	−0.484	0.187	−0.333	0.494	0.182	0.379	0.453	0.353	1	
TI	0.457	0.411	0.361	0.444	0.420	0.364	−0.165	−0.555	0.505	−0.780**	0.717**	0.125	0.776**	0.252	1

注：**和*分别在 $P<0.01$ 和 $P<0.05$ 时显示出显著的相关性。FW、DW、H、TNC、TCC、TIC、K、P、TN、NO$_3^-$、NH$_4^+$、TC、TOC、AI、TI 分别表示地上部鲜重、干重、株高、全碳累积量、全氮累积量、全铁累积量、速效钾、有效磷、全氮、硝态氮、铵态氮、全碳、有机碳、有效铁、全铁。

表 6.6 磁化水灌溉下土壤和小白菜各指标间的相关性分析结果（FMZ－0）

指标	FW	DW	H	TNC	TCC	TMC	K	P	TN	NO$_3^-$	NH$_4^+$	TC	TOC	AM	TM
FW	1														
DW	0.984**	1													
H	0.982**	0.957**	1												
TNC	0.983**	0.953**	0.972**	1											
TCC	0.980**	1.000**	0.953**	0.946**	1										
TMC	0.989**	0.980**	0.969**	0.991**	0.976**	1									
K	−0.397	−0.531	−0.355	−0.250	−0.549	−0.359	1								
P	−0.199	−0.047	−0.242	−0.331	−0.026	−0.223	−0.784**	1							
TN	−0.001	−0.068	−0.084	0.058	−0.082	0.017	0.440	−0.454	1						
NO$_3^-$	−0.986**	−0.952**	−0.982**	−0.992**	−0.945**	−0.982**	0.276	0.303	−0.039	1					
NH$_4^+$	0.347	0.432	0.239	0.192	0.446	0.282	−0.803**	0.600*	0.013	−0.207	1				
TC	0.049	0.125	−0.043	−0.083	0.139	−0.001	−0.607*	0.649*	0.097	0.039	0.766**	1			
TOC	0.564	0.505	0.646*	0.589*	0.498	0.553	0.023	−0.520	−0.052	−0.579*	−0.134	−0.541	1		
AM	−0.947**	−0.880**	−0.944**	−0.971**	−0.870**	−0.940**	0.093	0.482	−0.120	0.968**	−0.118	0.160	−0.629*	1	
TM	0.535	0.620*	0.521	0.436	0.630*	0.505	−0.757**	0.327	−0.278	−0.438	0.608*	0.127	0.444	−0.334	1

注：** 和 * 分别在 $P<0.01$ 和 $P<0.05$ 时显示出显著的相关性。FW、DW、H、TNC、TCC、TMC、K、P、TN、NO$_3^-$、NH$_4^+$、TC、TOC、AM、TM 分别表示地上部鲜重、干重、株高、全氮累积量、全碳累积量、全镁累积量、速效钾、有效磷、全氮、硝态氮、铵态氮、全碳、有机碳、有效镁、全镁。

呈显著正相关，与土壤硝态氮含量和有效镁含量呈极显著负相关；小白菜全氮累积量与小白菜全碳累积量、全镁累积量呈极显著正相关，与土壤有机碳含量呈显著正相关，与土壤硝态氮含量和有效镁含量呈极显著负相关；小白菜全碳累积量与小白菜全镁累积量呈极显著正相关，与土壤全镁含量呈显著正相关，与土壤硝态氮含量和有效镁含量呈极显著负相关；小白菜全镁累积量与土壤硝态氮含量和有效镁含量呈极显著负相关；土壤硝态氮含量与土壤有效镁含量呈极显著正相关，与土壤有机碳含量呈显著负相关。

在去电子水灌溉下的 FMZ-0 处理与磁化水灌溉下的 FMZ-0 处理相比，除小白菜全镁累积量、土壤有效镁和土壤全镁含量与其他指标相关系数不同之外，其余均相同。为避免数据重复，仅保留土壤和小白菜全镁累积量、土壤有效镁含量、土壤全镁含量之间的相关系数，结果见表 6.7。由表可知，在 FMZ-0 处理下，采用去电子水灌溉时，随着播种后天数的增加，地上鲜重与小白菜全镁累积量呈极显著正相关，与土壤有效镁含量呈极显著负相关。在与鲜重呈显著性关系的指标中，小白菜全镁累积量与小白菜地上部鲜重、干重、株高、全氮累积量、全碳累积量呈极显著正相关，与土壤硝态氮含量和有效镁含量呈极显著负相关；土壤有效镁含量与土壤速效钾含量、全碳含量呈极显著正相关，与土壤全氮和硝态氮含量呈显著正相关，与小白菜地上部鲜重、干重、株高、全氮累积量、全碳累积量、全镁累积量呈极显著负相关。

综上所述，在 FMZ-0-FD 和 FMZ-0-FM 处理下，小白菜地上部鲜重与小白菜生长生理指标均呈显著正相关；在土壤指标中，土壤硝态氮含量和有效镁含量与小白菜地上部鲜重、干重、株高、全氮累积、全碳累积和全铁累积量均呈极显著负相关，即随着生育期的增长，小白菜的地上部鲜重、干重、株高、全氮累积、全碳累积和全铁累积量随着土壤硝态氮含量和有效镁含量的减少而不断增加。说明小白菜主要通过吸收土壤硝态氮来满足自身的生长需求（何欣等，2009），而且土壤有效镁含量在适宜范围内能够促进小白菜鲜重增长（张菊平等，2003）。去电子水和磁化水灌溉下，主要通过促进土壤氮素和镁元素的转化，提高小白菜对土壤硝态氮和有效镁的吸收量，进而促进小白菜干重、株高、全氮、全碳和全镁累积量的提高。

对于 Zn-60 处理，在磁化水灌溉下土壤和小白菜各指标间的相关性分析结果见表 6.8。由表可知，在 Zn-60 处理下，采用磁化水灌溉时，随着播种后天数的增加，地上部鲜重与小白菜生长生理指标、土壤有机碳、土壤有效锌含量呈极显著正相关，与土壤全锌含量呈显著正相关，与土壤硝态氮含量呈极显著负相关，与土壤全氮含量呈显著负相关。在与鲜重呈显著性关系的指标中，地上部干重与小白菜株高、全氮累积量、全碳累积量、全锌累积量、土壤有效锌含量呈极显著正相关，与土壤有机碳含量和全锌含量呈显著正相关，与土壤全氮和硝态氮含量呈极显著负相关；株高与小白菜全氮累积量、全碳累积量、全锌累积量、土壤有效锌含量呈极显著正相关，与土壤有机碳含量和全锌含量呈显著正相关，与土壤全氮和硝态氮含量呈极显著负相关；小白菜全氮累积量与小白菜全碳累积量、全锌累积量、土壤有效锌含量呈极显著正相关，与土壤有机碳含量和全锌含量呈显著正相关，与土壤全氮和硝态氮含量呈极显著负相关；小白菜全碳累积量与小白菜全锌累积量、土壤有效锌含量呈极显著正相关，与土壤有机碳含量和全锌含量呈显著正相关，与土壤全氮和硝态氮含量呈极显著负相关；小白菜全锌累积量与土壤有效锌含量呈极显著正相关，与

表6.7 去电子水灌溉下土壤和部分小白菜指标间的相关性 (FMZ-0)

指标	FW	DW	H	TNC	TCC	TMC	K	P	TN	NO_3^-	NH_4^+	TC	TOC	AM	TM
TMC	0.988**	0.990**	0.988**	0.995**	0.978**	1	-0.377	0.019	-0.239	-0.864**	0.240	-0.433	0.470		
AM	-0.837**	-0.832**	-0.808**	-0.749**	-0.875**	-0.771**	0.808**	-0.523	0.598*	0.664*	0.277	0.841**	-0.218	1	
TM	-0.174	-0.214	-0.111	-0.036	-0.209	-0.102	0.734**	-0.768**	0.736**	0.010	0.599**	0.795**	0.196	0.459	1

注：** 和 * 分别在 $P<0.01$ 和 $P<0.05$ 时显示出显著的相关性。FW、DW、H、TNC、TCC、TMC、K、P、TN、NO_3^-、NH_4^+、TC、TOC、AM、TM 分别表示地上部鲜重、干重、株高、全氮累积量、全碳累积量、全镁累积量、速效钾、有效磷、全氮、硝态氮、铵态氮、有机碳、全碳、有效镁、全镁。

表 6.8　磁化水灌溉下土壤和小白菜各指标间的相关性分析结果 (Zn-60)

指标	FW	DW	H	TNC	TCC	TZC	K	P	TN	NO_3^-	NH_4^+	TC	TOC	AZ	TZ
FW	1														
DW	0.985**	1													
H	0.983**	0.973**	1												
TNC	0.998**	0.981**	0.991**	1											
TCC	0.977**	0.999**	0.967**	0.972**	1										
TZC	0.867**	0.919**	0.953**	0.859**	0.931**	1									
K	-0.074	-0.239	-0.068	-0.050	-0.279	-0.480	1								
P	0.028	-0.082	-0.091	-0.003	-0.107	-0.160	0.473	1							
TN	-0.604*	-0.711**	-0.665*	-0.610*	-0.732**	-0.714**	0.623*	0.696*	1						
NO_3^-	-0.740**	-0.760**	-0.654*	-0.705*	-0.764**	-0.793**	0.366	-0.375	0.331	1					
NH_4^+	0.244	0.336	0.146	0.199	0.357	0.512	-0.712**	0.246	-0.209	-0.778**	1				
TC	-0.037	-0.178	-0.114	-0.040	-0.218	-0.344	0.734**	0.831**	0.731**	-0.055	-0.125	1			
TOC	0.717**	0.668*	0.649*	0.705*	0.652*	0.680*	0.047	0.485	-0.077	-0.825**	0.446	0.380	1		
AZ	0.958**	0.971**	0.970**	0.965**	0.969**	0.897**	-0.202	-0.185	-0.712**	-0.664*	0.235	-0.179	0.636*	1	
TZ	0.596*	0.600*	0.682*	0.624*	0.602*	0.456	0.050	-0.334	-0.587*	-0.110	-0.240	-0.358	0.036	0.581*	1

注：**和*分别在 $P<0.01$ 和 $P<0.05$ 时显示出显著的相关性。FW、DW、H、TNC、TCC、TZC、K、P、TN、NO_3^-、NH_4^+、TC、TOC、AZ、TZ 分别表示地上部鲜重、干重、株高、全氮累积量、全碳累积量、全锌累积量、速效钾、有效磷、全氮、硝态氮、铵态氮、全碳、有机碳、有效锌、全锌。

土壤有机碳含量呈显著正相关，与土壤全氮和硝态氮含量呈极显著负相关；小白菜全氮与土壤全碳含量呈极显著正相关，与土壤有效锌含量呈极显著负相关，与土壤全锌含量呈显著负相关；土壤硝态氮含量与土壤铵态氮含量和有机碳含量呈极显著负相关，与土壤有效锌含量呈显著负相关；土壤有机碳含量与土壤有效锌含量呈显著正相关。

在去电子水灌溉下的 FMZ-0 处理与磁化水灌溉下的 FMZ-0 处理相比，除小白菜全锌累积量、土壤有效锌含量、土壤全锌含量与其他指标相关系数不同之外，其余均相同。为避免数据重复，仅保留土壤和小白菜全锌累积量、土壤有效锌含量、土壤全锌含量之间的相关系数，结果见表6.9。由表可知，在 FMZ-0 处理下，随着播种后天数的增加，地上部鲜重与小白菜全锌累积量和土壤有效锌含量呈极显著正相关。在与鲜重呈显著性关系的指标中，小白菜全锌累积量与小白菜地上部鲜重、干重、株高、全氮累积量、全碳累积量呈极显著正相关，与土壤硝态氮含量呈极显著负相关，与土壤速效钾含量和全碳含量呈显著负相关；土壤有效锌含量与小白菜地上部鲜重、干重、株高、全氮累积量、全碳累积量、全锌累积量呈极显著正相关，与土壤硝态氮含量呈极显著负相关。

综上所述，在 FMZ-0-FD 和 Zn-60-FM 处理下，小白菜地上部鲜重与小白菜生理生长指标均呈显著正相关；在土壤指标中，土壤硝态氮含量与小白菜地上部鲜重、干重、株高、全氮累积、全碳累积和全铁累积量均呈极显著负相关。即随着生育期的增加，小白菜的地上部鲜重、干重、株高、全氮累积、全碳累积和全铁累积量随着土壤硝态氮含量的不断减少而增加，说明小白菜主要吸收土壤硝态氮来满足自身的生长需求（何欣等，2009）。此外，在 Zn-60-FM 处理下，土壤有机碳含量与小白菜地上部鲜重、干重、株高、全氮累积、全碳累积和全铁累积量均呈极显著正相关。即随着生育期的增长，小白菜的地上部鲜重、干重、株高、全氮累积、全碳累积和全铁累积量随着土壤有机碳含量的增加而增加。这可能是由于随着土壤有机碳含量的增加，土壤部分酶微生物的活性均有所提升（靳振江等，2013），其中土壤酶活性和微生物活性能够在一定程度上体现土壤养分状况（Torsvik et al.，2002；Ding et al.，2016）。即土壤有机碳含量的提高反映了土壤质量的提升，从而促进小白菜生理生长指标增长。同时，在 Zn-60-FM 处理下，土壤有效锌含量与小白菜地上部鲜重、干重、株高、全氮累积、全碳累积和全铁累积量均呈极显著正相关。即随着生育期的增长，小白菜的地上部鲜重、干重、株高、全氮累积、全碳累积和全铁累积量随着土壤有效锌含量的不断增加而增加。由于该处理下磁化水并未促进小白菜全锌累积，因此，只能说明磁化水能够促进土壤有效锌含量的提高，但不能促进小白菜对锌的吸收累积。即在 FMZ-0-FD 处理下，去电子水灌溉主要通过影响小白菜对土壤硝态氮的吸收，最终促进小白菜干重、株高、全氮、全碳、全铁和全镁累积量的提高；在 Zn-60-FM 处理下，磁化水灌溉主要通过促进小白菜对土壤硝态氮的吸收，有利于土壤有机碳的固定，促进土壤锌元素的有效转化但并未促进小白菜对锌的吸收，最终促进小白菜干重、株高、全氮、全碳累积量的提高。

6.4.3 活化水灌溉方式和铁镁锌合理施量确定

土壤养分指标在土壤养分状况评价体系中具有十分重要的作用，为了避免单一指标的片面性，通常采用综合指标评定方法评价土壤养分状况（马萌萌等，2020），即根据经验

表 6.9　去电子水灌溉下土壤和部分小白菜指标间的相关性（FMZ-0）

指标	FW	DW	H	TNC	TCC	TZC	K	P	TN	NO_3^-	NH_4^+	TC	TOC	AZ	TZ
TZC	0.972**	0.982**	0.933**	0.923**	0.973**	1	−0.631*	0.200	−0.351	−0.857**	0.081	−0.634*	0.443		
AZ	0.933**	0.921**	0.952**	0.977**	0.913**	0.842**	−0.174	−0.142	−0.077	−0.858**	0.385	−0.230	0.543	1	
TZ	0.200	0.240	0.316	0.319	0.186	0.132	0.437	−0.143	0.025	0.060	0.119	0.224	−0.229	0.382	1

注　**和*分别在 $P<0.01$ 和 $P<0.05$ 时显示出显著的相关性。FW、DW、H、TNC、TCC、TZC、K、P、TN、NO_3^-、NH_4^+、TC、TOC、AZ、TZ 分别表示地上部鲜重、干重、株高、全氮累积量、全碳累积量、全锌累积量、速效钾、有效磷、全氮、硝态氮、铵态氮、有机碳、全碳、有效锌、全锌。

采用专家打分法或采用相关分析法、层次分析法等方法确定单项指标对于蔬菜生长的促进效果的权重值（马萌萌等，2020）。选取常规土壤养分指标（有机质、全氮、有效磷和速效钾含量）为评价因子，根据主成分分析法获得公因子方差值，计算各评价因子所占贡献率的权重值，结果见表 6.10。根据"van Bemmelen"因数（王飞等，2015），测定有机碳数值转化成有机质数值。

表 6.10 **土壤养分指标公因子方差和权重**

指标	公因子方差	权重
全氮/(g/kg)	1.00	0.25
有效磷/(mg/kg)	1.00	0.25
速效钾/(mg/kg)	1.00	0.25
有机碳/%	1.00	0.25

各等级指标选择，通过隶属度确定。有研究表明，土壤中的全氮、有效磷、速效钾和有机碳等指标符合 S 型隶属度函数，该函数表示各指标数值越高，说明被评价土壤质量越好，达到临界值后促进效果相对稳定（王德彩等，2008），其函数公式如下

$$F(x) = \begin{pmatrix} 1.0, x \geqslant x_2 \\ 0.9(x-x_1)(x_2-x_1)+0.1, x_1 < x < x_2 \\ 0.1, x < x_1 \end{pmatrix} \tag{6.4}$$

根据相关研究（马萌萌等，2020），确定各土壤指标的转折点，结果见表 6.11。

表 6.11 **隶属度函数转折点取值**

指标	全氮/(g/kg)	有效磷/(mg/kg)	速效钾/(mg/kg)	有机碳/(mg/kg)
x_1	0.75	5.00	50.00	10.00
x_2	1.50	20.00	150.00	30.00

由于土壤养分评价指标值没有统一标准，是一个模糊的概念，因此常结合模糊数学的加乘法原则，采用土壤养分综合评价指标（integrated fertility index，IFI）公式计算土壤养分评价指标值（马萌萌等，2020），公式如下

$$IFI = \sum W_i N_i \tag{6.5}$$

式中：W_i 表示各指标权重值；N_i 表示各指标隶属度值。

通过以上方法以及供试土壤各评价指标值，计算了土壤的 IFI 值，为 0.475。根据相关研究（王德彩等，2008）可以判断，该供试土壤属于 5 级土，该级土壤总体肥力偏低，各养分含量均不高（王德彩等，2008）。根据养分分级数据可知，该土样含有的有效铁含量很高，有效镁、锌含量较低（马萌萌等，2020）。

综上所述，当 5 级土壤有效铁含量很高时，对于小白菜这种对铁极其敏感作物（陈春宏等，1992）或者类似作物［花生、大豆等（高丽等，2009；邱强等，2017）］而言，相比于常规水灌溉，在 FMZ-0 处理下灌溉去电子水或者在施 25mg/kg 铁肥处理下灌溉磁化水均能够得到较高的产量，且后者效果优于前者，即在土壤有效铁含量较高的土壤中，活化水灌溉下的作物增产效果要优于常规水灌溉。当 5 级土壤有效镁含量低时，对于小白

菜这种对镁极其敏感作物（张菊平等，2003）或者类似作物［甜菜、马铃薯、番茄等（李玉颖等，1993）］而言，相比于常规水灌溉，在 FMZ-0 处理下灌溉去电子水或者磁化水均能够得到较高的产量，且前者效果优于后者，即在有效镁含量低的土壤中，活化水灌溉下的小白菜增产效果要优于常规水。当 5 级土壤有效锌含量低时，对于小白菜这种对锌敏感（贾锐鱼等，2011）或者类似作物［玉米、水稻等（孙刚等，2007；王人民等，2001）］而言，相比于常规水灌溉，在 FMZ-0 处理下灌溉去电子水或者在施 60mg/kg 锌处理下灌溉磁化水均能够得到较高的产量，且前者效果优于后者。

6.4.4 土壤铁镁锌元素有效度

根据土壤铁镁锌元素有效度公式（张晋丰等，2021），分别计算在播种 45 天后小白菜根区土壤铁镁锌元素的有效度（先计算有效度值，再将有效度值取平均），土壤铁、镁、锌元素有效度的计算结果分别见表 6.12～表 6.14。

由表 6.12 可以看出，在 FMZ-0 处理下，常规水和活化水灌溉下的土壤铁元素有效度无显著差异；在 Fe-25 处理下，磁化水灌溉下的土壤铁元素有效度显著高于去电子水和常规水灌溉；在 Fe-50 处理下，活化水灌溉下的土壤铁元素有效度显著高于常规水灌溉。此外，在常规水灌溉条件下，土壤铁元素有效度值随着铁施量的增加逐渐减少。根据全国第二次土壤养分分级标准可知，未施铁肥的供试土样有效铁含量很高（马萌萌等，2020），由于土壤中有效铁基底值较高，所以随着铁施量的增加，常规水灌溉对土壤铁元素的有效转化已没有促进效果，即无法提高土壤铁元素有效度值。但是，在磁化水和去电子水灌溉条件下，土壤铁元素有效度值随着铁施量的增加整体上呈现增加趋势，即相比于常规水灌溉，在土壤有效铁含量很高时，活化水灌溉下有利于土壤铁元素的有效转化。同时，随着铁施量的增加，相比于常规水灌溉，活化水灌溉对土壤铁元素有效度值的促进程度整体上呈现增加趋势，在 Fe-50 处理下，磁化水和去电子水灌溉下的土壤铁元素有效度分别高于常规水灌溉的 74.79% 和 80.01%。

表 6.12　　　　　　　　　　　　　土壤铁元素有效度　　　　　　　　　　　　　%

处理	常规水	磁化水	去电子水
FMZ-0	0.020±0.003 a	0.018±0.002 a	0.020±0.001 a
Fe-25	0.019±0.003 b	0.032±0.002 a	0.022±0.003 b
Fe-50	0.013±0.001 b	0.022±0.003 a	0.023±0.002 a

注　不同小写字母表示在相同铁施量条件下，不同灌溉水之间存在显著性差异，$P<0.05$。

由表 6.13 可以看出，在相同镁施量条件下，常规水和活化水灌溉下的土壤镁元素有效度无显著差异。此外，在常规水和活化水灌溉条件下，土壤镁元素有效度值随着镁施量的增加整体上呈现减小趋势。根据全国第二次土壤养分分级标准可知，未施镁肥的供试土样有效镁含量低（马萌萌等，2020），即在土壤中有效镁含量较低时，增加镁施量，常规水和活化水灌溉均对土壤镁元素的有效转化没有促进效果，即无法提高土壤镁元素有效度值。但是，随着镁施量的增加，相比于常规水灌溉，活化水灌溉对土壤镁元素有效度值的增加程度整体上呈现增加趋势，在 Mg-90 处理下，磁化水和去电子水灌溉下的土壤镁元素有效度分别高于常规水灌溉14.56％和3.86％。

表 6.13　　　　　　　　　　　　　土 壤 镁 元 素 有 效 度　　　　　　　　　　　　　　%

处理	常规水	磁化水	去电子水
FMZ-0	0.095±0.012 a	0.090±0.004 a	0.087±0.007 a
Mg-45	0.090±0.012 a	0.098±0.003 a	0.082±0.012 a
Mg-90	0.076±0.004 a	0.087±0.009 a	0.079±0.003 a

注　不同小写字母表示在相同镁施量条件下，不同灌溉水之间存在显著性差异，$P<0.05$。

由表6.14可以看出，在相同锌施量条件下，常规水和活化水灌溉下的土壤锌元素有效度无显著差异。此外，在常规水和活化水灌溉条件下，土壤锌元素有效度值随着锌施量的增加整体上呈现增大的趋势。根据全国第二次土壤养分分级标准可知，未施锌肥的供试土样有效锌含量低（马萌萌等，2020），即在土壤中有效锌含量较低时，增加锌施量，常规水和活化水灌溉均能够促进土壤中锌元素的有效转化，即提高土壤锌元素有效度值。同时，随着锌施量的增加，相比于常规水灌溉，活化水灌溉对土壤锌元素有效度值的促进程度整体上呈现增加趋势，在Zn-60处理下，磁化水和去电子水灌溉下的土壤锌元素有效度分别高于常规水灌溉10.41％和3.51％。

表 6.14　　　　　　　　　　　　　土 壤 锌 元 素 有 效 度　　　　　　　　　　　　　　%

处理	常规水	磁化水	去电子水
FMZ-0	0.181±0.031 a	0.157±0.013 a	0.158±0.009 a
Zn-30	0.201±0.009 a	0.189±0.001 a	0.188±0.019 a
Zn-60	0.196±0.014 a	0.216±0.012 a	0.203±0.007 a

注　不同小写字母表示在相同锌施量条件下，不同灌溉水之间存在显著性差异，$P<0.05$。

6.4.5　小白菜铁镁锌元素富集系数

根据小白菜铁镁锌元素富集系数公式（李晓波等，2020），分别计算在播种后45天的小白菜铁镁锌元素富集系数（先计算富集系数值，再将富集系数值取平均），小白菜铁、镁、锌元素富集系数的计算结果分别见表6.15～表6.17。

表 6.15　　　　　　　　　　　　小白菜铁元素富集系数　　　　　　　　　　　　　　%

处理	常规水	磁化水	去电子水
FMZ-0	0.118±0.014 a	0.056±0.010 b	0.080±0.024 b
Fe-25	0.108±0.013 a	0.063±0.004 a	0.113±0.046 a
Fe-50	0.141±0.034 a	0.110±0.053 a	0.158±0.024 a

注　不同小写字母表示在相同铁施量条件下，不同灌溉水之间存在显著性差异，$P<0.05$。

由表6.15可以看出，在FMZ-0处理下，常规水灌溉下的小白菜铁元素富集系数显著高于活化水灌溉；在Fe-25和Fe-50处理下，常规水和活化水灌溉下的小白菜铁元素富集系数无显著差异。此外，在常规水和活化水灌溉条件下，小白菜铁元素富集系数值随着铁施量的增加整体呈现增加趋势，即随着铁施量的增加，常规水和活化水灌溉均有利于小白菜对铁元素的富集。同时，随着铁施量的增加，相比于常规水灌溉，活化水灌溉对小白菜铁元素富集系数值的促进程度整体上呈现增加趋势，在 Fe-50 处理下，去电子水灌溉下的小白菜铁元素富集系数值高于常规水灌溉 12.50%。

由表 6.16 可以看出，在 FMZ-0 处理下，去电子水灌溉下的小白菜镁元素富集系数显著高于磁化水和常规水灌溉；在 Mg-45 处理下，磁化水灌溉下的小白菜镁元素富集系数显著高于去电子水和常规水灌溉；在 Mg-90 处理下，常规水和活化水灌溉下的小白菜镁元素富集系数无显著差异。此外，在常规水和磁化水灌溉条件下，小白菜镁元素富集系数值随着镁施量的增加整体呈现增加趋势，即随着镁施量的增加，常规水和磁化水灌溉均有利于小白菜对镁元素的富集；在去电子水灌溉条件下，小白菜镁元素富集系数值随着镁施量的增加整体呈现减小趋势，即随着镁施量的增加，去电子水能够减少小白菜对镁元素的富集。同时，随着镁施量的增加，相比于常规水灌溉，活化水灌溉对小白菜镁元素富集系数值的促进程度整体上呈现减小趋势，在 FMZ-0 处理下，去电子水灌溉的小白菜镁元素富集系数值高于常规水灌溉 54.13%；在 Mg-45 处理下，磁化水高于常规水灌溉 73.57%。

表 6.16　　　　　　　　　　　　小白菜镁元素富集系数　　　　　　　　　　　　　　　%

处理	常规水	磁化水	去电子水
FMZ-0	0.274±0.014 b	0.319±0.057 b	0.423±0.062 a
Mg-45	0.320±0.033 b	0.555±0.051 a	0.375±0.022 b
Mg-90	0.308±0.036 a	0.346±0.077 a	0.359±0.036 a

注　不同小写字母表示在相同镁施量条件下，不同灌溉水之间存在显著性差异，$P<0.05$。

由表 6.17 可以看出，在 FMZ-0 处理下，活化水灌溉下的小白菜锌元素富集系数显著高于常规水灌溉；在 Zn-30 和 Zn-60 处理下，常规水和活化水灌溉下的小白菜锌元素富集系数无显著差异。此外，在常规水和活化水灌溉条件下，小白菜锌元素富集系数值随着锌施量的增加整体呈现增加趋势，即随着锌施量的增加，常规水和活化水灌溉均能够促进小白菜对锌元素的富集。同时，在 FMZ-0 处理下，相比于常规水灌溉，去电子水灌溉下的小白菜锌元素富集系数值高于常规水灌溉 76.23%；在 Zn-60 处理下，相比于常规水灌溉，磁化水灌溉下的小白菜锌元素富集系数值低于常规水灌溉 33.08%。

表 6.17　　　　　　　　　　　　小白菜锌元素富集系数　　　　　　　　　　　　　　　%

处理	常规水	磁化水	去电子水
FMZ-0	0.328±0.024 b	0.486±0.072 a	0.579±0.070 a
Zn-30	0.506±0.028 a	0.831±0.310 a	0.594±0.181 a
Zn-60	0.892±0.476 a	0.597±0.135 a	0.758±0.195 a

注　不同小写字母表示在相同锌施量条件下，不同灌溉水之间存在显著性差异，$P<0.05$。

综上所述，在施铁镁锌条件下，活化水灌溉相比于常规水灌溉的元素利用效率均有所不同。在施铁条件下，Fe-25 处理相比于 FMZ-0 处理以及 Fe-50 处理相比于 Fe-25 处理，灌溉去电子水比灌溉常规水更能促进土壤中铁元素的转化以及提高小白菜对铁元素的吸收利用效率。在施镁条件下，相比于 FMZ-0 处理，Mg-45 处理下灌溉磁化水比灌溉常规水更能促进土壤中镁元素的转化以及提高小白菜对镁元素的吸收利用效率。在施锌条件下，相比于 FMZ-0 处理，Zn-30 处理下灌溉去电子水比灌溉常规水更能减少土壤中锌元素的转化和降低小白菜对锌元素的吸收利用效率；相比于 Zn-30 处理，Zn-60 处理下灌溉去电子水和磁化水均比灌溉常规水更能降低土壤中锌元素的转化和降低小白菜对锌元素的吸收利用效率。

综上所述，相比于常规水灌溉，去电子水灌溉在土壤不施铁镁锌肥时对提高小白菜鲜重的促进效果最明显。在不施铁镁锌条件下，去电子水灌溉下土壤硝态氮和有效镁是影响小白菜增产的主要因素；相比于常规水灌溉，去电子水灌溉更有利于土壤铁镁锌元素转化并显著促进小白菜对镁锌元素的吸收累积。

相比于常规水灌溉，在土壤 25mg/kg 铁施量、不施铁镁锌和 60mg/kg 锌施量时，磁化水灌溉对提高小白菜鲜重的促进效果最明显。在土壤 25mg/kg 铁施量时，磁化水灌溉下土壤硝态氮是影响小白菜增产的主要因素；相比于常规水灌溉，磁化水灌溉能显著促进土壤中铁元素的转化。在土壤不施铁镁锌时，土壤硝态氮和有效镁是影响小白菜增产的主要因素；相比于常规水灌溉，磁化水灌溉能促进土壤中镁元素的转化并促进小白菜对镁元素的吸收累积。在土壤 60mg/kg 锌施量时，土壤硝态氮、有机碳和有效锌是影响小白菜增产的主要因素；相比于常规水灌溉，磁化水灌溉能促进土壤中铁元素的转化并降低小白菜对锌元素的吸收累积。

参 考 文 献

安航，张欣欣，2020. 植物缺镁胁迫研究进展 [J]. 安徽农业科学，48（9）：23-26.

陈春宏，张耀栋，高祖民，1992. 不同蔬菜的铁营养差异性研究 [J]. 土壤通报，(6)：266-268.

高丽，史衍玺，周健民，2009. 花生缺铁黄化的敏感时期及耐低铁品种的筛选指标 [J]. 植物营养与肥料学报，15（4）：917-922.

何欣，张攀伟，丁传雨，等，2009. 弱光下硝铵比对小白菜氮吸收和碳氮分配的影响 [J]. 土壤学报，46（3）：452-458.

黄东风，王利民，李卫华，等，2017. 镁肥对小白菜产量、矿质元素吸收及土壤肥力的影响 [J]. 土壤通报，48（2）：427-432.

黄作明，黄珣，2010. 微量元素与人体健康 [J]. 微量元素与健康研究，27（6）：58-62.

贾锐鱼，赵晓光，祖彪，2011. 叶类蔬菜对重金属的敏感性研究 [J]. 安徽农业科学，39（11）：6495-6497.

靳振江，李强，黄静云，等，2013. 典型岩溶生态系统土壤酶活性、微生物数量、有机碳含量及其相关性——以丫吉岩溶试验场为例 [J]. 农业环境科学学报，32（2）：307-313.

李凯，张国辉，郭志乾，等，2018. 叶面喷施铁锌锰微肥对马铃薯生长、品质与产量的影响 [J]. 作物研究，32（1）：28-30，34.

李晓波，邵云，马守臣，等，2020. 不同两熟轮作模式下土壤-作物系统的 Fe、Mn 周年变化 [J]. 河南农业科学，49（9）：62-71.

李晓鸣，2002. 矿质镁对水稻产量及品质影响的研究 [J]. 植物营养与肥料学报，(1)：125-126.

李玉颖，姜秀芝，1993. 镁在植物营养中的作用及研究现状 [J]. 黑龙江农业科学，(3)：41-43.

蓝兴福，王晓彤，许旭萍，等，2019. 炉渣与生物炭施对稻田土壤碳库及微生物的影响 [J]. 生态学报，39（21）：7968-7976.

鲁璐，吴瑜，2010.3 种微量元素对小麦生长发育及产量和品质的影响研究进展 [J]. 应用与环境生物学报，16 (3)：435 - 439.

马萌萌，顾闽峰，晏军，2020. 基于正交试验的小白菜"黄玫瑰"产量和品质影响因素分析 [J]. 安徽农业科学，48 (5)：48 - 50.

孟丽梅，杨子光，张珂，等，2014. 喷施微肥对小麦籽粒产量及微量元素含量的影响 [J]. 安徽农业科学，42 (14)：4283 - 4285.

穆艳，赵国庆，赵巧巧，等，2019. 活化水灌溉在农业生产中的应用研究进展 [J]. 农业资源与环境学报，36 (4)：403 - 411.

邱强，饶德民，赵婧，等，2017. 不同铁效率大豆品种叶片和根系超微结构的比较研究 [J]. 大豆科学，36 (6)：927 - 931.

石吉勇，李文亭，胡雪桃，等，2019. 基于叶绿素叶面分布特征的黄瓜氮镁元素亏缺快速诊断 [J]. 农业工程学报，35 (13)：170 - 176.

孙刚，杨习文，田霄鸿，等，2007. 不同玉米基因型幼苗缺锌敏感性评价 [J]. 西北农林科技大学学报（自然科学版），(3)：165 - 171.

王德彩，常庆瑞，刘京，等，2008. 土壤空间数据库支持的陕西土壤肥力评价 [J]. 西北农林科技大学学报（自然科学版），(11)：105 - 110.

王飞，秦方锦，吴丹亚，等，2015. 土壤有机质和有机碳含量计算方法比较研究 [J]. 农学学报，5 (3)：54 - 58.

王鹏程，2018. 镉污染水平对土壤-植物中氮素转化的影响及其微生物学机制研究 [D]. 武汉：华中农业大学.

王人民，杨肖娥，2001. 水稻锌营养高效基因型筛选的农艺性状指标研究 [J]. 中国水稻科学，(3)：16 - 22.

王祖力，肖海峰，2008. 化肥施用对粮食产量增长的作用分析 [J]. 农业经济问题，(8)：65 - 68.

向月，曹亚楠，赵钢，等，2021. 杂粮营养功能与安全研究进展 [J]. 食品工业科技，1 - 13.

谢振翅，邓开宇，杨海清，等，1981. 湖北省水稻土施用锌肥的肥效 [J]. 土壤通报，(2)：1 - 4.

邢英英，张富仓，张燕，等，2014. 膜下滴灌水肥耦合促进番茄养分吸收及生长 [J]. 农业工程学报，30 (21)：70 - 80.

杨静，2012. 喷施微量元素对冬小麦、夏玉米生长发育、产量及品质的影响 [D]. 武汉：华中农业大学.

杨波，车玉红，郭春苗，等，2015. 扁桃树体生物量构成及微量元素累积特性研究 [J]. 中国农学通报，31 (34)：89 - 92.

余小芬，杨树明，邹炳礼，等，2020. 云南多雨烟区增密减氮对烤烟产质量及养分利用率的调控效应 [J]. 水土保持学报，34 (5)：327 - 333.

臧成凤，樊卫国，潘学军，2016. 供磷水平对铁核桃实生苗生长、形态特征及叶片营养元素含量的影响 [J]. 中国农业科学，49 (2)：319 - 330.

赵雪雁，刘江华，王蓉，等，2019. 基于市域尺度的中国化肥施用与粮食产量的时空耦合关系 [J]. 自然资源学报，34 (7)：1471 - 1482.

张晋丰，郭雅飞，栗丽，等，2021. 洪洞县麦田土壤微量元素含量及其生物有效性分析 [J]. 山西农业科学，49 (4)：472 - 476.

张菊平，张兴志，冯俊芹，等，2003. 镁元素对日光温室小白菜生长发育和品质的影响 [J]. 河南农业科学，(6)：34 - 36.

张晓玲，陈效民，陶朋闯，等，2017. 施用生物质炭对旱地红壤有机碳矿化及碳库的影响 [J]. 水土保持学报，31 (2)：191 - 196.

张亚晨，2018. 简述镁元素对植物的作用 [J]. 农业开发与装备，(11)：166，192.

BORDONI A, DANESI F, DI N M, et al., 2016. Ancient wheat and health：a legend or the reality? A review on kwmut khorasan wheat [J]. International Journal of Food Sciences and Nutrition, 68 (3): 1 – 9.

BRIAT J F, LOBREAUX S, 1997. Iron transport and storage in plants [J]. Trends in Plant Science, 2 (5): 187 – 193.

CAKMAK I, KIRKBY E A, 2010. Role of magnesium in carbon partitioning and alleviating hotooxidative damage [J]. PhysiologiaPlantarum, 133 (4): 692 – 704.

CHASSPIS C T, LOUTSIDOU A C, SPILIOPOULOU C A, et al., 2012. Zinc and human health: an update [J]. Archives of Toxicology, 86 (4): 521 – 534.

DATTA M, VITOLINS M Z, 2014. Food fortification and supplement use are there health implications? [J]. Critical Reviews in Food Science and Nutrition. DOI: 10.1080/10408398.2013.818527

DING Y, LIU Y, LIU S, et al., 2016. Biochar to improve soil fertility. A review [J]. Agronomy for Sustainable Development, 36 (2): 36.

GOMES M A D, HAUSER R A, DESOUCA A N, et al., 2016. Metal phytoremediation: General strategies, genetically modified plants and applications in metal nanoparticle contamination [J]. Ecotoxicology and Environmental Safety, 134 (pt. 1): 133 – 147.

GUO J, JONES A K, GIVENS D I, et al., 2018. Effect of dietary vitamin D – 3 and 25 – hydroxyvitamin D – 3 supplementation on plasma and milk 25 – hydroxyvitamin D – 3 concentration in dairy cows [J]. Journal of Dairy Science, 101 (4): 3545 – 3553.

HENNESSY A, BROWNE F, KIELY M, et al., 2016. The role of fortified foods and nutritional supplements in increasing vitamin D intake in Irish preschool children [J]. EuropeanJournal of Nutrition, 56 (3): 1 – 13.

HERMANS C, JOHNSON G N, STRASSER R J, et al., 2004. Physiological characterisation of magnesium deficiency in sugar beet: acclimation to low magnesium differentially affects photosystems Ⅰ and Ⅱ [J]. Planta, 220 (2): 344 – 355.

KPPLER A, 2005. Geomicrobiological cycling of iron [J]. Reviews in Mineralogy and Geochemistry, 59 (1): 85 – 108.

LIU Z H, WANG H Y, WANG X E, et al., 2006. Genotypic and spike positional difference in grain phytase activity, phytate, inorganic phosphorus, iron, and zinc contents in wheat (Triticum aestivum L.) [J]. Journal of Cereal Science, 44 (2): 212 – 219.

MOSTAFAZADEH F B, KHOSHRAVESH M, MOUSAVI S F, et al., 2012. Effects of magnetized water on soil chemical components underneath trickle irrigation [J]. Journal of Irrigation and Drainage Engineering, 138 (12): 1075 – 1081.

SULTAN S, KHAN K S, AKMAL M, et al., 2019. Carbon mineralization in subtropical dryland soil amended with different biochar sources. Arabian Journal of Geosciences [J]. ArabianJournal of Geosciences, 12 (15).

TORSVIK V, OVREAS L, 2002. Microbial diversity and function in soil: from genes to ecosystems [J]. Current Opinion in Microbiology, 5 (3): 240 – 245.

第 7 章　活化水灌溉下典型植物的生长特征

随着社会经济发展，水资源供需矛盾日益突出，提高水资源生产效能和农产品品质成为现代农业生产的重要任务。围绕北方地区典型作物、蔬菜、林果和生态植物生长和功能提升，开展活化淡水和微咸水灌溉技术研究，以实现灌溉水生产和生态效能综合提升。

7.1　活化微咸水灌溉对香梨生长与品质的调控效能

库尔勒香梨，简称香梨，种植历史已有 1400 多年（柴仲平等，2013），是新疆名、优、特色水果（李珊珊等，2015），以其皮薄肉细、汁多脆甜、香味浓郁而驰名国内外，已成为新疆南部重要的出口创汇农产品之一。但由于新疆淡水资源极度缺乏（栗现文等，2014）和香梨的耗水量大，加剧了淡水资源与农业需水间的矛盾，对林果业的可持续发展造成严重的威胁。虽然新疆地下微咸水储量丰富（郭全恩等，2019），微咸水作为可被利用的水资源，但微咸水中带有盐分离子（李慧等，2020），易引起土壤盐分积累，阻碍植物根系对水分的吸收，降低了作物生产力（Yuan et al.，2019），并对果树的生长产生一定的负面影响（卢书平，2013）。因此，安全利用微咸水是淡水资源匮乏地区果树种植中抗旱增产的重要任务（王全九和单鱼洋，2015）。为了明确利用微咸水灌溉时对土壤理化性质、作物产量和果实品质的影响，活化微咸水技术成为近几年学者们关注研究的热点。为了分析活化微咸水灌溉对香梨生长和品质改善效能，在新疆巴音郭楞蒙古自治州塔里木河流域管理局水利科研所开展研究，试验香梨果树为生香梨树。试验内容包括去电子微咸水灌溉（BD）、磁化微咸水灌溉（BM）和微咸水灌溉（BCK）。梨树的株行距为 4m×6m，灌溉定额为 960m³/亩，生育期共进行 12 次灌水，灌溉采用地面灌溉方式。

7.1.1　新梢枝条长度和茎粗的变化特征

香梨树的新梢枝条是开花结果的基本单位，是储藏运移营养物质的主要载体。图 7.1 显示了新梢枝条长度随着有效积温的升高呈现先增大后趋于稳定的趋势。去电子微咸水灌溉、磁化微咸水灌溉和微咸水灌溉的新梢枝条最大长度分别为 64.8cm、48.6cm、43.6cm。与对微咸水灌溉相比，BD 和 BM 处理增长了 48.6%、11.5%。

新梢枝条生长过程符合 Logistic 曲线，具体表示为

$$L = L_{max}/1 + e^{(a-b \cdot GDD)} \tag{7.1}$$

式中：L 为香梨新梢枝条长度，cm；L_{max} 为新梢枝条长度的理论最大值，cm；GDD 为有

效积温,从新梢开始生长的有效积温,℃;a
和 b 为生长系数。

对公式求一阶导数、二阶导数和三阶导
数,得到相应生长曲线的最快生长起始有效
积温(GDD$_1$)、终止有效积温(GDD$_2$)、最
大相对增长速率(V)及其出现的有效积
温(GDD)。计算公式为

$$GDD_1 = \frac{a - \ln(2 + \sqrt{3})}{b} \qquad (7.2)$$

$$GDD_2 = \frac{a - \ln(2 - \sqrt{3})}{b} \qquad (7.3)$$

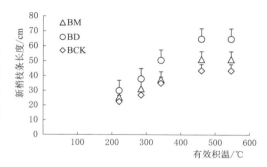

图 7.1　香梨树新梢枝条长度随有效
积温变化过程

$$V = b \leftrightarrow L_{max}/4 \qquad\qquad (7.4)$$

$$GDD = \frac{a}{b} \qquad\qquad (7.5)$$

表 7.1 显示了 Logistic 增长模型拟合香梨新梢枝条生长的模型参数。由表中数据分析
可知,与对照处理相比,磁化微咸水灌溉最大相对增长速率提高了 49.5%,去电子微咸水
灌溉最大相对增长速率提高了 60.2%。以相对新梢枝条长度为因变量,构建微咸水灌溉、
磁化微咸水灌溉以及去电子微咸水灌溉条件下新梢枝条生长随有效积温的增长模型。定义
相对新梢枝条长度为

$$R_L = L/L_{max} \qquad\qquad (7.6)$$

微咸水灌溉条件下的新梢枝条生长随有效积温增长模型为

$$R_L = 1/(1 + e^{1.7384 - 0.0071GDD}) \qquad\qquad (7.7)$$

磁化微咸水灌溉条件下的新梢枝条生长随有效积温增长模型为

$$R_L = 1/(1 + e^{1.7054 - 0.0058GDD}) \qquad\qquad (7.8)$$

去电子微咸水灌溉条件下的新梢枝条生长随有效积温增长模型为

$$R_L = 1/(1 + e^{2.0127 - 0.0076GDD}) \qquad\qquad (7.9)$$

表 7.1　　　　　　　　　　　　　　**新梢枝条生长模型参数**

处理	L_{max}/cm	a	b	GDD$_1$/℃	GDD$_2$/℃	V/(cm/℃)	GDD/℃
BCK	50.1	1.7384	0.0071	59.4	430.3	0.0889	244.8
BM	91.7	1.7054	0.0058	66.8	520.9	0.1329	293.9
BD	74.9	2.0127	0.0076	91.5	438.1	0.1424	264.8

7.1.2　叶片含水量的变化特征

图 7.2 显示了活化微咸水灌溉对叶片含水量的影响。磁化微咸水灌溉下的叶片含水量
为 63.3%,去电子微咸水灌溉叶片含水量为 63.9%,对照组叶片含水量为 60.8%。与对
照相比,磁化微咸水灌溉叶片含水量增加了 4.1%,去电子微咸水灌溉叶片含水量增加了
5.1%,说明活化微咸水灌溉一定程度提高了香梨叶片含水量。

7.1.3　果实生长的增长特征

图 7.3 显示了活化微咸水灌溉对香梨果实纵径生长的影响。从整个观测过程来看，在香梨果实发育初期，BM 灌溉纵径小于 BCK，但随着香梨的生长发育，BM 灌溉的纵径超过 BCK。在成熟期，与对照相比，BM 灌溉纵径增加了 2%，BD 灌溉纵径增加了 9.5%。

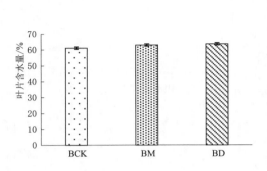

图 7.2　活化微咸水灌溉对叶片含水量的影响

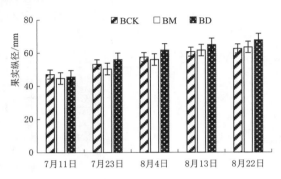

图 7.3　香梨果实纵径变化过程

图 7.4 显示了活化微咸水灌溉对香梨果实横径生长的影响。在香梨果实发育初期，活化微咸水灌溉的香梨果实横径与对照相比较小，随着香梨的生长发育，活化微咸水灌溉的果实横径逐渐接近对照。在成熟期，三组灌溉处理的果实横径较为接近。

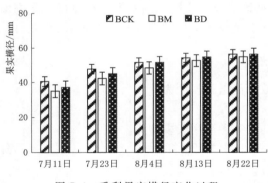

图 7.4　香梨果实横径变化过程

香梨的果形是决定其商品价值和国际梨果高端市场是否具有竞争力的重要指标之一。在成熟时，对照组的果形指数（纵径与横径之比）为 1.13，磁化微咸水灌溉的果形指数为 1.19，去电子微咸水灌溉的果形指数为 1.22。香梨果形纵截面可分为近圆形、卵圆形和长椭圆形。根据香梨的果形指数来划分香梨的形状，果形指数小于 1.12 的果实形状为近圆形，大于 1.29 为长椭圆形，介于 1.12 和 1.29 之间的为卵圆形。活化微咸水灌溉的果实形状为卵圆形，对照的果实形状为近圆形。因此，活化微咸水改善了微咸水灌溉对香梨果形的影响。

7.1.4　果实品质及产量

果实中的总糖、总酸、维生素 C 和可溶性固形物等含量决定香梨的品质。活化微咸水灌溉对香梨果实品质及产量的影响，见表 7.2。活化微咸水灌溉与对照相比，香梨果实的总糖、总酸、维生素 C、可溶性固形物和产量均有不同程度的改善。磁化微咸水灌溉时，香梨果实的总糖含量较对照增加了 7.8%，总酸含量减小了 13%；去电子微咸水灌溉时，香梨果实的总糖含量较对照增加了 5.7%，总酸含量减小了 18%，且均呈现显著差异，但是磁化微咸水与去电子微咸水灌溉总糖含量差异不显著。总糖表现为磁化微咸水处理含量最高，对照最低；总酸表现出去电子微咸水处理含量最低，对照最高。去电子微咸水灌溉处理的维生素 C 含量与对照相比未呈现明显变化，但磁化微咸水灌溉处理与对照相比降低了 36.8%。磁化微咸水灌溉与对照相比，可溶性固形物含量增加了 9.7%；去电子微咸水灌溉与对照相比，可溶性固形物含量增加了 4.2%，呈现显著差异。由此可见，活化微咸水灌溉明显提高了香梨果实的总糖含量和可溶性固形物含量，降低了总酸含量，在一定程度上改善了香梨的口感。与对照相比，磁化微咸水灌溉产量增加了 40%；去电子微咸水灌溉产量增加了 29.5%。磁化微咸水灌溉虽然降低了香梨果实中维生素 C 含量，但产量增长效果明显。

表 7.2   香梨果实品质指标和香梨产量

处理	总糖/%	总酸/%	维生素 C/(mg/100g)	可溶性固形物/%	产量/(kg/亩)
BCK	11.75 c	0.438 a	0.57 ab	12.24 c	807.5 c
BM	12.67 a	0.381 b	0.36 c	13.43 a	1130.5 a
BD	12.42 ab	0.357 c	0.57 a	12.76 b	1045.5 b

注　同一列不同字母表示不同处理之间具有显著性差异（$P < 0.05$）。

综上所述，通过分析活化微咸水灌溉对香梨树新梢枝条长度与茎粗的影响，发现 BM 和 BD 均显著促进了新梢枝条的生长。通过新梢枝条生长 Logistic 模型分析可知，活化微咸水灌溉可有效提高新梢枝条的最大相对增长速率。活化微咸水灌溉对香梨果实后期发育影响显著，而且活化微咸水灌溉香梨的果形指数较好。活化微咸水灌溉不仅增加了香梨的产量，同时提高了香梨果实中总糖的含量，降低了总酸含量，改善了香梨的口感。活化微咸水灌溉改善了香梨的品质和果形，提高了产量。因此，灌溉水活化技术可有效缓减灌溉水中盐分危害，为合理利用微咸水提供了有效手段。综合分析，为了土壤安全，灌溉微咸水矿化度应控制在 3g/L 以下。

7.2 活化水灌溉对梭梭生长的促进效应

梭梭是一种多年生灌木，广泛分布于中亚沙漠地区和中国西北干旱半沙漠地区（Buras et al.，2012；Liu et al.，2011；Lv et al.，2019）。中国梭梭种植面积 11.4 万 km²，主要分布在新疆准噶尔盆地和塔里木盆地、内蒙古阿拉善沙漠、青海柴达木盆地以及甘肃河西走廊（常红等，2019）。新疆梭梭面积占全国梭梭荒漠面积的 68.1%（Song et al.，2021）。由于梭梭具有抗旱、抗寒、耐高温、抗盐碱、抗风蚀等生态适应性特征，是荒漠生态区生物量最高的物种（Yang et al.，2020；Zhuang and Zhao，2017）。梭梭作为优良的防风固沙先锋植物，在西北荒漠半荒漠生态区的稳定中发挥着关键作用（Cui et al.，2017；Sheng et al.，2005）。此外，梭梭还被用作优良燃料、牧草资源和珍贵药材肉苁蓉的寄生植物（Yang et al.，2014；Thevs et al.，2013）。然而，近几十年来，在人类活动和气候变化的影响下，梭梭种群数量明显减少（张立运和陈昌笃，2002）。此外，在种子萌发季节，降雨的不确定性造成梭梭种群幼苗补充受损，大量幼苗死亡，梭梭种群年龄结构普遍下降，群落呈现逆行演替特征（黄培祐等，2008）。种群中幼苗的沉降和生长是决定种群能否自然再生的重要阶段（Liu et al.，2011）。鉴于梭梭在荒漠生态系统中的重要作用，有必要对梭梭幼苗的生长发育进行研究。研究区位于新疆维吾尔自治区塔克拉玛干沙漠北缘库尔勒市绿洲边缘附近，土壤类型以砂壤土为主，用于灌溉的淡水和微咸水来自孔雀河和当地地下水。试验设置 3 种灌溉水（淡水、微咸水、磁化微咸水，分别表示为 FCK、BCK、BM）和 5 个灌溉水平（54m³/亩、72m³/亩、90m³/亩、108m³/亩 和 126m³/亩，分别表示为 1、2、3、4、5），总共 15 个处理（FCK1、FCK2、FCK3、FCK4、FCK5、BCK1、BCK2、BCK3、BCK4、BCK5、BM1、BM2、BM3、BM4、BM5），梭梭的种植间距为 0.6m。梭梭一年生苗在 4 月 24 日播种。

7.2.1　株高的变化特征

图 7.5 显示了不同灌溉方式下梭梭株高的增长情况。自 6 月以后，不同水灌溉下的株高逐渐出现差异。同一灌水方式下，随着灌水量的增加，株高呈先快速增长后极缓慢增长

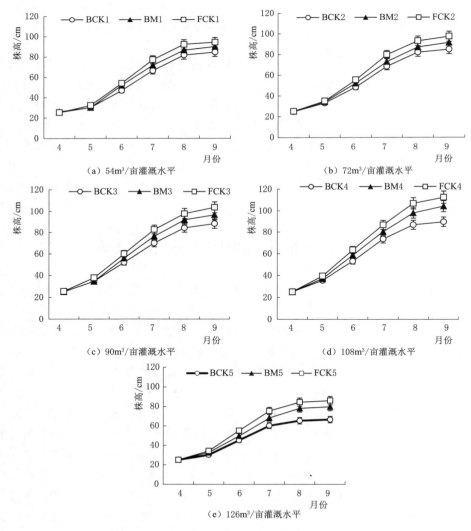

（a）54m³/亩灌溉水平　　　（b）72m³/亩灌溉水平
（c）90m³/亩灌溉水平　　　（d）108m³/亩灌溉水平
（e）126m³/亩灌溉水平

图 7.5　不同灌溉方式下梭梭株高的增长情况

的趋势。淡水、磁化微咸水和微咸水，在108m³/亩灌水量下达到最大株高，最大株高分别为111.99cm、103.61cm和89.17cm，这说明过多的灌水会抑制梭梭株高的生长。相同灌水量下梭梭最大株高顺序为：淡水＞磁化微咸水＞微咸水。在54m³/亩、72m³/亩、90m³/亩、108m³/亩、126m³/亩灌水量下，磁化微咸水最大株高分别比淡水降低4.83％、5.90％、6.78％、7.49％和7.26％。与淡水相比，微咸水的最大株高分别降低了10.78％、12.76％、14.87％、20.38％和21.87％。这说明微咸水灌溉抑制了梭梭幼苗的生长，磁化水灌溉可以减轻微咸水中盐分对梭梭生长的抑制。

7.2.2　基径的变化特征

图7.6显示了不同灌溉方式下梭梭基径的增长情况。6月以后，基径迅速增大，并逐

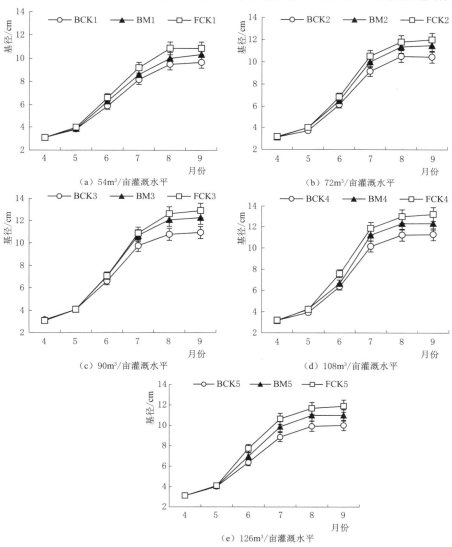

图 7.6　不同灌溉方式下梭梭基径的增长情况

渐呈现差异。同一灌溉方式下，随着灌水量的增加，梭基直径先快速增大后缓慢增加。淡水、磁化微咸水和微咸水灌溉下，在 108m³/亩灌水量下，梭子的基径达到最大值，最大基径分别为 13.15mm、12.27mm 和 11.27mm。这说明在一定范围内增加灌水量可以促进基径的增长，但过多的灌水量会阻碍基径的增长。相同灌水量下，最大梭梭基径的顺序为淡水＞磁化微咸水＞微咸水。在 54m³/亩、72m³/亩、90m³/亩、108m³/亩、126m³/亩灌水量下，磁化微咸水比淡水分别下降 5.17%、3.95%、5.37%、6.69% 和 7.14%，微咸水比淡水分别下降 10.85%、12.51%、15.64%、14.31% 和 15.35%。

7.2.3　新梢的生长特征

不同灌溉方式下的新梢变化相似，如图 7.7 所示。在同一灌溉方式下，随着灌水量的

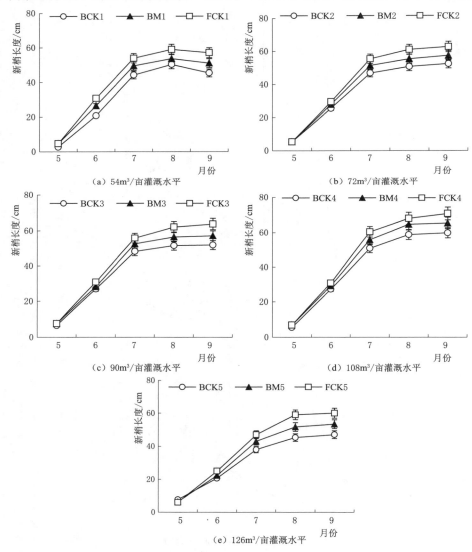

图 7.7　不同灌溉方式下梭梭新梢生长过程

增加，梭梭的新梢长度增长幅度先增加后减少。淡水、磁化微咸水和微咸水灌溉下，在 108m³/亩灌水量下，新梢长度均达到最大值，最大新梢长分别为 70.80cm、65.11cm 和 60.31cm。此外，相同灌水量下，梭梭新梢长度顺序为淡水＞磁化微咸水＞微咸水。在 54m³/亩、72m³/亩、90m³/亩、108m³/亩、126m³/亩灌水量下，磁化微咸水分别比淡水降低 10.73%、8.68%、9.94%、8.03% 和 10.51%。微咸水与淡水相比分别降低 26.23%、18.85%、22.05%、17.38% 和 26.87%。与株高和基径的结果相似，磁化技术可以减轻微咸水中盐分对地上部生长的抑制作用。

7.2.4 地上和地下部干重以及根冠比的变化特征

图 7.8 显示了 9 月梭梭地上部干重，地上部干重随着灌溉水量的增加先增加后减少。在淡水、磁化微咸水和微咸水灌溉下，均在 108m³/亩灌水量水平下地上部干重最大，分别达到 110.75g/株、103g/株、98.08g/株。不同灌溉量下，淡水、磁化微咸水和微咸水灌溉下梭梭的地上部干重平均值分别为 97.54g/株、93.04g/株和 84.91g/株。磁化微咸水和微咸水灌溉的地上部干重平均值比淡水灌溉低 4.61% 和 12.95%。

图 7.9 显示了不同灌溉水类型和灌水量对梭梭地下部干重的影响。灌溉水类型和灌溉量对梭梭的地下部干重影响显著（$P<0.05$）。灌水类型相同时，随着灌水量的增加地下部干重减少，以 54m³/亩灌水量达到最大值，分别达到 36.72g/株、33.7g/株、29.5g/株。在相同灌溉量下，梭梭的地下部干重顺序为：淡水＞磁化微咸水＞微咸水。不同灌水量下，淡水、磁化微咸水和微咸水灌溉下梭梭地下部干重的平均值分别为 29.15g/株、23.66g/株和 20.70g/株。磁化微咸水和微咸水灌溉下地下部干重平均值比淡水灌溉低 18.83% 和 28.99%。

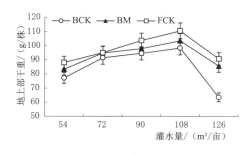

图 7.8　梭梭地上部干重变化特征

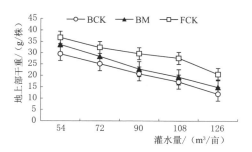

图 7.9　梭梭地下部干重变化特征

在 9 月，梭梭根冠比变化特征如图 7.10 所示。同一灌水类型下，根冠比随着灌水量的增加而降低。54m³/亩灌水量下，根冠比最大，分别达到 0.42、0.41 和 0.38。相同灌水量下，根冠比的顺序为：淡水＞磁化微咸水＞微咸水。不同灌水量下，淡水、磁化微咸水和微咸水灌溉下，根冠比的平均值分别为 0.30、0.26 和 0.24。磁化微咸水和微咸水灌溉下根冠比平均值比淡水灌溉低 13.33% 和 20%。

随着灌水量的增加，梭梭根长减少，如图 7.11 所示。54m³/亩灌水量下，根长最大，淡水、磁化微咸水和微咸水灌溉下，分别达到 72.29cm、71.09cm 和 65.56cm。不同灌水量下，淡水、磁化微咸水和微咸水灌溉下的根长平均值分别为 66.92cm、64.28cm 和

54.15cm。磁化微咸水和微咸水灌溉下根长平均值比淡水灌溉低 3.95％和 19.08％。

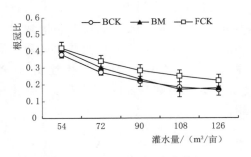

图 7.10　梭梭根冠比变化特征

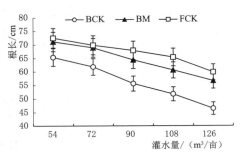

图 7.11　梭梭根长变化过程

7.2.5　叶绿素含量的变化特征

不同灌溉方式下梭梭的叶绿素 a 和叶绿素 b 含量如图 7.12 所示。灌溉方式和灌溉量对叶绿素 a 和叶绿素 b 的影响显著（$P<0.05$）。相同灌水方式下，叶绿素 a 和叶绿素 b 含量随着灌水量的增加先升高后降低，在 108m³/亩灌水量下达到最大值。在淡水、磁化微咸水和微咸水灌溉下，叶绿素 a 最高含量分别为 0.4752mg/g、0.4356mg/g 和 0.4017mg/g。在淡水、磁化微咸水和微咸水灌溉下，叶绿素 b 的最大含量分别达到 0.1740mg/g、0.1519mg/g 和 0.1468mg/g。在相同灌溉量下，梭梭的叶绿素 a 和叶绿素 b 顺序为：淡水＞磁化微咸水＞微咸水。同一灌溉类型下，淡水灌溉下，叶绿素 a 和叶绿素 b 的平均含量分别为 0.4249mg/g 和 0.1591mg/g；磁化微咸水灌溉下，叶绿素 a 和叶绿素 b 的平均含量分别为 0.4046mg/g 和 0.1468mg/g；微咸水灌溉下，叶绿素 a 和叶绿素 b 的平均含量分别为 0.3418mg/g 和 0.1252mg/g。

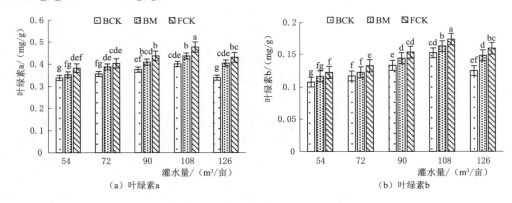

图 7.12　不同灌溉方式下梭梭叶绿素变化特征

注　同一灌溉水平不同字母表示不同处理之间具有显著性差异（$P<0.05$）。

7.2.6　耗水量与水分的利用效率

表 7.3 显示了不同灌溉方式下梭梭的耗水量和水分利用效率。由表可知，灌溉方式相同时，梭梭蒸散量随着灌溉量的增加而增加。淡水、磁化微咸水和微咸水灌溉下，在

$126m^3/$亩灌水量下均达到最大值，分别为 $201.23m^3/$亩、$183.93m^3/$亩、$172.51m^3/$亩。灌溉量相同时，蒸散量顺序为：淡水＞磁化微咸水＞微咸水。不同灌水量下，在淡水、磁化微咸水和微咸水灌溉下的梭梭平均耗水量分别为 $179.24m^3/$亩、$168.19m^3/$亩和 $158.87m^3/$亩。磁化微咸水和微咸水灌溉用水量平均值比淡水灌溉低 6.16% 和 11.36%。与微咸水灌溉相比，磁化处理可以提高梭梭的吸水率和利用率。

表 7.3 **不同灌溉方式下梭梭耗水量与水分利用效率**

处理	I/mm	P/mm	D/mm	生物量/(kg/亩)	$ET_c/(m^3/$亩)	水分利用效率/(kg/m^3)
FCK1	81	55.9	0	230.34±3.75 cd	150.40±8.38 hi	1.53±0.060 a
BCK1	81	55.9	0	216.16±4.82 ef	143.01±4.08 ij	1.51±0.035 ab
BM1	81	55.9	0	197.2±4.21 h	130.81±8.16 j	1.51±0.062 ab
FCK2	108	55.9	0	234.82±5.42 c	163.36±7.90 efgh	1.43±0.043 bc
BCK2	108	55.9	0	227.92±5.27 cd	156.81±8.51 fghi	1.45±0.045 bc
BM2	108	55.9	0	215.8±4.42 ef	151.89±4.34 ghi	1.42±0.035 c
FCK3	135	55.9	0	246.29±4.90 b	186.46±9.43 abc	1.32±0.041 d
BCK3	135	55.9	0	223.25±5.27 de	174.55±8.70 cde	1.28±0.034 def
BM3	135	55.9	0	212.6±6.60 fg	167.11±9.44 defg	1.27±0.032 def
FCK4	162	55.9	22.51	255.41±6.30 a	194.72±12.46 ab	1.31±0.053 de
BCK4	162	55.9	22.51	226.64±5.64 cd	182.62±8.88 bcd	1.24±0.030 ef
BM4	162	55.9	22.51	212.8±7.38 fg	172.03±8.98 cdef	1.23±0.022 f
FCK5	189	55.9	49.51	204.99±3.92 gh	201.23±12.41 a	1.02±0.043 g
BCK5	189	55.9	49.51	185.51±5.11 i	183.93±10.32 bcd	1.00±0.028 g
BM5	189	55.9	49.51	138.47±4.02 j	172.51±9.05 cdef	0.80±0.019 h
显著性						
灌水类型	—	—	—	＊＊＊	＊＊＊	＊
灌水量	—	—	—	＊＊＊	＊＊＊	＊＊＊

注　同一列不同字母表示不同处理之间具有显著性差异（$P<0.05$）。

随着灌水量的增加，梭梭水分利用效率呈下降趋势。在 $54m^3/$亩灌水量下，淡水、磁化微咸水和微咸水灌溉均达到最大值，分别为 $1.53kg/m^3$、$1.51kg/m^3$ 和 $1.51kg/m^3$。灌水量相同时，在淡水、磁化微咸水和微咸水灌溉下，平均水分利用效率分别为 $1.33kg/m^3$、$1.30kg/m^3$ 和 $1.25kg/m^3$。磁化微咸水和微咸水灌溉下，梭梭水分利用效率平均值分别比淡水灌溉低 2.26% 和 6.02%。

综上所述，微咸水灌溉抑制了梭梭的生长，降低了干物质的叶绿素含量、耗水量和水分利用效率。与微咸水灌溉相比，磁化处理促进了株高、基径、新梢、根长和地上生物量的生长。用磁性微咸水灌溉增加了叶绿素含量、耗水量和生物质水利用效率。此外，随着灌水量的增加，株高、茎粗、新梢、幼苗重先快速增长后缓慢增长，根长、根干重、根冠比下降。

7.3　磁化水膜下滴灌下土壤理化性质与番茄的生长特征

为了分析磁化水灌溉对番茄生长的影响，在中国科学院新疆生态与地理研究昌吉农业博览园试验田进行了番茄磁化水滴灌丰产技术的试验工作。试验地土壤肥沃，无盐渍化。选用"毛粉"番茄作为试验材料，研究不同磁化强度淡水对番茄生长发育及产量的影响，磁化强度分别为 1200Gs、2400Gs、3200Gs、3600Gs（分别表示为 FM1200、FM2400、FM3200、FM3600），以淡水不磁化（FCK）为对照。灌溉方式为磁化水滴灌，滴头间距为 30cm，滴头流量为 1.8m³/h。采用覆膜种植，模式为一膜两行，行株距为 75cm×50cm。

7.3.1　磁化水膜下滴灌对番茄生长发育特性的影响

7.3.1.1　株高的变化特征

图 7.13 显示了不同磁化强度处理对番茄株高的影响。由图可以看出，不同磁化强度下，在幼苗期（5 月 26 日）至开花结果期（7 月 5 日）番茄株高迅速增长，在果实膨大成熟期（8 月 15 日）达到最大。磁化水灌溉的株高一般都大于未磁化，但在幼苗期和开花结果期时各处理差异未达到显著水平。在果实膨大成熟期（8 月 15 日），各处理株高表现为 FM2400（176.7cm）＞FM3600（172.4cm）＞FM1200（171.8cm）＞FM3200（162.4cm）＞FCK（161.5cm），其中，FM1200 与 FM2400、FM3600 无显著性差异，均与 FM3200 和 FCK 达到显著差异水平。试验结果表明，在适度的磁化处理（1200Gs）下，促进番茄营养生长及时向生殖生长转化，为产量提高奠定基础。较强的磁化处理（3600Gs）容易造成番茄旺长，不利于产量形成。

7.3.1.2　叶片的增长特征

图 7.14 显示了不同磁化强度对叶片数的影响。在幼苗期（5 月 26 日）至开花结果期（7 月 5 日），各处理间番茄叶片数增长较快；在开花结果期（7 月 5 日）至果实膨大成熟期（8 月 15 日），增长缓慢。磁化水灌溉的叶片数一般都多于 FCK，但在各时期各处理间差异均不显著。在果实膨大成熟期（8 月 15 日），各处理叶片数表现为 FM2400（38.5 个/株）＞FM1200（37.8 个/株）＞FM3200（37.5 个/株）＞FM3600（37.2 个/株）＞FCK（35.8 个/株）。磁化水灌溉可提高番茄光合能力，有利于后期产量和品质的提升。

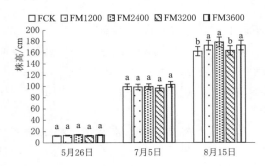

图 7.13　不同磁化强度处理对番茄株高的影响
注　同一日期不同字母表示不同处理之间具有
显著性差异（$P<0.05$）。

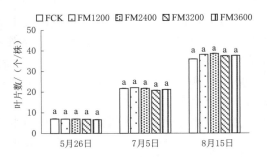

图 7.14　不同磁化强度对叶片数的影响
注　同一日期不同字母表示不同处理之间具有
显著性差异（$P<0.05$）。

7.3.1.3　产量的变化特征

表 7.4 显示的磁化水灌溉番茄产量及产量构成因素变化特征表明，磁化水灌溉的单果质量较重、单株坐果数较多、单株产量及亩产量均较高。以 FM1200 磁化处理的单果质量、单株坐果数、单株产量及亩产量最高，亩产量高达 8067.5kg，与未磁化水灌溉相比，2400Gs、3200Gs、3600Gs 强度磁化水灌溉分别提高 21.6%、1.6%、3.6%；灌溉水分利用效率表现为 FM1200＞FM2400＞FM3600＞FM3200＞FCK。方差分析结果表明，单株坐果数无显著性差异，单果质量、单株产量、亩产量及灌溉水分利用效率均表现为 FM1200 和 FM2400 磁化水灌溉间差异不显著。但 FM1200 磁化水灌溉与 FCK、FM3200、FM3600 磁化水灌溉达显著性差异。磁化水灌溉对番茄产量的提高效果显著，但并不是磁化强度越大越好，以磁化强度 1200Gs 的磁化器效果最佳。

表 7.4　　　　　　不同磁化强度处理对番茄产量及产量构成因素的影响

处理	单株坐果数/个	单果质量/g	单株产量/g	亩产量/kg	灌溉水分利用效率/(kg/m^3)
FCK	24.6±0.67 a	141.5±9.16 b	3.5±0.31 b	6212.9±499.01 c	46.0±3.7 c
FM1200	26.4±0.95 a	171.2±6.60 a	4.5±0.32 a	8067.5±570.21 a	59.8±4.2 a
FM2400	25.6±1.59 a	166.5±5.57 a	4.2±0.12 ab	7554.7±222.94 ab	56.0±1.7 ab
FM3200	25.7±0.78 a	137.9±4.79 b	3.5±0.22 b	6312.9±408.38 bc	46.8±3.0 bc
FM3600	25.8±0.03 a	140.3±3.83 b	3.6±0.12 b	6438.8±182.60 bc	47.7±1.3 bc

注　同一列不同字母表示不同处理之间具有显著性差异（$P<0.05$）。

7.3.1.4　番茄品质的变化特征

可溶性糖和维生素 C 含量是番茄营养品质的重要指标，含量高低直接决定着番茄营养价值和口味，进而影响番茄的商品价值（姜玲玲等，2019）。表 7.5 结果表明，FM1200 磁化处理的可溶性糖含量最高，高达 2.42%，较 FCK 处理提高 8.5%，与 FM3600 磁化处理无显著差异，但与其他处理均存在显著性差异。总酸含量以 FM1200 磁化处理最低，为 0.17g/kg，较 FCK 降低 32.0%，与其他处理均差异显著；维生素 C 含量表现为各处理间差异不显著。番茄红素以 FM2400 磁化处理较高，且各处理间差异达到显著水平。综合分析表明，磁化水滴灌有利于提升番茄的品质，但不是磁化强度越大越好，以 1200Gs 磁化强度处理对番茄果实可溶性糖、总酸、维生素 C 及番茄红素含量的影响较显著。

表 7.5　　　　　　　磁化强度对番茄果实品质的影响

处理	可溶性糖/%	总酸/(g/kg)	维生素 C/(mg/100g)	番茄红素/(mg/100g)
FCK	2.23±0.03 bc	0.25±0.01 a	23.68±2.17 a	2.84±0.05 d
FM1200	2.42±0.03 a	0.17±0.01 b	27.81±6.25 a	4.02±0.01 b
FM2400	2.28±0.01 b	0.23±0.02 a	20.87±2.24 a	4.45±0.04 a
FM3200	2.16±0.03 c	0.27±0.02 a	25.32±2.71 a	3.22±0.05 c
FM3600	2.39±0.01 a	0.27±0.01 a	29.91±3.76 a	2.27±0.07 e

注　同一列不同字母表示不同处理之间具有显著性差异（$P<0.05$）。

7.3.2　磁化水膜下滴灌对番茄地土壤养分和盐分分布的影响

7.3.2.1　磁化水灌溉对土壤养分含量的影响

1. 土壤有机质含量

图 7.15 显示了磁化水膜下滴灌番茄地土壤有机质含量变化特征。在开花结果期（7 月 5 日），土壤有机质的含量表现为 FM1200＜FM2400＜FCK＜FM3200＜FM3600，各处理间存在显著性差异。在果实膨大成熟期（8 月 15 日），土壤有机质的含量表现为 FM2400（14.8g/kg）＜FM1200（15.7g/kg）＜FCK（16.3g/kg）＜FM3200（16.8g/kg）＜FM3600（16.9g/kg），其中 FM3200 和 FM3600 磁化处理差异不显著，与 FCK、FM1200 和 FM2400 处理存在显著性差异。说明磁化水滴灌有利于番茄植株对有机质的吸收利用，但并不是磁化强度越大越好，使用 1200～2400Gs 磁化强度范围内的磁化器效果较佳。

2. 土壤碱解氮含量

图 7.16 显示结果表明，在果实膨大成熟期（8 月 15 日）时，土壤耕作层作物根系碱解氮的含量表现为 FM3200＜FM1200＜FM2400＜FM3600＜FCK，FM1200、FM2400、FM3200、FM3600 磁化处理的碱解氮含量分别较 FCK 处理降低 76.0%、72.3%、77.2%、69.0%，其中，FM1200 与 FM3200 磁化处理间无显著性差异，均与 FCK、FM2400、FM3600 达到差异显著性水平；说明在 1200Gs 磁场强度下，不仅节约生产成本，而且有助于番茄植株对碱解氮的吸收利用，最终为高产奠定基础。

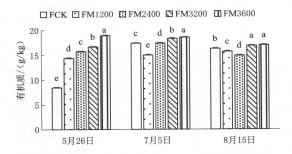

图 7.15　不同磁化强度处理对土壤有机质的影响

注　同一日期不同字母表示不同处理之间具有显著性差异（$P<0.05$）。

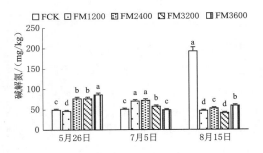

图 7.16　磁化水灌溉土壤碱解氮变化

注　同一日期不同字母表示不同处理之间具有显著性差异（$P<0.05$）。

3. 土壤速效磷含量

图 7.17 显示结果表明，在果实膨大成熟期（8 月 15 日）时，磁化水滴灌对土壤速效磷含量的影响。其与有机质含量的影响规律相似。在开花结果期（7 月 5 日），土壤速效磷的含量表现为 FM1200＜FM3600＜FM2400＜FCK＜FM3200；在果实膨大成熟期（8 月 15 日），土壤速效磷的含量表现为 FM2400（18.9 mg/kg）＜FM1200（22.3mg/kg）＜FCK（23.8mg/kg）＜FM3200（25.6mg/kg）＜FM3600（33.6mg/kg），各处理间存在显著性差异。说明在一定磁化强度范围（1200～2400Gs）内，磁化水滴灌将会促进番茄植株吸收利用土壤中的速效磷，保证番茄关键生育时期的养分供给，为促进高产打下基础。

4. 土壤速效钾含量

开花结果期（7 月 5 日）是番茄植株营养生长与生殖生长最旺盛时期，此时番茄植株对土壤中速效钾的需求量较大。由图 7.18 所示结果可以看出，FM1200、FM2400、FM3600 磁化处理的番茄土壤中的速效钾含量均显著低于 FCK，而 FM3200 磁化处理的土壤速效钾含量显著高于 FCK。在果实膨大成熟期（8月15日），各处理土壤速效钾含量则表现为，磁化处理的速效钾含量均大于 FCK。这可能是由于土壤特性造成的，也可能是由于番茄植株于果实膨大期后对速效钾的需求不强或吸收钾的能力较弱导致的。

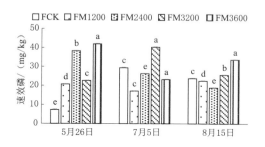

图 7.17　磁化水灌溉对土壤速效磷的影响
注　同一日期不同字母表示不同处理之间具有
　　显著性差异（$P<0.05$）。

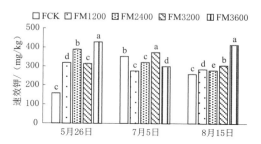

图 7.18　磁化水灌溉对土壤速效钾的影响
注　同一日期不同字母表示不同处理之间具有
　　显著性差异（$P<0.05$）。

7.3.2.2　对土壤盐分和脱盐率及阴离子含量的影响

表 7.6 所示结果表明，磁化水与对照（FCK）滴灌后，0～30cm 土层总盐、SO_4^{2-}、Cl^-、HCO_3^- 含量均比滴灌前有所降低，且磁化水滴灌后的降低量和降低率与 FCK 差异明显。其中，以 FM1200 磁化处理的总盐、SO_4^{2-}、Cl^-、HCO_3^- 的降低量和降低率较高，降低率分别为 50.40%、75.27%、81.69%、5.58%，与 FCK 差异显著。在番茄的生长发育过程中，经磁化水滴灌的土壤总盐、SO_4^{2-}、Cl^-、HCO_3^- 含量的降低，有利于减轻盐分对番茄的迫害并促进其营养生长与生殖生长，有利于获得高产。

表 7.6　　　　　　　　磁化水灌溉对番茄土壤总盐及阴离子含量的影响　　　　　　　　单位：mg/g

处理		总盐	SO_4^{2-}	Cl^-	HCO_3^-
FCK	滴灌前	0.96±0.01 d	0.138±0.009 b	0.028±0.001 c	0.252±0.001 e
	滴灌后	0.77±0.01 c	0.100±0.003 ab	0.010±0.001 d	0.499±0.001 a
	降低量	0.19±0.0 b	0.038±0.006 b	0.018±0.001 b	−0.247±0.001 c
	降低率/%	19.79±2.07 bc	27.54±2.69 b	64.29±0.68 b	−98.02±0.55 c
FM1200	滴灌前	1.25±0.03 a	0.186±0.001 a	0.071±0.001 a	0.502±0.001 a
	滴灌后	0.62±0.01 e	0.046±0.001 c	0.013±0.001 c	0.474±0.001 b
	降低量	0.63±0.02 a	0.140±0.001 a	0.058±0.001 a	0.028±0.001 a
	降低率/%	50.40±0.41 a	75.27±0.34 a	81.69±0.16 a	5.58±0.07 a
FM2400	滴灌前	1.14±0.03 b	0.131±0.009 b	0.028±0.001 c	0.365±0.001 b
	滴灌后	0.89±0.02 b	0.095±0.005 ab	0.024±0.001 c	0.364±0.001 c
	降低量	0.25±0.04 b	0.036±0.015 b	0.004±0.001 d	0.001±0.001 b
	降低率/%	21.93±3.14 b	27.48±9.50 bc	14.29±1.40 e	0.27±0.07 b

续表

处理		总盐	SO_4^{2-}	Cl^-	HCO_3^-
FM3200	滴灌前	1.17±0.01 b	0.121±0.001 b	0.035±0.001 b	0.353±0.001 c
	滴灌后	1.01±0.03 a	0.103±0.009 a	0.024±0.001 a	0.333±0.001 d
	降低量	0.16±0.05 b	0.018±0.008 bc	0.011±0.001 c	0.020±0.001 a
	降低率/%	13.68±3.81 c	14.88±6.37 bc	31.43±0.59 d	5.67±2.33 a
FM3600	滴灌前	1.05±0.01 c	0.093±0.001 c	0.024±0.001 d	0.297±0.001 d
	滴灌后	0.79±0.01 a	0.084±0.003 b	0.012±0.001 c	0.291±0.001 e
	降低量	0.26±0.01 b	0.009±0.003 c	0.012±0.001 c	0.006±0.001 b
	降低率/%	24.76±0.48 b	9.68±2.92 c	50.00±0.83 c	2.02±0.01 b

注　同一列不同字母表示不同处理之间具有显著性差异（$P<0.05$）。

由表 7.7 可见，在磁化水与对照（CK）滴灌后，0～30cm 土层的 Ca^{2+}、Mg^{2+}、K^+、Na^+ 含量均比滴灌前均有所降低，且磁化水滴灌后的降低量和降低率与 FCK 差异明显，FCK 处理的 K^+ 含量甚至比滴灌前有所增加，不利于番茄作物生长发育。磁化处理间，以 FM1200 磁化处理的 Ca^{2+}、Mg^{2+}、K^+、Na^+ 降低量和降低率较高，降低率分别为 23.88%、33.33%、39.71%、49.41%，与 FCK 差异显著。在番茄的重要生长时期（开花结果期～果实成熟期），磁化水滴灌直接促进了番茄植株对阳离子的高效吸收利用，最终对产量的提高有利。

表 7.7　　　　　　　　　　磁化水灌溉对番茄土壤阳离子的影响　　　　　　　　　单位：mg/g

处理		Ca^{2+}	Mg^{2+}	K^+	Na^+
FCK	滴灌前	0.125±0.001 b	0.020±0.001 b	0.026±0.001 d	0.076±0.001 b
	滴灌后	0.113±0.004 b	0.017±0.001 b	0.033±0.001 d	0.059±0.001 b
	降低量	0.012±0.004 b	0.003±0.001 b	−0.007±0.001 e	0.017±0.001 b
	降低率/%	9.60±3.030 b	15.00±2.430 b	−26.92±3.070 d	22.37±0.190 b
FM1200	滴灌前	0.134±0.005 a	0.021±0.001 a	0.068±0.001 a	0.085±0.001 a
	滴灌后	0.102±0.001 c	0.014±0.001 d	0.041±0.002 c	0.043±0.001 e
	降低量	0.032±0.005 a	0.007±0.001 a	0.027±0.001 a	0.042±0.001 a
	降低率/%	23.88±3.040 a	33.33±1.100 a	39.71±1.350 a	49.41±1.210 a
FM2400	滴灌前	0.139±0.003 a	0.019±0.001 c	0.048±0.001 c	0.071±0.001 c
	滴灌后	0.112±0.002 b	0.018±0.001 a	0.040±0.001 c	0.056±0.001 c
	降低量	0.027±0.001 a	0.001±0.001 c	0.008±0.001 d	0.015±0.001 c
	降低率/%	19.42±0.200 a	5.26±0.330 c	16.67±0.630 c	21.13±1.190 b
FM3200	滴灌前	0.138±0.001 a	0.019±0.001 bc	0.062±0.001 b	0.072±0.001 c
	滴灌后	0.128±0.001 a	0.017±0.001 b	0.046±0.001 b	0.071±0.001 a
	降低量	0.010±0.001 b	0.002±0.001 b	0.016±0.001 b	0.001±0.001 b
	降低率/%	7.25±0.700 b	10.53±0.370 b	25.81±0.260 b	1.39±0.260 d

处理		Ca^{2+}	Mg^{2+}	K^+	Na^+
FM3600	滴灌前	0.117±0.001 b	0.016±0.001 d	0.069±0.002 a	0.056±0.001 d
	滴灌后	0.111±0.001 b	0.015±0.001 c	0.057±0.001 a	0.050±0.001 d
	降低量	0.006±0.001 b	0.001±0.001 c	0.012±0.002 c	0.006±0.002 c
	降低率/%	5.13±0.100 b	6.25±0.010 c	17.39±2.340 c	10.71±3.580 c

注 同一列不同字母表示不同处理之间具有显著性差异（$P<0.05$）。

综上所述，磁化水膜下滴灌的土壤有机质、碱解氮、速效磷、速效钾、总盐、Na^+、SO_4^{2-}、HCO_3^- 的含量降低率均高于 FCK；磁化处理促进了番茄株高、叶片数的生长。说明磁化水加速了土壤中养分的溶解，有利于番茄的生长发育。与 FCK 相比，磁化处理的单果质量较重、单株坐果数较多、单株产量及亩产量均较高，以 FM1200 磁化处理的单果质量、单株坐果数、单株产量及亩产量最高，亩产量高达 8067.5kg/亩，比 FCK、FM2400、FM3200、FM3600 分别高 29.9%、6.8%、27.8%、25.3%；可溶性糖含量表现为 FM1200 磁化处理较高，高达 2.42%，较 FCK 处理高 8.5%；总酸含量为 FM1200 磁化处理最低，为 0.17g/kg，较 FCK 降低 32.0%，与其他处理均差异显著；番茄红素以 FM2400 磁化处理较高，且各处理间差异达到显著水平。磁化水滴灌对番茄产量和品质的提升效果显著，但不是磁化强度越大越好，综合来看，以 1200Gs 磁化强度处理的效果最佳。

7.4 磁化水滴灌下马铃薯的生长特征

为了阐明磁化水（磁化强度 2000Gs，表示为 FM2000）滴灌对马铃薯生长促进作用，在新疆玛纳斯县灌区的兰州湾镇王家庄村开展了试验研究。该村地形平坦，土地肥沃，土壤由潮土、黄土状灌漠土、黄土状灌溉棕漠土构成，经长期耕作和改良，土地质量较好，一般无盐渍化，耕地主要由高中产田组成，富含硒，有利于马铃薯的生长，素有"金土豆"的美称。于 4 月，采用大垄双行种植马铃薯，株行距分别为 30～35cm 和 50～60cm，行距间开沟不低于 12cm，保苗 3800～4000 株/亩。全生育期共滴灌 9～11 次，每次灌溉量约 32m³/亩，共计灌溉 300～340m³/亩。于马铃薯器官形成期，在磁化区和无磁化区进行马铃薯根部直径、株高、单株结薯数、果实长度、果实直径等农艺性状的调查与测定。

7.4.1 生长发育指标

表 7.8 显示结果表明，磁化强度 2000Gs 与无磁化处理（FCK）的马铃薯生长状况差异较为明显。FM2000 磁化处理的果实较大，形态较好，表面光泽也好。FM2000 磁化水灌溉的马铃薯株高、根部直径、单株结薯数、果实长度、果实直径及单果质量均较高，比 FCK 分别提高 22.8cm、2.7mm、1.4 个、1.6cm、0.9cm、23.7g，表明磁化处理有利于马铃薯植株生长，增加了单株结薯数，促进了果实生长。

表 7.8　　　　　　　　　　磁化水滴灌对马铃薯生长发育的影响

处理	株高/cm	根部直径/mm	单株结薯数/个	果实长度/cm	果实直径/cm	单果质量/g
FM2000	59.7	10.9	5.2	10.4	5.8	227.0
FCK	36.9	8.2	3.8	8.8	4.9	203.3

表 7.9 显示结果表明，FM2000 磁化处理的马铃薯的平均产量为 3394.0kg/亩，FCK 处理的平均产量为 2621.3kg/亩。FM2000 磁化处理的马铃薯产量比 FCK 多达 772.7kg/亩，增产率为 29.5%；FM2000 磁化处理的水分利用效率亦高于 FCK，较 FCK 提高 29.9%。表明磁化水灌溉不仅能够使马铃薯的产量大幅度提高，还提高了灌溉水分利用效率。

表 7.9　　　　　　　　　　磁化水滴灌对马铃薯产量的影响

处理	收获株数 /(株/亩)	单株结薯数 /个	单株果实质量 /kg	单果质量 /kg	产量 /(kg/亩)	灌溉水分利用效率 /(kg/m^3)
FM2000	3490	4.0	1.0	0.2	3394.0	10.0
FCK	3495	3.8	0.8	0.2	2621.3	7.7

7.4.2　品质指标

表 7.10 显示结果表明，FM2000 磁化处理的马铃薯可溶性糖、淀粉、可溶性蛋白含量明显高于非磁化滴灌处理，较 FCK 分别提高 7.5mg/g、31.5mg/g、0.4mg/g，提高率分别为 59.1%、35.5%、14.3%。试验结果也表明：磁化水能够明显促进马铃薯品质的提高，这是由于磁化水促进了马铃薯对水和养分的吸收。因此，经磁化处理滴灌的马铃薯具有高效利用水分的功能。

表 7.10　　　　　　　不同处理对马铃薯果实品质的影响　　　　　　　　单位：mg/g

处理	可溶性糖	淀粉	可溶性蛋白
FM2000	20.2	120.2	3.2
FCK	12.7	88.7	2.8

综上所述，FM2000 磁化处理的马铃薯明显要比普通水滴灌处理的马铃薯苗壮、根部粗、株高大、结薯率高，且果实个大、饱满、较重，形态光泽好。对于土壤无盐渍化或轻度盐渍化的马铃薯农田，使用磁化强度小于 2000Gs 或接近 2000Gs 的磁化器滴灌效果较好，对马铃薯产量和品质的提升有利。

7.5　磁化水滴灌下土壤理化性质与甜菜的生长特征

7.5.1　磁化水滴灌对土壤水盐分布和养分含量的影响

为了阐明磁化水滴灌对甜菜生长的作用效能，在新疆奎屯市开干齐乡开展了试验研究。供试土壤为灌耕灰漠土，盐渍化以轻中度硫酸和氯化物混合盐为主，土壤盐分为 12.56mg/kg，有机质 20.314g/kg，全氮 51.24mg/kg，有效磷 17.45mg/kg，速效钾

435.47mg/kg。灌溉水为井水，矿化度为 0.27g/L（FCK）。选用甜菜杂交种为 HI0936，于 4 月 19 日播种，10 月 25 日收获，全生育期 190 天。行株距配置为 50cm×14.5cm，全生育期共滴水 550m³/亩，分 10 次滴灌，滴头流量 50L/h。施肥采用水肥一体化，施肥量为每公顷施入复合肥 525kg、腐殖酸 90kg、硫酸钾 60kg、尿素 39kg、硫酸锌 30kg、菌激霉 69kg，分 10 次随灌水施入。试验设计 1 个 1 次磁化处理 1600Gs（FM1600），3 个 2 次磁化处理组合 1600～1200Gs（FM1600～1200）、1600～2400Gs（FM1600～2400）、1600～3200Gs（FM1600～3200）及无磁化处理（FCK）。

7.5.1.1　土壤含水量

图 7.19 显示了不同生育期甜菜地土壤含水量的监测结果。不同时期磁化处理与 FCK 的土壤含水量比较，以 FM1600～2400 磁化处理效果最佳。在苗期（6 月 25 日），FM1600～2400、FM1600～3200、FM1600～1200 磁化处理与 FCK 差异显著，分别较 FCK 提高 18.8%、14.7%、1.3%。在块根形成期（8 月 18 日），FM1600～2400、FM1600～1200 磁化处理与 FCK 存在显著性差异，分别较 FCK 提高 18.2% 和 13.5%，FM1600、FM1600～3200 磁化处理与 FCK 差异不显著。在糖分积累期（9 月 7 日），磁化处理与 FCK 处理间差异显著，磁化处理的土壤含水量较 FCK 提高 11.2%～23.1%。结果表明，磁化处理可将更多的水分保留在耕作层，为甜菜的生长发育提供水分。

7.5.1.2　土壤养分和离子含量

图 7.20 和表 7.11 所示结果表明，在滴灌前后，磁化水灌溉显著降低了土壤中的总盐、Na^+、SO_4^{2-}、HCO_3^- 的含量，有机质、碱解氮、有效磷、速效钾溶解率均高于 FCK。土壤有机质、碱解氮、有效磷、速效钾的溶解率均以 FM1600～2400 磁化处理最佳，FM1600～1200 磁化处理次之。FM1600～2400 磁化处理土壤有机质、碱解氮、有效磷、速效钾的溶解率分别为 7.4%、21.8%、14.6%、5.6%。磁化水灌溉的纯脱盐率达到 0.3%～5.6%；磁化处理的 Na^+ 溶解率均高于 FCK 处理；磁化处理 SO_4^{2-}、HCO_3^- 的溶解率均高于 FCK，土壤中未检测到 CO_3^{2-} 和 Cl^-，HCO_3^- 含量较低。土壤中阳离子的含量在灌溉后均存在不同程度的溶解，磁化处理 Ca^{2+}、K^+、Mg^{2+} 溶解率均显著高于 FCK，FM1600～2400 磁化处理最佳。结果表明，磁化水滴灌加速土壤养分的溶解，有效地将土壤盐分淋洗到耕作层以下，促进甜菜植株对土壤中 Ca^{2+}、K^+、Mg^{2+} 的吸收。

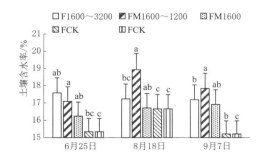

图 7.19　不同生育期甜菜地土壤含水量的监测结果
（0～30cm 土层平均值）

注　同一日期不同字母表示不同处理之间
具有显著性差异（$P<0.05$）。

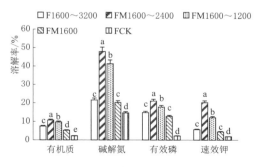

图 7.20　土壤养分的溶解率（0～30cm
土层平均值）

注：同一土壤指标不同字母表示不同处理之间
具有显著性差异（$P<0.05$）。

表 7.11　　　　　　　不同磁化强度处理对土壤盐分及离子的影响　　　　　　单位：mg/g

处理		总盐	Na$^+$	SO$_4^{2-}$	HCO$_3^-$	Ca^{2+}	K$^+$	Mg^{2+}
FM1600~3200	滴灌前	12.08	0.10	7.91	0.20	3.34	0.10	0.24
	滴灌后	11.33	0.07	7.42	0.19	3.28	0.07	0.15
	溶解量	0.75	0.03	0.49	0.01	0.06	0.03	0.09
	溶解率/%	6.21	30.00	6.19	5.00	1.80	30.00	37.50
FM1600~2400	滴灌前	12.40	0.16	7.92	0.25	3.27	0.15	0.25
	滴灌后	11.73	0.07	7.75	0.22	3.16	0.08	0.15
	溶解量	0.67	0.09	0.17	0.03	0.11	0.07	0.10
	溶解率/%	5.40	56.25	2.15	12.00	3.36	46.67	40.00
FM1600~1200	滴灌前	11.35	0.10	7.45	0.23	3.23	0.12	0.20
	滴灌后	11.25	0.07	7.36	0.21	3.09	0.10	0.18
	溶解量	0.10	0.03	0.09	0.02	0.14	0.02	0.02
	溶解率/%	0.88	30.00	1.21	8.70	4.33	16.67	10.00
FM1600	滴灌前	12.08	0.11	7.58	0.26	3.19	0.14	0.23
	滴灌后	11.48	0.10	7.50	0.25	3.14	0.12	0.21
	溶解量	0.60	0.01	0.08	0.01	0.05	0.02	0.02
	溶解率/%	4.97	9.09	1.06	3.85	1.57	14.29	8.70
FCK	滴灌前	12.56	0.12	7.41	0.27	3.21	0.13	0.24
	滴灌后	12.49	0.11	7.53	0.26	3.19	0.12	0.23
	溶解量	0.07	0.01	−0.12	0.01	0.02	0.01	0.01
	溶解率/%	0.56	8.33	−1.62	3.70	0.62	7.69	4.17

7.5.2　磁化水膜下滴灌对甜菜生长发育特性的影响

7.5.2.1　生长发育指标

表 7.12 所示结果表明，在甜菜幼苗期、叶丛快速生长期、块根糖分增长期，磁化处理甜菜的叶丛高度、叶片数、叶面积均高于 FCK（无磁化）处理。在块根糖分增长期，各处理的叶丛高度表现为 FM1600~2400＞FM1600~3200＞FM1600~1200＞FM1600＞FCK，分别较 FCK 提高 20.6%、15.7%、15.1%、7.5%；叶片数以 FM1600~2400 磁化处理最佳，每株达到 32.2 个，较 FCK 提高了 28.8%；叶面积表现为 FM1600~2400 ＞ FM1600~1200 ＞ FM1600~3200 ＞ FM1600 ＞ FCK，分别较 FCK 提高了 53.3%、22.4%、7.0%、6.7%；此时期以 FM1600~2400 磁化处理最佳，其叶丛高度、叶片数、叶面积均与 FCK 差异显著。试验结果表明，磁化水有效地促进甜菜的生长发育，其中二次磁化效果比一次磁化效果更好，以 1600~2400Gs 处理效果最佳。

7.5.2.2　产量及产糖量

表 7.13 所示结果表明，磁化处理的亩株数、单株重、产量及产糖量均高于 FCK（无磁化）处理。亩株数、产量、产糖量，均以 FM1600~2400 磁化处理最佳，产量达到 7.14×10^3

表7.12 不同磁化强度处理对甜菜生长发育特征的影响

指标	日期/月·日	处理				
		FM1600～3200	FM1600～2400	FM1600～1200	FM1600	FCK
叶丛高度/cm	6.12	26.7±1.2 a	19.0±1.1 b	20.8±5.0 b	18.8±3.0 b	16.3±1.8 b
	7.13	51.1±4.2a	45.1±0.7 ab	43.7±2.8 b	44.5±4.0 b	43.7±4.8 b
	8.19	58.9±5.8 ab	61.4±2.4 a	58.6±0.7 ab	54.7±3.6 bc	50.9±3.1 c
叶片数	6.12	16.1±2.0 ab	19.6±2.1 a	16.7±4.3 ab	15.3±1.8 ab	13.2±2.1 b
	8.19	29.2±1.4 ab	32.2±3.0 a	29.1±1.4 ab	28.4±0.7 bc	25.0±2.4 c
叶面积/cm²	6.12	269±7.2 b	296±9 a	273±4.1 b	241±5.8 c	234±4.2 c
	7.13	898±14.8 bc	1265±59.1 a	1001±14.8 c	885±5.6 c	813±9.3 d
	8.19	2078±180.5 b	2978±642.8 a	2377±74.8 b	2072±290.3 b	1942±65.3 b

注 同一列不同字母表示不同处理之间具有显著性差异（$P<0.05$）。

kg/亩，产糖量达到 $9.6×10^2$ kg/亩。磁化处理的收获株数较 FCK 提高 9.6%～27.3%，磁化处理与 FCK 处理差异显著；磁化处理的单株重较 FCK 提高 1.3%～19.0%。甜菜产量表现为 FM1600～2400＞FM1600～1200＞FM1600～3200＞FM1600＞FCK，分别较 FCK 提高 36.9%、30.4%、25.8%、25.1%，磁化处理的产量与 FCK 存在显著性差异。磁化处理的产糖量与 FCK 间差异显著，较 FCK 提高 27.5%～39.1%。分析得出，磁化水灌溉可以有效提高甜菜的产量及产糖量，在亩株数及单株重上有很好的促进作用，在一定程度上对甜菜起到保苗作用。

表7.13 磁化水滴灌对甜菜产量及产糖量的影响

处理	收获株数/亩	单株重/kg	产量/(kg/亩)	产糖量/(kg/亩)
FM1600～3200	8200±213a	0.80±0.09b	6560±125bc	900±48a
FM1600～2400	8400±330a	0.85±0.06ab	7140±212a	960±86a
FM1600～1200	7233±135b	0.94±0.06a	6799±104b	910±52a
FM1600	7250±216b	0.90±0.08ab	6525±79c	880±25a
FCK	6600±200c	0.79±0.06b	5214±121d	690±24b

注 同一列不同字母表示不同处理之间具有显著性差异（$P<0.05$）。

7.5.2.3 品质指标

图 7.21 所示结果表明，磁化水滴灌甜菜可溶性糖的含量以 FM1600～3200 磁化处理最佳，达到 13.72mg/g，较 FCK 提高 3.7%。FM1600～2400、FM1600、FM1600～1200 分别较 FCK 提高 1.7%、2.0%、1.1%，各处理间差异不显著。磁化处理蛋白质的含量较 FCK 提高了 31.9%～105.6%，与 FCK 差异显著，FM1600～2400 磁化处理的蛋白质含量为 16.41mg/g。磁化处理氨基酸的含量较 FCK 提高了 10.8%～45.4%，与 FCK 存在显著性差异，FM1600～2400 磁化处理最佳，达到 21.24mg/g。试验结果表明，磁化处理促进甜菜块根可溶性糖、蛋白质、氨基酸含量的增加，有效地提高了甜菜块根的品质，以 FM1600～2400 磁化处理最佳。

综上所述，磁化水滴灌有效地将土壤盐分淋洗到耕作层以下，促进甜菜的生长发育、

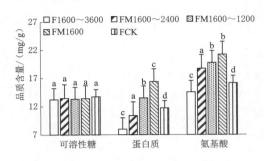

图 7.21 不同磁化强度处理对甜菜品质的影响

注 同一品质指标不同字母表示不同处理
之间具有显著性差异（$P < 0.05$）。

产量及品质的提升。磁化水滴灌促进了其根和茎的增长，在植株生长初期形成较好的郁闭度，相对于杂草，更能充分吸收和利用土壤的水分、养分；土壤中的有机质、碱解氮、有效磷、速效钾是甜菜生长发育过程中所需的养分，K^+ 是植株运输营养物质的载体（Epstein et al.，1963），Mg^{2+} 是植株进行光合作用及叶绿素形成的必要离子，可加快光反应（李娟等，2016）。磁化水灌溉可以加快水分子的运移，从而带动上述养分运移到根部，被甜菜植株吸收利用；磁化水滴灌甜菜的叶丛高度、叶片数、叶面积均有所增加，提高了甜菜植株光合作用的有效面积，加强了对光的吸收利用，最终促进甜菜块根的生长及养分的积累，从而达到对甜菜产量、品质的有效提升。磁化水滴灌有效促进甜菜的亩株数、单株重、产量及产糖量的提高，以 1600～2400Gs 处理效果最佳，产量为 7.14×10^3 kg/亩，较 FCK 提高 36.9%；产糖量为 9.6×10^2 kg/亩，较 FCK 提高了 39.1%。甜菜块根的可溶性糖、蛋白质、氨基酸含量分别较 FCK 提高了 1.1%～3.7%、31.9%～105.6%、10.8%～45.4%。在土壤盐渍化轻中度（以硫酸盐为主）的试验区，磁化水滴灌可有效提升甜菜的产量及品质，二次磁化效果较为显著，以 1600～2400Gs 磁化效果最佳。

7.6 磁化水滴灌下土壤理化性质与谷子的生长特征

将磁化水与滴灌结合，在新疆干旱绿洲环境下开展谷子磁化水滴灌丰产技术试验。本试验研究不同磁化强度灌溉水对谷子产量的影响，结合土壤含水量、土壤盐分、土壤氧分等的变化，探究影响谷子产量提升的因素及适宜于谷子产量提升的最佳磁场强度范围。磁化强度分别为 1200Gs、2400Gs、3600Gs（分别表示为 FM1200、FM2400、FM3600），以不磁化淡水（FCK）为对照。试验在新疆玛纳斯县下庄子村进行，试验地地下水埋深在 1m 以下，供试土壤为灌淤土，土壤质地为沙壤土，其保水、保肥性较差。供试土壤盐分为 0.631g/kg，全氮 0.065g/kg，有效磷 18.13mg/kg，速效钾 484.05mg/kg。谷子种植模式为一膜六行，滴灌带按照三管六行进行铺设，播种量为 0.5kg/亩，播种深度在 3～5cm，播后镇压 2～3 次，保苗介于 3 万～3.8 万株/亩。于 4 月 16 日播种，4 月 25 日出苗，9 月 27 日收获。全生育期灌水总量 375m³/亩，灌水下限为田间持水量的 65%，滴灌 5 次。施肥采用基肥为主、追肥为辅原则，耕作前施入农家肥 167～267kg/亩，播种时施入磷酸二铵 10kg/亩。追肥的最佳时期是拔节后至抽穗期，据此随灌水施肥 2 次，拔节期施入尿素 12kg/亩，抽穗期施入尿素 5kg/亩，其他田间管理措施同大田。

7.6.1 磁化水滴灌对土壤水盐分布和养分含量的影响

7.6.1.1 土壤含水率

在谷子生长发育的四个关键时期对土壤含水率进行测定，结果如图 7.22 所示。磁化水灌溉的土壤含水率均高于 FCK 处理。各个时期土壤含水率均表现为 FM3600＞FM2400＞FM1200＞FCK，以 FM3600 磁化处理最佳。在谷子出苗期，各处理间的土壤含水率差异不显著；在谷子拔节期，磁化水灌溉与 FCK 间存在显著性差异，磁化水灌溉的土壤含水率明显高于 FCK。在抽穗期 FM3600、FM2400 磁化处理与 FCK 差异显著，但 FCK 与 FM1200 磁化处理不存在显著性差异。在成熟期，FM3600 磁化处理与其他处理存在显著性差异，但 FM2400、FM1200 与 FCK 处理差异不显著，各磁化处理分别较 FCK 提高了 14.4%、

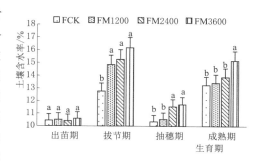

图 7.22　磁化水灌溉土壤含水率（0～30cm
土层平均值）

注　同一生育期内不同字母表示不同处理之间具有显著性差异（$P<0.05$）。

4.5%、1.5%。结果表明，磁化水灌溉可有效提高土壤含水率，以 3600Gs 磁化强度最佳，在四个监测时期，FM3600 磁化处理分别较 FCK 提高了 1.9%、23.8%、13.6%、14.4%。

7.6.1.2　土壤含盐量

表 7.14 所示结果表明，滴灌后土壤总盐含量均表现为下降趋势，磁化水滴灌对土壤的洗盐压盐效果显著高于 FCK，磁化水灌溉的土壤盐分降低率均高于 FCK。降低率表现为 FM3600＞FM2400＞FM1200＞FCK，磁化处理的降低率较 FCK 提高 70.72%、42.04%、27.32%。土壤中的阴离子（SO_4^{2-}、Cl^-、HCO_3^-）及 Na^+ 含量均表现为下降，其降低率均表现为：FM3600＞FM2400＞FM1200＞FCK，其中 FM3600 磁化处理的四种盐离子的降低率分别为 53.01%、41.18%、14.59%、20.63%，均高于 FCK。各处理土壤中的 Ca^{2+}、Mg^{2+}、K^+ 的含量均表现为下降，但 FCK 土壤中的 Ca^{2+}、Mg^{2+}、K^+ 含量下降幅度均低于磁化处理。FM3600 磁化处理的 Ca^{2+}、K^+、Mg^{2+} 的降低率最佳。结果表明，磁化水滴灌有效地降低土壤中的总盐及离子的含量，以 3600Gs 磁场强度最佳。

表 7.14　　　　磁化水滴灌土壤盐分和盐离子的变化（0～30cm 土层平均值）　　　　单位：g/kg

处理		总盐	SO_4^{2-}	Cl^-	HCO_3^-	Ca^{2+}	Mg^{2+}	K^+	Na^+
FM3600	播种前	0.84	0.083	0.017	0.329	0.083	0.023	0.033	0.063
	收获后	0.65	0.039	0.010	0.281	0.064	0.019	0.026	0.050
	降低量	0.19	0.044	0.007	0.048	0.019	0.004	0.007	0.013
	降低率/%	22.62	53.01	41.18	14.59	22.89	17.39	21.21	20.63
FM2400	播种前	0.85	0.082	0.016	0.328	0.084	0.023	0.034	0.064
	收获后	0.69	0.042	0.012	0.296	0.067	0.020	0.029	0.053
	降低量	0.16	0.040	0.004	0.032	0.017	0.003	0.005	0.011
	降低率/%	18.82	48.78	25.00	9.76	20.24	13.04	14.71	17.19
FM1200	播种前	0.83	0.085	0.018	0.331	0.082	0.022	0.032	0.061
	收获后	0.69	0.046	0.013	0.290	0.070	0.017	0.028	0.056
	降低量	0.14	0.039	0.005	0.041	0.012	0.005	0.004	0.005
	降低率/%	16.87	45.88	27.78	12.39	14.63	22.73	12.50	8.20

续表

处理		总盐	SO_4^{2-}	Cl^-	HCO_3^-	Ca^{2+}	Mg^{2+}	K^+	Na^+
FCK	播种前	0.83	0.083	0.018	0.329	0.083	0.022	0.034	0.062
	收获后	0.72	0.056	0.014	0.307	0.077	0.021	0.031	0.059
	降低量	0.11	0.027	0.004	0.022	0.006	0.001	0.003	0.003
	降低率/%	13.25	32.53	22.22	6.69	7.23	4.55	8.82	4.84

注　CO_3^- 微量，未标注。

7.6.1.3　土壤养分含量

在播种前及收获后对土壤养分进行测定，由表 7.15 所示结果可以看出，播种前，各处理的土壤养分含量相近，不存在显著性差异；收获后，FM3600、FM2400 磁化处理有机质、碱解氮、有效磷、速效钾的含量均与 FCK 处理存在显著性差异；FM1200 磁化处理有机质、碱解氮的含量与 FCK 处理差异不显著，有效磷、速效钾的含量存在显著性差异。收获后，磁化处理的土壤有机质、碱解氮、有效磷、速效钾的降低量、降低率均高于 FCK，磁化处理与 FCK 间差异显著，土壤养分降低率均表现为：FM3600＞FM2400＞FM1200＞FCK。结果表明，各处理有机质、碱解氮、有效磷、速效钾的降低率均存在显著性差异，FM3600 磁化处理对有机质、碱解氮、有效磷、速效钾的降低率达到 12.05%、22.98%、28.66%、5.26%，均显著高于 FCK 处理。

表 7.15　　　　　　　　磁化水滴灌土壤养分的变化（0～30cm 土层平均值）

处理		有机质/(g/kg)	碱解氮/(mg/kg)	有效磷/(mg/kg)	速效钾/(mg/kg)
FM3600	播种前	14.77±1.76 a	65.41±0.70 a	18.04±0.37 a	484.90±5.60 a
	收获后	12.99±0.32 c	50.38±1.63 b	12.87±0.24 c	459.38±5.82 c
	降低量	1.78±0.10 a	15.03±1.17 a	5.17±0.14 a	25.52±0.39 a
	降低率/%	12.05±0.40 a	22.98±1.45 a	28.66±1.15 a	5.26±0.15 a
FM2400	播种前	15.01±0.23 a	64.92±0.79 a	18.36±0.34 a	482.25±1.34 a
	收获后	13.68±0.44 bc	52.93±3.57 b	13.82±0.69 b	458.16±5.83 c
	降低量	1.33±0.12 b	11.99±1.19 b	4.54±0.09 b	24.09±0.77 b
	降低率/%	8.86±0.30 b	18.47±0.85 b	24.73±0.55 b	5.00±0.20 ab
FM1200	播种前	15.38±0.18 a	65.32±0.39 a	17.71±1.89 a	485.54±2.27 a
	收获后	14.17±0.32 ab	55.24±3.06 ab	14.27±0.33 b	462.07±3.73 b
	降低量	1.21±0.18 b	10.08±0.30 c	3.44±0.06 c	23.47±1.13 b
	降低率/%	7.87±0.50 c	15.43±0.65 c	19.42±0.35 c	4.83±0.25 b
FCK	播种前	14.84±1.17 a	65.15±0.55 a	18.39±0.71 a	483.49±2.11 a
	收获后	14.52±0.39 a	59.32±1.69 a	16.43±0.56 a	476.13±5.06 a
	降低量	0.32±0.03 c	5.83±0.17 d	1.96±0.05 d	7.36±0.35 c
	降低率/%	2.16±0.30 d	8.95±0.15 d	10.66±0.40 d	1.52±0.20 c

注　同一列不同字母表示不同处理之间具有显著性差异（$P<0.05$）。

7.6.2 活化水滴灌对谷子生长发育特性的影响

7.6.2.1 生长发育指标

表 7.16 所示结果表明，在四个监测时期，磁化水滴灌谷子的株高、叶片数均高于 FCK，FM3600、FM2400 磁化处理与 FCK 的株高差异显著，但 FM1200 磁化处理只有在拔节期与 FCK 存在显著性差异。在谷子成熟期，株高表现为：FM3600＞FM2400＞FM1200＞FCK，分别较 FCK 提高了 13.0%、7.7%、2.4%。谷子的叶片数在成熟期时，FM3600 磁化处理的叶片数比 FCK 提高 4.9%。FM1200 磁化处理与 FCK 在抽穗期差异显著，在其余三个时期不存在显著性差异；FM3600、FM2400 磁化处理的叶片数在四个监测时期均与 FCK 差异显著。试验结果表明，FCK 的谷子植株形态矮小、叶片数少，磁化滴灌谷子植株高、叶片数多。磁化水滴灌促进了谷子植株营养生长，增加了谷子植株光合作用的有效面积，为后期光合产物向生殖器官的累积及谷子产量的提升奠定基础。

表 7.16　　　　　　　　磁化水滴灌对谷子的株高和叶片数的影响

生育性状	生育期	处理			
		FM3600	FM2400	FM1200	FCK
株高/cm	出苗期	38.6±0.8 a	36.1±0.3 b	35.6±0.8 bc	34.7±0.6 c
	拔节期	68.2±0.4 a	65.7±1.5 b	64.3±0.7 b	62.1±0.7 c
	抽穗期	108.2±0.8 a	106.4±1.1 a	101.9±1.6 b	99.8±1.8 b
	成熟期	115.7±1.6 a	110.3±2.3 b	104.9±0.4 c	102.4±1.3 c
叶片数/个	出苗期	9.3±0.3 a	9.3±0.2 a	9.0±0.3 b	8.9±0.2 b
	拔节期	10.3±0.2 a	10.1±0.3 a	9.2±0.3 b	9.1±0.2 b
	抽穗期	14.6±0.1 a	14.5±0.1 a	14.2±0.1 b	13.7±0.3 c
	成熟期	15.1±0.3 a	14.9±0.1 a	14.5±0.1 b	14.4±0.2 b

注　同一列不同字母表示不同处理之间具有显著性差异（$P<0.05$）。

7.6.2.2 生物量

图 7.23 所示结果表明，磁化水滴灌谷子地上部生物量均高于 FCK，FM3600 磁化处理与 FM2400 磁化处理间差异不显著，与 FM1200 磁化处理及 FCK 间存在显著性差异，FM1200 磁化处理与 FCK 间不存在显著性差异。其中 FM3600 磁化处理谷子的地上部生物量达到 102.5kg/亩，较 FCK 提高了 31.7%，FM2400 磁化处理和 FM1200 磁化处理谷子的地上部生物量分别为 96.3kg/亩、80.7kg/亩，较 FCK 处理提高了 23.7% 和 3.6%。这说明磁化处理有利于谷子地上部生物量的累积，有利于促进谷子最终产量的形成，其中，以 3600Gs 磁化强度处理的地上部生物量最佳，效果较为显著。

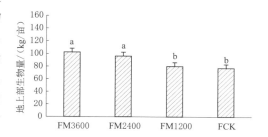

图 7.23　不同处理谷子的地上部生物量

注　不同字母表示不同处理之间具有
显著性差异（$P<0.05$）。

7.6.2.3 穗粒性状

表 7.17 所示结果表明，不同强度的磁化处理谷子的穗长、单穗重、单穗粒重均高于 FCK 处理，均表现为 FM3600＞FM2400＞FM1200＞FCK。磁化水灌溉谷子的穗长较 FCK 处理提高 1.3～2.5cm，FM3600 磁化处理与 FM1200 磁化处理及 FCK 间差异显著，与 FM2400 磁化处理不存在显著性差异。磁化处理谷子的单穗重较 FCK 增重 1.5～2.4g，FM3600 磁化处理较 FCK 提高 12.4%，FM2400 磁化处理与 FM1200 磁化处理分别较 FCK 提高 9.8%、7.7%，磁化处理间差异不显著，与 FCK 差异显著。在单穗粒重上，磁化处理与 FCK 存在显著性差异，FM3600 磁化处理最佳，较 FCK 处理提高 7.6%。这说明磁化水滴灌有效地促进谷子穗长、单穗重、单穗粒重的增加，对产量的提高有利。

表 7.17 磁化水灌溉对谷子穗粒性状的影响

处理	穗长/cm	单穗重/g	单穗粒重/g
FM3600	22.8±0.7 a	21.8±1.1 a	16.9±0.3 a
FM2400	22.1±0.4 ab	21.3±0.5 a	16.8±0.4 a
FM1200	21.6±0.8 b	20.9±0.5 a	16.5±0.2 a
FCK	20.3±0.5 c	19.4±0.4 b	15.7±0.4 b

注 同一列不同字母表示不同处理之间具有显著性差异（$P < 0.05$）。

7.6.2.4 产量

为探究磁化水滴灌对玉米产量的影响，对谷子的穗数、穗粒数及千粒重进行了测定。据表 7.18 可知，FM3600 磁化处理与 FM2400 磁化处理的谷子产量差异不显著，与 FM1200 磁化处理及 FCK 处理存在显著性差异。最终测产以 FM3600 磁化处理最佳，产量为 559kg/亩，较 FCK 提高了 23.9%，FM2400 与 FM1200 磁化处理分别较 FCK 提高了 17.5%和 2.9%。穗数表现为：FM3600＞FM2400＞FCK＞FM1200，FM3600 与 FM2400 磁化处理之间不存在显著性差异，分别较 FCK 提高 13.2%、9.3%，FM1200 磁化处理与 FCK 间差异不显著。在穗粒数上，各处理间差异不显著，FM3600、FM2400 磁化处理分别较 FCK 提高了 3.0%、3.2%。千粒重以 FM3600 磁化处理最佳，为 2.56g，较 FCK 提高 6.2%，FM2400 与 FM1200 磁化处理分别较 FCK 提高 4.1%、2.5%，各处理间差异不显著。综合看，在谷子的穗数、穗粒数、千粒重及产量上，磁化处理均高于 FCK 处理，有效地促进了谷子产量及产量构成要素的提升，以 3600Gs 磁场强度处理最佳，2400Gs 磁场强度处理次之。

表 7.18 磁化水对谷子产量的影响

处理	穗数/（个/亩）	穗粒数	千粒重/g	产量/（kg/亩）
FM3600	36231±1194 a	7090±48 a	2.56±0.05 a	559±11 a
FM2400	34980±1232 a	7101±97 a	2.51±0.24 a	530±5 a
FM1200	31397±610 b	6906±87 a	2.47±0.22 a	464±33 b
FCK	31993±1163 b	6884±260 a	2.41±0.10 a	451±21 b

注 同一列不同字母表示不同处理之间具有显著性差异（$P < 0.05$）。

综上所述，磁化水滴灌可有效地保持土壤中水分的含量，并将土壤盐分淋洗到耕作层以下；磁化水滴灌的谷子植株加速吸收利用土壤中的养分、Ca^{2+}、Mg^{2+}、K^+，从而促进谷子的生长发育及谷子植株地上部生物量的累积。磁化水滴灌有效地提高了谷子产量构成要素及产量，最终产量以 FM3600 磁场处理最佳，为 559kg/亩，较 FCK 提高了 23.9%，FM2400、FM1200 磁化处理分别比 FCK 处理提高了 17.5% 和 2.9%。综上所述，磁化水灌溉直接影响土壤含水量及土壤盐分，间接影响了玉米作物的生长发育及生物量的累积。最终，磁化水滴灌能够有效提升谷子产量，针对谷子作物，其最佳磁场强度范围应控制在 2400～3600Gs。

7.7 磁化水灌溉下土壤理化性质与玉米的生长特征

为了研究不同磁化强度条件下磁化水对玉米产量品质的影响，阐明玉米的生长发育、产量品质及土壤盐分、养分变化特征，在新疆玛纳斯县乐土驿镇上庄子村开展试验研究。选取生育期为 156 天的制种玉米，于 4 月 17 日进行播种，9 月 20 日收获。供试土壤盐分含量为 0.58g/kg、全氮 73.12mg/kg、有效磷 9.45mg/kg、速效钾 356mg/kg。试验选取磁场强度为 1200Gs、2400Gs、3600Gs 的三组磁化器（分别表示为 FM1200、FM2400、FM3600），以不磁化处理（FCK）为对照。在玉米生长至果实成熟期严格控制灌溉水量，于 5 月 23 日、6 月 7 日、6 月 16 日、7 月 3 日、7 月 15 日、7 月 26 日、8 月 5 日、8 月 19 日进行灌水，共灌水 8 次，总灌溉深度为 600mm，灌水下限为田间持水量的 65%。施肥采用基肥为主、追肥为辅原则，耕作前施基肥，施入尿素 16.6kg/亩，磷酸二氢铵 34kg/亩。随灌水施肥 1 次，在拔节期每公顷施入尿素 12.6kg/亩。

7.7.1 磁化水灌溉对土壤水盐分布和养分含量的影响

7.7.1.1 土壤含水率

图 7.24 所示结果可以看出，磁化水滴灌的土壤含水率高于对照组，各时期均表现为 FM2400 磁化处理最佳。在幼苗期（6 月 7 日为例），各处理间差异不显著，磁化处理的土壤含水率均高于 FCK；在拔节期（6 月 16 日为例），各磁化处理与 FCK 间差异显著，FM2400 磁化处理与 FM3600 磁化处理间不存在显著性差异，土壤含水率表现为：FM2400＞FM3600＞FM1200＞FCK，分别较 FCK 提高了 16.0%、9.7%、4.9%；在抽穗成熟期（7 月 26 日为例），FM2400 磁化处理与 FM1200 磁化处理间差异不显著，但与 FCK 存在显著性差异，FM3600 磁化处理与 FCK 间不存在显著性差异，土壤含水率表现为：FM2400＞FM1200＞FM3600＞FCK，分别较 FCK 提高了 13.0%、10.1%、3.0%。结果表明，磁化处理可有效提高土壤含水率，FM2400 磁化处理效果最佳，在幼苗期、拔节期、抽穗成熟期分别较 FCK 提高 2.7%、16.0%、13.0%。

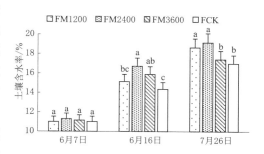

图 7.24 磁化水滴灌土壤含水率变化
（0～30cm 土层平均值）

注 同一日期不同字母表示不同处理之间具有显著性差异（$P<0.05$）。

7.7.1.2　土壤含盐量

由表 7.19 显示结果可以看出，滴灌均降低了根区土壤的总盐含量。但磁化水灌溉对土壤的洗盐压盐效果更明显，磁化处理的土壤盐分脱盐率均高于 FCK。脱盐率表现为 FM2400＞FM1200＞FM3600＞FCK，磁化处理脱盐率较 FCK 分别提高了 88.4%、71.71%、17.30%。磁化处理土壤中的 SO_4^{2-}、Cl^-、Na^+ 的含量均降低，但 HCO_3^- 的含量除 FM2400 磁化处理表现为下降，其他处理 HCO_3^- 的含量均升高。Na^+ 的含量脱盐率表现为：FM2400＞FM3600＞FM1200＞FCK，CO_3^{2-} 在本试验中含量微量。Cl^- 脱盐率以 FM1200 磁化处理最佳，为 52.14%，较 FCK 提高了 168.21%。各磁化处理的土壤中 Ca^{2+}、Mg^{2+}、K^+ 的含量均表现为降低，但 FCK 土壤中的 Mg^{2+}、K^+ 含量表现为增加。结果表明，磁化水灌溉可以有效降低土壤盐分含量，盐随水走，更多盐分被淋洗到耕作层以下。

表 7.19　磁化水滴灌土壤盐分和八大离子的变化（0～30cm 土层平均值）　　单位：g/kg

处理		总盐	SO_4^{2-}	Cl^-	Na^+	HCO_3^-	Ca^{2+}	K^+	Mg^{2+}
FM3600	滴灌前	0.88	0.1259	0.0073	0.0295	0.2211	0.1136	0.0235	0.0157
	滴灌后	0.71	0.0411	0.0054	0.0195	0.2631	0.0922	0.0160	0.0138
	脱盐量	0.1700	0.0848	0.0019	0.0100	−0.0420	0.0214	0.0075	0.0019
	脱盐率/%	19.32	67.36	26.03	33.90	−19.00	18.84	31.91	12.10
FM2400	滴灌前	0.87	0.1423	0.0062	0.0281	0.2607	0.1160	0.0222	0.0164
	滴灌后	0.60	0.0349	0.0044	0.0172	0.2597	0.0854	0.0164	0.0147
	脱盐量	0.2700	0.1074	0.0018	0.0109	0.0010	0.0306	0.0058	0.0017
	脱盐率/%	31.03	75.47	29.03	38.79	0.38	26.38	26.13	10.37
FM1200	滴灌前	0.99	0.164	0.0117	0.0347	0.2478	0.1241	0.0289	0.0180
	滴灌后	0.71	0.0371	0.0056	0.0267	0.3050	0.1001	0.0209	0.0169
	脱盐量	0.2800	0.1269	0.0061	0.0080	−0.0572	0.0240	0.0080	0.0011
	脱盐率/%	28.28	77.38	52.14	23.05	−23.08	19.34	27.68	6.11
FCK	滴灌前	0.85	0.1256	0.0072	0.0376	0.2468	0.1086	0.0195	0.0144
	滴灌后	0.71	0.0407	0.0058	0.0314	0.2861	0.0914	0.0214	0.0175
	脱盐量	0.1400	0.0849	0.0014	0.0062	−0.0393	0.0172	−0.0019	−0.0031
	脱盐率/%	16.47	67.60	19.44	16.49	−15.92	15.84	−9.74	−21.53

注　CO_3^{2-} 微量，未标注。

7.7.1.3　土壤养分含量

表 7.20 结果表明，磁化水滴灌土壤中的有机质、碱解氮、有效磷、速效钾含量的变化率均高于 FCK 处理。有机质的变化率表现为：FM1200＞FM2400＞FM3600＞FCK，FM2400 磁化处理有机质溶解率较 FCK 提高了 65.30%。磁化处理的碱解氮、有效磷、速效钾含量的变化率分别为 12.70%～14.52%、31.61%～54.32%、6.58%～10.58%，均表现为：FM3600＞FM2400＞FM1200＞FCK。

表 7.20　　　　　　磁化水滴灌土壤养分变化（0～30cm 土层平均值）

处理		有机质/（g/kg)	碱解氮/(mg/kg)	有效磷/(mg/kg)	速效钾/(mg/kg)
FM3600	滴灌前	15.35	77.34	9.96	378.70
	滴灌后	14.33	66.11	4.55	338.63
	变化量	1.02	11.23	5.41	40.07
	变化率/%	6.64	14.52	54.32	10.58
FM2400	滴灌前	14.73	63.64	9.02	304.23
	滴灌后	13.60	54.77	5.77	281.91
	变化量	1.13	8.87	3.25	22.32
	变化率/%	7.67	13.94	36.03	7.34
FM1200	滴灌前	14.54	90.23	9.87	391.96
	滴灌后	13.20	78.77	6.75	366.16
	变化量	1.34	11.46	3.12	25.80
	变化率%	9.22	12.70	31.61	6.58
FCK	滴灌前	15.53	67.08	9.17	340.80
	滴灌后	14.81	63.88	6.66	323.29
	变化量	0.72	3.20	2.51	17.51
	变化率/%	4.64	4.77	27.37	5.14

注　变化量=灌溉前量-灌溉后量。

7.7.2　磁化水灌溉对玉米生长发育特性的影响

7.7.2.1　生长发育指标

图 7.25 所示结果可以看出，在苗期（6 月 7 日为例）及拔节时期（6 月 29 日为例），磁化处理的玉米株高、叶片数均高于对照组，但各处理间差异不显著，且叶片增加缓慢。在抽穗成熟期（7 月 13 日为例），株高表现为：FM3600＞FM2400＞FM1200＞FCK，分别较 FCK 提高了 11.5%、9.6%、8.0%，磁化处理与 FCK 间差异显著，但各磁化处理间不存在显著性差异；叶片数表现为：FM3600＞FM2400＞FM1200＞FCK，分别较 FCK 提高了 19.7 %、11.5%、1.6%，FM3600、FM2400 磁化处理与 FCK 间差异显著，FM1200 磁化处理与 FCK 间差异不显著，FM2400 磁化处理的叶片数比 FCK 提高 11.5%。实验结果表明，磁化处理可以在一定程度上促进玉米植株的增长、叶片数的增加。

7.7.2.2　生物量

图 7.26 所示结果表明，磁化处理的玉米地上部生物量均大于 FCK 对照，磁化处理与 FCK 对照间存在显著性差异，FM2400 与 FM1200、FM3600 磁化处理间差异显著，但 FM1200 与 FM3600 磁化处理间不存在显著性差异。FM2400 磁化处理玉米植株的地上部生物量达到 263.5g/株，较 FCK 提高了 71.2%。FM1200 和 FM3600 磁化处理地上部生物量分别为 216.3g/株、209.1g/株，较 FCK 分别提高了 40.5% 和 35.9%。结果表明，磁化处理均明显促进了玉米植株的地上部生物量的积累，进而有效促进玉米作物最终产量的形

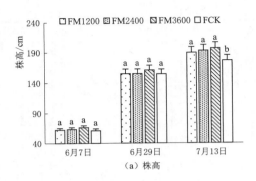
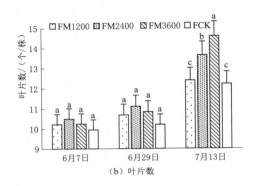

图 7.25　磁化水滴灌对不同生育阶段玉米的株高和叶片数的影响

注　同一日期不同字母表示不同处理之间具有显著性差异（$P<0.05$）。

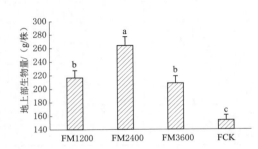

图 7.26　磁化水滴灌玉米地上部生物量

注　不同字母表示不同处理之间具有
显著性差异（$P<0.05$）。

成，以 2400Gs 磁场强度处理最佳。

7.7.2.3　穗粒性状

从表 7.21 显示结果可以看出，磁化处理玉米的穗长及穗粗均高于 FCK 对照，经磁化处理玉米的秃尖长均低于 FCK 对照，但各处理间均表现为差异不显著。磁化处理玉米的单穗粒重较 FCK 增重 23.2～41.2g，磁化处理与 FCK 间差异显著，FM2400 磁化处理与 FM1200、FM3600 磁化处理间差异显著，但 FM1200、FM3600 磁化处理间无显著性差异。单穗粒重表现为：FM2400＞FM1200＞FM3600＞FCK，分别较 FCK 提高了 45.8％、28.6％、25.8％。试验数据表明，磁化处理有利于促进玉米穗长、穗粗、单穗粒重的增加，并可一定程度上减少秃尖长度。

表 7.21　　　　　　　　　　　　　磁化水滴灌对玉米穗粒性状的影响

处理	穗长/cm	穗粗/cm	秃尖长度/cm	穗粒重/g
FM3600	15.9±1.0 a	4.8±0.1 a	1.5±0.1 a	113.1±8.0 b
FM2400	15.7±0.8 a	4.7±0.1 a	1.6±0.2 a	131.1±10.6 a
FM1200	17.2±0.9 a	4.7±0.1 a	1.7±0.3 a	115.6±3.6 b
FCK	15.1±0.2 a	4.6±0.1 a	1.8±0.2 a	89.9±3.2 c

注　同一列不同字母表示不同处理之间具有显著性差异（$P<0.05$）。

7.7.2.4　产量

由表 7.22 所示结果可看出，磁化水滴灌玉米的产量与 FCK 间均表现为显著性差异，FM2400 与 FM1200 磁化处理无显著性差异，但与 FM3600 磁化处理差异显著。最终测产以 FM2400 磁化处理最佳，产量为 545kg/亩，较 FCK 提高了 16.2％。FM1200 与 FM3600 磁化处理分别比 FCK 处理提高了 14.1％和 4.1％。在穗粒数上，磁化处理均高于 FCK 对照，FM2400 磁化处理较 FM1200、FM3600 磁化处理及 FCK 分别提高了 6.6％、

8.8％和 25.9％，各处理间差异不显著。穗数表现为：FM2400＞FM1200＞FM3600＞FCK，分别较 FCK 提高了 9.7％、8.1％、6.3％，各处理间不存在显著性差异。千粒重以FM2400 磁化处理最佳，为 345.4g，较 FCK 提高 6.0％，各处理间差异不显著。数据分析结果表明，磁化水滴灌可有效提高玉米穗数、穗粒数、千粒重及产量，以 2400Gs 磁场强度处理最佳，1200Gs 磁场强度次之。

表 7.22　　　　　　　　　　　　磁化水滴灌对玉米产量的影响

处理	穗数/(个/亩)	穗粒数	千粒重/g	产量/(kg/亩)
FM3600	5800±507 a	302.6±34.2 a	328.8±7.8 a	488±8 b
FM2400	5983±557 a	329.3±5.2 a	345.4±21.0 a	545±6 a
FM1200	5900±43 a	308.9±35.8 a	334.7±5.1 a	535±5 a
FCK	5456±370 a	261.5±21.1 a	325.9±25.9 a	469±8 c

注　同一列不同字母表示不同处理之间具有显著性差异（$P < 0.05$）。

7.7.2.5　品质指标

由表 7.23 所示结果可知，FM2400 磁化处理可溶性糖含量最高，为 19.9％，分别较FM3600、FM1200、FCK 提高了 36.3％、7.0％和 38.2％。FM2400 与 FM1200 磁化处理间不存在显著性差异，但与 FCK 间差异显著，FM3600 磁化处理与 FCK 间差异不显著。蛋白质含量表现为：FM2400＞FM1200＞FM3600＞FCK，分别较 FCK 提高了 39.6％、17.9％、11.7％，FM2400 磁化处理与其他处理间差异显著。FM2400 磁化处理淀粉含量最高，为 56.5％，较 FCK 提高了 12.8％；FM1200 与 FM3600 磁化处理分别较 FCK 提高了 10.8％和 9.6％。各磁化处理间不存在显著性差异，但与 FCK 之间差异显著。试验数据表明，磁化水灌溉可以有效提高玉米穗粒的品质，以 2400Gs 磁场强度处理最佳，1200Gs 磁场强度处理次之。

表 7.23　　　　　　　　　　　　磁化处理水对玉米籽粒品质的影响

处理	可溶性糖/％	蛋白质/(g/kg)	淀粉/％
FM3600	14.6±1.01 b	55.5±3.3 bc	54.9±1.58 a
FM2400	19.9±1.18 a	69.4±3.7 a	56.5±1.19 a
FM1200	18.6±0.83 a	58.6±4.0 b	55.5±1.36 a
FCK	14.4±0.22 b	49.7±2.8 c	50.1±0.75 a

注　同一列不同字母表示不同处理之间具有显著性差异（$P < 0.05$）。

综上所述，磁化水滴灌可有效提高土壤含水量、降低土壤盐分含量。经磁化水灌溉的玉米植株，可有效提高玉米穗数、穗粒数、千粒重及产量，FM2400、FM1200 与 FM3600磁化处理产量分别比 FCK 提高了 16.2％、14.1％和 4.1％，以 FM2400 磁化处理最佳。经磁化水灌溉的玉米植株，磁化水灌溉可以有效提高玉米籽粒品质，其可溶性糖含量较FCK 提高了 1.4％～38.2％；蛋白质含量较 FCK 提高了 11.7％～39.6％；淀粉含量较FCK 提高了 9.6％～12.8％。综合分析土壤盐分、作物产量和品质因素，磁化水滴灌玉米，可以把磁化器的磁场强度限定为 1200～2400Gs。

7.8　磁电活化水灌溉下菠菜的生长特征

为了探讨磁电一体活化水对菠菜生长的影响，在西安理工大学人工气候温室开展试验研究。供试土样取自陕西杨凌，采集农田土壤表层土 0～20cm，质地为粉砂质壤土。供试菠菜种子为大禹牌理想 1 号。试验采用盆栽种植方式，每盆装土量为 1.2kg，基肥分别施氮 150mg/kg（尿素）、磷 75mg/kg（五氧化二磷）、钾 75mg/kg（硫酸钾），一次性施入土壤中。灌溉水分为常规水（FCK）和磁电活化水（FMD）两组，土壤质量含水率分别控制在田间持水量（WHC）的 45%～55%、55%～65%、65%～75%、75%～85% 及 85%～95%，分别表示为 FCK1、FCK2、FCK3、FCK4、FCK5，FMD1、FMD2、FMD3、FMD4、FMD5。

7.8.1　叶片全氮量

图 7.27 显示了菠菜叶片全氮量的动态变化。从图可以看出，叶片全氮量均随着播种时间的增加呈现先增大后减小的趋势。在相同土壤含水率下，磁电活化水能提高叶片全氮量，与 FCK1、FCK2、FCK3、FCK4、FCK5 处理相比，FMD1、FMD2、FMD3、FMD4、FMD5 处理下的叶片全氮量整体上分别提高了 20.23%、11.21%、25.87%、15.56%、11.27%（$P<0.05$）。

7.8.2　地上部鲜重

图 7.28 显示了菠菜地上部鲜重的动态变化。由图中可以看出，在 FCK 处理组中，FCK5 处理下的地上部鲜重最大；在 FMD 处理组中，FMD5 地上部鲜重最大。在播种 56 天后，与 FCK1、FCK2、FCK3、FCK4、FCK5 处理相比，FMD1、FMD2、FMD3、FMD4、FMD5 处理下的地上部鲜重分别增大了 19.03%、30.18%、52.26%、3.02%、9.52%（$P<0.05$）。

为进一步分析各处理对地上部分鲜重的影响，获得了菠菜地上部鲜重生长速率随时间的变化过程，如图 7.29 所示。由图可以看出，菠菜地上部鲜重生长速率变化趋势较为一致。初始生长速率缓慢，随后增加至最大生长速率，然后生长速率减低。相比常规水，磁电活化水对菠菜地上部分鲜重生长速率的影响因土壤水分状况的不同而有所差异。与 FCK1、FCK2、FCK3、FCK4、FCK5 处理相比，FMD1、FMD2、FMD3、FMD4、FMD5 处理下的最大生长速率分别增大了 60.27%、34.41%、24.95%、1.24%、2.48%；而各处理到达各自最大生长速率的时间各不相同，FMD1、FMD2、FMD3、FMD4、FMD5 比 FCK1、FCK2、FCK3、FCK4、FCK5 分别提前了 3 天、2 天、2 天、3 天、1 天。

7.8.3　叶绿素含量和光合特性

由于各处理地上部鲜重的最大生长速率大多出现在播种后 42 天左右，选取该时间测量的叶绿素含量和光合特性（光响应曲线、气孔导度及胞间 CO_2）进行分析。

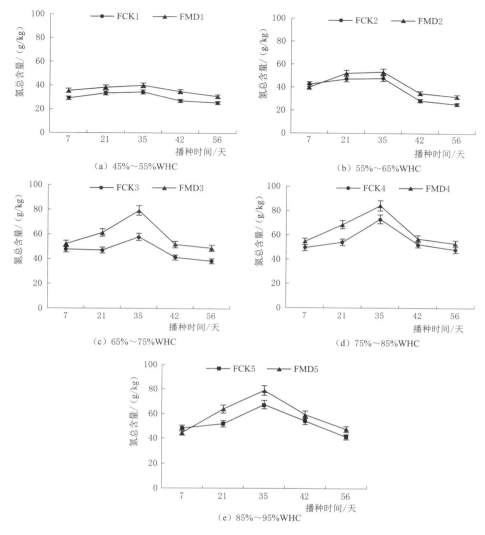

图 7.27　菠菜叶片全氮量的动态变化

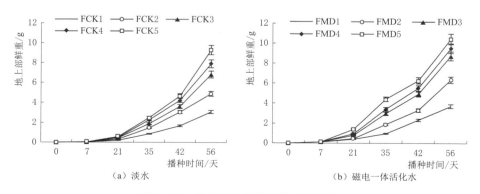

图 7.28　菠菜地上部鲜重的动态变化

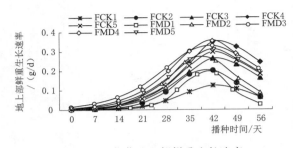

图 7.29 菠菜地上部鲜重生长速率

高等植物中主要含有叶绿素 a 和叶绿素 b，这两者是把光能转化成化学能的重要色素，叶绿素 b 的功能主要是收集光能，而叶绿素 a 则主要是利用收集到的光能进行光化学作用，叶绿素 a/b 比值可以反映捕光色素复合体Ⅱ（LHCⅡ）在所含叶绿体结构中的比例，LHCⅡ负责吸收光能并向光系统Ⅱ（PSⅡ）传递能量，叶绿素 a/b 比值降低，说明 LHCⅡ含量减少，叶片对光能的捕获也相应减少。表 7.24 为不同处理下菠菜叶绿素含量。从表 7.24 可以看出，FMD 处理与 FCK 处理的叶绿素 a、叶绿素 b 和分数总质量均随着土壤含水率的增加呈现先增大后减小的趋势。与 FCK1、FCK2、FCK3、FCK4、FCK5 处理相比，FMD1、FMD2、FMD3、FMD4、FMD5 处理下的叶绿素总质量分数分别增大了 38.14%、19.82%、27.10%、9.74%、5.29%。不同处理下的叶绿素总质量分数变化规律表现为：FMD4＞FCK4＞FMD3＞FMD5＞FCK5＞FCK3＞FMD2＞FCK2＞FMD1＞FCK1，这与生长速率变化规律基本相似。对于叶绿素 a，除在 75%～85%WHC 和 85%～95%WHC 梯度下，FMD 与 FCK 处理的叶绿素 a 差异不显著外（$P＞0.05$），在其他土壤含水率梯度下 FMD 显著高于 FCK（$P＜0.05$）；而对于叶绿素 b，仅在 45%～55%WHC 下 FMD 显著高于 FCK（$P＜0.05$），在其他土壤含水率梯度下差异并不显著（$P＞0.05$），由此可见，磁电一体活化水主要影响叶片中叶绿素 a 含量；对于叶绿素 a/b，在不同土壤含水率下，FMD 处理下的叶绿素 a/b 显著高于 FCK（$P＜0.05$），表明磁化去电子水增强了对光的捕捉效率。

表 7.24　　　　　　　　　　　　菠 菜 叶 绿 素 含 量　　　　　　　　　单位：mg/g

处理	叶绿素 a	叶绿素 b	叶绿素 a/b	叶绿素 a+b
FCK1	0.874 i	0.387 f	2.258 i	1.261 i
FMD1	1.237 h	0.505 e	2.450 f	1.742 h
FCK2	1.492 g	0.561 e	2.660 e	2.053 g
FMD2	1.839 f	0.621 de	2.961 cd	2.460 f
FCK3	1.868 ef	0.626 cd	2.984 bc	2.494 ef
FMD3	2.418 c	0.752 c	3.215 a	3.170 c
FCK4	3.316 ab	1.049 ab	3.151 c	4.365 b
FMD4	3.469 a	1.107 a	3.336 a	4.576 a
FCK5	1.970 de	0.693 cd	2.843 d	2.663 de
FMD5	2.109 d	0.695 c	3.035 bc	2.804 cd

注　同一列不同字母表示不同处理之间具有显著性差异（$P＜0.05$）。

　　在播种后 42 天，将 FMD 处理相对 FCK 处理的叶片叶绿素含量增加量分别与叶片全氮含量增加量和地上部鲜重生长速率增加量关系进行拟合，结果如图 7.30 所示。由图可知，在不同土壤含水率下，磁化和去电子水相对常规水的叶绿素含量增加量与叶片全氮量和地上部鲜重生长速率增加量具有较好的线性关系，拟合结果均大于0.9，表明三者的增加量具有一定的相关性。

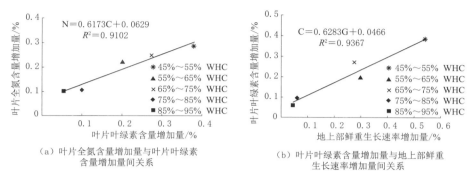

图7.30　叶片叶绿素含量增加量与叶片全氮含量增加量和地上部鲜重生长速度增加量的关系

图7.31（a）为不同处理下菠菜叶片净光合速率随光合有效辐射变化特征。由图7.31（a）可知，对于FMD与FCK处理，在不同土壤含水率和不同光合有效辐射处理下，光响应曲线相似。即光合有效辐射一定时，随着土壤含水率的增加，菠菜净光合速率呈现先增大后减小的趋势；土壤含水率一定时，随着光合有效辐射的增加，菠菜净光合速率先呈现迅速增大的趋势。当光合有效辐射达到$1000\mu mol/(m^2 \cdot s)$时，开始趋向平缓，最后呈现减小的趋势，说明菠菜叶片在强光的照射下会产生光抑制和光饱和现象。在净光合速率较为稳定的光合有效辐射范围内，如光合有效辐射为$1800\mu mol/(m^2 \cdot s)$时，不同处理下净光合速率变化规律为：FMD4＞FCK4＞FMD3＞FMD5＞FCK5＞FCK3＞FMD2＞FCK2＞FMD1＞FCK1。与FCK1、FCK2、FCK3、FCK4、FCK5处理相比，FMD1、FMD2、FMD3、FMD4、FMD5处理下的净光合速率分别增大了18.27％、8.68％、30.48％、9.16％、11.11％。图7.31（b）为不同处理下菠菜叶片气孔导度随光合有效辐射变化特征。由图7.31（b）可知，气孔导度随着土壤含水率的增加呈现先增大后降低的趋势，而磁化去电子水能够增大菠菜气孔导度。光合有效辐射为$1800\mu mol/(m^2 \cdot s)$时，与FCK1、FCK2、FCK3、FCK4、FCK5处理相比，FMD1、FMD2、FMD3、FMD4、FMD5处理下的气孔导度分别增大了81.28％、90.45％、80.27％、19.87％、8.08％。图7.31（c）为不同处理下菠菜叶片胞间CO_2浓度随光合有效辐射变化特征，由图7.31（c）可知，胞间CO_2浓度随着土壤含水率的增加呈现先降低后增大的趋势，磁化和去电子水灌溉提高了叶片胞间CO_2浓度，如光合有效辐射为$1800\mu mol/(m^2 \cdot s)$时，与FCK1、FCK2、FCK3、FCK4、FCK5处理相比，FMD1、FMD2、FMD3、FMD4、FMD5处理下的胞间CO_2浓度分别增大了9.00％、6.76％、35.74％、22.89％、13.03％。

7.8.4　适宜光响应曲线模型的确定

为了定量分析磁电一体化水对菠菜光合特征的影响，确定适宜的光响应曲线模型，分别采用直角双曲线模型（Thornley，1976）、非直角双曲线模型（Thornley，1976）、直角

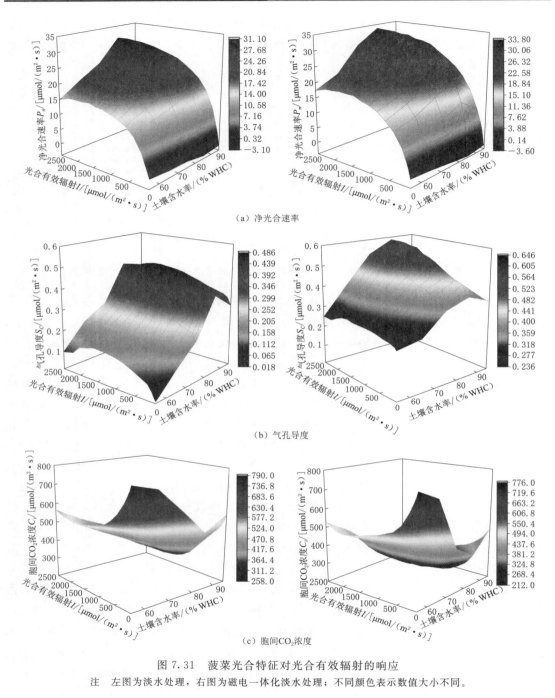

（a）净光合速率

（b）气孔导度

（c）胞间CO₂浓度

图 7.31　菠菜光合特征对光合有效辐射的响应

注　左图为淡水处理，右图为磁电一体化淡水处理；不同颜色表示数值大小不同。

双曲线修正模型（Ye，2007）和指数模型（Thornley，1976），对不同土壤含水率下小白菜叶片的光响应曲线进行拟合分析，图 7.32 所示为 4 种模型对菠菜净光合速率的拟合曲线。

由图 7.32 可知，不同处理下的净光合速率均随着光合有效辐射的增大呈现先迅速增大，再趋于平缓、最后减小的趋势，说明菠菜叶片在强光的照射下会产生光抑制和光饱和

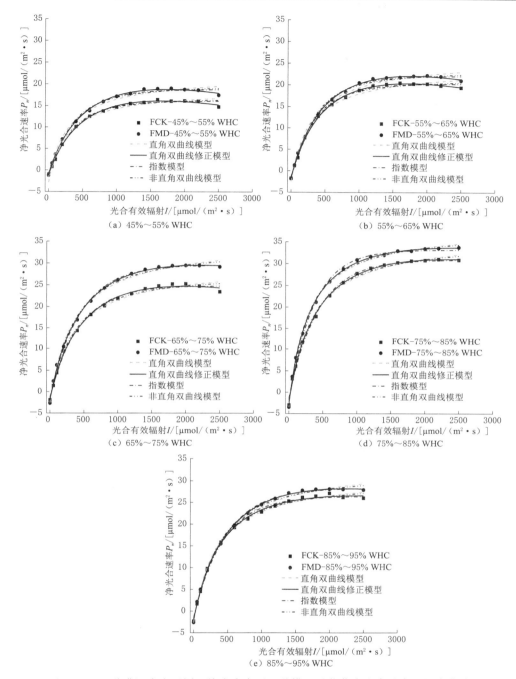

图 7.32 两种灌溉水在不同土壤含水率下 4 种模型对菠菜净光合速率的拟合曲线

现象。当光合有效辐射为 $2500\mu mol/(m^2 \cdot s)$ 时，直角双曲线模型、非直角双曲线模型和指数模型的拟合值基本均大于实测值，这是由于直角双曲线模型、非直角双曲线模型和指数模型均是单调递增的函数，均不能很好地拟合菠菜在强光时存在的光抑制和光饱和现象，而直角双曲线修正模型能够很好地拟合菠菜在不同光合有效辐射下净光合速率的变化过程。表 7.25 为 4 种模型对菠菜净光合速率的拟合曲线的模拟精度比较，通过对比分析可以发现，相比其他模型，直角双曲线修正模型的拟合曲线与实测值最为接近，同时 R^2 更接近于 1 且 RMSE 与 MAE 较小。

表 7.25　4 种模型对菠菜净光合速率的拟合曲线的模拟精度比较

模型	处理	RMSE /[μmol/(m$^2\cdot$s)]	MAE /[μmol/(m$^2\cdot$s)]	R^2	模型	处理	RMSE /[μmol/(m$^2\cdot$s)]	MAE /[μmol/(m$^2\cdot$s)]	R^2
直角双曲线模型	FCK1	0.583	0.453	0.992	非直角双曲线模型	FCK1	0.373	0.302	0.997
	FMD1	0.656	0.533	0.991		FMD1	0.510	0.409	0.994
	FCK2	0.795	0.635	0.989		FCK2	0.512	0.434	0.995
	FMD2	0.777	0.599	0.991		FMD2	0.534	0.44	0.996
	FCK3	0.758	0.555	0.993		FCK3	0.664	0.49	0.995
	FMD3	0.863	0.695	0.993		FMD3	0.771	0.662	0.995
	FCK4	0.768	0.641	0.995		FCK4	0.674	0.555	0.996
	FMD4	0.588	0.478	0.998		FMD4	0.534	0.449	0.998
	FCK5	0.529	0.392	0.997		FCK5	0.458	0.354	0.998
	FMD5	0.511	0.407	0.998		FMD5	0.469	0.395	0.998
直角双曲线修正模型	FCK1	0.315	0.292	0.998	指数模型	FCK1	0.355	0.31	0.997
	FMD1	0.221	0.19	0.999		FMD1	0.389	0.302	0.997
	FCK2	0.233	0.185	0.999		FCK2	0.392	0.327	0.997
	FMD2	0.217	0.174	0.999		FMD2	0.385	0.298	0.998
	FCK3	0.439	0.369	0.998		FCK3	0.602	0.504	0.996
	FMD3	0.445	0.364	0.998		FMD3	0.63	0.546	0.997
	FCK4	0.429	0.296	0.999		FCK4	0.586	0.432	0.997
	FMD4	0.367	0.303	0.999		FMD4	0.723	0.578	0.996
	FCK5	0.359	0.301	0.999		FCK5	0.577	0.487	0.996
	FMD5	0.316	0.258	0.999		FMD5	0.502	0.411	0.998

7.8.5　直角双曲线修正模型参数变化特征

采用直角双曲线修正模型分别对 FCK 与 FMD 处理组在 5 种土壤含水率下菠菜净光合速率进行模拟计算，并将模拟值与实测值进行比较，结果如图 7.33 所示。由图可知，经误差计算分析，FCK 和 FMD 模拟值与实测值之间的决定系数 R^2 均大于为 0.99，均方根误差 RMSE 分别为 0.425μmol/(m$^2\cdot$s)、0.391μmol/(m$^2\cdot$s)；平均绝对误差 MAE 分别为 0.316μmol/(m$^2\cdot$s)、0.295μmol/(m$^2\cdot$s)）。可见，模拟值与实测值之间的拟合度较好，故直角双曲线修正模型可以用来模拟不同土壤含水率下菠菜的净光合速率。

光响应曲线数学模型用来计算最大光合速率 P_{nmax}、光补偿点 I_c、光饱和点 I_{sat}、暗呼吸速率 R_d 等反映作物生理意义的参数，被广泛地应用于作物生长及农业生产的研究中。为了准确地对比分析磁化去电子水与常规水在不同土壤含水率下对菠菜光合作用的影响，

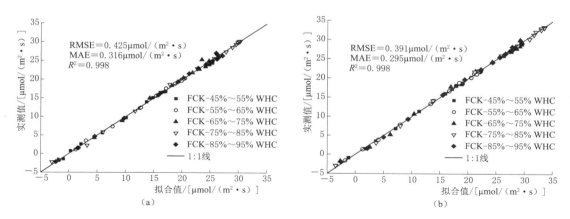

图 7.33 直角双曲线修正模型对不同土壤含水率下菠菜净光合速率的拟合值与实测值

依据直角双曲线修正模型的拟合结果，计算了各处理下菠菜的表观量子效率 a、P_{nmax}、I_c、I_{sat}、R_d 等光合特征参数，见表 7.26。由表可知，在不同土壤含水率下，磁电一体化水与常规水的 a、P_{nmax}、I_c、I_{sat}、R_d 具有一定的差异。

表观量子效率反映了植物在弱光下吸收、转换和利用光能能力的指标（段萌等，2018）。由表可知，FCK 与 FMD 处理下的表观量子效率均随着土壤含水率的增大呈现先增大后减小的变化趋势。在不同土壤含水率下，FMD 处理下的表观量子效率大于 FCK，表明磁电一体化灌溉水能够增大菠菜对弱光的利用能力，与 FCK1、FCK2、FCK3、FCK4、FCK5 处理相比，FMD1、FMD2、FMD3、FMD4、FMD5 处理下的菠菜表观量子效率分别增大了 27.60%、23.93%、35.62%、30.43%、10.17%，FMD4 处理下的表观量子效率最高。

植物叶片的光补偿点与光饱和点反映了植物对光照条件的要求，是判断植物有无耐荫性和对强光的利用能力的一个重要指标（孙燕等，2020）。光补偿点越低，植物利用低光强的能力越强；光饱和点越高，植物利用强光的能力越强（Larcher，1980）。FCK 与 FMD 处理下的光补偿点均随着土壤含水率的增大呈现先减小后增大的变化趋势，光饱和点均随着土壤含水率的增大呈现先增大后减小的变化趋势。在不同土壤含水率下，FMD 处理下的光补偿点均低于 FCK，光饱和点均大于 FCK。用 ΔI 表示菠菜叶片可利用光照强度的范围，结果表明，磁电一体化灌溉水能够增大菠菜对光强的利用范围。与 FCK1、FCK2、FCK3、FCK4、FCK5 处理相比，FMD1、FMD2、FMD3、FMD4、FMD5 处理下的菠菜光补偿点分别减小了 10.06%、10.44%、13.25%、10.85%、1.94%，光饱和点分别增大了 4.05%、15.91%、14.41%、8.27%、1.75%，FMD4 处理下的光补偿点最低，光饱和点最高。

植物暗呼吸速率指植物在无光照条件下的呼吸速率，植物在暗呼吸时释放的能量大部分以热的形式散失，小部分用于植物的生理活动（张淑勇等，2007；Coley，1983）。因此在一定程度上，暗呼吸速率越大，说明植物叶片的生理活性越高。FCK 与 FMD 处理下的暗呼吸速率均随着土壤含水率的增大呈现先增大后减小的变化趋势，而在相同土壤含水率下，FMD 处理下的暗呼吸速率显著大于 FCK 处理（$P < 0.05$）。与 FCK1、FCK2、

FCK3、FCK4、FCK5 处理相比，FMD1、FMD2、FMD3、FMD4、FMD5 处理下的菠菜暗呼吸速率分别增加了 14.59%、10.96%、17.60%、16.22%、8.05%。FCK 与 FMD 处理下的最大净光合速率均随着土壤含水率的增大呈现先增大后减小的变化趋势，FMD 处理下的最大净光合速率高于 FCK 处理，与 FCK1、FCK2、FCK3、FCK4、FCK5 处理相比，FMD1、FMD2、FMD3、FMD4、FMD5 处理下的菠菜最大净光合速率分别增加了 22.34%、34.22%、7.51%、8.34%、26.87%，其中 FMD4 处理下的最大净光合速率最高。

表 7.26 　　　　　　　　　 直角双曲线修正模型所得菠菜光响应曲线参数

处理	表观量子效率 a	最大净光合速率 P_{nmax} /(μmol/m²·s)	光补偿点 I_c /[μmol/(m²·s)]	光饱和点 I_{sat} /[μmol/(m²·s)]	暗呼吸速率 R_d /[μmol/(m²·s)]	R^2	$\Delta I = I_{sat} - I_c$ /[μmol/(m²·s)]
FCK1	0.0384 i	13.884 g	29.984 a	1680.729 i	1.152 h	0.998	1650.745
FMD1	0.0490 h	16.985 f	26.968 c	1748.877 g	1.320 g	0.999	1721.909
FCK2	0.0489 h	16.967 f	27.803 b	1726.722 h	1.359 g	0.999	1698.919
FMD2	0.0606 g	22.773 e	24.901 e	2001.415 f	1.508 f	0.999	1976.514
FCK3	0.0671 f	24.679 d	26.821 c	1991.701 f	1.801 e	0.998	1964.880
FMD3	0.0910 c	26.533 c	23.266 f	2278.804 c	2.118 c	0.998	2255.538
FCK4	0.0986 b	31.128 b	22.755 g	2325.339 a	2.244 b	0.999	2302.584
FMD4	0.1286 a	33.725 a	20.286 h	2517.714 b	2.608 a	0.999	2497.428
FCK5	0.0718 e	24.456 d	25.092 d	2212.513 e	1.801 e	0.999	2187.421
FMD5	0.0791 d	31.028 b	24.604 e	2251.211 d	1.946 d	0.999	2226.607

注　同一列不同字母表示不同处理之间具有显著性差异（$P<0.05$）。

土壤含水率影响菠菜生长，土壤含水率过低过高时均会抑制菠菜生长，磁化和去电子水灌溉能够有效缓减这一负面影响；在不同土壤含水率下，磁化和去电子水灌溉均能提高菠菜产量。

参 考 文 献

柴仲平，王雪梅，陈波浪，等，2013. 库尔勒香梨年生长期生物量及养分积累变化规律 [J]. 植物营养与肥料学报，19 (3)：656-663.

常红，刘彤，王大伟，等，2019. 气候变化下中国西北干旱区梭梭（Haloxylon ammodendron）潜在分布 [J]. 中国沙漠，39 (1)：110-118.

段萌，杨伟才，毛晓敏，2018. 覆膜和水分亏缺对春小麦光合特性影响及模型比较 [J]. 农业机械学报，49 (1)：219-227.

郭全恩，王益权，南丽丽，等，2019. 不同溶质及矿化度对土壤溶液盐离子的影响 [J]. 农业工程学报，35 (11)：105-111.

姜玲玲，刘静，赵同科，等，2019. 有机无机配施对番茄产量和品质影响的 Meta 分析 [J]. 植物营养与肥料学报，25 (4)：601-610.

黄培祐，李启剑，袁勤芬，2008. 准噶尔盆地南缘梭梭群落对气候变化的响应 [J]. 生态学报，28 (12)：

6051 – 6059.

李慧，林青，徐绍辉，2020. 咸水/微咸水入渗对土壤渗透性和盐分阳离子运移的影响 [J]. 土壤学报，57 (3)：656 – 666.

李娟，高健，孙中元，等，2016. 滨海滩涂地带乌哺鸡竹和淡竹离子含量变化及其与生长及光合作用的关系 [J]. 应用生态学报，10：3145 – 3152.

李珊珊，王雪梅，陈波浪，等，2015. 植物生长调节剂对库尔勒香梨果实性状与产量的影响 [J]. 经济林研究，(1)：1 – 8.

栗现文，靳孟贵，袁晶晶，等，2014. 微咸水膜下滴灌棉田漫灌洗盐评价 [J]. 水利学报，45 (9)：1091 – 1098.

卢书平，2013. 微咸水灌溉对梨和苹果生长、产量与果实品质的影响 [D]. 秦皇岛：河北科技师范学院.

孙燕，王怡琛，王全九，2020. 增氧微咸水对小白菜光响应特征及产量的影响 [J]. 农业工程学报，36 (9)：116 – 123.

王全九，单鱼洋，2015. 微咸水灌溉与土壤水盐调控研究进展 [J]. 农业机械学报，46 (12)：117 – 126.

张立运，陈昌笃，2002. 论古尔班通古特沙漠植物多样性的一般特点 [J]. 生态学报，22 (11)：1923 – 1932.

张淑勇，周泽福，夏江宝，等，2007. 不同土壤水分条件下小叶扶芳藤叶片光合作用对光的响应 [J]. 西北植物学报，(12)：2514 – 2521.

BURAS A，WUCHERER W，ZERBE S，et al.，2012. Allometric variability of Haloxylon species in Central Asia [J]. Forest Ecology and Management，274：1 – 9.

COLEY P D，1983. Herbivory and defensive characteristics of tree species in a low land tropical forest [J]. Ecological Monographs，53 (2)：209 – 233.

CUI X，YUE P，GONG Y，et al.，2017. Impacts of water and nitrogen addition on nitrogen recovery in Haloxylon ammodendron dominated desert ecosystems [J]. Science of the Total Environment，601：1280 – 1288.

EPSTEIN E，RAINS D W，ELZAM O E，1963. Resolution of dual mechanisms of potassium absorption by barley roots [J]. Proceedings of the National Academy of Sciences of the United States of America，49：684 – 692.

LARCHER W，1980. Physiological plant ecology [M]. Beijing：Academic Press.

LIU J L，WANG Y G，YANG X H，et al.，2011. Genetic variation in seed and seedling traits of six Haloxylon ammodendron shrub provenances in desert areas of China [J]. Agroforestry Systems，81 (2)：135 – 146.

LV X P，GAO H J，ZHANG L，et al.，2019. Dynamic responses of Haloxylon ammodendron to various degrees of simulated drought stress [J]. Plant Physiology and Biochemistry，139：121 – 131.

SHENG Y，ZHENG W，PEI K，et al.，2005. Genetic variation within and among populations of a dominant desert tree Haloxylon ammodendron (Amaranthaceae) in China [J]. Annals of Botany，96 (2)：245 – 252.

SONG C，LI C，HALIK Ü，et al.，2021. Spatial distribution and structural characteristics for Haloxylon ammodendron plantation on the southwestern edge of the Gurbantünggüt desert [J]. Forests，12 (5)：633.

THEVS N，WUCHERER W，BURAS A，2013. Spatial distribution and carbon stock of the Saxaul vegetation of the winter – cold deserts of Middle Asia [J]. Journal of Arid Environments，90：29 – 35.

THORNLEY J H M，1976. Mathematical models in plant physiology [M]. Pittsburgh：Academic Press.

YANG G，LIU S，YAN K，et al.，2020. Effect of drip irrigation with brackish water on the soil chemical properties for a typical desert plant (haloxylon ammodendron) in the Manas river basin [J]. Irrigation and Drainage，69 (3)：460 – 471.

YANG W B，FENG W，JIA Z Q，et al.，2014. Soil water threshold for the growth of Haloxylon ammodendron in the Ulan Buh desert in arid northwest China [J]. South African Journal of Botany，92 (1)：53 – 58.

YE Z P，2007. A new model for relationship between irradiance and the rate of photosynthesis in Oryza sativa [J]. Photosynthetica (Prague)，45 (4)：637 – 640.

YUAN C，FENG S，HUO Z，et al.，2019. Effects of deficit irrigation with saline water on soil water – salt distribution and water use efficiency of maize for seed production in arid northwest China [J]. Agricultural Water Management，212：424 – 432.

ZHUANG Y，ZHAO W，2017. Dew formation and its variation in Haloxylon ammodendron plantations at the edge of a desert oasis，northwestern China [J]. Agricultural and Forest Meteorology，247：541 – 550.

第 8 章　活化水灌溉和施肥协同调控棉花生境效能

干旱区农业生产可持续发展受到水资源短缺和土壤盐渍化双重胁迫，研发绿色高效农田作物生境营造方法，提高水土肥生产效能成为乡村振兴的重要任务。新疆作为我国主要棉花产区，气候干燥，蒸发强烈，降水稀少，土壤盐碱化严重等问题，严重制约棉花产业高质量发展。将灌溉水活化、非生育期淋盐和保墒，以及生育期调盐、施肥等措施有机结合，阐明综合措施作用效能，为棉花高产稳产技术研发提供科学依据。

8.1　磁化水膜下滴灌棉花生长与土壤环境营造

为了阐明磁化水灌溉对棉花生产及土壤环境改善效能，在新疆巴音郭楞蒙古族自治州国家水利部重点灌溉试验站开展了磁化水春灌、磁化水淡水和微咸水灌溉试验。试验地的地下水埋深为 $5.1\sim6.2m$，地下水矿化度为 $1.87\sim2.01g/L$。灌溉水主要来自孔雀河，地表水矿化度为 $0.61\sim0.93g/L$。

试验区以砂土和砂壤土为主，灌溉模式为膜下滴灌。棉花种植采用一膜两管四行的种植模式，$15cm+15cm+50cm+15cm+15cm$，膜间距 $30cm$。试验包括两个方面：一是春灌试验。在 4 月初，土壤翻耕前进行春灌（大水漫灌），灌水深度约为 $300mm$，设 4 个处理，分别为淡水春灌、磁化淡水春灌、微咸水春灌和磁化微咸水春灌处理；二是大田磁化水滴灌棉花生长试验。设置 2 组水质及相应的灌溉模式组合，其中 2 组水质为磁化微咸水与微咸水、磁化淡水与淡水；模式包括全微咸水灌溉（BCK）、营养生长阶段微咸水灌溉与生殖生长阶段磁化微咸水灌溉（BCK-BM）、营养生长阶段磁化微咸水灌溉与生殖生长阶段微咸水灌溉（BM-BCK）和全磁化微咸水灌溉（BM）；全淡水灌溉（FCK）、营养生长阶段淡水灌溉与生殖生长阶段磁化淡水灌溉（FCK-FM）组合、营养生长阶段磁化淡水灌溉与生殖生长阶段淡水灌溉（FM-FCK）组合、全磁化淡水灌溉（FM）。其中苗期和蕾期的灌水深度为 $180mm$，占整个生育期灌水量的 37%；花期和铃期灌水深度为 $277.5mm$，占 57%。

灌溉微咸水采用地下水，矿化度为 $1.87\sim2.01g/L$；淡水采用渠水灌溉，其矿化度为 $0.61\sim1.03g/L$。全生育期内棉田施氮（尿素）量 $20kg/$ 亩、磷（磷酸一铵）$6.67kg/$ 亩、钾（硫酸钾）$6.67kg/$ 亩。

8.1.1　磁化水春灌对土壤水盐分布及棉花苗期生长的影响

8.1.1.1　土壤保墒和盐分淋洗效能

1. 土壤保墒效能

在春灌前，土壤的体积含水率均值为 $0.04\sim0.05cm^3/cm^3$，接近于凋萎含水量。春灌后 3 天，$0\sim120cm$ 土层内土壤平均体积含水率约为 $0.25cm^3/cm^3$，是灌溉前 $0\sim120cm$ 土层内土壤平均体积含水率的 5 倍，剖面含水量从地面开始呈降低趋势，在 60cm 处趋于稳定。春灌后 40 天，$0\sim120cm$ 土层内土壤平均体积含水率为 $0.11\sim0.15cm^3/cm^3$，为灌溉前 $0\sim120cm$ 土层内土壤平均体积含水率的 3 倍。

图 8.1 显示了磁化水春灌对土壤体积含水率的影响。由图可知，春灌后 3 天，在距地表 $0\sim5cm$ 的土壤体积含水率较高，接近饱和含水率（饱和含水率为 $0.367cm^3/cm^3$）。在 $0\sim60cm$ 土层内，土壤体积含水率均超过田间持水量（$0.207cm^3/cm^3$）。在 $0\sim40cm$ 土层内，淡水、磁化淡水、微咸水和磁化微咸水春灌后，土壤平均体积含水率分别为 $0.318cm^3/cm^3$、$0.323cm^3/cm^3$、$0.286cm^3/cm^3$ 和 $0.317cm^3/cm^3$。淡水与磁化淡水春灌土壤体积含水率分布无显著差异，而磁化微咸水春灌后土壤含水量大于微咸水春灌，且接近于淡水灌溉。春灌后 40 天，在 $0\sim120cm$ 土层内土壤体积含水率分布大体一致。在 $0\sim40cm$ 土层内，淡水、磁化淡水、微咸水和磁化微咸水灌溉下，土壤平均体积含水率分别为 $0.147cm^3/cm^3$、$0.166cm^3/cm^3$、$0.115cm^3/cm^3$ 和 $0.167cm^3/cm^3$，其中磁化淡水和磁化微咸水灌溉下土壤平均体积含水率最高。

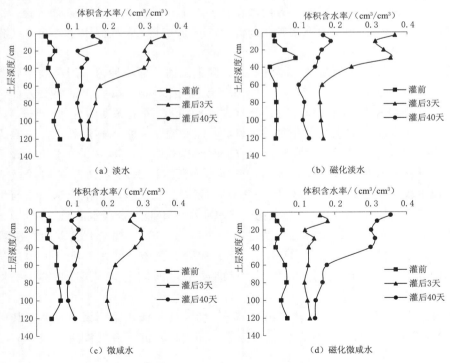

图 8.1　磁化水春灌对土壤体积含水率的影响

2. 土壤盐分淋洗效果

图 8.2 显示了磁化水春灌对土壤含盐量的影响。由图可知，在春灌前，0～40cm 土层内土壤平均含盐量较高，为 9～11g/kg。在灌后 3 天，0～40cm 土层内土壤平均含盐量下降 5.5～6.5g/kg；在灌后 40 天，0～40cm 土层内土壤平均含盐量上升为 7～9g/kg。

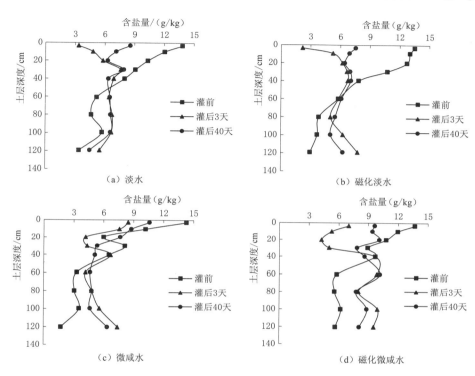

图 8.2　磁化水春灌对土壤含盐量的影响

春灌后 3 天，0～40cm 土层内，淡水、磁化淡水、微咸水和磁化微咸水灌溉下的土壤平均含盐量分别为 5.7g/kg、5.4g/kg、6.3g/kg 和 6.3g/kg。灌溉后 3 天与灌溉前相比，在淡水、磁化淡水、微咸水和磁化微咸水春灌下，0～40cm 土层内土壤平均含盐量分别降低了 4.9g/kg、6.1g/kg、2.8g/kg 和 4.1g/kg，且淡水与磁化淡水灌溉对盐分淋洗的效果最为显著。在灌后 40 天与灌后 3 天相比，在淡水、磁化淡水、微咸水和磁化微咸水灌溉下，0～40cm 的土层内土壤的平均含盐量分别增加了 2.4g/kg、0.85g/kg、4.8g/kg 和 4.4g/kg。在淡水与磁化淡水灌溉下，土壤返盐较少，磁化淡水灌溉对抑制土壤返盐有明显的作用。

为定量分析土壤盐分变化情况，通过盐分平衡计算春灌后根区积盐量，土壤盐分平衡方程表示为

$$\Delta S = S_2 - S_1 = S_R + S_I + S_G - S_D \tag{8.1}$$

式中：ΔS 为土体储盐量的变化量，kg；S_2 为最终土体盐量，kg；S_1 为初始土体盐量，kg；S_R 为降水带入土壤的盐量，kg；S_I 为灌溉中带入盐量，kg；S_G 为地下水向上补给

带入的盐量，kg；S_D 为地下排水或渗漏带走的盐量，kg。

由于本研究区域中降水较少、地下水水位较深、无排水和渗漏，因此 S_R、S_G、S_D 可忽略不计。因此，上式可简化为

$$\Delta S = S_2 - S_1 = S_I \tag{8.2}$$

以单位面积 1 亩农田作为研究单元，计算该单元内磁化水春灌灌后 3 天和 40 天每亩土体的土壤盐分平衡情况，结果见表 8.1 和表 8.2。由表可知，0～40cm 土层内，各处理表现为脱盐。从 0～40cm 和 40～120cm 土层的盐分平衡可以看出，不同水春灌后，盐分主要聚集在土层 40cm 以下。在灌溉后 40 天内，0～40cm 土层内均保持着较高的脱盐率。在 40cm 内的土层内，与淡水相比，磁化淡水灌后 3 天的脱盐率提高了 8%，灌后 40 天的返盐率减少了 9%，磁化微咸水脱盐率与淡水相近。在 40cm 内的土层内，与微咸水相比，磁化微咸水灌后 3 天的积盐率降低了 8%，灌后 40 天的返盐率减少了 6% 左右。在 120cm 内的土层内，淡水与磁化淡水灌溉呈现脱盐效果，与淡水相比，磁化淡水灌后 3 天的脱盐率提高了 0.8%，灌后 40 天的返盐率减少了 0.7%。微咸水与磁化微咸水呈积盐现象，与微咸水相比，磁化微咸水灌后 3 天的积盐率降低了 18%，灌后 40 天的返盐率减少了 20% 左右。图 8.2、表 8.1 和表 8.2 所示结果也表明，不同处理的盐分淋洗效果和脱盐率呈现磁化淡水＞淡水＞磁化微咸水＞微咸水的变化趋势。

表 8.1　　　　　磁化水春灌灌后 3 天每亩土体的土壤盐分平衡情况

土层深度/cm	处理	灌前土壤含盐量/kg	灌后 3 天土壤含盐量/kg	储盐量的变化量/kg
0～40	FCK	4540.8±152.2	2865.6±282.1	−1675.2
	FM	5067.9±251.4	2783.4±126.3	−2284.5
	BCK	3749.3±215.4	2858.9±236.8	−890.4
	BM	4750.0±185.9	3214.5±198.4	−1535.5
40～120	FCK	4321.7±118.8	5802.8±105.7	1481.1
	FM	3709.5±91.7	5733.8±126.4	2024.3
	BCK	2668.3±147.6	5734.0±148.8	3065.7
	BM	5361.9±143.5	8512.6±134.2	3150.7
0～120	FCK	8862.5±176.7	8668.3±210.5	−194.2
	FM	8777.4±209.1	8517.2±181.6	−260.2
	BCK	6417.6±369.2	8592.8±474.7	2175.2
	BM	10111.8±319.1	11727.0±415.6	1615.2

表 8.2　　　　　磁化水春灌灌后 40 天每亩土体的土壤盐分平衡情况

土层深度/cm	处理	灌前土壤含盐量/kg	灌后 40 天土壤含盐量/kg	储盐量的变化量/kg
0～40	FCK	4540.8±152.2	3226.8±362.1	−1314.0
	FM	5067.9±251.4	3141.4±253.1	−1926.5
	BCK	3749.3±215.4	3242.2±282.3	−507.1
	BM	4750.0±185.9	3810.1±208.3	−939.9

续表

土层深度/cm	处理	灌前土壤含盐量/kg	灌后40天土壤含盐量/kg	储盐量的变化量/kg
40~120	FCK	4321.7±118.8	5549.7±171.1	1228.0
	FM	3709.5±91.7	5490.3±240.8	1780.8
	BCK	2668.3±147.6	5516.6±185.9	2848.3
	BM	5361.9±143.5	7965.1±241.7	2603.2
0~120	FCK	8862.5±176.7	8776.4±220.8	−86.1
	FM	8777.4±209.1	8631.7±226.8	−145.7
	BCK	6417.6±369.2	8758.8±415.0	2341.2
	BM	10111.8±319.1	11775.2±391.5	1663.4

8.1.1.2 棉花出苗及苗期生长特征

棉花出苗率和苗期生长状况与初始土壤水盐状况密切相关,过高的土壤盐分浓度会对作物产生胁迫,阻碍其正常生长,甚至致其死亡。相关研究表明,土壤含盐量大于0.3%时,棉花不能正常出苗;含盐量大于0.7%时,种子发芽极为困难。

1. 出苗及幼苗生长特征

图8.3显示了磁化水春灌对棉花出苗率的影响。由图可知,不同水春灌下棉花的出苗变化趋势基本相同。在播种后16天,棉花不再出苗,淡水春灌与磁化淡水春灌下,棉花出苗率远高于微咸水与磁化微咸水的出苗率。淡水春灌和磁化淡水春灌下,棉花出苗率都接近80%。与微咸水春灌相比,磁化微咸水春灌的棉花出苗率提高15.1%,淡水春灌的棉花出苗率提高27.3%,磁化淡水春灌的棉花出苗率提高31.2%。与淡水春灌的相比,磁化淡水春灌的棉花出苗率提高4.3%。磁化微咸水春灌对棉花种子出苗率的促进程度大于淡水磁化。

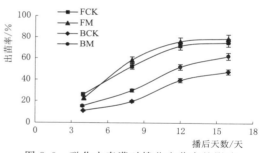

图8.3 磁化水春灌对棉花出苗率的影响

表8.3显示了磁化水春灌对棉花幼苗活力的影响。由表可知,与淡水和微咸水相比,磁化淡水与磁化微咸水幼苗水分含量分别提高了1.2%和3%,鲜重分别增加了1.46g和1.41g,磁化微咸水幼苗长度1.3cm,而磁化淡水幼苗长度略有减小10.4cm。磁化水春灌对棉花幼苗活力有一定促进作用,其中磁化淡水对棉花幼苗鲜重的影响最大,磁化微咸水对棉花长度的影响最大。

表8.3 磁化水春灌对棉花幼苗活力的影响

处理	幼苗长/cm	幼苗根长/cm	幼苗鲜重/g	幼苗干重/g	幼苗水分含量/%
FCK	7.8±1.2	4.4±0.4	6.01±0.2	0.94±0.1	84.35
FM	7.4±1.1	5.6±0.5	7.47±0.3	1.08±0.2	85.54
BCK	5.2±1.0	3.7±0.4	3.44±0.2	0.68±0.1	80.23
BM	6.5±1.1	4.2±0.3	4.85±0.1	0.81±0.2	83.29

2. 苗期生长定量指标

图 8.4 显示了磁化水春灌对棉花幼苗生长指标的影响。由图可知，与淡水处理相比，磁化淡水灌后棉花株高、茎粗、叶面积指数和单株干重分别提高了 15%、8%、20% 和 10%。与微咸水相比，磁化微咸水灌后棉花株高、茎粗、叶面积指数和单株干重分别提高了 26%、15%、53% 和 50%；淡水灌溉下，棉花株高、茎粗分别提高了 39%、23%。淡水春灌下，叶面积指数和单株干重比微咸水灌溉提高了一倍以上。磁化微咸水灌后，棉花各项生长指标接近淡水春灌。微咸水与磁化微咸水春灌下，棉花株高、茎粗、叶面积指数和单株干重等形态指标相比淡水与磁化淡水均显著降低。磁化水灌溉下的棉花株高、茎粗、叶面积指数和单株干重等形态指标，比未磁化水春灌均有一定提高。

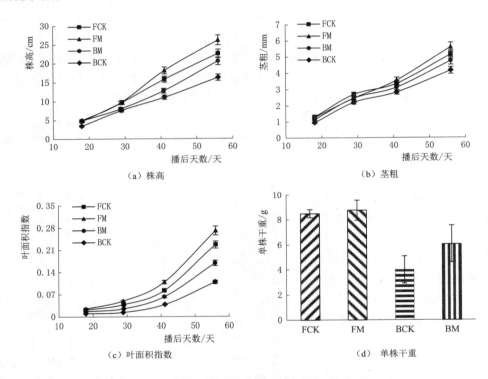

图 8.4　磁化水春灌对棉花幼苗生长指标的影响

8.1.1.3　棉花苗期叶绿素含量及光合特性

1. 叶绿素含量

图 8.5 显示了磁化水春灌对棉花叶绿素含量（SPAD 值）的影响。由图可知，随着时间延续，棉花苗期的叶绿素含量不断增加。在七叶期，与微咸水春灌相比，磁化微咸水灌溉下 SPAD 值提高了 7.2%，淡水提高了 7.8%，磁化淡水提高了 12.7%。与淡水春灌相比，磁化淡水春灌提高了 4.6%。未磁化微咸水春灌的棉花叶绿素含量明显低于磁化水春灌。但磁化微咸水春灌下的叶绿素含量接近淡水春灌，苗期棉花叶绿素含量总体表现为：磁化淡水＞淡水＞磁化微咸水＞微咸水。

2. 光合特征

图 8.6 显示了磁化水春灌对棉花苗期叶片光合特征的影响。由图可知，在一定光强范围内，棉花净光合速率随光合有效辐射增大而增大。光合有效辐射从 $1000\mu mol/(m^2 \cdot s)$ 开始，棉花净光合速率开始缓慢增加至光饱和点，达到最大光合速率。在光合速率趋于平缓时，磁化淡水与淡水春灌下净光合速率基本接近，而磁化微咸水的净光合速率比微咸水增加了 26.7%，与磁化淡水和淡水春灌基本相同。在较为稳定的光照强度范围的净光合速率表现为：磁化淡水＞淡水＞磁化微咸水＞微咸水。

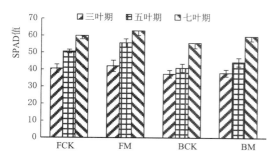

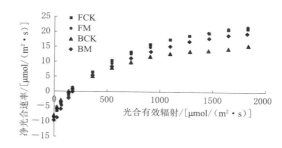

图 8.5　磁化水春灌对棉花叶绿素含量　　　　图 8.6　磁化水春灌对棉花苗期叶片光合
　　　　（SPAD 值）的影响　　　　　　　　　　　　　　特征的影响

利用非直角双曲线模型对光合过程进行分析，具体表示为

$$P_n = \frac{\alpha I + P_{max} - \sqrt{(\alpha I + P_{max})^2 - 4I\alpha k P_{max}}}{2k} - R_d \qquad (8.3)$$

式中：I 为光合有效辐射，$\mu mol/(m^2 \cdot s)$；α 为表观量子效率，表示植物在光合作用下对光的利用效率；P_{max} 为最大净光合速率，$\mu mol/(m^2 \cdot s)$；k 为非直角双曲线的曲角，取值 $0\sim1$；R_d 为暗呼吸速率，$\mu mol/(m^2 \cdot s)$；P_n 为净光合速率，$\mu mol/(m^2 \cdot s)$。

利用非直角双曲线模型对棉花叶片光响应曲线进行模拟，结果如图 8.7 所示。由图可知，光响应曲线拟合值与实测值变化一致，拟合效果良好。

为了进一步分析磁化水春灌对棉花光响应模型拟合参数的影响，根据非直角双曲线模型计算获得表观量子效率（α）、最大净光合速率（P_{max}）、光补偿点（LCP）、光饱和点（LSP）、暗呼吸速率（R_d）等光合特征参数，具体结果见表 8.4。由表可知，在不同

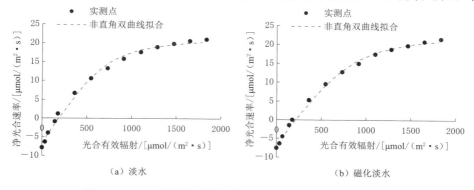

（a）淡水　　　　　　　　　　　　　　（b）磁化淡水

图 8.7（一）　磁化水春灌下棉花叶片光响应曲线拟合结果

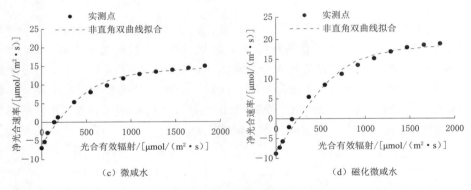

图 8.7（二） 磁化水春灌下棉花叶片光响应曲线拟合结果

磁化水春灌条件下，模型参数存在一定的差异。在淡水与磁化淡水春灌下，最大净光合速率和暗呼吸速率基本接近，磁化淡水表观量子效率比淡水减少了11.1%，光补偿点和光饱和点分别增加了13.8%、17%。与微咸水相比，磁化微咸水春灌下表观量子效率减少了16%，最大净光合速率、暗呼吸速率、光补偿点和光饱和点分别增加了13.1%、32.8%、56.4%和38.6%。

表 8.4　　　　　　　　　　磁化水春灌对棉花光响应模型的拟合参数的影响

处理	表观量子效率 α	最大净光合速率 P_{max} /[$\mu mol/(m^2 \cdot s)$]	暗呼吸速率 R_d /[$\mu mol/(m^2 \cdot s)$]	光补偿点 LCP /[$\mu mol/(m^2 \cdot s)$]	光饱和点 LSP /[$\mu mol/(m^2 \cdot s)$]	R^2
FCK	0.045	35.20	6.96	158.26	936.87	0.99
FM	0.040	36.80	7.05	180.15	1096.15	0.99
BCK	0.050	29.83	6.28	130.58	722.28	0.99
BM	0.042	33.72	8.34	204.21	1001.33	0.99

上述研究结果也表明，磁化水春灌提高了棉花营养器官的生长，使棉花对强光的利用效率增强，同时在一定程度上促进了叶片的光合作用能力，提高棉花对光能的利用率。

8.1.2　磁化淡水与淡水轮灌对土壤水盐分布及棉花生长的影响

棉花生育过程主要可以划分为营养生长和生殖生长阶段，具体包括苗期、蕾期、花期、铃期等生育阶段。为进一步明确淡水磁化对于作物生长的促进机制，在棉花生育期灌水时进行淡水和磁化淡水的轮灌。设置4种灌溉模式，包括全淡水灌溉模式（FCK）、营养生长阶段淡水灌溉与生殖生长阶段磁化淡水灌溉模式（FCK-FM）、营养生长阶段磁化淡水灌溉与生殖生长阶段淡水灌溉模式（FM-FCK）和全磁化淡水灌溉模式（FM）。全生育期内，棉田灌水深度为487.5mm，其中苗期和蕾期灌水深度为180mm，占整个生育期灌水量的37%，花期和铃期的灌水深度为277.5mm，占57%。

8.1.2.1　土壤水分分布和棉花耗水量变化特征

水分是作物生长发育不可或缺的物质，水分含量的高低对作物生长发育起关键性作用。

1. 土壤水分分布特征

选取棉花整个生育期（苗期到吐絮期），对磁化淡水与淡水轮灌条件下膜间、窄行、宽行处 0～100cm 土层内土壤剖面内的体积含水率进行分析，结果如图 8.8 所示。由图可知，在全生育期，膜间、窄行、宽行处土壤体积含水率存在较大变化，在 80cm 深度最大，约为 0.25cm³/cm³；在 60cm 深度，达到田间持水量（0.20cm³/cm³）。对生育期 0～100cm 土层内，膜间、窄行、宽行处的土壤体积含水率取平均值，其中 FCK－FM、FM－FCK 处理的土壤平均体积含水率相对最高，为 0.192cm³/cm³。

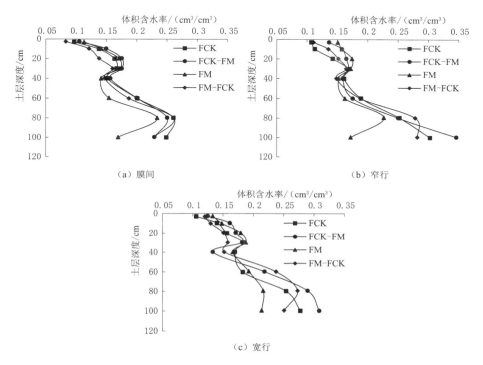

图 8.8　磁化淡水与淡水轮灌对土壤体积含水率的影响

滴灌棉花根系分布较浅，在以营养生长为主要阶段的苗期和蕾期，棉花根系主要分布在 0～40cm 土层。以生殖生长为主要阶段的花期和铃期，棉花根系生长主要分布在 0～60cm 土层。在营养生长阶段，棉花生长主要受 0～40cm 土层内土壤平均体积含水率的影响；在生殖生长阶段，棉花的生长主要受到 0～60cm 的影响。因此，分别以 0～40cm 和 0～60cm 为研究对象，分析棉花各生育期土壤水分的动态变化。图 8.9 显示了磁化淡水与淡水轮灌对 0～40cm、0～60cm 及 0～100cm 土层内的土壤平均体积含水率的影响。由图可知，各处理的初始土壤平均体积含水率（播种前）约为 0.22cm³/cm³，各数值差异性不大。在 0～40cm、0～60cm 及 0～100cm 土层内土壤平均体积含水率随棉花生育期的变化规律基本一致，呈现先减小后增大再减小的趋势，在花期和铃期土壤平均体积含水率最高。

在 0～40cm 和 0～60cm 土层内，各个处理苗期的土壤平均体积含水率基本相同，约为 0.10cm³/cm³。在 0～40cm 土层内，与对照相比，FM 和 FM－FCK 灌溉模式下，在营

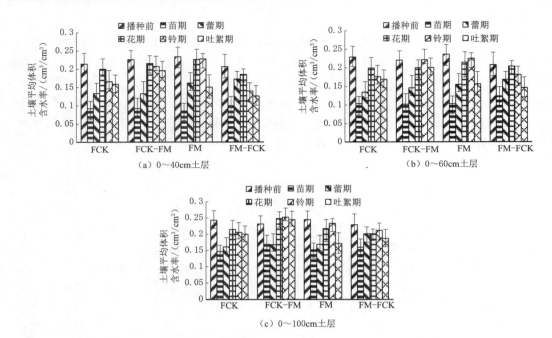

图 8.9　磁化淡水与淡水轮灌对不同深度土层内土壤平均体积含水率的影响

养生长阶段土壤平均体积含水率分别提高了 9.6％和 20.7％，FCK－FM 处理没有明显变化；在 0～60cm 土层内，与对照相比，FCK、FM 和 FM－FCK 灌溉模式下，生殖生长阶段土壤平均体积含水率分别提高了 12.5％、17.5％和 3％；在 0～100cm 土层内，0～60cm 与 0～100cm 土层内水分变化幅度在 3％～5％，这说明根底层（60～100cm）土壤平均体积含水率变化对于棉花生长影响很小。

2. 耗水量变化特征

为了进一步分析全生育期土壤水分对棉花生长的影响，采用各生育阶段作物耗水量进行分析。通过水量平衡方程，计算了各处理对应的作物耗水量，具体公式为

$$ET_a = P + I + G - R - SI \pm \Delta W \tag{8.4}$$

式中：ET_a 为作物生育期内的耗水量，mm；P 为降水量，mm；I 为灌水深度，mm；G 为作物生育期内的地下水补给量，mm；R 为地表径流量，mm；SI 为深层渗漏量，mm；ΔW 为土层内土壤储水量的变化，mm。

由于生育期内研究区地下水位超过 7m，可不考虑地下水对作物的补给，加之灌溉模式为滴灌，因此深层渗漏和地表径流可以忽略。水量平衡方程变为

$$ET_a = P + I \pm \Delta W \tag{8.5}$$

表 8.5 显示了磁化淡水与淡水轮灌对棉花生育期内耗水量的影响。由表可知，依据 0～60cm 和 0～100cm 土层内土壤体积含水率变化，计算得到的耗水量均大于灌水深度。说明棉花生育期内，不仅消耗了灌溉的水量，也消耗了土壤中储存的部分水量。以 0～100cm 土层含水量变化计算结果表明，FCK、FCK－FM、FM 和 FM－FCK 情况下，消耗

土壤中储存的水量分别为 25.78mm、26.37mm、42.59mm 和 43.7mm，其中 FM-FCK 情况下消耗土壤中储存的水量最多。对比表 8.5 结果可知，水分消耗主要集中在 0～60cm 的根区层，而根底层（60～100cm）的水分消耗较小。

表 8.5　　　　　　　　　　　磁化淡水与淡水轮灌对棉花生育期内耗水量的影响

土层深度 /cm	处理	实际灌溉 /mm	苗期 /mm	蕾期 /mm	花期 /mm	铃期 /mm	吐絮期 /mm	总耗水 /mm
0～60	FCK	489.91	80.10	110.70	101.23	196.28	24.42	512.73
	FCK-FM	491.81	82.97	111.88	101.13	192.24	25.21	513.43
	FM	489.12	83.62	117.23	98.55	198.59	28.36	526.35
	FM-FCK	492.64	83.70	120.11	103.09	202.02	24.13	533.05
0～100	FCK	489.91	78.39	122.07	101.30	188.95	24.98	515.69
	FCK-FM	491.81	81.27	121.07	98.43	190.67	26.74	518.18
	FM	489.12	85.99	120.8	99.57	196.95	28.40	531.71
	FM-FCK	492.64	84.38	118.06	106.88	203.53	23.49	536.34

8.1.2.2　土壤盐分分布状况

为探明棉花生育期的磁化淡水灌溉洗盐和抑盐效果，研究了磁化水灌溉下土壤含盐量分布，分析棉田全生育期内土壤盐分变化情况。

1. 土壤盐分分布特征

图 8.10 显示了磁化淡水与淡水轮灌对土壤含盐量的影响。由图可知，在宽行、窄行、膜间三个位置，棉花全生育期土壤含盐量变化，均表现为随土层深度增加而增加。在 0～40cm 土层内，土壤含盐量减小，而 40～80cm 土层内土壤含盐量增加，40～80cm 土层内土壤含盐量较大。主要由于滴灌的湿润范围为 40～60cm 左右，盐分受到水分淋洗，使得该土层内土壤含盐量较大。虽由于蒸发作用盐分会随水分向地表运移，60～80cm 土层内土壤含盐量仍较高。此外，膜间土壤含盐量最大约为 4.5g/kg。对生育期膜间、窄行、宽行处 0～100cm 土层内的土壤含盐量取其平均值，FCK、FCK-FM、FM-FCK 和 FM 灌溉模式下，土壤平均含盐量分别为 6.6g/kg、4.7g/kg、1.7g/kg 和 2.8g/kg，表现为 FCK＞FCK-FM＞FM＞FM-FCK 的变化趋势。

图 8.11 显示了磁化淡水与淡水轮灌对生育期内 0～40cm、0～60cm 及 0～100cm 土层内土壤平均含盐量的影响。由图可知，在 0～40cm、0～60cm 和 0～100cm 土层内，随生育期的推移，土壤平均含盐量呈现先减小后增大再减小的变化趋势。FM 灌溉模式下，0～40cm、0～60cm 及 0～100cm 土层内土壤平均含盐量约为 0.85g/kg；FCK 灌溉模式下，0～40cm、0～60cm 及 0～100cm 土层内土壤平均含盐量最大约为 3g/kg。各种灌溉模式相比而言，在 0～40cm 和 0～60cm 土层内，FM-FCK 灌溉模式下土壤平均含盐量的变化幅度较大；0～100cm 土层内，FCK 灌溉模式下土壤平均含盐量的变化幅度比较大。在棉花营养生长阶段，0～40cm、0～60cm 及 0～100cm 土层内，FM 灌溉模式下，土壤平均含盐量的下降幅度最大，下降了 60% 左右。在棉花以生殖生长为主阶段中，0～

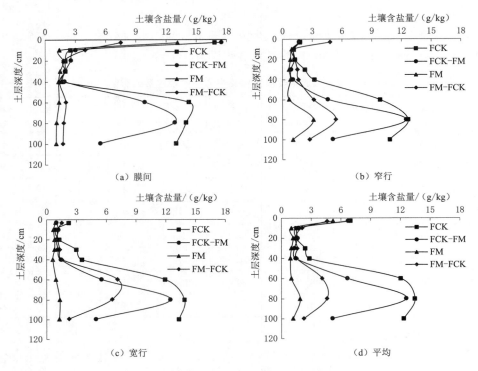

图 8.10　磁化淡水与淡水轮灌对土壤含盐量的影响

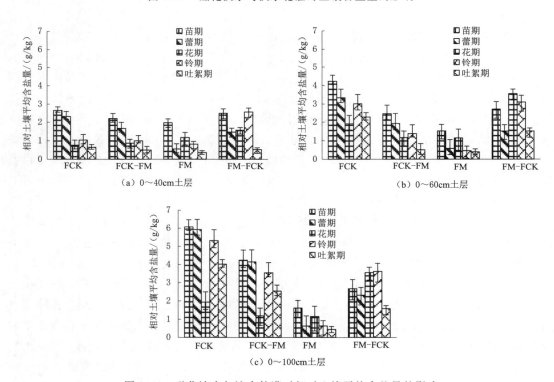

图 8.11　磁化淡水与淡水轮灌对相对土壤平均含盐量的影响

40cm、0～60cm 及 0～100cm 土层内，FM 灌溉模式下，土壤平均含盐量表现为下降趋势。从花期开始下降了 20%，其他灌溉模式下均表现出上升趋势。其中，FCK 灌溉模式下，上升最明显，上升了 40%。

利用相对含盐量分析磁化淡水与淡水轮灌对棉花生育期内 0～100cm 土层内土壤平均含盐量的影响，结果如图 8.12 所示。由图可知，FCK 和 FCK-FM 灌溉模式下，花期的相对土壤平均含盐量变化幅度较大，变化幅度为 3～4g/kg；FM 灌溉模式下，苗期变化幅度最大，约为 1g/kg；FM-FCK 灌溉模式下，花期变化幅度最大，约为 1g/kg。FCK、FCK-FM、FM 和 FM-FCK 灌溉模式下，平均变化幅度分别为 1.4g/kg、1.1g/kg、0.7g/kg 和 0.6g/kg，大小关系为 FCK＞FCK-FM＞FM＞FM-FCK。其中，FCK 和 FCK-FM 灌溉模式下的变化幅度较大。

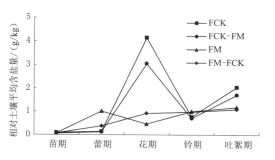

图 8.12 磁化淡水与淡水轮灌对棉花生育期内相对土壤平均含盐量的影响

2. 土壤盐分及其累积量变化特征

图 8.13 显示了磁化淡水与淡水轮灌对初始和最终含盐量的影响，其中各土层含盐量为宽行、窄行及膜间 3 个位置的平均值。由图可知，FCK 和 FCK-FM 灌溉模式下，土壤盐分主要在 40cm 处累积，FM 和 FM-FCK 灌溉模式下，则主要在 60cm 处累积。因此，

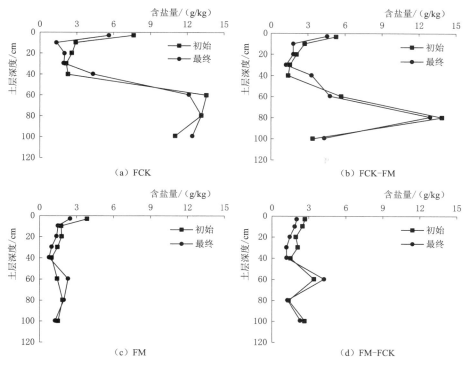

图 8.13 磁化淡水与淡水轮灌初始和最终土壤含盐量的影响

土壤盐分大多在 40～60cm 土层内积累。

根据土壤盐分平衡原理，以面积为 1 亩作为单元，计算该单元内磁化淡水与淡水轮灌对棉花育期内 0～60cm 根系层的土壤盐分平衡的影响，结果见表 8.6。由表可知，在 0～60cm 土体内，各灌溉模式下均表现负平衡，表明棉花生育期呈现脱盐效果。FCK、FCK-FM、FM 和 FM-FCK 灌溉模式下，土壤脱盐量分别为 3899.9kg、2302kg、2098.5kg、3823.1kg，脱盐率分别为 6.7％、7.7％、14.7％、14.2％，其中 FM 处理的土壤脱盐率最高。如仅在营养生长阶段进行磁化淡水灌溉，一定程度上提高了淡水的洗盐能力；仅在生殖生长阶段进行淡水磁化灌溉，对土壤盐分淋洗效果没有显著提高。

表 8.6　　　　　　磁化淡水与淡水轮灌对每亩土体的土壤盐分平衡的影响

土层深度/cm	处理	初始含盐量/kg	最终含盐量/kg	盐分储量变化量/kg
0～60	FCK	3952.4 ± 82.8	3686.4 ± 85.5	−266
	FCK-FM	1993.0 ± 125.6	1839.5 ± 98.9	−153.5
	FM	948.9 ± 77.6	809.0 ± 83.6	−139.9
	FM-FCK	1795.8 ± 65.6	1540.9 ± 68.1	−254.9

8.1.2.3　棉花生长特性

1. 株高增长特征

图 8.14 显示磁化淡水与淡水轮灌对棉花株高的影响。由图可知，在苗期，棉花株高增长缓慢。在蕾期，棉花株高增长较快。在花期打定后，株高基本停止生长。FM 和 FM-FCK 灌溉模式下，棉花株高增长优于其他灌溉模式。其中 FM 灌溉模式下，棉花株高最大，接近 65cm。在棉花株高趋于稳定时，与对照相比，FCK-FM、FM 和 FM-FCK 灌溉模式下，棉花株高分别增加了 10％、28％和 23.4％。

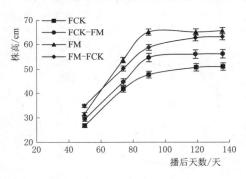

图 8.14　磁化淡水与淡水轮灌对棉花株高的影响

为进一步分析生育期内淡水与磁化淡水轮灌对株高的影响，引入生育阶段相对株高日增长率（G_H）进行分析，其表达式如下

$$G_H = \frac{H_{i+1} - H_i}{t} \tag{8.6}$$

式中：G_H 为生育阶段株高日增长率；H_i 为某个生育期阶段开始的株高，cm；H_{i+1} 为该生育期阶段结束的株高，cm；t 为 H_i 到 H_{i+1} 所经历的天数。

表 8.7 列出了磁化淡水与淡水轮灌对棉花各生育阶段株高日增长率的影响。由表可知，G_H 大致表现为蕾期最大，随后缓慢减小的趋势。在营养生长阶段，FM 和 FM-FCK 灌溉模式下 G_H 高于 FCK 和 FCK-FM；在生殖生长阶段，FM 和 FCK-FM 灌溉模式的 G_H 略高于 FCK 和 FM-FCK。生育期内 G_H 的平均值表现为：FM＞FM-FCK＞FCK-FM＞FCK。

表 8.7	磁化淡水与淡水轮灌对棉花各生育阶段内株高日增长率的影响			%
处理	苗期	蕾期	花期	平均值
FCK	0.395	0.616	0.378	0.463
FCK-FM	0.585	0.637	0.627	0.616
FM	0.745	0.926	0.714	0.795
FM-FCK	0.691	0.649	0.527	0.622

2. 茎粗变化特征

实际生产中，茎越粗大，棉株发育越壮实，棉花产量越大。图 8.15 显示了磁化淡水与淡水轮灌对棉花茎粗的影响。从图可知，各灌溉模式下，茎粗均随时间增加而增加，在铃期趋于稳定。对比灌溉模式可以看出，FM 和 FM-FCK 灌溉模式的棉花茎粗大小相近，最终茎粗的大小略优于 FCK-FM 和 FCK 灌溉模式。

3. 叶面积指数增长特征

图 8.16 显示了磁化淡水与淡水轮灌对棉花叶面积指数的影响。由图可知，不同灌溉模式下，叶面积指数随时间变化均表现出"先增后减"的变化趋势。在播种后叶面积指数随时间的增加而增加。当播种 120 天以后，叶面积指数开始出现衰减的趋势。在苗期和蕾期，棉花叶片和叶面积增长最快。吐絮期之后，叶片开始发黄衰老，并逐渐脱落。其中 FM 和 FM-FCK 灌溉模式下，棉花叶面积指数变化基本相同，最大约为 5。与对照相比，FCK-FM、FM 和 FM-FCK 灌溉模式下，棉花叶面积指数分别增大了 21%，70% 和 65%。对比各灌溉模式，叶面积指数大小依次为 FM＞FM-FCK＞FCK-FM＞FCK。

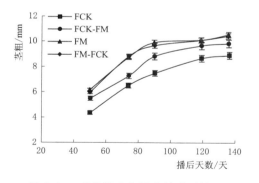

图 8.15 磁化淡水与淡水轮灌对棉花
茎粗的影响

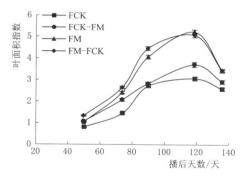

图 8.16 磁化淡水与淡水轮灌对棉花叶面积
指数的影响

采用生育阶段内叶面积指数增长率（G_{LAI}），就灌溉模式对棉花叶面积指数影响进行分析，具体公式如下

$$G_{LAI} = \frac{A_{i+1} - A_i}{t}$$

（8.7）

式中：G_{LAI} 为叶面积指数日增长率，为正表示叶面积指数呈增加的趋势，为负表示叶面积指数开始衰减；A_i 为某个生育期开始的叶面积指数；A_{i+1} 为该生育期结束的叶面积指数；t 为 A_i 到 A_{i+1} 所经历的天数。

表 8.8 显示了磁化淡水与淡水轮灌对棉花各阶段生育期内叶面积指数日增长率（G_{LAI}）的影响。由表可知，在生育期内，G_{LAI} 均大致表现为先增加后减小的趋势。其中 FM 和 FM-FCK 灌溉模式下，在蕾期和花期，G_{LAI} 高于 FCK-FM 和 FCK 灌溉模式；在铃期，FM 和 FCK-FM 灌溉模式下的 G_{LAI} 高于 FM-FCK 和 FCK。从平均值来看，G_{LAI} 大小依次为 FM>FM-FCK>FCK>FCK-FM。在蕾期和花期，FM 和 FM-FCK 灌溉模式对叶面积指数具有促进作用；在蕾期和花期，FCK-FM 灌溉模式对于叶面积指数无明显促进作用。以上结果说明，仅在苗期和蕾期进行磁化淡水灌溉，可在一定程度上提高叶面积指数的增长速率。

表 8.8　磁化淡水与淡水轮灌对棉花各阶段生育期内叶面积指数日增长率（G_{LAI}）的影响　　%

处理	苗期	蕾期	花期	铃期	吐絮期	平均值
FCK	1.6	2.6	8.0	1.2	−2.9	2.1
FCK-FM	2.1	4.2	4.5	3.2	−4.8	1.8
FM	2.0	5.7	10.5	4.1	−10.5	2.3
FM-FCK	2.6	5.5	11.4	2.2	−9.9	2.3

4. 干物质累积量变化特征

干物质累积量是衡量棉花生长的重要指标，同时也是实现棉花优质高产的必要条件，

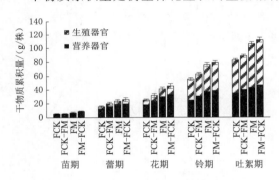

图 8.17　磁化淡水与淡水轮灌对棉花各生育期内干物质累积量的影响

较高的干物质累积量是棉花在生育期内获得高产、稳产的基础。图 8.17 显示了磁化淡水与淡水轮灌对棉花各生育期内营养器官干物质（根、茎、叶生物量）、生殖器官干物质（花、蕾和铃生物量）及总干物质累积量的影响。由图可知，棉花生殖器官和营养器官干物质累积量随着生育时间的推进，呈现增长的趋势。比较不同生育期营养器官干物质累积量的变化，FM 和 FM-FCK 灌溉模式下，棉花的根、茎、叶生物量大于 FCK 和 FCK-FM 灌溉模式。在蕾期，FM 和 FM-FCK 灌溉模式下，生殖器官干物质累积量开始不断增大。与对照相比，在吐絮期，FCK-FM、FM 和 FM-FCK 灌溉模式下的生殖部分干物质分别增加了 0.4%、29.3% 和 34.7%，总干物质分别增加了 5.6%、25.4% 和 32.6%。棉花干物质总量、生殖器官与营养器官干物质整体表现为：FM-FCK>FM>FCK-FM>FCK。

8.1.2.4　棉花光合特性

图 8.18 显示了磁化淡水与淡水轮灌对棉花叶片光合作用响应过程的影响。由图可知，净光合速率均随光合有效辐射的增加而迅速上升。当光合有效辐射大于 $1000\mu mol/(m^2 \cdot s)$ 时，净光合速率趋于稳定，并缓慢增加至最大光合速率。在光合速率趋于平缓时，FCK

与 FCK-FM 灌溉模式下的净光合速率基本相同。与 FCK 相比，FM 和 FM-FCK 灌溉模式下的净光合速率分别增加了 11.4%、28.9%。在较为稳定的光照强度范围，净光合速率大小表现为：FM-FCK>FM>FCK-FM>FCK。

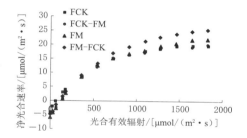

图 8.18 磁化淡水与淡水轮灌对棉花叶片光合作用响应过程的影响

利用非直角双曲线模型对棉花光响应曲线进行模拟，结果如图 8.19 所示。由图可知，非直角双曲线模型可以很准确地拟合灌溉模式下棉花叶片光合光响应的变化规律。

利用非直角双曲线模型拟合棉花叶片的光合

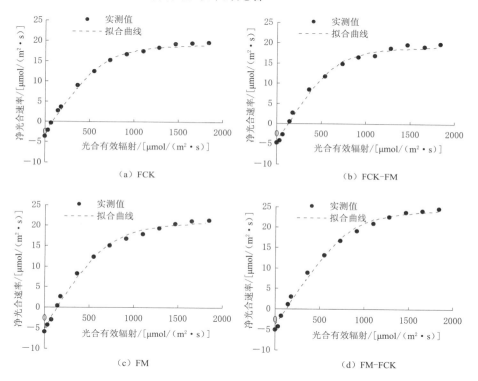

图 8.19 磁化淡水与淡水轮灌对棉花叶片光响应曲线拟合结果的影响

特征参数，结果见表 8.9。由表可知，与对照相比，FCK-FM、FM 和 FM-FCK 灌溉模式下，最大净光合速率、暗呼吸速率、光补偿点和光饱和点都表现明显的增加，其中最大净光合速率分别增加了 6.8%、27.1% 和 24.5%，光饱和点分别增加了 4.2%、12% 和 29.3%。FM 灌溉模式下最大净光合速率相应最大，FM-FCK 灌溉模式下光饱和点相应最大，而且暗呼吸速率和表观量子效率相应最小。

8.1.2.5 棉花产量及水分利用效率

水分利用效率（WUE）是指单位水量所生产的单位面积产量。水分利用效率是衡量作物产量与用水关系的一种指标，可直观地比较作物用水效率（王会肖和刘昌明，2000）。

表 8.9　　　　　　　　磁化淡水与淡水轮灌对棉花叶片光响应模型拟合参数的影响

处理	表观量子效率 α	最大净光合速率 P_{max} /[$\mu mol/(m^2 \cdot s)$]	暗呼吸速率 R_d /[$\mu mol/(m^2 \cdot s)$]	光补偿点 LCP /[$\mu mol/(m^2 \cdot s)$]	光饱和点 LSP /[$\mu mol/(m^2 \cdot s)$]	R^2
FCK	0.038	26.40	2.89	76.81	770.87	0.99
FCK – FM	0.041	28.19	4.75	117.33	803.34	0.99
FM	0.045	33.56	5.31	120.04	863.71	0.99
FM – FCK	0.037	32.86	4.03	109.65	996.92	0.99

计算公式如下

$$WUE = Y/ET_a \tag{8.8}$$

式中：WUE 为水分利用效率，kg/(亩·mm)；Y 为作物产量，kg/亩；ET_a 为作物耗水量，mm。

根据水量平衡计算结果，以 0~1m 内土体的耗水量计算各处理的水分利用效率。图 8.20 显示了磁化淡水与淡水轮灌对棉花产量和水分利用效率的影响。FM – FCK 灌溉模式下，产量和水分利用效率相对最大，分别为 491.38kg/亩、1.38kg/m³；与对照相比，FCK – FM 灌溉模式下，产量和水分利用效率没有明显变化；FM 和 FM – FCK 灌溉模式下，产量分别增产 5.4%、8.3%，水分利用效率分别提高 2.3%、3.8%。产量大小关系为 FM – FCK > FM > FCK > FCK – FM，水分利用效率大小关系 FM – FCK > FM > FCK > FCK – FM。

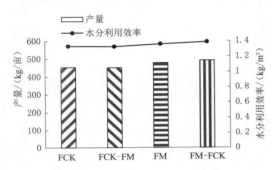

图 8.20　磁化淡水与淡水轮灌对棉花产量与水分利用效率的影响

8.1.3 磁化微咸水与微咸水轮灌对土壤水盐分布及棉花生长的影响

为进一步明确磁化微咸水灌溉对作物生长的促进机制，在棉花生育期，进行微咸水和磁化微咸水的轮灌试验，研究棉花营养生长和生殖生长阶段，土壤水盐分布和棉花生长情况，为合理微咸水资源利用提供参考。

8.1.3.1 土壤水分分布及棉花耗水量变化特征

对土壤水分分布及耗水量进行分析，旨在探明生育期内磁化与未磁化微咸水轮灌对土壤水分分布及耗水特征的影响。

1. 土壤水分分布特征

图 8.21 显示了棉花在生育期内磁化微咸水与微咸水轮灌对膜间、窄行、宽行处 0~100cm 土层内土壤体积含水率的影响。由图可知，整个生育期，在膜间、窄行、宽行处土壤体积含水率变化趋势基本一致，表现为先增加后减少再增加的变化趋势。对于膜间、窄行、宽行处全生育期土壤平均体积含水率，在土层 80cm 左右时最大，约为 0.28cm³/cm³。在膜间、窄行、宽行处，对棉花生育期 0~100cm 土层内土壤体积含水率取平均值结果表明，BM 灌溉模式下的土壤平均体积含水率相对最高，为 0.20cm³/cm³。

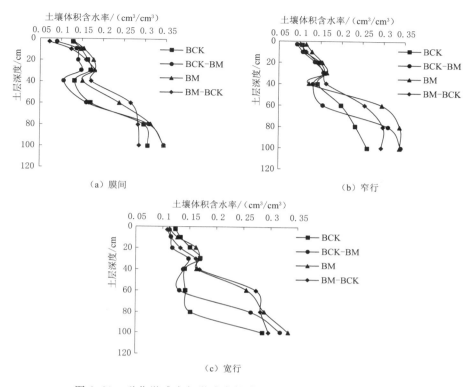

图 8.21　磁化微咸水与微咸水轮灌对土壤体积含水率的影响

图 8.22 显示了棉花生育期内，磁化微咸水与微咸水轮灌 0～40cm、0～60cm 及 0～100cm 土层内土壤平均体积含水率的影响。由图可知，各灌溉模式下的初始土壤平均体积含水率（播种前 2 天取土）差异性不大。0～40cm、0～60cm 及 0～100cm 土层内土壤平均体积含水率随棉花生育期的变化规律基本一致，呈现先减后增再减的变化趋势。在花期达到最大，约为 $0.16cm^3/cm^3$。与对照相比，BM 和 BM－BCK 灌溉模式下，在关键生育期（花期）土壤平均体积含水率增加了 $0.05～0.10cm^3/cm^3$。

在 0～40cm 土层内，与对照相比，BM 和 BM－BCK 灌溉模式下，营养生长阶段土壤平均体积含水率分别增大了 8％和 23％，而 BCK－BM 灌溉模式下减少了 10％。在 0～60cm 土层内，与对照相比，BCK－BM 和 BM 灌溉模式下，生殖生长阶段的土壤平均体积含水率分别提高了 2％和 28.4％；BM－BCK 灌溉模式下，降低了 10.7％。

2. 耗水量变化特征

表 8.10 显示了磁化微咸水与微咸水轮灌对棉花生育期内耗水量的影响。由表可知，各灌溉模式下，棉花耗水量均大于实际灌水深度。说明棉花生育期内，不仅消耗了灌溉水，也消耗了一部分土壤中储存的水量。按照 0～60cm 和 0～100cm 土层水分变化特征进行计算，在苗期，耗水量最小，在铃期最大。按照 0～60cm 土层水分变化进行分析，BCK、BCK－BM、BM 和 BM－BCK 灌溉模式下，消耗土壤中储存的水量分别为 26.35mm、24.96mm、46.84mm、40.28mm。按照 0～100cm 土层水分变化进行计算，BCK、BCK－BM、BM 和 BM－BCK 灌溉模式下，消耗土壤中储存的水量分别为

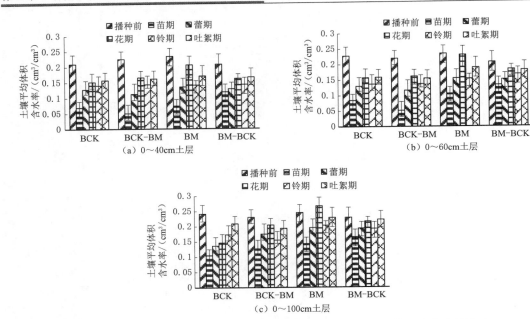

图 8.22　磁化微咸水与微咸水轮灌对不同深度土层内土壤平均体积含水率的影响

28.27mm、32.96mm、50.09mm 和 43.24mm。以 0～60cm 土层水分变化进行比较，BM 灌溉模式下的耗水量值相对最大，与对照相比总耗水量提高了 4.1%。增加的耗水量主要集中在苗期和蕾期，其增加了 2.7%。

表 8.10　　　　　磁化微咸水与微咸水轮灌对棉花生育期内耗水量的影响

深度/cm	处理	实际灌溉 /mm	苗期 /mm	蕾期 /mm	花期 /mm	铃期 /mm	吐絮期 /mm	总耗水 /mm
0～60	BCK	503.15	78.31	113.92	104.57	205.44	27.26	529.50
	BCK - BM	504.95	81.33	111.42	97.95	211.77	27.44	529.91
	BM	504.63	86.21	120.38	103.08	203.41	38.39	551.47
	BM - BCK	505.59	85.86	116.24	98.77	210.70	34.30	545.87
0～100	BCK	503.15	83.31	111.92	106.31	207.52	22.36	531.42
	BCK - BM	504.95	83.56	115.42	98.70	215.33	24.90	537.91
	BM	504.63	88.21	121.38	103.66	205.27	36.20	554.72
	BM - BCK	505.59	86.78	117.24	96.82	214.45	33.54	548.83

8.1.3.2　土壤盐分变化特征

1. 土壤盐分分布特征

图 8.23 显示了磁化微咸水与微咸水轮灌对棉花全生育期宽行、窄行、膜间处的土壤含盐量以及 3 个位置的平均土壤含盐量的影响。由图可知，在各种灌溉模式下，0～20cm 土层内的土壤含盐量减小，而 20～80cm 土层内的土壤含盐量增加。由于滴灌的湿润范围为 0～60cm 左右，盐分受到水分淋洗而累积。此外，膜间的土壤含盐量最大约为 3.3g/kg。按照膜间、窄行、宽行处 0～100cm 土层内土壤平均含盐量分析，BCK、BCK -

BM、BM 和 BM－BCK 灌溉模式下，土壤平均含盐量分别为 2.3g/kg、1.9g/kg、1.8g/kg 和 2.8g/kg。

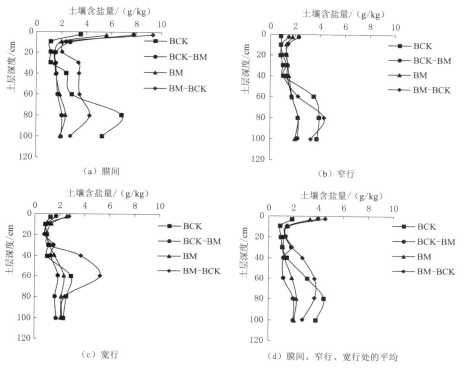

图 8.23　磁化微咸水与微咸水轮灌对土壤含盐量的影响

图 8.24 显示了在棉花生育期内，磁化微咸水与微咸水轮灌对 0～40cm、0～60cm 及 0～100cm 土层内土壤平均含盐量的影响。由图可知，BCK 灌溉模式下，生育期内 0～40cm、0～60cm 及 0～100cm 土层内土壤平均含盐量最小，约为 1.2g/kg；BM－BCK 灌溉模式下，土壤平均含盐量最大，约为 1.9g/kg。在棉花营养生长阶段，在 0～40cm、0～60cm 及 0～100cm 土层内，BM 灌溉模式下土壤平均含盐量的下降幅度最大，下降了 40％左右。在棉花生殖生长阶段，BCK 灌溉模式下，土壤平均含盐量表现为下降趋势，从花期开始下降了 30％左右。而其他灌溉模式均表现出上升趋势，其中 BM 灌溉模式上升最明显，上升了 26％左右。对比 0～40cm、0～60cm 及 0～100cm 土层内土壤平均含盐量的动态变化可知，变化幅度在 10％～25％，说明其均受到根底层盐分的影响。

以各生育期土壤含盐量与苗期土壤含盐量差值作为相对变化含盐量，分析磁化微咸水与微咸水轮灌对棉花生育期内 0～100cm 土层内相对土壤平均含盐量的影响，结果如图 8.25 所示。由图可知，BCK 和 BM 灌溉模式下，在花期，变化幅度较大，相对土壤平均含盐量变化在 1.3～1.4g/kg；BM－BCK 和 BCK－BM 灌溉模式下，吐絮期变化幅度较大，分别为 1.2g/kg 和 0.6g/kg。BCK、BCK－BM、BM 和 BM－BCK 灌溉模式下，平均变化幅度分别为 0.45g/kg、0.29g/kg、0.89g/kg 和 0.63g/kg，其中，BM 和 BM－BCK 灌溉模式下的变化幅度较大。

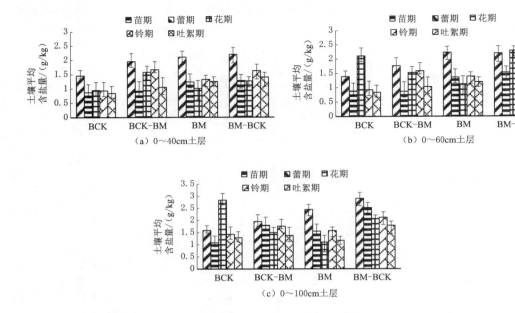

图 8.24　磁化微咸水与微咸水轮灌对不同深度土层土壤平均含盐量的影响

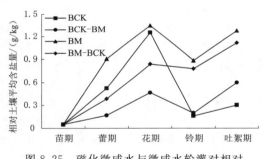

图 8.25　磁化微咸水与微咸水轮灌对相对
土壤平均含盐量的影响

2. 土壤盐分及其累积量变化特征

图 8.26 显示了整个灌水周期内，磁化微咸水与微咸水轮灌对初始和最终土壤含盐量的影响，其中各层土壤含盐量为宽行、窄行及膜间 3 个位置的平均值。由图可知，微咸水和磁化微咸水灌溉下，盐分主要在 60cm 处累积。

根据盐分平衡计算公式，以面积为 1 亩作为单元，计算了磁化微咸水与微咸水轮灌条件下 0~60cm 土层内的土壤盐分平衡情况，结果见表 8.11。由表可知，在 0~60cm 土层内，各灌溉模式下，均呈现积盐现象，积盐率分别为 41.0%、33.3%、11.4% 和 17.3%。其中 BCK 灌溉模式的土壤积盐率最高，BM-BCK 灌溉模式的土壤积盐率最低。

表 8.11　磁化微咸水与微咸水轮灌条件下每亩土体的土壤盐分平衡情况

土层深度/cm	处理	初始含盐量/kg	最终含盐量/kg	积盐量/kg
0~60	BCK	734.1 ± 56.1	1035.1 ± 66.8	301.0
	BCK - BM	733.7 ± 68.2	977.9 ± 81.5	244.2
	BM	1199.1 ± 79.3	1336.2 ± 72.6	137.1
	BM - BCK	1280.7 ± 88.6	1502.4 ± 62.8	221.7

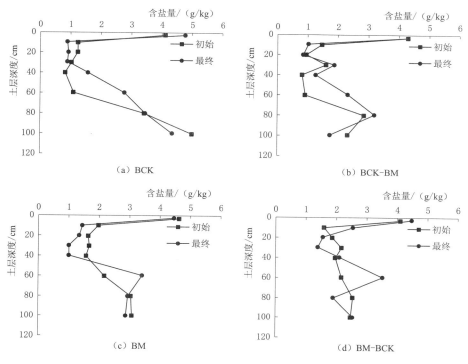

（a）BCK　　　　　　　　　（b）BCK-BM

（c）BM　　　　　　　　　（d）BM-BCK

图 8.26　磁化微咸水与微咸水轮灌对初始和最终土壤含盐量的影响

8.1.3.3　棉花生长特性

1. 株高增长特征

图 8.27 显示了磁化微咸水与微咸水轮灌对棉花株高的影响。由图可知，从苗期到蕾期，株高快速增长，到打顶后趋于稳定。各灌溉模式下的增长量存在一定的差异，从苗期到吐絮期，BM 和 BM-BCK 灌溉模式下的棉花株高明显优于 BCK 和 BCK-BM。与对照相比，BM 和 BM-BCK 灌溉模式下，最终株高分别增加了 36.4%、26.3%。为进一步分析生育期内微咸水与磁化微咸水轮灌对株高的影响，引入式（8.6）所示的生育阶段内相对株高日增长率（G_H）来分析轮灌对棉花株高的影响。表 8.12 显示了磁化微咸水与微咸水轮灌对棉花各生育阶段内株高的日增长率的影响。由表 8.12

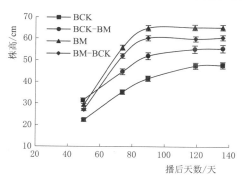

图 8.27　磁化微咸水与微咸水轮灌
对棉花株高的影响

可知，G_H 大致表现为先增后减的变化趋势，蕾期最大随后减小。在苗期，BCK-BM 灌溉模式下的 G_H 最大；在蕾期和花期，BM 灌溉模式下的 G_H 最大，约为 0.8。比较生育期内 G_H 的平均值可知，大小关系为：BM＞BM-BCK＞BCK-BM＞BCK。在营养生长阶段，BM 和 BM-BCK 灌溉模式下的 G_H 大于 BCK 和 BCK-BM；在生殖生长阶段，

267

BM 和 BM-BCK 灌溉模式也相对最大。这说明在营养生长阶段，磁化微咸水灌溉能够优化调节棉花的营养生长，增强棉花株高的生长。

表 8.12　　　磁化微咸水与微咸水轮灌对棉花株高各生育阶段内株高日增长率的影响　　　%

处理	苗期	蕾期	花期	平均值
BCK	44.7	53.9	39.3	45.9
BCK-BM	62.2	55.9	46.9	55.0
BM	58.3	110.9	56.3	75.1
BM-BCK	53.5	104.2	51.6	69.7

2. 茎粗增长特征

图 8.28 显示了磁化微咸水与微咸水轮灌对棉花茎粗的影响。由图可知，在营养生长阶段，棉花株高快速增长；在生殖生长阶段，增长缓慢。在营养生长阶段，BM 和 BM-BCK 灌溉模式下，茎粗快速增长，在生殖生长阶段，BCK-BM 和 BM 灌溉模式下，茎粗增长更快。茎粗大小表现为：BM＞BCK-BM＞BM-BCK＞BCK。相对于对照处理，BM、BCK-BM 和 BM-BCK 灌溉模式下，茎粗分别增加了 24.9%、17% 和 5.3%。

3. 叶面积指数增长特征

图 8.29 显示了磁化微咸水与微咸水轮灌对棉花叶面积指数的影响。由图可知，不同灌溉模式下，叶面积指数随时间变化均表现出先增后减的变化趋势。BM 和 BM-BCK 灌溉模式下，棉花叶面积指数基本相同，叶面积指数最大约为 4.5。与对照相比，BM、BM-BCK 和 BCK-BM 灌溉模式下，棉花叶面积指数分别增大了 70%、65% 和 21%，对比灌溉模式，叶面积指数最大值依次为 BM＞BM-BCK＞BCK-BM＞BCK。

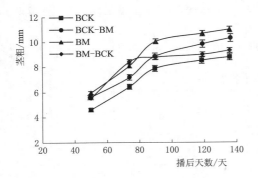

图 8.28　磁化微咸水与微咸水轮灌对
棉花茎粗的影响

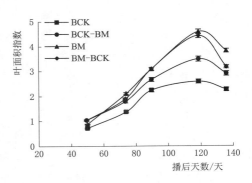

图 8.29　磁化微咸水与微咸水轮灌对棉花
叶面积指数的影响

表 8.13 显示了磁化微咸水与微咸水轮灌对棉花各阶段生育期内叶面积指数日增长率的影响。由表可知，在生育期内，G_{LAI} 均大致表现为先增加后减少的变化趋势。在花期，G_{LAI} 达到最大，约为 0.06，在铃期，BM 和 BM-BCK 灌溉模式下的 G_{LAI} 比 BCK-BM 和 BCK 高出 0.04 左右。从平均值来看，BM 灌溉模式下值最大，约为 0.027，总体平均 G_{LAI} 大小依次为 BM＞BM-BCK、BCK-BM＞BCK。

表 8.13 磁化微咸水与微咸水轮灌对棉花各阶段生育期内叶面积指数日增长率的影响 %

处理	苗期	蕾期	花期	铃期	吐絮期	平均值
BCK	1.4	2.7	5.3	1.3	-1.9	1.8
BCK-BM	2.0	3.2	5.5	2.8	-3.4	2.0
BM	1.7	5.2	5.9	5.3	-4.5	2.7
BM-BCK	2.0	3.6	7.4	4.7	-7.6	2.0

4. 干物质累积量变化特征

图 8.30 显示了磁化微咸水与微咸水轮灌对棉花各生育期内营养器官干物质（根、茎、叶生物量）、生殖器官干物质（花、蕾和铃生物量）及总干物质累积量的影响。由图可知，微咸水与磁化微咸水轮灌下，棉花生殖器官和营养器官干物质累积量随着生育时间的推进呈现增长趋势。棉花生殖器官与营养器官干物质累积量的分配比，随着生育期的推进而逐渐加大。与对照相比，BCK-BM、BM 和 BM-BCK 灌溉模式下，干物质最大时，生殖部分干物质分别增加了 4.8%、38.1% 和 29.4%，总干物质分别增加了 1.6%、25.7% 和 17.8%。棉花干物质总量、生殖器官与营养器官干物质整体表现：BM＞BM-BCK＞BCK-BM＞BCK。

8.1.3.4 棉花光合特性

图 8.31 显示了磁化微咸水与微咸水轮灌对棉花叶片光合作用响应过程的影响。由图可知，在灌溉模式下，净光合速率均随光合有效辐射的增加而迅速上升。当光合有效辐射大于 $1000\mu mol/(m^2 \cdot s)$ 时，净光合速率增长缓慢。在有效辐射接近 $2000\mu mol/(m^2 \cdot s)$ 时，净光合速率逐步增加至最大光合速率。在光合速率趋于稳定时，BCK 与 BCK-BM 灌溉模式下的净光合速率基本相同，而 BM 与 BM-BCK 灌溉模式下的净光合速率基本相同。在光合速率最大时，BM 与 BM-BCK 灌溉模式比 BCK 与 BCK-BM 增加了 $4\mu mol/(m^2 \cdot s)$。与 BCK 相比，BM 与 BM-BCK 灌溉模式下的净光合速率分别增加了 21.3%、17.6%。在较为稳定的光照强度范围，净光合速率大小表现为：BM＞BM-BCK＞BCK＞BCK-BM。

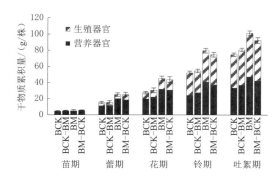

图 8.30 磁化微咸水与微咸水轮灌对棉花
各生育期内干物质累积量的影响

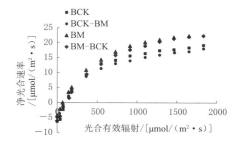

图 8.31 磁化微咸水与微咸水轮灌对棉花
叶片光合作用响应过程的影响

利用非直角双曲线模型对棉花光响应曲线进行模拟，结果如图 8.32 所示。由图可知，非直角双曲线模型可以很准确地拟合不同微咸水灌溉下棉花叶片光合光响应的变化规律。

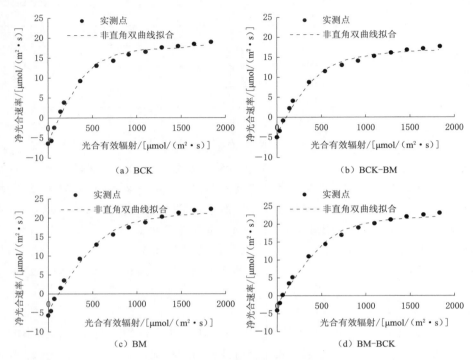

图 8.32　磁化微咸水与微咸水轮灌对棉花叶片光响应曲线模型拟合结果的影响

根据非直角双曲线模型，拟合得到棉花叶片的光合特征参数，见表 8.14。由表可知，各灌溉模式下的模型参数存在一定差异性，BCK 与 BCK－BM 表观量子效率、最大净光合速率和光饱和点基本相同；BCK－BM 灌溉模式下的暗呼吸速率和光补偿点小于对照。与对照相比，BM 与 BM－BCK 灌溉模式下的最大净光合速率和光饱和点都表现出明显的增加，其中最大净光合速率分别增加了 14.4% 和 5.7%，光饱和点分别增加了 31.1% 和 20.7%；而表观量子效率、暗呼吸速率和光补偿点都表现出明显的减少，其中暗呼吸速率分别减少了 18.7% 和 51.6%，光补偿点分别减少了 2.8% 和 40.2%。

表 8.14　　　　　磁化微咸水与微咸水轮灌对棉花叶片光合特征参数的影响

处理	表观量子效率 α	最大净光合速率 P_{max} /[$\mu mol/(m^2 \cdot s)$]	暗呼吸速率 R_d /[$(\mu mol/m^2 \cdot s)$]	光补偿点 LCP /[$\mu mol/(m^2 \cdot s)$]	光饱和点 LSP /[$\mu mol/(m^2 \cdot s)$]	R^2
BCK	0.059	29.77	5.95	103.21	605.44	0.99
BCK－BM	0.059	30.98	4.42	76.73	599.92	0.99
BM	0.049	34.06	4.84	100.37	793.84	0.99
BM－BCK	0.047	31.47	2.88	61.75	730.77	0.99

8.1.3.5　棉花产量及水分利用效率

根据水量平衡，以 0～1m 土体的耗水量计算水分利用效率。表 8.15 和图 8.33 显示了磁化微咸水与微咸水轮灌对棉花产量和水分利用效率的影响。由表和图可知，各灌溉模式下，产量、水分利用效率和灌水利用效率差异明显。BM 灌溉模式下的产量、水分利用效率和灌水利用效率相对较高，分别为 450.93kg/亩、1.23kg/m³、1.34kg/m³。与对照相比，BCK - BM、BM 和 BM - BCK 灌溉模式分别增产 2.8%、15.4%、12.3%，水分利用效率分别提高 2.7%、10.8%、9.0%。各灌溉模式的产量大小关系为 BM>BM - BCK>BCK - BM>BCK，水分利用效率大小关系 BM>BM - BCK>BCK - BM>BCK。在棉花生育期，磁化微咸水灌溉相对微咸水灌溉，显著提高棉花的产量和水分利用效率。

表 8.15　　　　　　磁化微咸水与微咸水轮灌对棉花产量和水分利用效率的影响

处理	灌水深度 /mm	耗水量 /mm	产量 /(kg/亩)	水分利用效率 /(kg/m³)	灌水利用效率 /(kg/m³)
BCK	503.15	529.50	390.85	1.11	1.17
BCK - BM	504.95	529.91	401.62	1.14	1.19
BM	504.63	551.47	450.93	1.23	1.34
BM - BCK	505.59	545.87	438.91	1.21	1.30

8.1.4　磁化与未磁化淡水和微咸水灌溉综合效果的对比分析

8.1.4.1　土壤水分分布及棉花耗水量的变化特征

图 8.34 显示了生育期内磁化与未磁化淡水和微咸水轮灌对 0~60cm 土层内的土壤平均体积含水率的影响。由图可知，在花期和铃期，0~60cm 土层内土壤平均体积含水率达到最大；在各生育期，磁化与未磁化淡水灌溉下的土壤平均体积含水率相对较大。与微咸水灌溉和磁化微咸水灌溉相比，淡水灌溉与磁化淡水灌溉下，在各个生育期土壤平均体积含水率相比提高了 10%~30%，全生育期土壤平均体积含水率提高了 10% 左右。BM 和 BM - BCK 灌溉模式下，全生育期土壤平均体积含水率接近于 FM 和 FM - FCK。

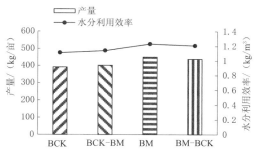

图 8.33　磁化微咸水与微咸水轮灌对棉花产量和水分利用效率的影响

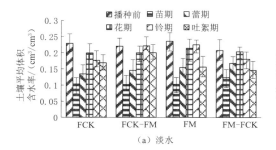

（a）淡水

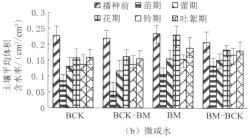

（b）微咸水

图 8.34　磁化与未磁化淡水和微咸水轮灌对 0~60cm 土层内土壤平均体积含水率的影响

表 8.16 显示了通过水量平衡得到棉花生育期内磁化与未磁化淡水和微咸水轮灌下的

耗水情况，按照各处理 0～60cm 土层内土壤水分变化，计算的耗水量均大于实际灌水深度，说明棉花生育期内消耗了一部分土壤中储存的水量。由表可知，在 0～60cm 土层内，FCK、FCK－FM、FM 和 FM－FCK 灌溉模式下，消耗土壤中储存的水量分别为22.82mm、21.62mm、37.23mm、40.41mm；BCK、BCK－BM、BM 和 BM－BCK 灌溉模式下，消耗土壤中储存的水量分别为 26.35mm、24.96mm、46.84mm、40.28mm。按照 0～60cm 土层水分变化计算得到各耗水量，BM 灌溉模式下的总耗水量和消耗土壤中储存水量相对最大，分别为 551.47mm 和 46.84mm，而且增加的耗水量主要集中在苗期和蕾期。与全生育期淡水相比，全生育期微咸水灌溉下的耗水量增加了 3.2%，全生育期磁化微咸水灌溉，增加了 7.6%。与全生育期磁化淡水相比，全生育期磁化微咸水灌溉，增加了 4.8%。

表 8.16　　　　　　　磁化与未磁化淡水和微咸水轮灌处理下棉花生育期内耗水量

土层深度/cm	处理	实际灌溉/mm	苗期/mm	蕾期/mm	花期/mm	铃期/mm	吐絮期/mm	总耗水/mm
0～60	FCK	489.91	80.10	110.70	101.23	196.28	24.42	512.73
	FCK－FM	491.81	82.97	111.88	101.13	192.24	25.21	513.43
	FM	489.12	83.62	117.23	98.55	198.59	28.36	526.35
	FM－FCK	492.64	83.70	120.11	103.09	202.02	24.13	533.05
	BCK	503.15	78.31	113.92	104.57	205.44	27.26	529.50
	BCK－BM	504.95	81.33	111.42	97.95	211.77	27.44	529.91
	BM	504.63	86.21	120.38	103.08	203.41	38.39	551.47
	BM－BCK	505.59	85.86	116.24	98.77	210.70	34.30	545.87

8.1.4.2　土壤盐分分布及积盐量的变化特征

图 8.35 显示了棉花生育期内，磁化与未磁化淡水和微咸水轮灌对 0～60cm 土层内土壤平均含盐量的影响。由图可知，淡水与微咸水灌溉下的初始土壤平均含盐量差异性较大，其中全生育期淡水灌溉下土壤平均含盐量最大，约为 4.2g/kg；全生育期微咸水灌溉下土壤平均含盐量最小，约为 1.4g/kg；全生育期全淡水灌溉下土壤平均含盐量最大，约为 2.9g/kg；FM 灌溉模式下土壤平均含盐量最小，约为 0.8g/kg。

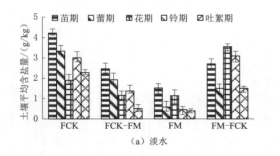
（a）淡水

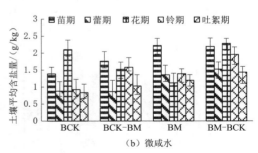
（b）微咸水

图 8.35　磁化与未磁化淡水和微咸水轮灌对 0～60cm 土层内土壤平均含盐量的影响

图 8.36 显示了磁化与未磁化淡水和微咸水轮灌对宽行、窄行、膜间处棉花全生育期土壤含盐量的影响。由图可知，在 0～20cm 土层内土壤含盐量减小，而 20～80cm 土层内

土壤含盐量增加。就生育期 $0\sim100cm$ 土层内土壤含盐量平均值而言，FCK、FCK-FM、FM-FCK 和 FM 灌溉模式下，土壤平均含盐量分别为 6.6g/kg、4.7g/kg、1.7g/kg 和 2.7g/kg；BCK、BCK-BM、BM 和 BM-BCK 灌溉模式下，土壤平均含盐量分别为 2.3g/kg、1.9g/kg、1.8g/kg 和 2.8g/kg。

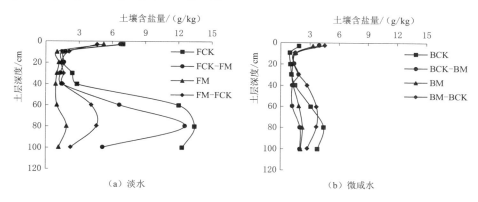

图 8.36　磁化与未磁化淡水和微咸水轮灌对土壤含盐量的影响

以面积为 1 亩作为单元，根据土壤盐分平衡方程，计算磁化与未磁化淡水和微咸水轮灌下 $0\sim60cm$ 土层内每亩土体的土壤盐分平衡情况，结果见表 8.17。由表可知，在 $0\sim60cm$ 土体内，微咸水与磁化微咸水灌溉，棉花生育期呈现积盐现象；淡水与磁化淡水灌溉，均表现脱盐现象。

表 8.17　磁化与未磁化淡水和微咸水轮灌下 $0\sim60cm$ 土层内每亩土体的土壤盐分平衡情况

土层深度/cm	处理	初始含盐量/kg	最终含盐量/kg	储盐量变化量/kg
$0\sim60$	FCK	3952.4 ± 82.8	3686.4 ± 85.5	-266.0
	FCK-FM	1993.0 ± 125.6	1839.5 ± 98.9	-153.5
	FM	948.9 ± 77.6	809.0 ± 83.6	-139.9
	FM-FCK	1795.8 ± 65.6	1540.9 ± 68.1	-254.9
	BCK	734.1 ± 56.1	1035.1 ± 66.8	301.0
	BCK-BM	733.7 ± 68.2	977.9 ± 81.5	244.2
	BM	1199.1 ± 79.3	1336.2 ± 72.6	137.1
	BM-BCK	1280.7 ± 88.6	1502.4 ± 62.8	221.7

8.1.4.3　棉花产量及水分利用效率

表 8.18 列出了磁化与未磁化淡水和微咸水轮灌对棉花产量和水分利用效率的影响。由表可知，与全生育期微咸水相比，BCK-BM、BM 和 BM-BCK 灌溉模式分别增产 2.8%、15.4%、12.3%，水分利用效率分别提高 2.7%、10.8%、9.0%。与全生育期淡水相比，FCK-FM 灌溉模式下的产量和水分利用效率没有明显变化；FM 和 FM-FCK 灌溉模式分别增产 5.4%、8.3%，水分利用效率分别提高 2.3%、3.8%。与全生育期微咸水相比，FCK、FCK-FM、FM 和 FM-FCK 灌溉模式下，产量增加了 16.1%、15.4%、22.3% 和 25.7%，水分利用效率增加了 19.8%、18.9%、22.5% 和 24.3%；与

全生育期磁化微咸水相比，FCK、FCK－FM、FM 和 FM－FCK 灌溉模式下，产量增加了 0.6％、0.1％、6％和 9％，水分利用效率增加了 8.1％、7.3％、10.6％和 12.2％。各灌溉模式下的产量和水分利用效率大小关系为 FM－FCK＞FM＞FCK＞FCK－FM＞BM＞BM－BCK＞BCK－BM＞BCK。

表 8.18　　　　磁化与未磁化淡水和微咸水轮灌对棉花产量和水分利用效率的影响

处理	灌水深度 /mm	耗水量 /mm	产量 /(kg/亩)	水分利用效率 /(kg/m³)	灌水利用效率 /(kg/m³)
FCK	489.91	512.73	453.79	1.33	1.39
FCK－FM	491.81	513.43	451.13	1.32	1.38
FM	489.12	526.35	478.12	1.36	1.47
FM－FCK	492.64	533.05	491.38	1.38	1.50
BCK	503.15	529.50	390.85	1.11	1.17
BCK－BM	504.95	529.91	401.62	1.14	1.19
BM	504.63	551.47	450.93	1.23	1.34
BM－BCK	505.59	545.87	438.91	1.21	1.30

8.1.5　棉花生长定量表征与数学模型

棉花属于喜温作物，生育期积温越高越有利于棉花生产。有效积温通常用于量化大气温度和代表温度对作物生长的综合影响，可以更客观、更准确地描述作物生长的热需求。基于有效积温，建立了不同地区和种植措施下，较为普适的棉花生长模型。

8.1.5.1　数据来源和研究方法

1. 数据来源

本研究中磁化水膜下滴灌棉花的生长指标主要来自新疆巴音郭楞蒙古族自治州巴州重点灌溉试验站 2015—2020 年的试验数据，其中 2015—2018 年数据用于建模，2019 年和 2020 年试验数据用于模型验证。未磁化水膜下滴灌棉花的生长指标（叶面积指数、株高、干物质累积量）数据资料主要来自国内外已发表的全文期刊中 40 篇文献。不覆膜地面灌溉棉花的叶面积指数的数据主要来自国内外已发表 15 篇文献资料，以棉花产量、灌溉、施氮和密度等为关键词收集数据。未磁化水膜下滴灌棉花研究区域主要集中在新疆，不覆膜地面灌溉棉花的研究区域主要集中在河北、河南、山东、湖北和江苏等地，收集的数据包括建模数据和验证数据两部分。

利用中国气象数据网和小型气象站获取不同地区棉花生长发育阶段的气温数据，并通过计算得到不同地区各个生育阶段所对应的有效积温或相对有效积温。文献中作物生长指标数据的收集遵循以下原则：

（1）选择常规施肥和灌溉下覆膜与不覆膜的棉花生长数据。

（2）使用 GetData Graph Digitizer 软件（USA）直接从原始文章中的图形中获取原始数据。

2. 研究方法

通常以有效积温（GDD）量化大气温度，表示温度对作物生长的综合影响。有效积温是指日平均气温与作物活动所需要的最低温度之差，它反映了作物能完成发育和生长所需总热量。棉花生育的适宜温度为 $25\sim30°C$，其生物学上限温度为 $40°C$，生物学下限温度在 $10°C$（刘清春等，2004；刘文等，1992），有效积温的计算公式如下

$$GDD = T_{avg} - T_{base} \qquad\qquad (8.9)$$

$$\begin{cases} T_{avg} = \dfrac{T_x + T_n}{2} \\ T_{avg} = T_{base} & 若 \ T_{avg} \leqslant T_{base} \\ T_{avg} = T_{upper} & 若 \ T_{avg} \geqslant T_{upper} \end{cases} \qquad\qquad (8.10)$$

式中：T_{avg} 为日平均气温，$°C$；T_{base} 为作物活动所需要的最低温度，$°C$；T_{upper} 为作物活动所需要的最高温度，$°C$；T_x 为日最高气温，$°C$；T_n 为日最低气温，$°C$。

Logistic 模型常常被用来模拟作物的增长过程，如作物株高和干物质累积量的研究。利用 Logistic 模型和修正的 Logistic 模型来模拟传统膜下滴灌、磁化水膜下滴灌及不覆膜棉花株高、干物质累积量和叶面积指数的变化过程，计算公式如下

$$R_H = \frac{1}{1 + e^{a_0 + b_0 \times GDD}} \qquad\qquad (8.11)$$

$$R_{DMA} = \frac{1}{1 + e^{a_1 + b_1 \times GDD}} \qquad\qquad (8.12)$$

$$R_{LAI} = \frac{1}{1 + e^{a_2 + b_2 \times GDD + c_2 \times GDD^2}} \qquad\qquad (8.13)$$

式中：R_H 表示相对株高；R_{DMA} 为作物相对干物质累积量；R_{LAI} 为相对叶面积指数；GDD 为有效积温，$°C$；a_0、a_1、a_2、b_0、b_1、b_2 和 c_2 为模型中的拟合参数。

为了统一分析不同地区、不同水肥等条件下温度对棉花生长的影响，利用有效积温相对化的相对叶面积指数 Logistic 模型表示为

$$R_{LAI} = \frac{1}{1 + e^{a_3 + b_3 \times R_{GDD} + c_3 \times R_{GDD}^2}} \qquad\qquad (8.14)$$

式中：R_{GDD} 为相对有效积温；R_{LAI} 为相对叶面积指数，即各生育期对应的有效积温与其叶面积指数最大时有效积温的比值；a_3、b_3 和 c_3 为模型中的拟合参数。

3. 误差分析

为评价模型的拟合精度，采用常用的 3 种评价指标对模型准确性进行评价，即用决定系数（R^2）和均方根误差（RMSE）和相对误差（RE）来评价模型的好坏程度，计算公式如下

$$R^2 = \frac{\left[\sum (x_i - x)(y_i - y) \right]^2}{\sum (x_i - x)^2 \sum (y_i - y)^2} \qquad\qquad (8.15)$$

$$\mathrm{RMSE} = \sqrt{\frac{\sum (MEV - ANV)^2}{n}} \qquad\qquad (8.16)$$

$$\mathrm{RE} = \frac{\sum (MEV - ANV)^2}{\sum MEV^2} \qquad\qquad (8.17)$$

式中：x_i、y_i 分别为自变量和因变量；x、y 为自变量和因变量的平均值；MEV 为实测

值；ANV 为模拟值。

8.1.5.2　磁化水膜下滴灌棉花生长模型

磁化水灌溉对棉花生长有一定的影响，为了分析磁化水灌溉对于膜下滴灌棉花生长指标的影响，以有效积温为自变量，分析磁化水膜下滴灌棉花相对株高、相对叶面积指数和相对干物质累积量的变化过程，并构建相对生长指标的 Logistic 模型。

1. 株高增长模型

利用 2015—2018 年大田磁化水膜下滴灌棉花株高的试验数据，以有效积温为自变量，建立了磁化水膜下滴灌棉花相对株高的 Logistic 模型，如图 8.37 所示。由图可知，在 700～1000℃时株高增长最快，在 1300℃之后开始趋于稳定。磁化水膜下滴灌棉花的相对株高与有效积温的关系曲线如下

$$R_H = \frac{1}{1+\mathrm{e}^{3.66-0.0046GDD}} \tag{8.18}$$

其中，该模型的决定系数为 0.94，均方根误差为 0.06，拟合效果良好。

采用 2019—2020 年的磁化水膜下滴灌株高的实测数据进行验证，验证结果如图 8.38 所示。由图可知，磁化水膜下滴灌棉花相对株高的实测值与拟合值之间可以较好吻合，其中决定系数（R^2）为 0.87，相对误差（RE）为 1.7%。

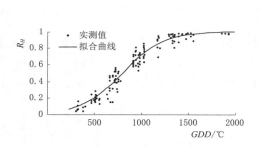

图 8.37　磁化水膜下滴灌棉花的有效积温
与相对株高的关系曲线

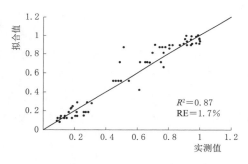

图 8.38　磁化水膜下滴灌棉花的相对株高
实测值与拟合值比较

2. 叶面积指数增长模型

磁化水膜下滴灌棉花的有效积温与相对叶面积指数的变化曲线，如图 8.39 所示。由图可知，棉花相对叶面积指数随有效积温呈现先增后减的变化趋势，在 700～1000℃，叶面积指数快速增长；在 1000～1500℃，增长缓慢；有效积温为 1500℃左右时，叶面积指数达到最大。采用修正的 Logistic 模型对磁化水膜下滴灌棉花相对叶面积指数的变化过程进行拟合，结果如下

$$R_{LAI} = \frac{1}{1+\mathrm{e}^{8.98-0.015GDD+5\times10^{-6}GDD^2}} \tag{8.19}$$

其中，该模型的决定系数为 0.96，均方根误差为 0.07，拟合效果良好。令 $\dfrac{\mathrm{d}R_{LAI}}{\mathrm{d}GDD}=0$，计

算得到叶面积指数最大时的有效积温为 1495℃。

采用 2019—2020 年磁化水膜下滴灌叶面积指数的实测数据，对式（8.19）进行验证，验证结果如图 8.40 所示，R^2 为 0.91，RE 为 0.94%，说明实测数据拟合得到的公式可以很好地模拟磁化后棉花叶面积指数随有效积温的变化情况。

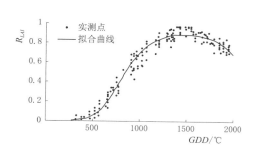

图 8.39　磁化水膜下滴灌棉花的有效积温与相对叶面积指数的变化曲线

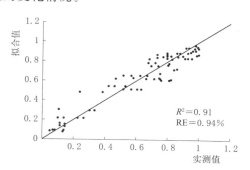

图 8.40　磁化水膜下滴灌棉花的相对叶面积指数实测值与拟合值比较

3. 干物质增长模型

图 8.41 反映了磁化水膜下滴灌棉花的有效积温为相对干物质累积量的关系曲线，并通过 Logistic 模型模拟得到了磁化水灌溉下棉花相对干物质累积量的生长模型。由图可知，在 1000～1500℃时，干物质累积量增长最快。随着有效积温的不断增加，棉花干物质累积量不断增长，在 1800～2000℃时达到最大。棉花处于花期和铃期，增长速率最大，这时植株的叶片老化，叶面积指数降低，光合能力降低，营养生长逐渐停止，生殖器官干物质累积开始增加，至吐絮期达到峰值。磁化水膜下滴灌棉花的相对干物质累积量的生长模型如下

$$R_{\mathrm{DMA}} = \frac{1}{1 + e^{5.11 - 0.0043GDD}} \tag{8.20}$$

其中，该模型的决定系数为 0.96，均方根误差为 0.06，拟合效果良好。

采用 2019—2020 年的磁化水膜下滴灌干物质累积量的实测数据对磁化水膜下滴灌干物质累积量的生长模型进行验证，验证结果如图 8.42 所示。由图可知，相对干物质累积量的实测值与拟合值之间可以较好吻合，其中 R^2 为 0.84，RE 为 1.2%。

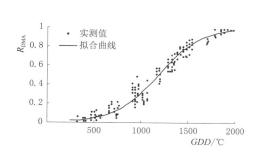

图 8.41　磁化水膜下滴灌棉花的有效积温与相对干物质累积量的关系曲线

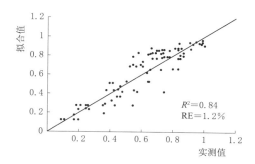

图 8.42　磁化水膜下滴灌棉花的相对干物质累积量实测值与拟合值比较

8.1.5.3　未磁化水膜下滴灌棉花生长模型

通过新疆未磁化水膜下滴灌棉花的生长指标（叶面积指数、株高、干物质累积量）数据和计算得到的有效积温，分析了新疆覆膜滴灌下棉花生育期的生长指标随有效积温的变化过程，并采用 Logistic 模型来构建新疆膜下滴灌棉花的株高、叶面积指数和干物质累积量的生长过程。

1. 株高增长模型

以有效积温为自变量，分析了 520 组膜下滴灌棉花株高的变化情况，建立新疆膜下滴灌棉花相对株高的 Logistic 模型，如图 8.43 所示。由图可知，株高在 500～800℃时增长最快，在 1100℃之后趋于稳定。图中反映的膜下滴灌棉花的相对株高与有效积温关系曲线的表达式如下：

$$R_H = \frac{1}{1 + e^{2.71 - 0.0049 GDD}} \tag{8.21}$$

其中，该模型的决定系数为 0.95，均方根误差为 0.06，拟合效果良好。

利用 160 组膜下滴灌棉花株高的试验数据，对所得模型进行验证，验证结果如图 8.44 所示。由图可知，其中 R^2 为 0.91，RE 为 1.2%，模拟值与实测值之间的吻合度良好，因此用该模型可以很好体现新疆膜下滴灌棉花株高的变化特征。

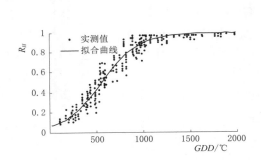

图 8.43　未磁化水膜下滴灌棉花的有效积温
与相对株高的关系曲线

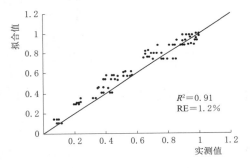

图 8.44　未磁化水膜下滴灌棉花的相对
株高实测值与拟合值比较

2. 叶面积指数增长模型

图 8.45 显示了未磁化水膜下滴灌棉花的相对叶面积指数随有效积温的变化特征，并通过修正的 Logistic 模型对变化过程进行拟合。从图中可以看出，叶面积指数在 700～1000℃快速增长，1000～1400℃增长缓慢，有效积温为 1400℃左右时达到最大，棉花叶面积指数随有效积温呈现先增后减的变化趋势。在图 8.45 中，采用修正的 Logistic 模型对膜下滴灌棉花相对叶面积指数的变化过程进行拟合，结果如下

$$R_{LAI} = \frac{1}{1 + e^{7.57 - 0.013 GDD + 4.5 \times 10^{-6} GDD^2}} \tag{8.22}$$

其中，该模型的 R^2 为 0.9，RE 为 0.08，拟合效果良好。通过令 $\dfrac{\mathrm{d}R_{LAI}}{\mathrm{d}GDD} = 0$，计算得到叶面积指数最大时的有效积温为 1450℃。

利用 180 组膜下滴灌棉花叶面积指数的试验数据,对所得模型进行验证,验证结果如图 8.46 所示。由图可知,其中 R^2 为 0.89,RE 为 1.8%。模拟值与实测值之间吻合度良好,因此用该模型可以很好体现新疆未磁化水膜下滴灌棉花叶面积指数的变化特征。

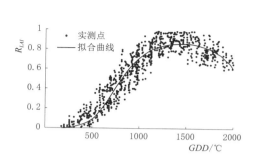

图 8.45　未磁化水膜下滴灌棉花的有效积温与相对叶面积指数的关系曲线

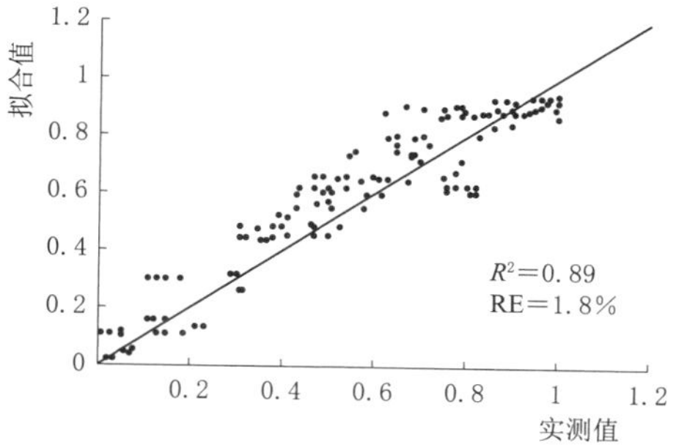

图 8.46　未磁化水膜下滴灌棉花的相对叶面积指数实测值与拟合值比较

3. 干物质增长模型

利用收集的 413 组未磁化水膜下滴灌棉花相对干物质累积量的数据,通过 Logistic 模型对棉花相对干物质累积量随有效积温变化过程进行拟合,如图 8.47 所示。由图可知,在 800～1200℃时干物质累积量增长最快,且随着有效积温的不断增加棉花干物质累积量不断增长,在 1800～2000℃时达到最大。膜下滴灌棉花的相对干物质累积量的 Logistic 模型拟合公式如下

$$R_{DMA} = \frac{1}{1 + e^{4.27 - 0.0039GDD}} \tag{8.23}$$

其中 R^2 为 0.96,RE 为 0.07,拟合效果良好。

利用 110 组膜下滴灌棉花干物质累积量的试验数据,对所得模型进行验证,验证结果如图 8.48 所示。其中 R^2 为 0.92,RE 为 0.9%。模拟值与实测值之间吻合度良好,因此用该模型可以很好体现新疆未磁化水膜下滴灌棉花干物质累积量的变化特征。

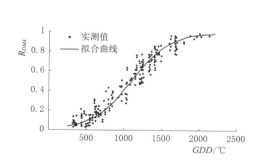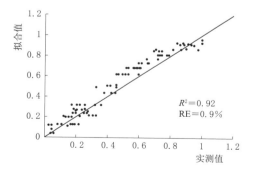

图 8.47　未磁化水膜下滴灌棉花的有效积温与相对干物质累积量的关系曲线

图 8.48　未磁化水膜下滴灌棉花相对干物质累积量实测值与拟合值比较

8.1.5.4　不覆膜地面灌溉棉花叶面积指数增长模型

为了进一步研究覆膜对棉花生长的影响,收集了 650 组不覆膜地面灌溉棉花叶面积指

数的生长数据，并对不覆膜棉花相对叶面积指数随有效积温的变化过程进行拟合，结果如图 8.49 所示。由图可知，从图中可以看出，叶面积指数在 600～1200℃快速增长，1200～1600℃增长缓慢，有效积温为 1600℃左右时达到最大，棉花叶面积指数随有效积温呈现先增后减的变化趋势。采用修正的 Logistic 模型对不覆膜棉花相对叶面积指数的变化过程进行拟合的模型结果如下

$$R_{LAI} = \frac{1}{1 + e^{7.89 - 0.012GDD + 3.7 \times 10^{-6}GDD^2}} \tag{8.24}$$

其中决定系数为 0.92，均方根误差为 0.08，拟合效果良好。通过令 $\dfrac{\mathrm{d}R_{LAI}}{\mathrm{d}GDD} = 0$，计算得到叶面积指数最大时的有效积温为 1627℃。

利用 80 组不覆膜棉花叶面积指数的试验数据，对所得模型进行验证，验证结果如图 8.50 所示。其中 R^2 为 0.86，RE 为 1.3%。模拟值与实测值之间吻合度良好，该模型可以很好体现不覆膜地面灌溉棉花相对叶面积指数随有效积温的变化过程。

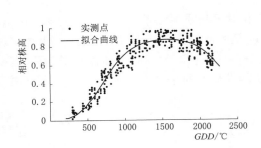

图 8.49 不覆膜地面灌溉棉花的有效积温
与相对株高的关系曲线

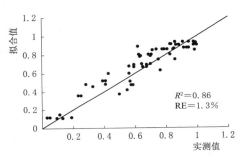

图 8.50 不覆膜地面灌溉棉花相对株高
实测值与拟合值比较

8.1.5.5 基于相对有效积温的棉花相对叶面积指数统一模型

磁化水膜下滴灌、未磁化水膜下滴灌和不覆膜地面灌溉棉花叶面积指数总体变化过程基本相同，但相对最大叶面积指数对应有效积温存在差异。磁化水膜下滴灌叶面积指数最大时的有效积温为 1495℃左右，未磁化水膜下滴灌叶面积指数最大时的有效积温为 1450℃左右，不覆膜棉花的叶面积指数最大时的有效积温为 1627℃左右。除此之外，灌溉、施肥、种植密度等田间管理措施均对作物生长有很大的影响，所以需要综合考虑灌溉、施肥、种植密度、磁化和覆膜等对作物生长的影响。为了便于综合分析区域变化特征，将耗水量以 200～300mm、300～400mm、400～500mm、500～600mm、600～700mm 划分为 5 个区间；将施氮量以 0～7kg/亩、7～13kg/亩、13～20kg/亩、20～27kg/亩、27～33kg/亩划分为 5 个区间；将种植密度按照当地的种植条件和相关文献划分为 0～0.33 万株/亩、0.33 万～0.67 万株/亩、0.67 万～1.00 万株/亩、1.00 万～1.33 万株/亩、1.33 万～1.67 万株/亩、1.67 万～2.00 万株/亩、2.00 万～2.33 万株/亩划分为 7 个区间；将磁化强度划分为 1000Gs、2000Gs、3000Gs、4000Gs、5000Gs 5 个区间进行分类。

在此基础上，以有效积温为自变量，并利用 Logistic 模型进行拟合，分析相对叶面积指数的变化过程，具体结果见表 8.19。由表可知，在不同种植和灌溉情况下，参数 a 的值最大相差超过了 1 倍，参数 b 最大与最小之间相差超过 0.7 倍，参数 c 最大与最小之间相差在 1.3 倍左右。各处理叶面积指数最大时的有效积温也存在较大差异，最大相差超过了 $400℃$。这些结果表明说明，灌溉、施肥、种植密度、磁化和覆膜等田间管理措施均会对作物生长产生较大的影响。在这种状况下，仅依据气温来分析棉花生长发育过程将存在差异，而且也无法用统一的模型来分析棉花生长的变化规律。

表 8.19 不同田间管理措施下基于有效积温的棉花相对叶面积指数修正 Logistic 模型参数拟合结果

田间管理措施	分类	处理	a	$-b$	c	R^2	RMSE	LAI_{max} $GDD/℃$
未磁化水膜下滴灌	耗水量 /mm	200～300	8.95	0.016	0.0000058	0.88	0.11	1370
		300～400	5.73	0.011	0.0000039	0.84	0.14	1418
		400～500	8.05	0.013	0.0000045	0.8	0.15	1434
		500～600	7.76	0.013	0.0000043	0.79	0.15	1515
		600～700	6.82	0.012	0.0000043	0.86	0.11	1406
	施氮量 /(kg/亩)	0～7	6.30	0.011	0.0000037	0.82	0.12	1503
		7～13	6.76	0.011	0.0000039	0.74	0.14	1402
		13～20	7.31	0.012	0.0000045	0.73	0.16	1333
		20～27	6.27	0.011	0.0000039	0.84	0.13	1410
		27～33	5.69	0.012	0.0000041	0.86	0.13	1448
		33～40	8.95	0.015	0.0000051	0.76	0.14	1479
	种植密度 /(万株/亩)	0.67～1.00	8.21	0.014	0.0000050	0.86	0.09	1399
		1.00～1.33	9.74	0.016	0.0000056	0.91	0.09	1428
		1.33～1.67	9.51	0.017	0.0000062	0.92	0.10	1374
		1.67～2.00	12.73	0.02	0.0000069	0.8	0.14	1452
		2.00～2.33	10.09	0.015	0.0000048	0.8	0.12	1556
不覆膜地面灌溉	耗水量 /mm	300～400	6.36	0.011	0.0000036	0.88	0.12	1514
		400～500	10.04	0.015	0.0000049	0.86	0.12	1531
		500～600	10.57	0.014	0.0000041	0.79	0.17	1702
		600～700	9.44	0.013	0.0000037	0.88	0.12	1744
	施氮量 /(kg/亩)	0～7	12.89	0.016	0.0000045	0.82	0.16	1778
		7～13	11.95	0.017	0.0000053	0.92	0.09	1591
		13～20	10.19	0.015	0.0000046	0.88	0.12	1623
		20～27	7.69	0.012	0.0000036	0.82	0.13	1649
	种植密度 /(万株/亩)	0～0.33	7.79	0.013	0.0000039	0.92	0.08	1672
		0.33～0.67	11.95	0.017	0.0000053	0.92	0.09	1591

续表

田间管理措施	分类	处理	a	$-b$	c	R^2	RMSE	LAI_{max} $GDD/℃$
磁化水膜下滴灌	耗水量 /mm	200~300	8.01	0.013	0.0000050	0.86	0.09	1299
		300~400	9.51	0.017	0.0000062	0.92	0.10	1374
		400~500	8.98	0.015	0.000005	0.97	0.06	1500
		500~600	7.38	0.012	0.0000039	0.96	0.06	1538
		600~700	6.82	0.011	0.0000035	0.96	0.07	1571
	施氮量 /(kg/亩)	7~13	9.69	0.016	0.0000054	0.97	0.06	1481
		13~20	5.96	0.01	0.0000030	0.88	0.1	1675
		20~27	10.49	0.016	0.0000053	0.82	0.15	1496
		27~33	8.95	0.015	0.0000051	0.76	0.14	1479
	磁化强度 /Gs	1000	7.76	0.012	0.0000044	0.79	0.15	1355
		2000	6.74	0.011	0.0000036	0.74	0.13	1528
		3000	6.30	0.011	0.0000037	0.82	0.12	1503
		4000	11.95	0.017	0.0000053	0.92	0.09	1591
		5000	8.85	0.016	0.0000058	0.88	0.11	1370

为了减少不同品种、灌溉、施肥、种植密度、磁化和覆膜等对作物生长指标的影响，总结作物统一的生长规律，采用"相对化"的方法，减少这些田间管理措施对于棉花生长影响。综合考虑了灌溉、施肥、种植密度、磁化和覆膜等对棉花生长的影响，利用修正的Logistic模型，以相对有效积温为自变量，建立不同的耗水量、施氮量、种植密度和磁化强度下的棉花叶面积指数的生长模型，分析了不同措施下温度对于棉花生长的影响，具体结果见表8.20。由表可知，有效积温相对化处理后，相应的模型参数差异性较小。对未磁化水膜下滴灌、不覆膜地面灌溉棉花和磁化水膜下滴灌棉花相对叶面积指数模型拟合参数求取均值，结果分别为 $a_m=9.36$、$-b_m=22.95$、$c_m=11.34$，$a_t=9.37$、$-b_t=22.94$、$c_t=11.41$，$a_f=9.37$、$b_f=22.94$、$c_f=11.41$（a_m、b_m、c_m 为未磁化水膜下滴灌的模型拟合参数，a_t、b_t、c_t 为不覆膜地面灌溉模型拟合参数，a_f、b_f、c_f 为磁化水膜下滴灌的模型拟合参数）。

表 8.20 不同田间管理措施下有效积温相对化的棉花相对叶面积
指数修正 Logistic 模型参数拟合结果

田间管理措施	分类	处理	a	$-b$	c	R^2	RMSE
未磁化水膜下滴灌	耗水量 /mm	200~300	10.05	23.93	11.58	0.94	0.04
		300~400	9.94	23.99	11.75	0.91	0.06
		400~500	9.09	22.33	10.95	0.89	0.06
		500~600	9.21	22.56	11	0.94	0.06
		600~700	9.06	22.76	11.34	0.89	0.09

续表

田间管理措施	分类	处理	a	$-b$	c	R^2	RMSE
未磁化水膜下滴灌	施氮量/(kg/亩)	0~7	9.45	23.4	11.82	0.91	0.08
		7~13	9.13	22.35	11.05	0.96	0.07
		13~20	9.27	22.53	11.01	0.96	0.06
		20~27	9.18	22.84	11.36	0.94	0.07
		27~33	9.18	22.46	11.13	0.88	0.1
		33~40	9.05	22.34	11.01	0.87	0.12
	种植密度/(万株/亩)	0.33~0.67	9.23	22.78	11.35	0.91	0.07
		0.67~1.00	9.41	23.04	11.42	0.9	0.08
		1.00~1.33	9.42	23.21	11.47	0.93	0.05
		1.33~1.67	9.60	23.42	11.57	0.93	0.08
		1.67~2.00	9.36	23.04	11.31	0.93	0.05
		2.00~2.33	9.43	23.24	11.59	0.9	0.07
不覆膜地面灌溉	耗水量/mm	300~400	9.99	23.6	11.55	0.9	0.09
		400~500	9.97	23.3	11.25	0.86	0.12
		500~600	10.03	24.08	11.9	0.92	0.07
		600~700	9.36	22.86	11.39	0.94	0.06
	施氮量/(kg/亩)	0~7	8.62	21.77	11.02	0.87	0.1
		7~13	9.11	23.18	11.83	0.87	0.11
		13~20	8.69	22.36	11.44	0.9	0.09
		20~27	8.91	22.01	10.98	0.91	0.07
	种植密度/(万株/亩)	0~0.33	9.46	23.04	11.42	0.91	0.06
		0.33~0.67	9.59	23.17	11.35	0.96	0.05
磁化水膜下滴灌	耗水量/mm	200~300	9.41	23.2	11.14	0.97	0.06
		300~400	9.44	23.5	11.23	0.95	0.06
		400~500	9.26	22.89	11.41	0.96	0.06
		500~600	9.69	24	11.25	0.95	0.06
		600~700	9.47	22.93	11.51	0.94	0.06
	施氮量/(kg/亩)	7~13	8.62	21.77	11.02	0.87	0.1
		13~20	9.33	22.75	11.15	0.92	0.09
		20~27	9.27	22.53	11.21	0.96	0.06
		27~33	9.09	22.33	10.95	0.96	0.06
	磁化强度/Gs	1000	9.05	22.34	11.01	0.89	0.11
		2000	9.86	24.18	11.9	0.92	0.07
		3000	9.67	23.08	11.9	0.9	0.07
		4000	9.79	23.6	11.55	0.9	0.09
		5000	9.67	23.3	11.25	0.86	0.12

由于模型参数 a、b 和 c 之间基本接近，说明利用相对有效积温也可以减少灌溉、施肥、种植密度、磁化和覆膜等对模型参数的影响。通过有效积温相对化，可将不同品种、种植措施和土壤因素等棉花相对叶面积指数进行统一分析，结果如图 8.51 所示。统一的棉花相对叶面积指数模型为

$$R_{LAI} = \frac{1}{1+e^{9.44-23GDD+11.35GDD^2}}$$ (8.25)

为了进一步评价统一模型描述棉花相对叶面积指数的准确性，采用 320 组实测数据进行验证，结果如图 8.52 所示。由图可知，相对叶面积指数的实测值与模拟值之间可较好吻合，R^2 为 0.87，RE 为 9.4%，说明建立统一模型可以体现我国棉花生长总体特征。因此，以相对有效积温为自变量来建立作物生长模型，可以提高作物生长指标的预测精度且更好地掌握作物的生长变化规律。

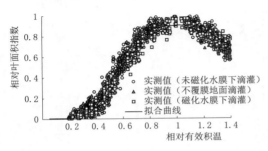

图 8.51　不同田间管理措施下棉花相对有效积温
与相对叶面积指数的关系曲线

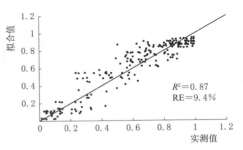

图 8.52　不同田间管理措施下棉花相对叶面积
指数实测值与拟合值比较

8.1.5.6　灌水深度、施肥量和种植密度与最大叶面积指数综合定量关系

为了综合考虑灌溉、施肥和种植密度对棉花生长的影响，选取全生育期灌水量、施氮量和种植密度情况下三种主要数据综合分析棉花的最大叶面积指数，拟合结果如下

$$LAI_{max} = -0.00448I + 0.00287N + 0.2497D - 0.0786\left(\frac{I}{100}\right)^2$$

$$-0.0194\left(\frac{N}{100}\right)^2 + 0.0043D^2 + 0.209$$ (8.26)

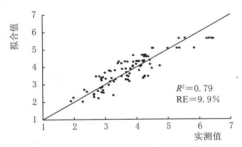

图 8.53　综合考虑灌水量、施氮量和种植密度下
棉花最大叶面积指数实测值与拟合值比较

式中：I 为棉花全生育期的灌水深度，mm；N 为棉花全生育期的施氮量，kg/亩；D 为棉花的种植密度，万株/亩；LAI_{max} 为最大叶面积指数。

为了进行准确性评价，选取部分未建模数据进行验证，结果如图 8.53 所示。由图可知，其中 R^2 为 0.79，RE 为 9.9%，说明综合考虑灌水量、施氮量和种植密度的作用可以较为准确描述棉花最大叶面积指数变化特征。

8.2　去电子微咸水膜下滴灌与化学改良协同促进棉花生长效能

在巴州灌溉试验站开展了去电子微咸水膜下滴灌棉田试验，于 4 月 23 日进行播种，播种前将试验田进行 20～30cm 翻耕并施肥。试验区种植模式为"一膜双管四行"，宽行间距 40cm，窄行间距 20cm，膜间距离 30cm。滴头流量 1.8L/h，滴头间距为 40cm。棉花播种量严格控制到每穴 2 颗种子，播种深度 2～3cm。微咸水采用地下井水，其矿化度为 2.20～2.30g/L。去电子微咸水灌水深度设 5 个水平，分别为 BD262、BD337、BD412、BD487、BD562，即全生育期内每亩灌水深度分别为 262mm、337mm、412mm、487mm、562mm。未去电子微咸水灌水深度为 487mm，灌溉制度与去电子微咸水 BD487 处理相同，生育期为每隔五天灌水一次。全生育期内，施氮（尿素）20kg/亩、磷（磷酸一铵）7kg/亩、钾（硫酸钾）7kg/亩。

化学改良采用施加 PAM，设计 5 个施量水平，即 0kg/亩、0.5kg/亩、1.5kg/亩、1.0kg/亩、2.0kg/亩，同时选择一个不施加 PAM 的小区作为对照，PAM 采用在耕前喷施，然后用旋犁将改良剂与表层 30cm 土混匀。整个生育期设计灌水深度为 487mm，施氮（尿素）20kg/亩、磷（磷酸一铵）7kg/亩、钾（硫酸钾）7kg/亩。

8.2.1　去电子微咸水膜下滴灌灌水深度对土壤水盐分布及棉花生长特征的影响

8.2.1.1　土壤水分分布与棉花耗水量变化特征

1. 土壤水分分布特征

图 8.54 显示了在棉花主要生育期（6 月 14 日—9 月 9 日），去电子微咸水膜下滴灌不同灌水深度对膜间、窄行、宽行处的土壤体积含水率的影响。由图可知，当灌水水平为 BD337、BD412、BD487、BD562 时，膜间处土壤剖面的体积含水率在 80cm 深度附近达到最大；而灌水水平为 BD262 时，膜间处土壤体积含水率在 30cm 附近达到最大。当灌水水平为 BD337、BD412、BD487、BD562 时，窄行处土壤剖面体积含水率在 80cm 附近达到最大；灌水水平为 BD262 时，窄行处土壤剖面体积含水率在 60cm 附近达到最大。当灌水水平为 BD337、BD412、BD487、BD562 时，宽行处土壤剖面体积含水率在 80cm 附近达到最大；灌水水平为 BD262 时，宽行处土壤剖面体积含水率在 20cm 附近达到最大。

图 8.55 反映了棉花生育期内，去电子微咸水膜下滴灌不同灌水深度对 0～60cm 土层内土壤平均体积含水率的影响。由图可知，在苗期结束时，BD562、BD487、BD412、BD337、BD262 灌水水平下，0～60cm 土层内土壤平均体积含水率分别较播种前减少了 11.6%、12.0%、12.0%、10.7%、11.2%。在铃期，0～60cm 土层内土壤平均体积含水率较苗期分别增大了 44.9%、43.3%、38.2%、32.3%、22.9%。在铃期，BD562 灌水水平较 BD487、BD412、BD337、BD262 水平下土壤平均体积含水率分别增大了 3.5%、24.2%、31.8%、35.7%。由以上分析看出，播种前，各处理土壤平均体积含水率差别不大，但土壤平均体积含水率均比较高。

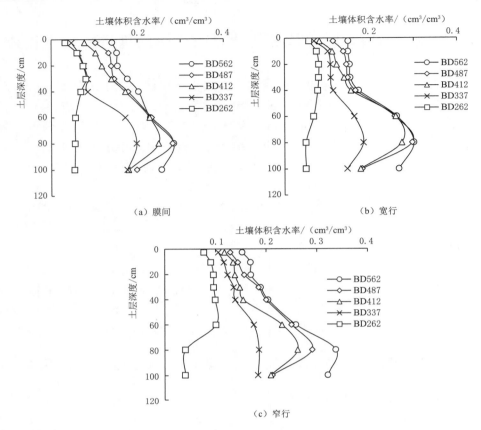

图 8.54　去电子微咸水膜下滴灌不同灌水深度对土壤体积含水率的影响

2. 土壤平均体积含水率

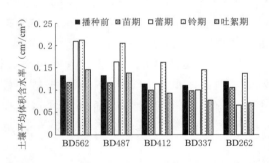

图 8.55　去电子微咸水膜下滴灌不同灌水深度对
0～60cm 土层内土壤平均体积含水率的影响

图 8.56 反映了棉花全生育期，去电子微咸水膜下滴灌不同灌水深度对 0cm、20cm、40cm、60cm、80cm 土层深度膜间处土壤平均体积含水率的影响。由图可知，4 月 23 日—6 月 14 日棉花处于萌发期与苗期，各灌水量下的土壤平均体积含水率呈下降趋势。土壤平均体积含水率随着土壤蒸发而减小，土壤表层减小程度更明显。

在 BD262 水平下，土壤湿润范围较小，土壤平均体积含水率较低，土壤水分主要分布在 20～40cm 土层。与 BD262 相比较，BD487、BD562 水平下，土壤湿润范围加大水分向下运移明显，主要位于 0～80cm 土层。同时，存在水分深层渗漏，水分利用效率下降。BD337、BD412 水平下，土壤水分分布位于 0～40cm 土层。在铃期，就表面土壤平均体积含水率而言，BD562 灌水水平的土壤平均体积含水率较 BD487、BD412、BD337、BD262 水平下分别增加了 11.7%、27.5%、59.6%、68.1%。在 20cm 土层深度处，

BD562 灌水水平下的土壤平均体积含水率较 BD487、BD412、BD337、BD262 水平下分别增大了 5.0%、28.5%、44.9%、60.2%。在 40cm 土层深度处，BD562 灌水水平下的土壤平均体积含水率较 BD487、BD412、BD337、BD262 水平下分别增大了 6.6%、23.7%、40.8%、64.7%。通过分析灌水深度对土壤剖面深度为 0cm、20cm、40cm、60cm 土层深度土壤平均体积含水率分布影响可知，在土壤表层，棉花蕾期前后土壤平均体积含水率差异明显；土层深度为 20cm 与 40cm 处，随着棉花生育期的推进，各处理土壤平均体积含水率梯度分明；土层深度为 60cm 与 80cm 处，全生育期土壤平均体积含水率随时间变化差异较小。

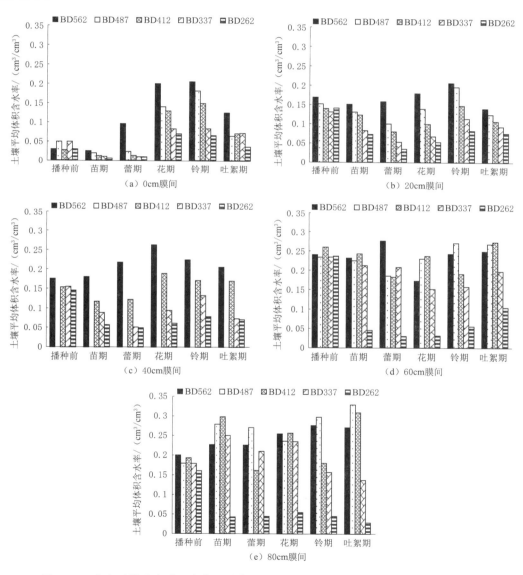

图 8.56 去电子微咸水膜下滴灌不同灌水深度对膜间处土壤平均体积含水率的影响

图 8.57 反映了棉花全生育期，去电子微咸水膜下滴灌不同灌水深度对 0cm、20cm、40cm、60cm、80cm 土层深度窄行处土壤平均体积含水率的影响。由图可知，播种前到棉花苗期，田间覆盖度极小，加之该阶段无灌溉与降水补给，以致田间土壤平均体积含水率随土壤蒸发而减小，各灌水水平处理土壤平均体积含水率均有减小趋势，表层表现明显。在 BD262 水平下，水分主要分布在 20～40cm 土层，以致棉花根系生长范围受到限制，极不利于棉花生长发育进而影响产量。与 BD262 相比，BD337 与 BD412 水分亏缺较小，土壤湿润范围较大，土壤平均体积含水率比 BD262 稍高，对棉花根系生长影响较小。与 BD262 相比，BD487 的土壤湿润范围加大，水分运移向下明显，主要分布在 20～60cm 土层。由于棉花的主要根系在 60cm 土层深度范围，土壤水分在这个范围内更有利于棉花根

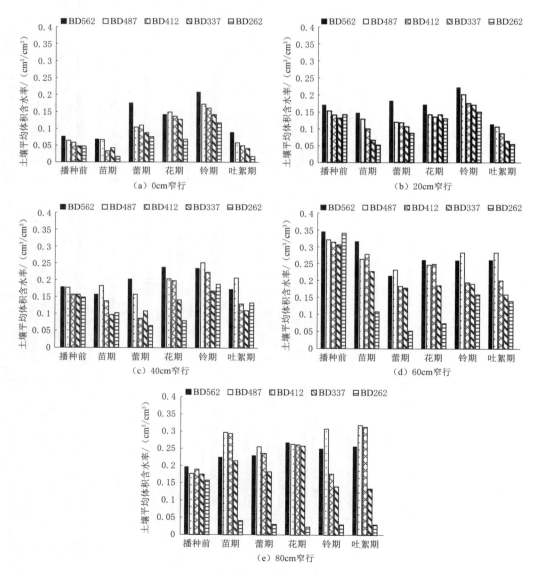

图 8.57　去电子微咸水膜下滴灌不同灌水深度对窄行处土壤平均体积含水率的影响

系对水分与肥料的吸收利用。在铃期，土壤表面处，BD562 水平下较 BD487、BD412、BD337、BD262 水平下，土壤平均体积含水率分别增加了 17.2%、22.05%、31.7%、43.5%。在 20cm 土层深度处，BD562 水平下较 BD487、BD412、BD337、BD262 水平下，土壤平均体积含水率分别增加了 9.1%、21.2%、23.0%、32.6%。在 40cm 土层深度处，BD562 水平下较 BD487、BD412、BD337、BD262 水平下，土壤平均体积含水率分别增加了 6.3%、16.4%、37.1%、30.0%。在 BD337 水平下，土壤水分在垂直与水平方向上湿润范围进一步加大，部分土壤平均体积含水率超过 80cm 深度，开始向下渗漏，水分利用率下降。

图 8.58 反映了棉花全生育期，去电子微咸水膜下滴灌不同灌水深度对 0cm、20cm、40cm、60cm、80cm 土层深度宽行处土壤平均体积含水率的影响。由图可知，在 BD262

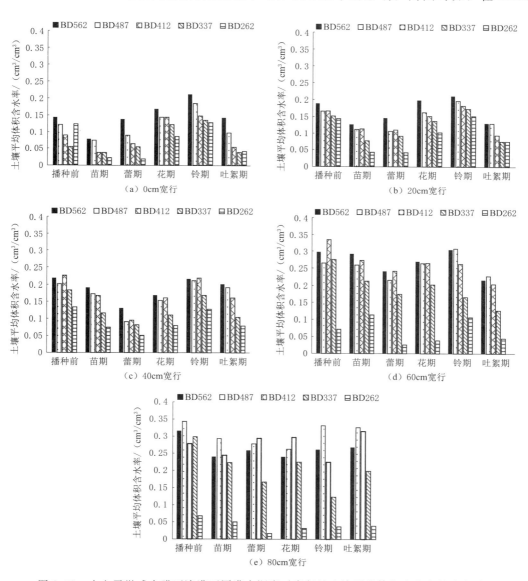

图 8.58　去电子微咸水膜下滴灌不同灌水深度对宽行处土壤平均体积含水率的有影响

水平下，水分主要分布在 20～40cm 土层；在 BD337、BD412 水平下，水分主要分布在 20～60cm 土层。在铃期，就土壤表面而言，BD562 水平较 BD487、BD412、BD337、BD262 水平下，土壤平均体积含水率分别增加了 12.7％、30.2％、36.1％、39.9％。在 20cm 土层深度处，BD562 水平较 BD487、BD412、BD337、BD262 水平下土壤平均体积含水率分别增加了 7.2％、13.5％、17.8％、28.1％。在 40cm 土层深度处，BD562 水平较 BD487、BD412、BD337、BD262 水平下土壤平均体积含水率分别增加了 2.1％、2.4％、22.0％、41.1％。

3. 棉花耗水量变化特征

表 8.21 显示了不同生育期，去电子微咸水膜下滴灌不同灌水深度对棉花耗水量的影响。由表可知，棉花全生育期内，按照 0～100cm 土层深度内水分变化计算结果表明，耗水量均大于实际灌水深度。在 0～100cm 土层内，BD562、BD487、BD412、BD337 与 BD262 消耗土壤中储存的水量，分别为 9.43mm、－1.28mm、9.66mm、58.79mm、50.70mm。同一棉花生长季，5 个灌水量下，棉花各生育期的耗水量呈现一定的差异。对于 BD262、BD337、BD412、BD487、BD562 灌水水平处理，苗期耗水量分别占全生育期耗水量的 12.8％、10.4％、9.3％、9.0％、9.9％；蕾期耗水量分别占全生育期耗水量的 23.6％、22.2％、22.1％、20.7％、18.8％；花期耗水量分别占全生育期耗水量的 16.1％、16.6％、19.8％、24.2％ 与 24.1％；铃期耗水量分别占全生育期耗水量的 39.5％、43.2％、41.4％、38.5％ 与 40.1％；吐絮期耗水量分别占全生育期耗水量的 7.9％、7.7％、7.5％、7.6％、7.0％。BD562 灌水水平较 BD487、BD412、BD337、BD262 全生育期耗水量增大了 17.6％、35.5％、44.4％、82.7％。BD562 灌水水平下，棉花全生育期耗水量最大，原因是灌水量大，以致耗水量大。

表 8.21　去电子微咸水膜下滴灌不同灌水深度对棉花生育期阶段耗水量的影响

土层深度 /cm	灌水水平	实际灌水深度 /mm	生育期耗水量/mm					
			苗期	蕾期	花期	铃期	吐絮期	全生育期
0～100	BD262	262	40.06	73.92	50.46	123.59	24.67	312.70
	BD337	337	40.97	87.83	65.71	170.96	30.32	395.79
	BD412	412	39.11	93.08	83.57	174.41	31.49	421.66
	BD487	487	43.57	100.55	117.7	187.04	36.86	485.72
	BD562	562	56.94	107.46	137.88	229.15	40.00	571.43

8.2.1.2　土壤盐分分布与积盐量变化特征

1. 土壤盐分分布特征

图 8.59 显示了膜间、膜内、宽行、窄行（窄行与宽行）处，去电子微咸水膜下滴灌不同灌水深度对 0～100cm 土层内土壤含盐量的影响。由图可知，在垂直方向上，膜间与膜内土壤剖面含盐量平均值变化趋势一致。0～10cm 土层内，土壤含盐量呈现显著减小趋势，10～30cm 土层内土壤含盐量稍有增加，30～40cm 土层内土壤含盐量逐渐达到最大。由于膜下滴灌条件下，在垂直方向上，土壤湿润范围一般为 40cm 深度内，盐分具有易随水运移的特点，盐分受到淋洗。因此 40cm 深度左右土层发生积盐现象，含盐量最大。膜

间、窄行、宽行处土壤平均含盐量与膜内剖面土壤平均含盐量变化规律，总体表现为 BD562＜BD262＜BD337＜BD487＜BD412 的变化趋势。

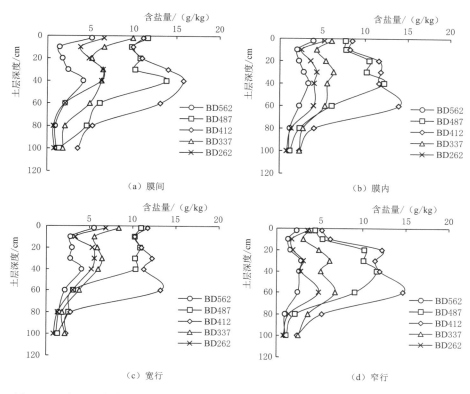

（a）膜间

（b）膜内

（c）宽行

（d）窄行

图 8.59　去电子微咸水膜下滴灌不同灌水深度对 0～100cm 土层内土壤含盐量的影响

图 8.60 显示了生育期内，去电子微咸水膜下滴灌不同灌水深度对 0～40cm 土层内土壤平均含盐量的影响。由图可知，生育期内，0～40cm 土层内土壤平均含盐量大小表现为 BD412＞BD487＞BD337＞BD262＞BD562。由于不同灌水水平处理之间差异明显，加之本底值存在差异，使得盐分的变化也不相同。BD487、BD412、BD337 灌水水平下，生育期内土壤平均含盐量波动较小。

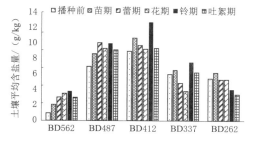

图 8.60　去电子微咸水膜下滴灌不同灌水深度对 0～40cm 土层内土壤平均含盐量的影响

2. 土壤积盐量变化特征

以面积为 1m^2 作为一个滴灌土体单元，计算该单元内去电子微咸水膜下滴灌不同灌水深度处理下单元土体土壤盐分平衡情况，结果见表 8.22。由表可知，0～40cm 土层内，BD562、BD487、BD412 及 BD337 灌水水平下，均呈现土壤最终储盐量小于土壤初始储盐量的现象；BD262 灌水水平下，呈现土壤最终储盐量大于初始储盐量的现象。由此可知，BD562、BD487、BD412 及 BD337 灌水水平下，

0~40cm 土层内盐分淋洗效果明显。BD262 灌水水平下，由于灌水深度较小，灌溉时垂直方向水分运动较浅，以致 0~40cm 土层内产生积盐现象。

表 8.22　去电子微咸水膜下滴灌不同灌水深度处理下单元土体土壤盐分平衡情况

土层深度/cm	处理	土壤初始储盐量/kg	土壤最终储盐量/kg	土层储盐量变化/kg
0~40	BD562	651.517	615.522	−35.995
	BD487	2386.458	2201.821	−184.637
	BD412	2202.847	2040.893	−161.954
	BD337	1156.612	1103.606	−53.006
	BD262	1455.058	1574.57	119.512
0~60	BD562	796.113	929.193	133.080
	BD487	2563.499	2682.388	118.889
	BD412	2902.766	3005.204	102.438
	BD337	1761.465	1852.074	90.609
	BD262	2322.279	2413.858	91.579
0~100	BD562	1034.029	2118.445	1084.416
	BD487	3075.153	3835.799	760.646
	BD412	3077.894	3819.484	741.590
	BD337	2130.559	2753.650	623.091
	BD262	2547.074	3027.825	480.751

8.2.1.3　棉花生长特征

1. 株高增长特征

从 6 月 5 日开始，6 月 25 日、7 月 12 日、8 月 2 日各测量株高一次；8 月 5 日打顶后，8 月 20 日、9 月 6 日各测一次，生育期共测 6 次。图 8.61 显示了生育期内，去电子微咸水膜下滴灌不同灌水深度处理下棉花株高随时间的变化曲线。由图可知，在 6 月 25 日，BD562 相对 BD487，株高增加了 2.2%；BD487 相对 BD412，株高增加了 8.2%；BD412 相对 BD337，株高增加了 1.4%；BD337 相对 BD262，株高增加了 1.2%。7 月 12 日棉花进入花期，BD562 相对 BD487，株高增加了 16.6%；BD487 相对 BD412，株高增加了 8.5%；BD412 相对 BD337，株高增加了 8.5%；BD337 相对 BD262，株高增加了 29.6%。8 月 2 日处于花铃期，BD562 相对 BD487，株高增加了 29.5%；BD487 相对 BD412，株高增加了 3.7%；BD412 相对 BD337，株高增加了 5.5%；BD337 相对 BD262，株高增加了 31.0%。

在 BD487 灌水水平下，在 6 月 25 日，与未去电子微咸水处理相比，去电子微咸水灌溉下，株高增加了 10.0%。7 月 12 日棉花进入花期，与未去电子微咸水灌溉相比，去电子微咸水灌溉下株高增加了 17.3%。8 月 2 日棉花处于花

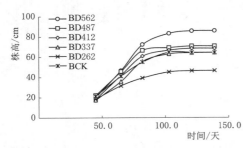

图 8.61　去电子微咸水膜下滴灌不同灌水深度处理下棉花株高随时间的变化曲线

铃期,与未去电子微咸水灌溉相比,去电子微咸水灌溉下株高增加了7%。

图8.62显示了去电子微咸水膜下滴灌不同灌水深度处理下棉花株高随有效积温的变化曲线。由图可知,当有效积温小于500℃时,植株株高生长速度缓慢;当有效积温范围介于500~1200℃时,植株株高生长速度较快;当有效积温大于1200℃时,株高生长速度又开始减缓。

2. 茎粗增长特征

图8.63显示了去电子微咸水膜下滴灌不同灌水深度处理下棉花茎粗随时间的变化曲线。由图可知,从播种到6月5日,棉花处于苗期与现蕾期,不同灌水水平下,棉花植株茎粗未显现出显著差异。6月25日棉花处于蕾期,不同灌水水平处理下,棉花植株茎粗呈现出显著差异。BD562灌水水平的棉花植株茎粗最大,BD262灌水水平的棉花植株茎粗最小。BD562与BD262相比,茎粗增长了16.9%。在7月,棉花进入花期与铃期,环境温度逐渐升高,该生育阶段棉花对水分需求加大,植株耗水也达到最大。去电子微咸水灌溉下,不同灌水水平对棉花植株茎粗均显现出明显的影响,茎粗差异进一步加大。在8月2日,BD562相对BD487而言,茎粗增加了7%;BD487相对BD412而言,茎粗增加了0.6%;BD412相对BD337而言,茎粗增加了17%;BD337相对BD262而言,茎粗增加了16.9%。由以上分析可知,在低灌水水平下,提高灌溉深度对茎粗增加的贡献值较大。

在6月25日,棉花进入蕾期后,去电子微咸水灌溉对棉花茎粗作用显现出来。去电子微咸水灌溉下,茎粗增加了7.9%。在7月,棉花进入花期与铃期,气温升高,棉花耗水量达到最大。去电子微咸水灌溉时,茎粗增加了14%,增加幅度显著加大。

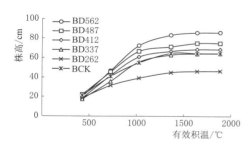

图8.62 去电子微咸水膜下滴灌不同灌水
深度处理下棉花株高随有效积温的变化曲线

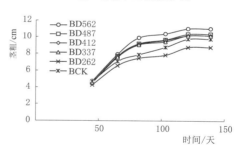

图8.63 去电子微咸水膜下滴灌不同灌水
深度处理下棉花茎粗随时间的变化曲线

3. 叶面积指数增长特征

图8.64显示了去电子微咸水膜下滴灌不同灌水深度处理下棉花叶面积指数随时间的变化曲线。由图可知,从播种到6月25日,共计45天,棉花处于苗期与蕾期。由于该阶段环境温度等因素的影响,棉花生长发育缓慢,灌水量对棉花叶面积指数未呈现显著影响。进入7月12日后,棉花处于盛花期,不同灌水水平之间棉花叶面积指数差异较大,水分充足棉花叶面积指数也越大,水分亏缺时棉花叶面积指数显著减小,具体表现为BD562>BD487>BD412>BD337>BD262。BD562相比BD487、BD412、BD337、BD262,棉花叶面积指数高27.4%、42.8%、48.6%、71.4%。在8月2日,去电子微咸水比未去电子微咸水灌溉,叶面积指数增加了50.1%。

　　图 8.65 显示了去电子微咸水膜下滴灌不同灌水深度处理下棉花叶面积指数随有效积温的变化曲线。由图可知，随着有效积温的升高，叶面积指数呈现先增加后减小的趋势。当有效积温小于 500℃时，植株叶面积指数增加缓慢；当有效积温范围介于 500～1350℃时，叶面积指数迅速增加；当有效积温大于 1350℃时，叶面积指数出现衰减现象。

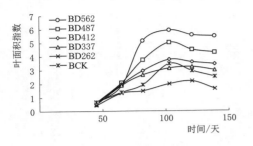
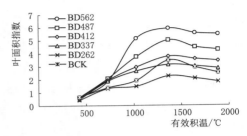

图 8.64　去电子微咸水膜下滴灌不同灌水深度　　图 8.65　去电子微咸水膜下滴灌不同灌水深度
　处理下棉花叶面积指数随时间的变化曲线　　　处理下棉花叶面积指数随有效积温的变化曲线

8.2.1.4　棉花生物量与产量构成要素

1. 生物量

　　图 8.66 分别显示了去电子微咸水膜下滴灌不同灌水深度处理下棉花总生物量、地上生物量、根茎叶生物量随时间的变化曲线。由图可知，7 月 15 日—8 月 20 日，棉花处于铃期，气温逐渐升高，株高与叶面积增长加快，不同灌水水平之间总生物量与地上生物量

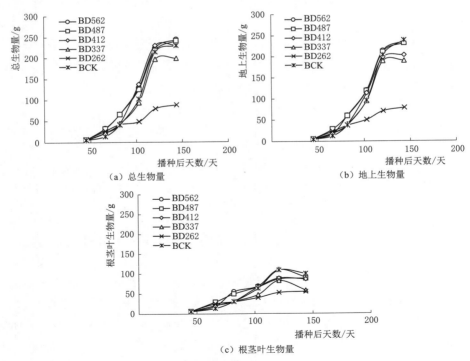

图 8.66　去电子微咸水膜下滴灌不同灌水深度处理下棉花总生物量、
地上生物量、根茎叶生物量随时间的变化曲线

差异比较明显。具体表现为：BD562＞BD487＞BD412＞BD337＞BD262。在 7 月 15 日，不同灌水水平下，BD562 比 BD487 地上生物量高 0.8%，BD487 比 BD412 地上生物量高 33.4%，BD412 比 BD337 地上生物量高 1.8%，BD337 比 BD262 地上生物量高 4.6%。在 8 月 20 日，不同灌水水平处理之间地上生物量差异明显，具体表现为：BD562 比 BD487 地上生物量高 1.4%，BD487 比 BD412 地上生物量高 6.4%，BD412 比 BD337 地上生物量 高 4.3%，BD337 比 BD262 地上生物量高 62.5%。到吐絮期（9 月 11 日），生物量在不同灌水水平下累积速度有所减缓，但不同灌水水平对其影响依然显著。

图 8.66 显示了灌水深度为 487mm 时，去电子微咸水与未去电子微咸水灌溉对棉花各个生育期总生物量、地上生物量及根茎叶生物量的影响。在 7 月 15 日，去电子微咸水地上生物量比未去电子微咸水高 36.8%。在 8 月 2 日，去电子微咸水地上生物量比未去电子微咸水高 19.1%。研究表明（Huck，1970），当棉花根际氧气含量为零时，作物根系停止生长。盐碱农田土壤容重较大，根际氧气供应不足（Rickman et al.，1966），可能会导致作物产量下降。

图 8.67 显示了去电子微咸水膜下滴灌不同灌水深度处理下棉花地上生物量随有效积温的变化曲线。由图可知，当有效积温小于 500℃时，地上生物量累积较小；当有效积温在 500～1600℃时，地上生物量累积迅速；当有效积温大于 1600℃时，地上生物量累积减缓或者下降。

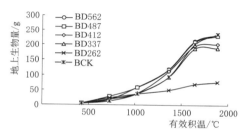

图 8.67　去电子微咸水膜下滴灌不同灌水深度处理下棉花地上生物量随有效积温的变化曲线

2. 产量构成因素

表 8.23 显示了去电子微咸水膜下滴灌不同灌水深度对棉花产量构成因素的影响。由表可知，在灌水深度为 487mm 时，单株有效结铃数达到最大。说明 BD487 灌水水平对棉花单株有效结铃数影响最为显著。BD562 处理单株有效结铃数比 BD412 与 BD487 小，说明灌水深度过大并不能持续有效地增加单株有效结铃数。BD487 灌水水平下单株有效结铃数比 BD337 与 BD262 分别高 19.0%、102.1%。

从表 8.23 可以看出，不同灌水水平下，棉花单铃重随着灌水深度的增加而增加，BD262 单铃重较其他各处理最低。灌水水平为 BD487 条件下，去电子微咸水与未去电子微咸水处理对棉花单株有效结铃数、单铃重以及产量有显著影响。去电子微咸水灌溉下，单株有效结铃数比未去电子微咸水高 9.5%，单铃重比未去电子微咸水高 3.2%。

3. 产量与灌水量、耗水量及需水系数间关系

图 8.68 显示了去电子微咸水膜下滴灌不同灌水深度与棉花产量关系曲线。由图可知，去电子微咸水膜下滴灌不同灌水深度与棉花产量之间关系呈现出抛物线变化特征，用二次多项式拟合该曲线，公式如下

$$Y=-0.0059x^2+5.6426x-893.66 \quad R^2=0.9642 \tag{8.27}$$

式中：Y 表示棉花产量，kg/亩；x 表示全生育期灌水深度，mm；R 表示去电子微咸水膜下滴灌不同灌水深度与棉花产量之间拟合的相关系数。

表 8.23　　　　去电子微咸水膜下滴灌不同灌水深度对棉花产量构成因素的影响

处理	灌水深度/mm	产量构成因素		
		单株有效结铃数/个	单铃重/g	籽棉产量/(kg/亩)
BD562	562	6.007	6.031	436.60
BD487	487	6.050	5.977	443.71
BD412	412	6.008	5.789	424.51
BD337	337	5.085	5.983	374.67
BD262	262	2.994	4.908	166.75
BCK	487	5.527	5.794	384.33

分析式（8.27）可知，当全生育期灌水水平达到 480mm 时，棉花产量最大值为 455.43kg/亩。

作物需水系数表示每亩土地上每生产 1kg 粮食所需要消耗的水量，计算公式如下

$$K = WC/Y \tag{8.28}$$

式中：K 表示作物需水系数，mm/kg；WC 表示全生育期耗水量，mm；Y 表示棉花产量，kg/亩。

图 8.69 为去电子微咸水膜下滴灌不同灌水深度处理下棉花全生育期耗水量、需水系数与产量关系曲线。耗水量与产量关系呈现抛物线特征，用二次多项式拟合有

$$Y = -0.008WC^2 + 8.0448WC - 1565.8 \quad R^2 = 0.99 \tag{8.29}$$

式中：WC 表示棉花生育期耗水量，mm；Y 表示棉花产量，kg/亩。

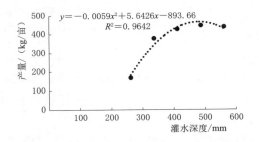

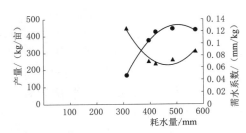

图 8.68　去电子微咸水膜下滴灌不同灌水　图 8.69　去电子微咸水膜下滴灌不同灌水深度处理下
深度与棉花产量关系曲线　　　　　　　棉花全生育期耗水量、需水系数与产量关系曲线

8.2.1.5　收获指数与水分利用效率

收获指数（HI）也称作物的经济系数，指作物经济产量与地上部总生物产量的比值，是评价作物光合产物转化为经济产量的重要指标。计算公式如下

$$HI = Y/SDM \tag{8.30}$$

式中：HI 为收获指数；Y 为籽棉产量，kg/亩；SDM 为地上部干物质质量，kg/亩。

表 8.24 显示了去电子微咸水膜下滴灌不同灌水深度处理下棉花耗水量、水分利用效率、产量及收获指数。当灌水深度达到 412mm 时，水分利用效率达到最大。BD562 与 BD487 灌水水平下水分利用效率均小于 BD412，由此说明当灌水深度大于 412mm 时，水

分利用效率开始下降。收获指数大小表现为：BD262＞BD412＞BD337＞BD487＞BD562。

由表 8.24 对比可知，在灌水深度为 487mm 时，去电子微咸水灌溉比未去电子微咸水处理耗水量小 14.8％，去电子微咸水比未去电子微咸水产量高 15.5％。去电子微咸水处理收获指数也大于未去电子微咸水处理。

表 8.24 去电子微咸水膜下滴灌不同灌水深度处理下棉花耗水量、水分利用效率、产量及收获指数

处理	耗水量/mm	水分利用效率/(kg/亩)	产量/(kg/亩)	收获指数
BD562	571.42	0.764	436.60	0.308
BD487	485.72	0.913	443.71	0.312
BD412	421.67	1.006	424.51	0.343
BD337	395.8	0.946	374.67	0.321
BD262	312.69	0.533	166.75	0.376
BCK	570.22	0.674	384.33	0.264

8.2.2 去电子微咸水膜下滴灌与施加聚丙烯酰胺（PAM）耦合作用效能

聚丙烯酰胺（PAM）是一种线型水溶性高分子聚合物，易溶于水，且具有很强的黏聚作用。微咸水灌溉与入渗条件下，PAM 具有极强的持水性。

8.2.2.1 土壤水分分布与棉花耗水量变化特征

1. 土壤水分分布特征

去电子微咸水膜下滴灌不同 PAM 施量处理下，0～40cm、0～60cm、0～100cm 土层内土壤平均体积含水率的变化情况如图 8.70 所示。由图可知，播种前到苗期，各处理 0～40cm、0～60cm、0～100cm 土层体积含水率均呈现显著减小趋势。苗期后，各处理 0～40cm、0～60cm、0～100cm 土层内土壤平均体积含水率逐渐增大；在铃期，土壤平均体积含水率达到最大。

与不施加 PAM 相比，当 PAM 施量为 0.5kg/亩、1kg/亩、1.5kg/亩时，0～40cm 土层内土壤平均体积含水率均大于对照处理，棉花生育期内土壤平均体积含水率均维持在较高的水平。PAM 施量为 2kg/亩时，0～40cm 土层内土壤平均体积含水率小于对照处理。0～60cm 土层内土壤平均体积含水率在生育期内的变化特征大致为：PAM 施量为 0.5kg/亩、1kg/亩、1.5kg/亩时土壤平均体积含水率均大于对照处理，PAM 施量为 2kg/亩时土壤平均体积含水率则表现为小于对照处理。在生育期，0～100cm 土层内土壤平均体积含水率，PAM 施量为 0.5kg/亩、1kg/亩、1.5kg/亩、2kg/亩时均大于对照。

2. 棉花耗水量变化特征

表 8.25 显示了去电子微咸水膜下滴灌不同 PAM 施量处理下棉花生育期耗水量的变化特征。PAM 施量 0kg/亩、0.5kg/亩、1kg/亩、1.5kg/亩、2kg/亩，苗期耗水量分别占生育期耗水量的 10.3％、9.8％、8.7％、8.5％、11.9％；蕾期耗水量分别占全生育期耗水量的 15.8％、20.1％、18.1％、18.6％、21.9％；花期耗水量分别占全生育期耗水量的 30.6％、28.1％、25.5％、24.4％ 与 27.3％；铃期耗水量分别占全生育期耗水量的

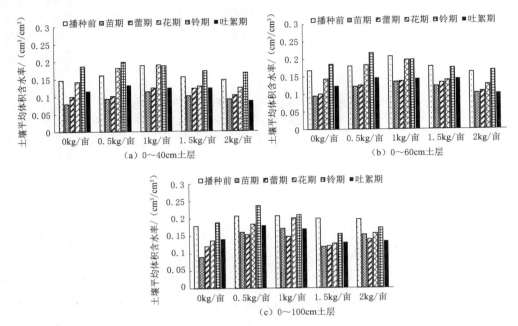

图 8.70 去电子微咸水膜下滴灌不同 PAM 施量对不同深度土层内土壤平均体积含水率的影响

36.0%、35.5%、39.9%、40.4%与33.3%；吐絮期耗水量分别占全生育期耗水量的7.3%、6.4%、7.8%、8.1%、5.6%。PAM 施量为 1kg/亩时，全生育期耗水量较 0kg/亩、0.5kg/亩、1.5kg/亩、2kg/亩分别降低了 27.2%、16.6%、11.6%、40.8%。PAM施量为 1kg/亩时，耗水量最大，该施量下棉花铃期生殖生长较其他处理更加旺盛，需要消耗更多的水分。

表 8.25 去电子微咸水膜下滴灌不同 PAM 施量处理下棉花生育期耗水量的变化特征

土层深度 /cm	施量 /(kg/亩)	实际灌水量 /mm	生育期耗水量/mm					
			苗期	蕾期	花期	铃期	吐絮期	全生育期
0~100	0	472.72	44.69	68.72	132.60	156.24	31.69	433.94
	0.5	472.72	46.57	95.14	133.27	168.01	30.44	473.43
	1.0	472.72	47.91	100.15	140.56	220.09	43.20	551.91
	1.5	472.72	41.88	92.19	120.87	199.62	40.00	494.56
	2.0	472.72	46.75	85.85	107.09	130.38	22.03	392.10

8.2.2.2 土壤盐分分布与积盐量变化特征

1. 土壤盐分分布特征

在棉花生育期（6 月 14 日、7 月 15 日、7 月 31 日、8 月 15 日、9 月 9 日），膜间、窄行、宽行处垂直方向，去电子微咸水膜下滴灌不同 PAM 施量处理下 0~100cm 土层深度土壤含盐量与膜内（窄行与宽行）土壤含盐量的变化情况，如图 8.71 所示。由图可知，在 0~20cm 土层内，土壤含盐量呈现减小趋势，20~40cm 土层内土壤含盐量稍有增加，40cm 处土壤含盐量逐渐达到最大，40~100cm 土层内土壤含盐量呈现减小趋势最终趋于稳定。窄行处在垂直方向上土壤含盐量的变化趋势表现为，0～10cm 土层内土壤含盐量呈现显著减小趋势，10～40cm 土层内土壤含盐量逐渐增加，40cm 处含盐量最大，40～60cm 土层内土壤含盐量逐渐减小，60cm 以下土壤含盐量呈现稳定趋势。对比各 PAM 施量处理膜间、窄行剖面土壤含盐量变化规律，土壤含盐量大小表现为：1kg/亩＜2kg/亩＜1.5kg/亩＜0.5kg/亩＜0kg/亩，差异较为明显。

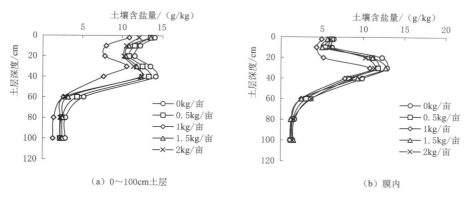

图 8.71　去电子微咸水膜下滴灌不同 PAM 施量对土壤含盐量的影响

2. 土壤积盐量变化特征

表 8.26 显示了去电子微咸水膜下滴灌不同 PAM 施量处理下 0～40cm 土层单元土体土壤盐分平衡情况。由表可知，0～40cm 土层内处于脱盐状态。对比 PAM 施量处理条件下，0～40cm 土层脱盐量具体表现为：1kg/亩＞0.5kg/亩＞0kg/亩＞1.5kg/亩＞2kg/亩。说明当 PAM 施量为 1kg/亩时，盐分淋洗率较高。

表 8.26　　　　去电子微咸水膜下滴灌不同 PAM 施量处理下 0～40cm 土层
单元土体土壤盐分平衡情况

土层深度/cm	施量/(kg/亩)	初始土壤储盐量/g	最终土壤储盐量/g	脱盐率/%
0～40	0	3373.48	2851.24	15.5
	0.5	1992.72	1650.22	17.2
	1.0	6483.20	5108.80	21.2
	1.5	7034.40	6142.13	12.7
	2.0	6755.15	5954.09	11.9

8.2.2.3　棉花生长特征

1. 株高增长特征

图 8.72 显示了去电子微咸水膜下滴灌不同 PAM 施量处理下棉花株高随时间的变化曲线。由图可知，不同 PAM 施量水平下，生育期前期株高增长缓慢，中期增长迅速，打顶之后基本不再生长。棉花播种后 80 天（花期），1kg/亩施量下株高比 2kg/亩施量和 0kg/亩施量分别高 19.9％、4.6％。播种后 100 天，棉花处于铃期，1kg/亩施量株高比 2kg/亩施量和 0kg/亩施量分别高 18.6％、3.6％。8 月 5 日打顶后，棉花株高基本不再增长。因此，各处理 8 月 5 日与 9 月 6 日相比，株高变化不显著。

图 8.73 显示了去电子微咸水膜下滴灌不同 PAM 施量处理下棉花株高随有效积温的变化曲线。由图可知，株高生长变化呈现先增加后趋于稳定的趋势。当有效积温小于 500℃时，植株株高生长速度缓慢；当有效积温的范围在 500～1200℃ 时，植株株高生长速度较快；当有效积温大于 1200℃ 时，株高生长速度又开始减缓。

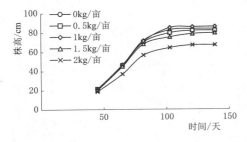

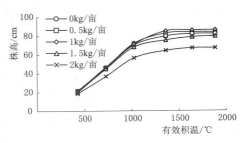

图 8.72　去电子微咸水膜下滴灌不同 PAM
施量处理下棉花株高随时间的变化曲线

图 8.73　去电子微咸水膜下滴灌不同 PAM
施量处理下棉花株高随有效积温的变化曲线

2. 茎粗增长特征

图 8.74 显示了去电子微咸水膜下滴灌不同 PAM 施量处理下棉花茎粗随时间的变化曲线。由图可知，在生育期内的棉花茎粗变化趋势基本一致，在花铃期茎粗增长速度较快。播种 80 天以后，1kg/亩施量处理的茎粗比 2kg/亩施量和 0kg/亩施量的茎粗比分别大了 14.8%、5.1%。播种 100 天以后，1kg/亩施量的茎粗比 2kg/亩施量和 0kg/亩施量的茎粗比分别大 14.7%、3.4%。在棉花生育期末，不同 PAM 施量处理的茎粗大小具体表现为：1kg/亩＞0.5kg/亩＞1.5kg/亩＞0kg/亩＞2kg/亩。PAM 施量为 1kg/亩时，有利于茎粗的生长。

3. 叶面积指数增长特征

图 8.75 显示了去电子微咸水膜下滴灌不同 PAM 施量处理下棉花叶面积指数随时间的变化曲线。由图可知，去电子微咸水灌溉条件下，不同 PAM 施量处理叶面积指数具体大小表现为：0kg/亩＞0.5kg/亩＞1kg/亩＞1.5kg/亩＞2kg/亩。PAM 施量为 0kg/亩、0.5kg/亩、1kg/亩，棉花叶面积指数衰减的时间向后延长，有利棉花生长发育以及产量的形成。PAM 施量为 1.5kg/亩、2kg/亩，在花铃期棉花叶面积指数就出现衰减现象，2kg/亩衰减速度大。PAM 施量为 1kg/亩，在吐絮期叶面积指数衰减速度较小。施量为 1kg/亩时，有利于棉花植株进行生殖生长。

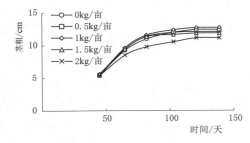

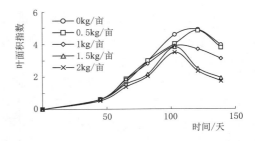

图 8.74　去电子微咸水膜下滴灌不同 PAM
施量处理下棉花茎粗随时间的变化曲线

图 8.75　去电子微咸水膜下滴灌不同 PAM
施量处理下棉花叶面积指数随时间的变化曲线

图 8.76 显示了去电子微咸水膜下滴灌不同 PAM 施量处理下棉花叶面积指数随有效积温的变化曲线。由图可知，当有效积温小于 500℃时，植株叶面积指数增加缓慢；当有效积温在 500～1350℃ 之间时，叶面积指数增加迅速；当叶面积指数在 1350 ℃ 以上叶面积指数则呈现缓慢增加或者衰减的趋势。

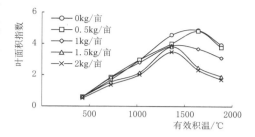

图 8.76 去电子微咸水膜下滴灌不同 PAM 施量处理下棉花叶面积指数随有效积温的变化曲线

8.2.2.4 棉花生物量和产量构成要素

1. 生物量

图 8.77 显示了去电子微咸水膜下滴灌不同 PAM 施量对棉花总生物量、地上生物量及根茎叶生物量的影响。由图可知，PAM 施量为 0.5kg/亩和1kg/亩时，随着生育期的推进，地上生物量与总生物量变化趋势一致。PAM 施量为 1.5kg/亩与 2kg/亩时，地上生物量与总生物量随着时间变化趋势一致，均随着生育期的推移呈现增加趋势。不同 PAM 施量处理，吐絮期总生物量与地上生物量累积量大小变现为：1kg/亩＞1.5kg/亩＞0.5kg/亩＞2kg/亩＞0kg/亩。从不同 PAM 施量的棉花生物量变化情况看来，PAM 施量控制在 1kg/亩，生物量累积的效果最佳。

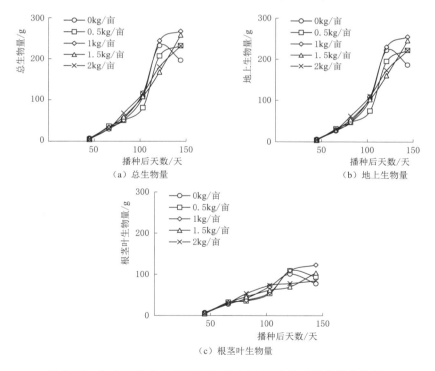

图 8.77 去电子微咸水膜下滴灌不同 PAM 施量对棉花总生物量、地上生物量和根茎叶生物量的影响

图 8.78 显示了去电子微咸水膜下滴灌不同 PAM 施量处理下棉花地上生物量随有效积温的变化曲线。由图可知，当有效积温小于 500℃时，地上生物量累积速度缓慢；当有效

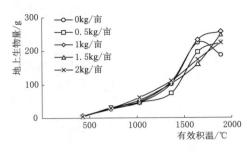

图 8.78　去电子微咸水膜下滴灌不同 PAM 施量
处理下棉花地上生物量随有效积温的变化曲线

积温介于 500～1600℃时，地上生物量累积迅速增加；当有效积温大于 1600℃时，地上生物量累积缓慢或者下降。

2. 产量构成要素

表 8.27 显示了去电子微咸水膜下滴灌不同 PAM 施量对棉花产量构成要素的影响。由表可知，单株有效结铃数大小具体表现为：1kg/亩＞1.5kg/亩＞0.5kg/亩＞0kg/亩＞2kg/亩。在去电子微咸水灌溉条件下，PAM 施量为 1kg/亩时，棉花生长状况最佳。PAM 施量为 2kg/亩时，单株有效结铃数最小。1kg/亩施量比 0kg/亩施量产量提高 24.2%。综合以上分析可得，去电子微咸水灌溉条件下，PAM 施量为 1kg/亩，有利于棉花生长发育。

表 8.27　　去电子微咸水膜下滴灌不同 PAM 施量对棉花产量构成要素的影响

PAM 施量/(kg/亩)	产量构成要素		
	单株有效结铃数/个	单铃重/g	籽棉产量/(kg/亩)
0	6.022	5.901	450.22
0.5	6.069	5.999	450.52
1	6.653	6.929	559.18
1.5	6.483	6.067	486.10
2	5.334	6.034	380.35

8.2.2.5　棉花收获指数与水分利用效率以及产量变化特征

表 8.28 显示了去电子微咸水膜下滴灌不同 PAM 施量对棉花收获指数、产量与水分利用效率的影响。由表可知，施加 PAM 与去电子微咸水结合模式明显提高了棉花的水分利用效率、产量以及收获指数。PAM 施量为 1kg/亩时，棉花产量最高。1kg/亩施量产量分别较 0kg/亩、0.5kg/亩、1.5kg/亩、2kg/亩提高 24.2%、24.1%、15.0%、47.0%。由表可知，去电子微咸水灌溉条件下，PAM 施量为 1kg/亩，能够极大改善土壤水分状况，降低作物耗水量，显著提高了作物水分利用效率。PAM 施量大于 1kg/亩时水分利用效率开始下降。各处理收获指数之间差异不明显。由此可见，去电子微咸水灌溉条件下，PAM 施量为 1kg/亩最佳。

表 8.28　　去电子微咸水膜下滴灌不同 PAM 施量对棉花收获指数、
产量与水分利用效率的影响

PAM 施量/(kg/亩)	耗水量/mm	产量/(kg/亩)	水分利用效率/(kg/亩)	收获指数
0	433.94	450.22	1.037	0.362
0.5	473.44	450.52	0.951	0.312
1.0	551.91	559.18	1.013	0.344
1.5	494.56	486.10	0.982	0.304
2.0	392.10	380.35	0.970	0.277

图 8.79 显示了去电子微咸水膜下滴灌 PAM 施量与棉花产量的拟合关系曲线。由图可知，PAM 施量与产量关系呈现抛物线特征，用二次多项式拟合该曲线，公式如下

$$Y = -112.53x^2 + 204.22x + 429.84 \quad R^2 = 0.7194 \tag{8.31}$$

式中：Y 为棉花产量，kg/亩；x 为 PAM 施量，kg/亩；R^2 为去电子微咸水膜下滴灌 PAM 施量与产量之间拟合的确定系数。

随着 PAM 施量增大，棉花产量出现先增大后减小的趋势。PAM 施量为 0.91kg/亩时，产量为 522.49kg/亩。综合以上分析，PAM 施量过高并不利于作物生长发育，去电子微咸水灌溉条件下，选取合适的 PAM 施加量，可以达到既节水又高产的效果。

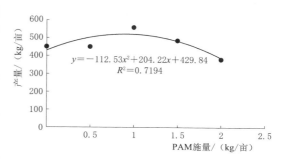

图 8.79 去电子微咸水膜下滴灌 PAM 施量与棉花产量的拟合关系曲线

8.2.3 去电子微咸水膜下滴灌棉花生长模型

采用 Logistic 模型分析棉花生长特征（株高、叶面积、总生物量）随生长时间的变化关系，根据现有模型提出适合去电子微咸水灌溉条件下棉花主要生长特征随生长时间的增长模型。

8.2.3.1 株高增长模型

棉花株高随生育期的变化过程符合 Logistic 模型对种群数量变化的模拟。株高的 Logistic 模型为

$$H = \frac{H_0}{1 + e^{a+bt}} \tag{8.32}$$

式中：H 为棉花株高，cm；H_0 为理论上株高达到的最大值，cm；t 为生长时间，天；a，b 为待定参数。

利用去电子微咸水膜下滴灌不同灌水深度与不同 PAM 施量处理下的棉花株高实测数据进行拟合，结果见表 8.29。由表可知，实测值拟合所获得的理论株高最大值与实际值存在一定差别，理论株高可达到最大值，符合打顶后测得株高变化趋势。不同灌水量与 PAM 施量条件下，Logistic 模型拟合参数均方根误差与拟合度可得，拟合度均在 0.98 以上，均方根误差值也较小。各处理参数 a、b 值也比较接近。

表 8.29   去电子微咸水膜下滴灌不同灌水深度与不同 PAM 施量
处理下 Logistic 模型拟合棉花株高参数

处理	Logistic 模型				
	H_0	a	b	R^2	RMSE
BD562	86.803	4.637	−0.075	0.996	0.996
BD487	71.638	4.453	−0.079	0.992	1.515

处理	Logistic 模型				
	H_0	a	b	R^2	RMSE
BD412	68.942	4.639	-0.079	0.998	0.716
BD337	65.361	4.363	-0.072	0.995	1.296
BD262	47.179	2.977	-0.057	0.999	0.332
0kg/亩	77.589	4.697	-0.080	0.992	1.732
0.5kg/亩	75.140	4.547	-0.079	0.994	1.378
1kg/亩	80.403	4.920	-0.083	0.989	2.074
1.5kg/亩	78.912	5.095	-0.086	0.985	2.388
2kg/亩	65.267	4.509	-0.077	0.985	2.038

去电子微咸水膜下滴灌不同灌水深度与不同 PAM 施量处理下,Logistic 模型拟合参数数值接近。因此,引入相对株高为因变量构建经验模型描述本研究区域的棉花株高随时间的相对变化。

相对株高
$$R_H = \frac{H}{H_0} \tag{8.33}$$

相对化 Logistic 模型
$$R_H = \frac{1}{1+e^{a+bt}} \tag{8.34}$$

将去电子微咸水膜下滴灌不同灌水深度与不同 PAM 施量处理下的 Logistic 模型参数取平均值,得相对株高随时间变化的经验模型,即

$$R_H = \frac{1}{1+e^{4.4837-0.0767t}} \tag{8.35}$$

图 8.80 显示了去电子微咸水膜下滴灌不同灌水深度处理下棉花株高实测值与拟合值之间的关系。从图中可以看出,株高增长模型较好地描述了棉花株高的变化过程。

利用 Logistic 模型拟合棉花生育期株高随时间的变化过程,可得各处理棉花株高理论最大值,建立株高理论最大值与灌水量以及 PAM 施量之间的关系。绘制株高理论最大值与去电子微咸水膜下滴灌不同灌水深度以及去电子微咸水膜下滴灌不同 PAM 施量的关系曲线于图 8.81 与图 8.82 上。

株高理论最大值与灌水深度呈线性关系,利用线性函数拟合该线性关系:

$$H_0 = 0.1178I + 19.915 \quad R^2 = 0.9352 \tag{8.36}$$

式中:H_0 表示理论株高最大值,cm;I 表示灌水深度,mm。

PAM 施量与株高理论最大值之间符合抛物线型变化特征,利用二次多项式拟合该曲线

$$H_0 = -8.3274P^2 + 12.48P + 75.473 \quad R^2 = 0.7195 \tag{8.37}$$

式中:H_0 表示株高理论最大值,cm;P 表示 PAM 施量,kg/亩。

8.2.3.2　叶面积指数增长模型

在棉花生育期,叶面积指数动态变化符合 Logistic 模型。叶面积指数的 Logistic 模型如下

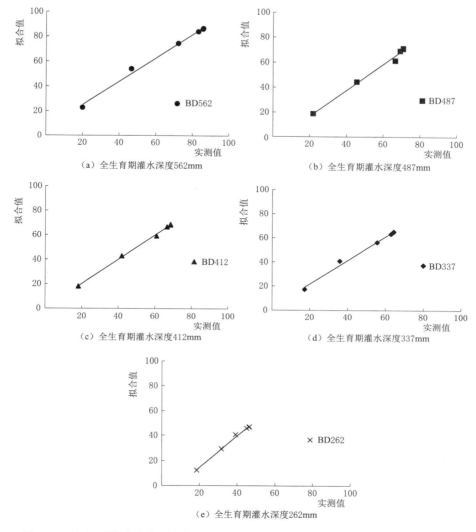

图 8.80 去电子微咸水膜下滴灌不同灌水深度处理下棉花株高实测值与拟合值关系

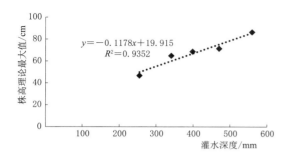

图 8.81 去电子微咸水膜下滴灌不同灌水深度与棉花株高理论最大值关系曲线

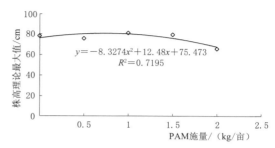

图 8.82 去电子微咸水膜下滴灌不同 PAM施量与棉花株高理论最大值关系曲线

$$LAI = \frac{LAI_{\max}}{1+e^{a+bt}} \qquad (8.38)$$

式中：LAI 表示叶面积指数；$LAI_{\max}$ 表示理论上棉花叶面积指数最大值；a，b 均表示经验系数。

利用去电子微咸水膜下滴灌不同灌水深度与不同 PAM 施量处理下的棉花叶面积指数实测数据拟合，结果见表 8.30。

表 8.30　　　　　去电子微咸水膜下滴灌不同灌水深度与不同 PAM 施量
处理下 Logistic 模型拟合棉花叶面积参数

处理		Logistic 模型				
		$LAI_{\max}$	a	b	R^2	RMSE
灌水深度	BD562	5.678	11.098	-0.161	0.986	0.208
	BD487	4.610	6.621	-0.100	0.971	0.238
	BD412	3.597	5.743	-0.091	0.986	0.120
	BD337	3.147	5.826	-0.094	0.994	0.064
	BD262	2.111	4.008	-0.064	0.960	0.134
PAM 施量	0kg/亩	4.546	5.914	-0.083	0.950	0.541
	0.5kg/亩	4.319	5.240	-0.075	0.946	0.677
	1kg/亩	3.560	5.720	-0.089	0.943	0.561
	1.5kg/亩	2.687	5.788	-0.095	0.911	0.528
	2kg/亩	2.465	6.131	-0.099	0.929	0.370

Logistic 模型拟合各处理叶面积指数所得参数 a、b 值比较接近。采用相对叶面积指数构建棉花叶面积指数增长的经验模型。

$$R_{LAI} = \frac{1}{1+e^{6.2089-0.09t}} \qquad (8.39)$$

图 8.83 显示了去电子微咸水膜下滴灌不同灌水深度处理下棉花叶面积指数实测值与拟合值之间的关系。由图可知，叶面积指数增长模型较好地描述了棉花叶面积指数的变化过程。

利用 Logistic 模型拟合棉花叶面积指数随时间的变化过程，可得各处理棉花叶面积指数理论最大值，建立叶面积指数理论最大值与灌水深度以及 PAM 施量之间的关系。绘制叶面积指数理论最大值与去电子微咸水膜下滴灌不同灌水深度以及去电子微咸水膜下滴灌不同 PAM 施量的关系曲线于图 8.84 与图 8.85。

叶面积指数理论最大值与灌水深度呈线性关系，可利用线性函数拟合：

$$LAI_{\max} = 0.0117I - 0.9377 \quad R^2 = 0.9966 \qquad (8.40)$$

式中：$LAI_{\max}$ 为叶面积指数理论最大值；I 为灌水深度，mm。

PAM 施量与叶面积指数理论最大值之间符合线性变化特征，利用线性函数拟合：

$$LAI_{\max} = -1.1588P + 4.6742 \quad R^2 = 0.9593 \qquad (8.41)$$

式中：$LAI_{\max}$ 为叶面积指数理论最大值；P 为 PAM 施量，kg/亩。

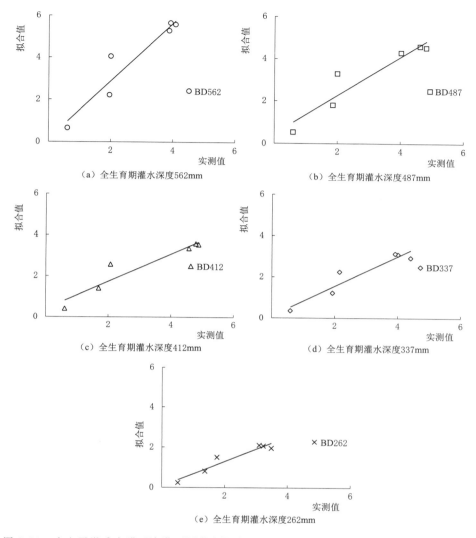

图 8.83 去电子微咸水膜下滴灌不同灌水深度处理下棉花叶面积指数实测值与拟合值关系

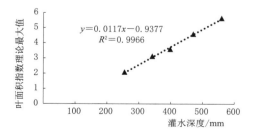

图 8.84 去电子微咸水不同灌水深度与棉花叶面积指数理论最大值关系曲线

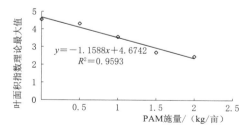

图 8.85 去电子微咸水灌溉下不同 PAM 施量与棉花叶面积指数理论最大值关系曲线

8.2.3.3 生物量增长模型

棉花总生物量随生育期的变化过程同样符合 Logistic 模型对种群数量变化的模拟。棉花总生物量的 Logistic 模型

$$TBM = \frac{TBM_{\max}}{1 + e^{a + b \cdot t}} \qquad (8.42)$$

式中：TBM 为生物量，g；$TBM_{\max}$ 为理论上棉花生物量可获得的最大值，g。

利用去电子微咸水膜下滴灌不同灌水深度和不同 PAM 施量下的棉花总生物量实测数据拟合，结果见表 8.31。Logistic 模型拟合各处理生物量所得参数 a、b 值比较接近。采用相对生物量构建棉花生物量增长的模型：

$$R_{TBM} = \frac{1}{1 + e^{6.7314 - 0.07t}} \qquad (8.43)$$

表 8.31　　去电子微咸水膜下滴灌不同灌水深度与不同 PAM 施量处理下 Logistic 模型拟合棉花生物量参数

处理		Logistic 模型				
		$TBM_{\max}$	a	b	R^2	RMSE
灌水深度	BD562	277.709	6.191	-0.060	0.991	26.556
	BD487	277.056	6.069	-0.059	0.992	26.972
	BD412	245.521	8.922	-0.090	0.991	14.943
	BD337	222.809	7.772	-0.075	0.975	30.355
	BD262	112.793	3.689	-0.036	0.965	34.711
PAM 施量	0kg/亩	225.961	7.888	-0.081	0.941	37.748
	0.5kg/亩	273.157	6.397	-0.060	0.986	37.130
	1kg/亩	307.697	7.636	-0.071	0.976	49.332
	1.5kg/亩	304.786	6.849	-0.064	0.973	56.643
	2kg/亩	272.451	5.901	-0.057	0.987	35.521

图 8.86 显示了去电子微咸水膜下滴灌不同灌水深度处理下的棉花生物量实测值与拟合值之间的关系。从图中可以看出，生物量增长模型较好地描述了棉花生物量的变化过程。

利用 Logistic 模型拟合棉花生育期生物量随时间的变化过程，可得各处理棉花生物量理论最大值，建立生物量理论最大值与去电子微咸水膜下滴灌不同灌水深度以及不同 PAM 施量之间的关系。绘制生物量理论最大值与去电子微咸水膜下滴灌灌水深度以及 PAM 施量关系曲线于图 8.87 与图 8.88。

根据生物量理论最大值与灌水深度呈抛物线变化特征，利用二次多项式拟合该线性关系可得

$$TBM_{\max} = -0.0027I^2 + 2.7231I - 405.78 \quad R^2 = 0.9893 \qquad (8.44)$$

式中：$TBM_{\max}$ 为生物量理论最大值，g；I 为灌水深度，mm。

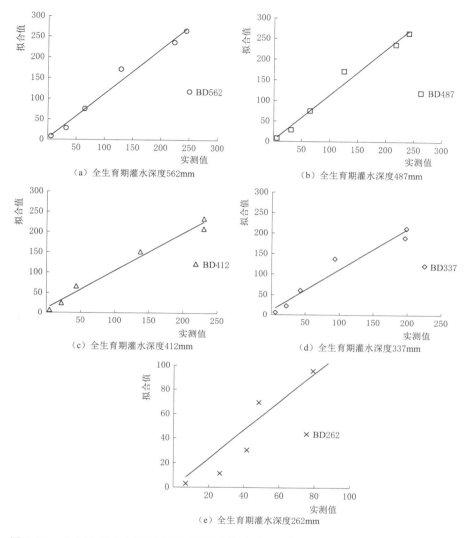

图 8.86　去电子微咸水膜下滴灌不同灌水深度处理下棉花生物量实测值与拟合值关系

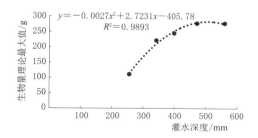

图 8.87　去电子微咸水膜下滴灌不同灌水
深度与棉花生物量理论最大值关系曲线

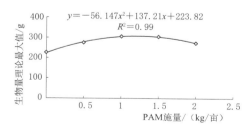

图 8.88　去电子微咸水膜下滴灌不同 PAM
施量与棉花生物量理论最大值关系曲线

PAM 施量与生物量理论最大值之间符合抛物线变化特征，利用二次多项式拟合该曲线可得

$$TBM_{max} = -56.147P^2 + 137.21P + 223.82 \quad R^2 = 0.99 \tag{8.45}$$

式中：TBM_{max} 为生物量理论最大值，g；I 为 PAM 施量，kg/亩。

8.2.3.4　生长指标间关系

表 8.32 显示了去电子微咸水膜下滴灌不同灌水深度与不同 PAM 施量处理下生育期内棉花各生长指标间的相关性分析结果。由表可知，棉花生长指标间相互独立且存在显著相关性（双侧，$P < 0.05$），且均为正相关。

表 8.32　去电子微咸水膜下滴灌不同灌水深度与不同 PAM 施量
处理下生育期棉花各生长指标间的相关性分析

生长指标	株高	茎粗	叶片数	地上干物质	叶面积指数	果枝数
株高	1.000					
茎粗	0.866	1.000				
叶片数	0.858	0.647	1.000			
地上干物质	0.887	0.827	0.627	1.000		
叶面积指数	0.804	0.787	0.808	0.765	1.000	
果枝数	0.733	0.854	0.643	0.725	0.918	1.000

研究表明，在作物生长的相同生育期内，叶面积指数与地上部干物质满足 Michaelis - Menten 公式所呈现的关系。采用相对干重（RDM）建立与叶面积指数的定量关系。具体公式如下

$$LAI(t) = \frac{P \cdot RDM(t)}{1 + Q \cdot RDM(t)} \tag{8.46}$$

将式（8.46）进行变换可得

$$\frac{1}{LAI(t)} = \frac{1}{P \cdot RDM(t)} + \frac{Q}{P} \tag{8.47}$$

式中：P、Q 均为待定常数，由最小二乘法确定参数的值。

图 8.89 中的相对干重与叶面积指数之间的关系为

$$LAI(t) = \frac{1.03RDM(t)}{1 + 1.32RDM(t)} \tag{8.48}$$

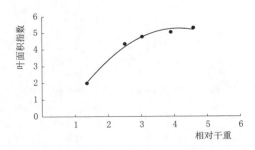

图 8.89　相对干重与叶面积指数的关系

8.3　活化水膜下滴灌与施肥协同促进棉花生长效能

为了探明活化水膜下滴灌与施肥耦合营造棉花适宜生长环境的效能，在新疆巴音郭楞蒙古族自治州巴州滴灌试验站，开展大田棉花试验研究。试验区以砂土和壤质砂土为主。在未春灌前，地下水埋深在 7m 左右；春灌后，地下水位埋深上升到 5.5m 左右，生育期内水埋深稳定在 6.5m 左右，地下水平均矿化度为 2.74g/L。试验区均采用膜下滴灌模式，

滴灌所用水为井水，平均矿化度为 2.74g/L。

棉花种植采用一膜两管四行的模式，宽行、窄行、膜间距离分别为 40cm、20cm 和 30cm，滴灌带分别铺设在两个窄行中间。滴灌带的滴头流量为 1.8L/h，滴头间距为 40cm。每个试验小区灌水量相同，灌溉定额为 311m³/亩。苗期不进行滴灌，在 6 月 18 日第一次灌水。未活化微咸水、去电子化微咸水和磁化微咸水膜下滴灌情况下，各设置 5 个施氮量处理，即每亩施氮 10kg、17kg、20kg、23kg、30kg（表示为 BCK10、BCK17、BCK20、BCK23 和 BCK30）。试验氮肥选用尿素［CO（NH₂）₂］，含氮 46.7%；磷肥选用磷酸一铵（NH₄H₂PO₄），含氮 12.17%，含 P₂O₅ 为 61.7%；钾肥选用硫酸钾（K₂SO₄），含 K₂O 为 54%。

8.3.1 未活化微咸水膜下滴灌施氮量对土壤水盐肥分布及棉花生长的影响

棉花对氮素的吸收以铵态氮和硝态氮为主，分析不同施氮量下，在不同土层深度下的硝态氮和铵态氮分布情况，为合理施肥提供依据。

8.3.1.1 土壤水盐分布特征

1. 膜下滴灌前后土壤水分分布特征

图 8.90 显示了灌水深度为 37.5mm 时，施氮量分别为 10kg/亩、20kg/亩、30kg/亩时，未活化微咸水膜下滴灌前后土壤体积含水率变化特征。由图可知，当施氮量 10kg/亩时，灌溉前 0～60cm 土层内，土壤体积含水率随深度的增加而增加，60cm 土层以下土壤体积含水率开始减小。与灌溉前土壤蓄水深度相比，灌后 0～30cm 土层蓄水深度增加了 31.0mm，0～40cm 土层蓄水深度增加了 34.14mm，0～60cm 土层蓄水深度增加了 35.8mm。当施氮量 20kg/亩时，灌水前 0～40cm 土层内，土壤体积含水率变化不明显，40cm 土层以下土壤体积含水率逐渐减小。与灌水前相比，灌后 0～30cm 土层蓄水深度增加了 25.64mm，0～40cm 土层蓄水深度增加了 33.23mm，0～60cm 土层蓄水深度增加了 37.04mm。当施氮量 30kg/亩时，灌水前土壤体积含水率随着土层深度的增加呈现出减少的趋势，灌后土壤体积含水率在 0～30cm 土层呈增加趋势，30cm 土层以下又逐渐减小。与灌水前相比，灌水后 0～30cm 土层蓄水深度增加了 31.01mm，0～40cm 土层蓄水深度增加了 35.89mm，0～60cm 土层蓄水深度增加了 36.91mm。从以上结果分析来看，不同施氮量下未活化微咸水膜下滴灌灌后水分分布规律基本一致，0～30cm 土层蓄水深度随着

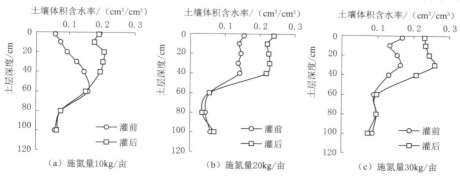

图 8.90 未活化微咸水膜下滴灌施氮量对滴灌前后土壤体积含水率的影响

施氮量的增加呈现出先减小后增加的趋势。与施氮量 10kg/亩相比，施氮 20kg/亩时减小了 17.3％，施氮 30kg/亩时增加了 0.03％。0～40cm 土层蓄水深度各处理之间差异较小。

2. 棉花生育期内土壤水分分布特征

图 8.91 显示了在棉花生育期内，未活化微咸水膜下滴灌条件下施氮量分别为 10kg/亩、17kg/亩、20kg/亩、23kg/亩、30kg/亩时，10cm、30cm、60cm、80cm、100cm 土层处的土壤平均体积含水率变化特征。在 10cm 土层处，棉花苗期的土壤平均体积含水率均呈现减小的趋势。随着灌水次数和灌水深度的增加，土壤平均体积含水率呈现波动增加。生育期末停止灌水后，土壤平均体积含水率逐渐减小。在吐絮期（9 月 9 日），土壤平均体积含水率差异表现为 BCK10＞BCK20＞BCK17＞BCK23＞BCK30，随着施氮量的增加呈减小趋势。在 30cm 土层处，苗期土壤平均体积含水率逐渐减小，各处理灌水后土壤平均体积含水率呈现波动增加。生育期末停止灌水后，土壤平均体积含水率逐渐减小。在 60cm 土层处，各处理苗期的土壤平均体积含水率均呈现减小的趋势，灌水后波动性变化，

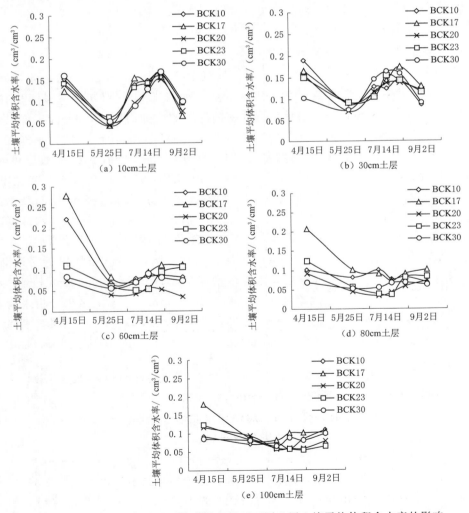

图 8.91　未活化微咸水膜下滴灌施氮量对不同土层土壤平均体积含水率的影响

变化幅度较小。在80cm和100cm土层处，在灌水期间，各处理土壤平均体积含水率呈波动性变化，变化幅度较小。整体来看，0～40cm土层内土壤水分变化比较显著，随着灌水次数和灌水深度的增加土壤平均体积含水率呈增加趋势，停止灌水后土壤平均体积含水率逐渐下降。

图8.92显示了在棉花生育期内，未活化微咸水膜下滴灌施氮量对膜间与膜内处土壤体积含水率的影响。各施氮量处理下，膜间和膜内处土壤体积含水率变化趋势基本一致。0～40cm土层内土壤体积含水率呈现先增加后减小的趋势，80cm土层以下土壤体积含水率基本稳定。在膜间处，BCK10、BCK17、BCK20处理的土壤体积含水率，在40cm土层处最大；BCK23和BCK30处理土壤体积含水率，在40cm土层处较小。主根区30cm土层深度附近，各施氮量处理差异表现为，BCK10＞BCK17＞BCK20＞BCK23＞BCK30，随着施氮量的增加土壤体积含水率呈减小趋势。施氮量处理为BCK10、BCK17、BCK20时，膜内处0～40cm土层内土壤体积含水率呈增加趋势，40cm土层以下土壤体积含水率逐渐减小；对于BCK23和BCK30处理，在0～40cm土层内土壤体积含水率未表现出明显的增加过程，40cm土层以下土壤体积含水率减小。

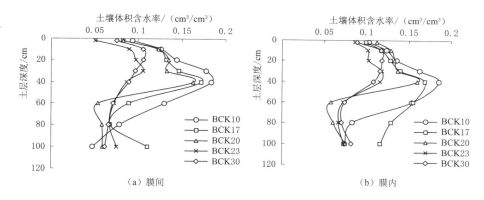

图8.92 未活化微咸水膜下滴灌施氮量对膜间与膜内处土壤体积含水率的影响

3. 棉花耗水量变化特征

表8.33显示了未活化微咸水膜下滴灌施氮量对棉花生育期内耗水量的影响。由表可知，在棉花全生育期内，按照0～100cm土层内土壤水分变化计算了棉花生育期耗水量，表现为总耗水量均大于实际灌水深度（466.55mm）。施氮量为10kg/亩时，棉花总耗水量低于其他处理，其他施氮量处理间耗水量差异较小。0～60cm土层范围来看，施氮量为20kg/亩时耗水量最大。在60～100cm土层内，在灌水后，各处理储水量均有不同程度的增加。

4. 膜下滴灌前后土壤含盐量变化特征

图8.93显示了灌水深度为37.5mm时，施氮量分别为10kg/亩、20kg/亩、30kg/亩时，未活化微咸水膜下滴灌前后土壤含盐量变化特征。由图可知，当施氮量为10kg/亩时，在灌水前，0～20cm土层土壤含盐量呈增加趋势，20cm土层以下土壤含盐量逐渐减小。在灌水后，0～40cm土层土壤含盐量逐渐增加，40cm土层以下土壤含盐量逐渐减小。与灌溉前相比，灌溉后，0～30cm土层土壤含盐量减少了455.69g，脱盐率为9.3%；0～

表 8.33　　　　未活化微咸水膜下滴灌施氮量对棉花生育期内耗水量的影响

土层深度/cm	处理	灌水深度/mm	苗期/mm 4 月 23 日—6 月 15 日	蕾期/mm 6 月 15 日—7 月 15 日	花铃前期/mm 7 月 15—30 日	花铃后期/mm 7 月 30 日—8 月 15 日	吐絮期/mm 8 月 15 日—9 月 9 日	总耗水量/mm
0~100	BCK10	466.55	74.85	97.19	99.53	73.92	127.42	472.91
	BCK17	466.55	74.72	157.33	51.44	93.52	129.72	506.73
	BCK20	466.55	49.03	161.59	66.17	86.50	137.02	500.31
	BCK23	466.55	65.39	153.71	62.06	87.89	136.25	505.30
	BCK30	466.55	52.14	130.95	68.46	95.73	155.73	503.01
0~60	BCK10	466.55	56.24	106.58	94.77	80.57	128.05	466.21
	BCK17	466.55	40.18	148.43	61.06	98.34	117.81	465.82
	BCK20	466.55	39.26	155.78	68.89	88.51	148.55	500.99
	BCK23	466.55	43.26	146.27	61.06	90.44	145.96	486.99
	BCK30	466.55	46.80	128.35	80.98	93.09	147.20	496.42
60~100	BCK10	466.55	18.62	−9.39	4.76	−6.66	−0.63	6.70
	BCK17	466.55	34.54	8.90	−9.62	−4.82	11.91	40.91
	BCK20	466.55	9.77	5.81	−2.72	−2.01	−11.53	−0.68
	BCK23	466.55	22.13	7.44	1.00	−2.55	−9.71	18.31
	BCK30	466.55	5.34	2.61	−12.52	2.64	8.53	6.60

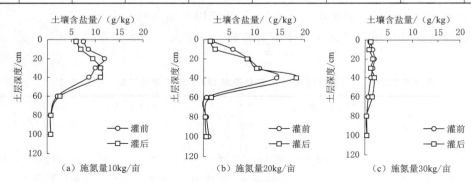

图 8.93　未活化微咸水膜下滴灌施氮量对滴灌前后土壤含盐量的影响

40cm 土层土壤含盐量减少了 63.36g，脱盐率 1.01%。当施氮量为 20kg/亩时，在灌溉前，0~40cm 土层土壤含盐量呈增加趋势，40cm 土层以下土壤含盐量逐渐减小。灌水后土壤含盐量变化趋势与灌水前类似，40cm 土层处土壤含盐量最大，40cm 土层以下土壤含盐量逐渐减小后趋于稳定。与灌溉前相比，在灌水后，0~30cm 土层土壤含盐量减少了 574.84g，脱盐率 14.3%；0~40cm 土层土壤含盐量增加了 55.46g，盐分累积率为 0.9%。当施氮量为 30kg/亩时，在灌水前，0~20cm 土层土壤含盐量呈增加趋势，20cm 土层以下土壤含盐量逐渐减小。在灌水后，0~40cm 土层土壤剖面含盐量波动增加，出现两个峰值，40cm 土层以下土壤含盐量逐渐减小。与灌溉前相比，灌后 0~30cm 土层土壤含盐量减少了 196.6g，脱盐率 24.1%；0~40cm 土层土壤含盐量减少了 78.93g，脱盐率 7.7%。

0～30cm 土层内，随着施氮量的增加脱盐率呈增加趋势，0～40cm 土层内脱盐率与施氮量无明显规律性。

5. 膜间、窄行、宽行处土壤含盐量变化特征

图 8.94 显示了未活化微咸水膜下滴灌施氮量对膜间、窄行、宽行处土壤含盐量的影响。由图可知，对膜间处土壤含盐量分析来看，从表层到 10cm 土层土壤含盐量逐渐减小。在 40cm 土层处又逐渐增加，40cm 土层以下逐渐减小。施氮量为 23kg/亩和 30kg/亩，初始土壤含盐量较小，变化趋势基本一致。从表层到 10cm 土层以下土壤含盐量逐渐减小，10cm 土层以下土壤含盐量变化较小，膜间处表层未覆膜土面蒸发大，盐分主要在土壤表面累积。在窄行处，对于 BCK10、BCK17 和 BCK20 处理，从表层到 30cm 土层，土壤含盐量逐渐减小，40cm 土层以下土壤含盐量逐渐减小，60cm 土层以下土壤含盐量基本稳定。BCK23 和 BCK30 处理的土壤含盐量基本没变化。在宽行处，土壤含盐量变化趋势基本一致，表层土壤含盐量较高，在 10cm 土层处土壤含盐量逐渐减小；10～40cm 土层处土壤含盐量逐渐增加，40cm 土层以下土壤含盐量逐渐减小，60cm 土层以下土壤含盐量基本不再变化。

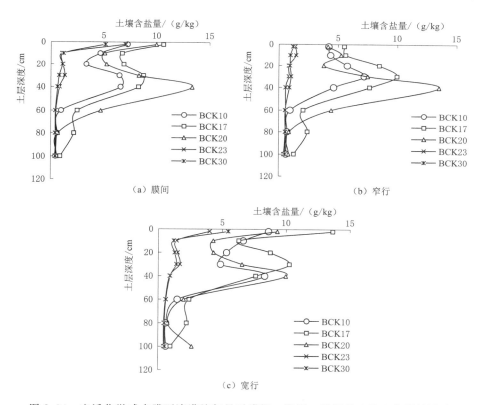

图 8.94 未活化微咸水膜下滴灌施氮量对膜间、窄行、宽行处土壤含盐量的影响

6. 土壤积盐量变化特征

根据盐分平衡计算原理，以面积为 1m² 作为一个滴灌土体单元，计算未活化微咸水膜下滴灌不同施氮量处理下单元土体的积盐量变化特征，结果见表 8.34。由表可知，在灌水结束后与灌水前相比，0～100cm 土层的土体积盐量随着施氮量的增加有增加趋势。60～

100cm 土层的土体积盐量存在差异，施氮量 10kg/亩和 17kg/亩处理下的土体积盐量分别为 113.19g 和 129.91g；施氮量 20kg/亩处理，灌水后盐分主要积累在 0～60cm 土层范围内。施氮量大于 20kg/亩时，60～100cm 土层的土体积盐量有增加趋势。

表 8.34　　　　未活化微咸水膜下滴灌不同施氮量处理下单元土体的积盐量变化特征　　　　单位：g

土层深度/cm	单元土体的积盐量/g				
	BCK10	BCK17	BCK20	BCK23	BCK30
0～100	962.03	1158.20	1046.94	1248.50	1226.27
0～60	848.84	1028.29	1044.37	952.65	868.66
60～100	113.19	129.91	2.57	295.85	357.61

8.3.1.2　土壤养分分布特征

1. 土壤硝态氮含量

图 8.95 显示了土壤剖面 0～20cm、20～40cm、40～60cm、60～80cm、80～100cm 深度内，未活化微咸水膜下滴灌施氮量对土壤硝态氮含量的影响。由图可知，在播种时（4月 23 日），各处理土壤剖面不同深度硝态氮含量无明显差别，且含量较低。于 6 月 18 日开始施氮，各处理施氮后土壤硝态氮含量呈增加趋势，施氮量处理之间土壤硝态氮含量表现出差异。在 0～20cm 深度内，苗期土壤硝态氮含量变化较小，各处理随着施氮次数和施氮量的增加土壤硝态氮呈增加趋势。施肥结束后与施肥前相比（8 月 15 日与 6 月 15 日对比），土壤硝态氮分别增加了 24.40mg/kg、33.27mg/kg、86.42mg/kg、100.56mg/kg、103.77mg/kg。随着施氮量的增加，土壤硝态氮增加量呈增加趋势。在 20～40cm 深度内，各处理在施肥后土壤硝态氮含量呈增加趋势。施肥结束后与施肥前相比（8 月 15 日与 6 月15 日 对比），土壤硝态氮分别增加了 20.92mg/kg、33.27mg/kg、19.92mg/kg、18.84mg/kg、34.79mg/kg，吐絮前期土壤硝态氮含量逐渐减少。在 40～60cm 深度内，各处理苗期土壤硝态氮含量变化不显著。随着施氮次数的增加，土壤硝态氮不断增加。停止施肥后与施肥前相比（8 月 15 日与 6 月 15 日相比），各处理土壤硝态氮含量分别增加了10.32mg/kg、13.09mg/kg、19.92mg/kg、12.05mg/kg、31.39mg/kg，随着施氮量的增加土壤硝态氮含量呈增加趋势。在 60～80cm 深度内，停止施肥后与施肥前相比（8 月 15日与 6 月 15 日相比），土壤硝态氮分别增加了 0.61mg/kg、0.89mg/kg、2.64mg/kg、7.02mg/kg、25.795mg/kg，随着施氮量的增加土壤硝态氮增加量呈现出增加趋势。当施氮量小于 20kg/亩，硝态氮不会运移到 60～80cm 处；当施氮量大于 20kg/亩时，土壤硝态氮增加量较大，硝态氮被淋洗在根区以下。当前灌溉制度下，施氮量超过 20kg/亩就会淋溶损失。在 80～100cm 深度内，在全生育期。各处理土壤硝态氮含量变化不明显。停止施肥后与施肥前相比（8 月 15 日与 6 月 15 日相比），硝态氮分别增加了 −0.17mg/kg、0.89 mg/kg、−1.04mg/kg、2.97mg/kg、6.52mg/kg。当施氮量为 30kg/亩时，土壤硝态氮增加量较大。施氮量越大，对 60cm 深度以下土壤硝态氮含量影响也就越大。施氮量大于 20kg/亩时，60cm 深度以下土壤硝态氮就会在 60～100cm 土层累积。

图 8.96 显示了未活化微咸水膜下滴灌施氮量对土壤 0～100cm 土层土壤平均硝态氮含量的影响。由图可知，在苗期，土壤平均硝态氮含量较小。随着生育期延长，施肥次数增

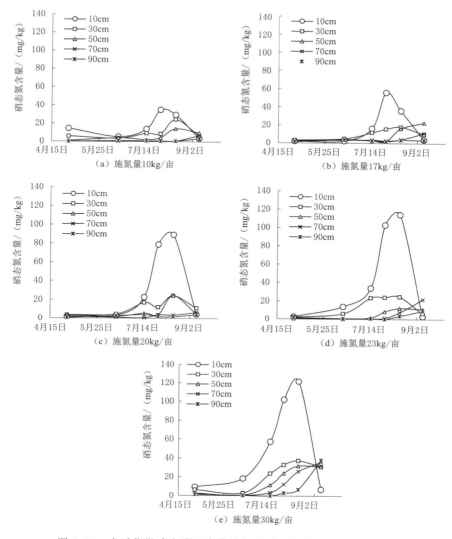

图 8.95 未活化微咸水膜下滴灌施氮量对土壤硝态氮含量的影响

加，土壤平均硝态氮含量随之增大。停止施肥后，土壤平均硝态氮含量逐渐下降。施肥结束后（8 月 15 日），施氮量为 10kg/亩、17kg/亩、20kg/亩、23kg/亩、30kg/亩，土壤平均硝态氮累积量分别为 11.22mg/kg、11.91mg/kg、26.07mg/kg、28.29mg/kg、40.45mg/kg。与施氮量 10kg/亩相比，施氮量 17kg/亩、20kg/亩、23kg/亩、30kg/亩的处理的土壤平均硝态氮累积量分别增加了 15.1%、118.9%、137.5%、260.5%。

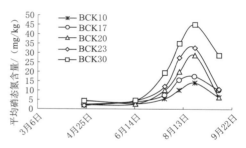

图 8.96 未活化微咸水膜下滴灌施氮量对土壤 0~100cm 土层土壤平均硝态氮含量的影响

2. 土壤铵态氮含量

图 8.97 显示了未活化微咸水膜下滴灌施氮量对土壤 0～100cm 土层土壤平均铵态氮含

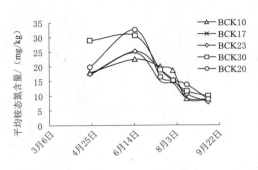

图 8.97　未活化微咸水膜下滴灌施氮量对土壤
0～100cm 土层土壤平均铵态氮含量的影响

量的影响。由图可知，在苗期，土壤平均铵态氮（NH_4^+—N）含量呈现出增加趋势；在蕾期—花铃期，土壤平均铵态氮含量呈波动减小趋势；在吐絮前期，土壤平均铵态氮减少程度减缓。在苗期（4 月 23 日—6 月 15 日），施氮量为 10kg/亩、17kg/亩、20kg/亩、23kg/亩、30kg/亩时，土壤平均铵态氮含量分别增加了 6.65mg/kg、12.47mg/kg、12.77mg/kg、7.70mg/kg、3.17mg/kg，增加率分别为 37.40%、72.58%、63.95%、44.10%、11.53%。在蕾期（6 月 15 日—7 月 15 日），土壤平均铵态氮分别减少了 4.59mg/kg、14.81mg/kg、16.33mg/kg、6.54mg/kg、11.83mg/kg，减少率分别为 18.79%、49.95%、49.88%、25.99%、38.58%。在花铃期（7 月 15 日—8 月 15 日），土壤平均铵态氮分别减少了 11.08mg/kg、5.83mg/kg、2.63mg/kg、8.24mg/kg、7.42mg/kg，减少率分别为 55.85%、39.29%、16.03%、44.25%、39.41%。在吐絮前期（8 月 15 日—9 月 9 日），土壤平均铵态氮含量分别减少了 0.41mg/kg、0.48mg/kg、5.05mg/kg、2.64mg/kg、1.61mg/kg，减少率分别为 4.68%、5.33%、36.65%、25.43%、14.11%。全生育期内（4 月 23 日—9 月 9 日），土壤平均铵态氮分别减少了 9.43mg/kg、8.65mg/kg、11.24mg/kg、9.72mg/kg、17.69mg/kg，减少率分别为 53.04%、50.35%、56.28%、55.67%、64.35%。

在蕾期时，土壤平均铵态氮减少量分别为，BCK20＞BCK17＞BCK30＞BCK23＞BCK10。施氮量为 20kg/亩时，土壤平均铵态氮减少量最大。在花铃期，土壤平均铵态氮减少量依次为 BCK10＞BCK23＞BCK30＞BCK17＞BCK20。在花铃期，施氮量为 10kg/亩时，土壤平均铵态氮含量减少较快。在吐絮前期，土壤平均铵态氮减小量依次为 BCK20＞BCK23＞BCK30＞BCK17＞BCK10。施氮量 20kg/亩时，蕾期土壤平均铵态氮减少量最大，花铃期土壤平均铵态氮减少量最小，吐絮期土壤平均铵态氮含量又是最大。对于施氮量 10kg/亩，蕾期土壤平均铵态氮减少量最小，花铃期土壤平均铵态氮减少最多，到吐絮期时减少量最小。全生育期来看，土壤平均铵态氮减少量数值关系为 BCK30＞BCK20＞BCK23＞BCK10＞BCK17。土壤平均铵态氮含量减少量与土壤初始铵态氮含量之间关系较大，就减少率来看，土壤平均铵态氮减少率都在 50% 以上。

在苗期，土壤平均铵态氮含量增加，可能原因是反硝化作用下，硝态氮转化为铵态氮。灌水后，土壤平均铵态氮含量呈波动减少趋势。有研究表明，中低 pH 值有利于促进硝态氮的吸收，高 pH 值有利于促进铵态氮的吸收（陈平等，2003）。在通气良好的土壤中，在土壤微生物的作用下，铵态氮进行硝化作用，转化成硝态氮素。铵态氮会受到多种因素影响，NH_4^+ 属于强酸弱碱盐，pH 值降低会促使水解逆向进行，增加 NH_4^+ 浓度，温度升高会对氨氮吸附产生抑制作用（孙大志等，2007），pH 值升高会降低土壤 NH_4^+ 浓度。

3. 土壤氮素转化特征

表 8.35 显示了未活化微咸水膜下滴灌不同施氮量处理下，0～40cm、40～80cm、80～100cm 深度内土壤平均硝态氮含量随时间的变化特征。由表可知，0～40cm 深度内土壤平均硝态氮含量变化最活跃，施肥后土壤平均硝态氮含量不断在土壤中累积，停止施肥后达到最大值。停止施肥后，土壤平均硝态氮含量差异较大（8 月 15 日），随着施氮量增加土壤平均硝态氮含量呈现出增加趋势，分别为 27.14mg/kg、31.62mg/kg、57.01mg/kg、69.76mg/kg、79.94mg/kg。在 8 月 15 日，施氮量为 17kg/亩、20kg/亩、23kg/亩、30kg/亩与施氮量 10kg/亩相比，土壤平均硝态氮含量分别增加了 4.48mg/kg、29.87mg/kg、42.62mg/kg、52.80mg/kg，增加率分别为 16.51%、110.06%、157.04%、194.55%。由 40～80cm 深度内土壤平均硝态氮含量看出，在 8 月 15 日，施氮量 17kg/亩、20kg/亩、23kg/亩、30kg/亩与施氮量 10kg/亩相比，土壤平均硝态氮含量分别增加了 2.61mg/kg、6.52mg/kg、2.52mg/kg、21.64mg/kg，增加率分别为 34.71%、86.70%、33.51%、287.77%。当施氮量为 10kg/亩、17kg/亩、20kg/亩、23kg/亩时，在前 5 次施肥中，土壤平均硝态氮含量增加不明显，随着施肥次数的增加土壤平均硝态氮含量呈增加趋势。施氮量为 30kg/亩时，在施肥后，40～80cm 深度内土壤平均硝态氮含量开始增加。80～100cm 深度内土壤平均硝态氮含量变化较小。在吐絮前期时，0～40cm 深度内土壤平均硝态氮含量呈下降趋势；在吐絮期，40～100cm 深度内呈增加趋势。

表 8.35　未活化微咸水膜下滴灌不同施氮量处理下土壤平均硝态氮含量随时间变化规律

土层深度/cm	处理	土壤平均硝态氮含量/(mg/kg)					
		4 月 23 日	6 月 15 日	7 月 15 日	7 月 30 日	8 月 15 日	9 月 9 日
0～40	BCK10	10.18	4.48	11.60	21.87	27.14	5.25
	BCK17	2.48	3.44	13.74	35.25	31.62	6.84
	BCK20	2.67	3.84	20.02	45.63	57.01	7.84
	BCK23	2.51	10.05	28.84	63.64	69.76	4.81
	BCK30	7.68	10.66	40.70	67.81	79.94	19.05
40～80	BCK10	0.48	2.06	1.34	2.70	7.52	8.35
	BCK17	1.83	3.62	3.05	2.32	10.13	16.76
	BCK20	2.70	1.52	3.01	3.85	14.04	5.77
	BCK23	0.80	0.51	1.02	4.98	10.04	16.75
	BCK30	2.13	0.56	7.45	18.18	29.16	33.70
80～100	BCK10	0.03	0.85	0.79	0.59	0.68	3.45
	BCK17	1.63	3.38	2.75	1.92	3.53	3.32
	BCK20	0.55	2.70	4.09	1.72	1.67	4.04
	BCK23	1.69	0.65	0.63	0.03	3.62	9.47
	BCK30	1.31	0.32	0.08	3.10	6.84	38.13
0～100	BCK10	4.27	2.78	5.33	9.94	14.00	6.13
	BCK17	2.05	3.50	7.26	15.41	17.40	10.10
	BCK20	2.26	2.68	10.03	20.14	28.75	6.25
	BCK23	1.66	4.35	12.07	27.45	32.64	10.52
	BCK30	4.18	4.55	19.27	35.02	45.00	28.73

表 8.36 显示了未活化微咸水膜下滴灌不同施氮量处理下氮素累积量变化情况。由表可知，施氮量为 10kg/亩、17kg/亩、20kg/亩、23kg/亩、30kg/亩时，在土壤中氮素累积量分别为 2.99kg/亩、3.70kg/亩、6.94kg/亩、7.53kg/亩、10.77kg/亩，氮素累积量随着施氮量增加呈增加趋势，施氮量越小在土壤中氮素累积量越小，氮肥利用率越高。

表 8.36　　　　未活化微咸水膜下滴灌不同施氮量处理下氮素累积量变化情况

施氮量/(kg/亩)	氮素累积量/(kg/亩)	氮施入量/(kg/亩)	累积率/%	利用率/%
10	2.99	5.48	54.5	45.5
17	3.70	8.59	43.1	56.9
20	6.94	10.15	68.4	31.6
23	7.53	11.71	64.3	35.7
30	10.77	14.82	72.6	27.4

4. 土壤速效磷含量

表 8.37 显示了未活化微咸水膜下滴灌不同施氮量处理下，0~40cm、40~100cm、0~100cm 深度内土壤平均速效磷含量随时间的变化特征。由表可知，施氮量为 10kg/亩、17kg/亩、20kg/亩、23kg/亩、30kg/亩时，在 0~40cm 深度内，苗期（4 月 23 日—6 月 15 日）土壤平均速效磷含量呈减小趋势，分别减少了 2.50mg/kg、11.00mg/kg、2.75mg/kg、15.75mg/kg、−3.75mg/kg，减少率分别为 16.39%、55.70%、15.49%、56.25%、−28.85%。由于作物的吸收利用，土壤速效磷的迁移转化导致速效磷在土壤剖面中的减少。在蕾期（6 月 15 日—7 月 15 日），施肥后土壤平均速效磷含量呈增加趋势，各处理土壤平均速效磷分别增加了 11.55mg/kg、1.30mg/kg、5.03mg/kg、0.63mg/kg、4.70mg/kg，增加率分别为 90.59%、14.86%、33.50%、5.10%、28.06%。施氮量为 10kg/亩时，土壤平均速效磷增加最多；20kg/亩时次之，其他处理差异较小。在花铃期（7 月 15 日—8 月 15 日），各处理没有表现很强的一致性，施氮量为 10kg/亩和 20kg/亩时，土壤平均速效磷含量减少，分别减少了 4.73mg/kg、2.4mg/kg；施氮量为 17kg/亩、23kg/亩、30kg/亩，土壤平均速效磷含量增加，分别增加了 4.25mg/kg、7.92mg/kg、0.55mg/kg。在吐絮前期（8 月 15 日—9 月 9 日），土壤平均速效磷含量减少，分别减少了 1.55mg/kg、0.43mg/kg、2.80mg/kg、4.78mg/kg、5.88mg/kg，减少率分别为 7.92%、2.97%、15.89%、22.96%、26.70%，吐絮前期停止施肥后，由于棉花的吸收利用，土壤平均速效磷含量降低。在苗期、蕾期和花铃期，40~100cm 深度内土壤平均速效磷含量变化较小。在吐絮前期时土壤平均速效磷含量增加，各处理分别增加了 1.30mg/kg、4.15mg/kg、4.82mg/kg、2.43mg/kg、3.85mg/kg。停止施肥后，0~40cm 深度内土壤平均速效磷含量呈减小趋势，各处理差异无明显一致性。在 0~100cm 深度内，在施肥后与施肥前对比（8 月 15 日与 4 月 23 日），施氮量为 10kg/亩时，土壤平均速效磷含量增加了 3.78mg/kg；施氮量为 17kg/亩和 20kg/亩时，土壤平均速效磷含量分别减少了 3.29mg/kg 和 0.69mg/kg；施氮量为 23kg/亩和 30kg/亩时，土壤平均速效磷含量分别增加了 1.23mg/kg 和 1.81mg/kg。

表 8.37 未活化微咸水膜下滴灌不同施氮量处理下土壤平均速效磷含量随时间变化规律

土层深度 /cm	施氮量 /(kg/亩)	土壤平均速效磷含量/(mg/kg)					
		4 月 23 日	6 月 15 日	7 月 15 日	7 月 30 日	8 月 15 日	9 月 9 日
0~40	10	15.25	12.75	24.30	32.75	19.58	18.03
	17	19.75	8.75	10.05	17.23	14.30	13.88
	20	17.75	15.00	20.03	26.48	17.63	14.83
	23	28.00	12.25	12.88	14.63	20.80	16.03
	30	13.00	16.75	21.45	20.30	22.00	16.13
40~100	10	1.17	1.17	2.10	2.23	4.58	5.88
	17	2.33	0.83	1.67	2.17	0.48	4.63
	20	2.17	2.33	1.85	2.83	1.10	5.92
	23	3.67	2.00	3.15	0.68	1.52	3.95
	30	0.83	2.67	1.18	1.75	1.18	5.03
0~100	10	6.80	5.80	10.98	14.44	10.58	10.74
	17	9.30	4.00	5.02	8.19	6.01	9.13
	20	8.40	7.40	9.12	12.29	7.71	9.48
	23	10.40	6.10	7.04	6.26	11.63	8.78
	30	7.70	8.30	9.29	9.17	9.51	9.47

8.3.1.3 棉花生长特征

1. 株高

图 8.98 显示了未活化微咸水膜下滴灌不同施氮量处理下棉花株高随时间的变化曲线。由图可知，棉花株高变化趋势基本相同，均表现为苗期缓慢增加，蕾期株高快速增加。8 月 7 日打顶（播种后第 100 天）后，株高不再增加，表现为 BCK30＞BCK23＞BCK20＞BCK17＞BCK10，株高随着施氮量的增加而增加。施氮量为 10kg/亩，株高最小，其值为 67.1cm；BCK30 下的株高最大，其值为 80.4cm。施氮量每增加一个梯度，株高较前处理分别增加了 9.50％、2.69％、3.58％、2.88％。由此表明，当施氮量从 10kg/亩增加到 17kg/亩时，施氮量的增加对株高影响较大，当施氮量大于 17kg/亩时，氮肥的增加对株高增长的贡献率较小。

2. 茎粗

图 8.99 显示了未活化微咸水膜下滴灌不同施氮量处理下棉花茎粗随时间的变化曲线。由图可知，在苗期增长较快，120 天后茎粗基本不再增加，在吐絮期时茎粗基本不再变化。不同施氮量下，在吐絮期的茎粗表现为 BCK30＞BCK23＞BCK20＞BCK17＞BCK10。与处理 BCK10 相比，处理 BCK17、BCK20、BCK23、BCK30 茎粗分别增加了 8.78％、11.82％、14.10％、18.09％。当施氮量为 10kg/亩、17kg/亩、20kg/亩、23kg/亩、30kg/亩时，施氮量每增加一个梯度，茎粗较前处理分别增加了 8.78％、2.79％、2.04％ 和 3.49％；施氮量由 10kg/亩增加到 17kg/亩时茎粗增加更明显。

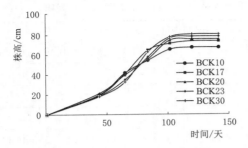
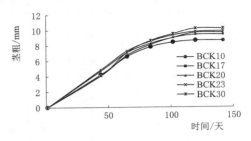

图 8.98　未活化微咸水膜下滴灌不同施氮量
处理下棉花株高随时间的变化曲线

图 8.99　未活化微咸水膜下滴灌不同施氮量
处理下棉花茎粗随时间的变化曲线

3. 叶面积指数

图 8.100 显示了未活化微咸水膜下滴灌不同施氮量处理下棉花叶面积指数随时间的变化曲线。由图可知，叶面积指数在苗期、蕾期变化较缓，花铃期增加较快，吐絮期后叶面积指数呈现出下降趋势。施氮量为 10kg/亩时，在棉花播种后 102 天左右，叶面积指数达到最大值；施氮量为 17kg/亩时，在棉花播种后 103 天，叶面积指数达到最大值；施氮量为 20kg/亩时，在棉花播种后 105 天，叶面积指数达到最大值；施氮量为 23kg/亩时，在棉花播种后 116 天，叶面积指数达到最大值；施氮量为 30kg/亩时，在棉花播种后 121 天，叶面积指数达到最大值。施氮量小于等于 20kg/亩时，在棉花播种后的 104 天，叶面积指数就开始下降；而施氮量大于 20kg/亩时，在 120 天后，叶面积指数开始下降。

4. 生物量

图 8.101 显示了未活化微咸水膜下滴灌不同施氮量处理下棉花地上生物量随时间的变化曲线。由图可知，地上生物量随时间的变化趋势大致相同，均呈现 S 形增长曲线。在苗期、蕾期地上生物量增加缓慢，到花铃期和吐絮前期总生物量快速增加，生育后期增加缓慢。在花铃期表现出明显差异，棉花地上生物量随着施氮量的增加而增加，表现为 BCK30＞BCK23＞BCK20＞BCK17＞BCK10。在播种后第 120～142 天，BCK10、BCK17、BCK20、BCK23、BCK30 处理的棉花地上生物量累积速率分别为 0.37g/d、0.52g/d、0.76g/d、1.12g/d、0.85g/d，随着施氮量的增加呈现出先增加后减小的变化规律。施氮量 20kg/亩时，吐絮前期地上生物量增加最明显。

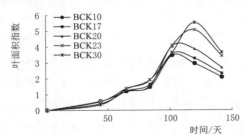
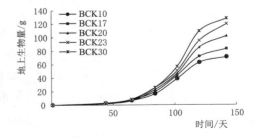

图 8.100　未活化微咸水膜下滴灌不同施氮量
处理下棉花叶面积指数随时间的变化曲线

图 8.101　未活化微咸水膜下滴灌不同施氮量
处理下棉花地上生物量随时间的变化曲线

定义氮肥增加量与干物质增加量的比值为氮肥贡献率，即每亩增加1kg的氮肥，地上生物量增加量。施氮量分 10～17kg/亩、17～20kg/亩、20～23kg/亩、23～30kg/亩四个梯度，氮肥的贡献率分别为 1.815g/（kg/亩）、5.685g/（kg/亩）、5.310g/（kg/亩）、1.215g/（kg/亩）。施氮量由12kg/亩增加到20kg/亩时，氮肥贡献率最大，即在此范围内氮肥用量增加1kg/亩时单株生物量增加最大。图 8.102 显示了未活化微咸水膜下滴灌氮肥贡献率与施氮量之间的关系，拟合后可得

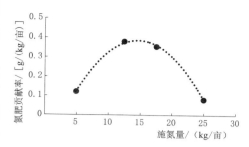

图 8.102　未活化微咸水膜下滴灌氮肥贡献率与施氮量之间的关系

$$y = -0.0028x^2 + 0.0825x - 0.2153 \quad R^2 = 0.9987 \tag{8.49}$$

式中：y 为氮肥贡献率，g/（kg/亩）；x 为施氮量，kg/亩。

当施氮量为 19.75kg/亩，氮肥贡献率最大，为 0.3219g/（kg/亩）。施氮量小于 19.75kg/亩时，氮肥贡献率与施氮量呈正相关关系。施肥量大于 19.75kg/亩时，氮肥贡献率与施肥量呈负相关关系。由以上分析得出，微咸水条件下，施氮量小于 19.75kg/亩情况下，施氮量的增加对生物量增加效率最大。

5. 蕾铃质量分数

将蕾铃质量与地上生物量的比值定义为蕾铃质量分数，未活化微咸水膜下滴灌施氮量对棉花蕾铃质量分数的影响如表 8.38 所示。由表可知，同一施氮量下，随时间增加，蕾铃质量分数增加。在 7 月 15 日，施氮量小于或等于20kg/亩时，随着施氮量的增加蕾铃质量分数由 28.89% 减少到 21.41%；施氮量大于 20kg/亩时蕾铃质量分数为 17% 左右。8 月 20 日以后，蕾铃质量分数超过 50%。在 9 月 11 日，蕾铃质量分数为 51.22%～63.13%。

表 8.38　　　　　未活化微咸水膜下滴灌施氮量对棉花蕾铃质量分数的影响

施氮量/（kg/亩）	棉花蕾铃质量分数/%				
	6月26日	7月15日	8月2日	8月20日	9月11日
10	6.71	28.89	37.60	53.91	53.76
17	10.53	26.70	40.59	50.62	51.22
20	4.18	21.41	38.69	50.18	54.25
23	9.52	16.05	38.09	53.86	55.81
30	4.88	17.31	38.68	57.27	63.13

6. 有效结铃数、蕾铃脱落率和单铃重

表 8.39 显示了未活化微咸水膜下滴灌施氮量对棉花有效结铃数、蕾数、蕾铃脱落率和单铃重的影响。由表可知，随着施氮量的增加，有效结铃数呈增加趋势，有效结铃数介于 5.23～7.10 个/株。随着施氮量的增加，单铃重呈增加趋势，单铃重介于 5.51～6.07g。与施氮量10kg/亩相比，施氮量为 17kg 亩、20kg 亩、23kg/亩、30kg/亩的有效结铃数分别增加了 1.04 个/株、1.56 个/株、1.78 个/株、1.87 个/株，增加率分别为 19.89%、

29.83%、34.03%、35.76%，脱落率分别减少了 10.89%、19.57%、6.44%、18.13%。单铃重分别增加了 $0.30g$、$0.28g$、$0.46g$、$0.56g$，增加率分别为 5.44%、5.08%、8.35%、10.16%。施氮量的增加减小了蕾铃脱落率，增加了单铃重。

表 8.39　未活化微咸水膜下滴灌施氮量对棉花有效结铃数、蕾铃脱落率和单铃重的影响

施氮量/(kg/亩)	有效结铃数/(个/株)	蕾数	蕾铃脱落率/%	单铃重/g
10	5.23	12.00	56.39	5.51
17	6.27	11.50	45.50	5.81
20	6.79	10.75	36.82	5.79
23	7.01	14.00	49.95	5.97
30	7.10	11.50	38.26	6.07

7. 产量和肥料偏生产力

在试验所设计的施氮梯度范围内，随着施氮量的增加，棉花产量呈增加趋势。与施氮量 10kg/亩的处理相比，施氮量 17kg 亩、20kg 亩、23kg 亩、30kg/亩处理的棉花产量分别增加了 22.81%、27.61%、36.01%、39.93%。未活化微咸水膜下滴灌施氮量与棉花产量的关系如图 8.103 所示，拟合棉花产量和施氮量关系曲线，得到式（8.50）。未活化微咸水膜下滴灌施氮量与棉花产量的关系可以用二次抛物线方程来表示

$$Y_1 = -0.3409x^2 + 20.78x + 188.19 \quad R^2 = 0.9957 \tag{8.50}$$

式中：Y_1 为未活化微咸水下籽棉产量，kg/亩；x 为施氮量，kg/亩。

通过计算式（8.50），施氮量 30.72kg/亩，最大产量为 504.84kg/亩。

肥料偏生产力（PFP）指施用某一特定肥料下的作物产量与施肥量的比值，是反映当地土壤基础养分水平和化肥施用量综合效应的重要指标。计算公式如下

$$PFP = Y/F \tag{8.51}$$

式中：PFP 为肥料偏生产力，kg/kg；Y 为施用某一特定肥料作物的产量，kg/亩；F 为特定肥料的投入量，kg/亩。

未活化微咸水膜下滴灌施氮量与棉花产量及肥料偏生产力的关系如图 8.103 所示。由图可知，随着施氮量的增加肥料偏生产力呈下降趋势，氮肥施用量为 30kg/亩时肥料偏生产力最低，施氮量 10kg/亩时最高。

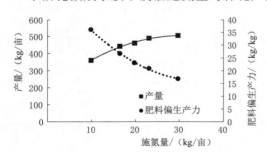

图 8.103　未活化微咸水膜下滴灌施氮量与棉花产量及肥料偏生产力的关系

8. 水分利用效率和收获指数

表 8.40 显示了未活化微咸水膜下滴灌施氮量对棉花水分利用效率与收获指数的影响。在前述已经计算各施氮量处理时的耗水量来看各处理耗水量差异不大，计算耗水量时直接可用灌水量计算。由表可知，未活化微咸水灌溉条件下，随着施氮量的增加，水分利用效率增加，施氮量越大，水分利用效率越高。与施氮量 10kg/亩的处理相比，施氮量 17kg/亩、20kg/亩、23kg/亩、30kg/亩处理的水分利用效率分别提高了 22.80%、

27.63%、36.01%、39.90%。随着施氮量的增加，收获指数先增加，继续增加施氮量时收获指数呈减小趋势。在施氮量为17kg/亩时收获指数最大，为0.4379。

表8.40 未活化微咸水膜下滴灌施氮量对棉花水分利用效率与收获指数的影响

施氮量/(kg/亩)	耗水量/m³	产量（kg/亩）	水分利用效率/(kg/m³)	收获指数
10	311	360.100	1.158	0.4053
17	311	442.243	1.422	0.4379
20	311	459.506	1.478	0.3853
23	311	489.754	1.575	0.3489
30	311	503.886	1.620	0.3369

8.3.1.4 棉花生长模型

1. 株高增长模型

Logistic方程可以很好地描述棉花株高与生长时间之间的关系，其基本形式为

$$H = \frac{H_0}{1 + e^{a-bt}} \tag{8.52}$$

式中：H 为棉花株高，cm；H_0 为株高的理论最大值，cm；t 为棉花播种起的天数；a、b 为生长系数。

Logistic模型包含着丰富的生物学信息，这些信息能比较直观表达棉花株高增长特点，从而对其进行定量分析。分别对式（8.52）求一阶导数、二阶导数和三阶导数，能得到相应生长曲线的最快生长起始时间（t_1）、终止时间（t_2）、最大相对增长速率（v）及其出现时间（t）。计算公式为

$$t_1 = \frac{a - \ln(2+\sqrt{3})}{b} \tag{8.53}$$

$$t_2 = \frac{a - \ln(2-\sqrt{3})}{b} \tag{8.54}$$

$$v = \frac{bA}{4} \quad t = \frac{a}{b} \tag{8.55}$$

表8.41 显示了未活化微咸水膜下滴灌不同施氮量处理下棉花株高Logistic模型参数变化情况。由表可知，株高理论最大值随着施氮量的增加而增加，其值介于68.13～83.12cm。在棉花播种后37.4天，最快生长起始时间出现，最快生长起始时间随着施氮量的增加而延长，最大施氮量为30kg/亩时最快起始生长时间在48.8天，较最小施氮量晚11.4天。各处理最快生长结束时间，介于79.3～89.8天；株高最大相对增长速率从1.05增加到1.39。随着施氮量的增加，最大相对增长速率出现时间延长，由58.7天增加到68.5天。

表8.41 未活化微咸水膜下滴灌不同施氮量处理下棉花株高Logistic模型参数变化情况

施氮量/(kg/亩)	H_0/cm	a	b	t_1/天	t_2/天	v	t/天
10	68.13	3.6288	0.0618	37.4	80.0	1.05	58.7
17	74.66	4.2538	0.0702	41.8	79.3	1.31	60.6

续表

施氮量/(kg/亩)	H_0/cm	a	b	t_1/天	t_2/天	v	t/天
20	78.64	3.5486	0.0551	40.5	88.3	1.08	64.4
23	81.47	4.0957	0.0603	46.1	89.8	1.23	68.0
30	83.12	4.5732	0.0668	48.8	88.2	1.39	68.5

绘制未活化微咸水膜下滴灌棉花株高理论最大值与施氮量之间的关系，如图 8.104 所示。拟合方程式为

$$H_0 = -0.0295x^2 + 1.9528x + 51.499 \quad R^2 = 0.9899 \tag{8.56}$$

式中：H_0 为株高理论最大值，cm；x 为施氮量，kg/亩。

对各施氮量处理形状参数 a、b 取平均值，得到株高与施氮量与时间关系，模型表示为

$$H = \frac{-0.0295x^2 + 1.9528x + 51.499}{1 + e^{4.0201 - 0.0629t}} \tag{8.57}$$

式中：H 为微咸水灌溉下棉花株高，cm；x 为施氮量，kg/亩；t 为棉花播种起的天数。

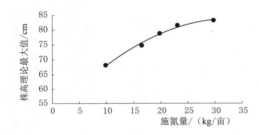

图 8.104　未活化微咸水膜下滴灌棉花株高理论最大值与施氮量之间的关系

对未活化微咸水膜下滴灌施氮量为 10kg/亩、17kg/亩、20kg/亩、23kg/亩、30kg/亩下棉花株高的模拟值与实测值进行验证，获得的模拟值与实测值的相关系数均在 0.92 以上。

2. 生物量增长模型

利用 Logistic 方程描述棉花地上生物量增长模型，其基本形式为

$$y = \frac{A}{1 + e^{a - bt}} \tag{8.58}$$

式中：y 为棉花棉花地上生物量，g；A 为棉花地上生物量理论最大值，g；t 为棉花播种起的天数；a、b 为形状系数。

棉花地上生物量模型采用 Logistic 方程来描述，棉花地上生物量增长模型各参数计算方法与株高增长模型相同不再详细介绍。

表 8.42 显示了未活化微咸水膜下滴灌不同施氮量处理下棉花地上生物量 Logistic 模型参数变化情况。由表可知，随着施氮量的增加，棉花地上生物量理论最大值增加，值介于 74.09～134.77g 之间。与施氮量 10kg/亩的处理相比，施氮量 17kg/亩、20kg/亩、23kg/亩、30kg/亩处理的棉花地上生物量理论最大值分别增加了 14.84g、34.64g、54.07g、60.68g，增加率分别为 20.03%、46.75%、72.98%、81.90%。棉花地上生物量最快生长起始时间随着施氮量的增加而延后，最快起始时间介于 82.7～87.6 天，平均最快生长开始时间为棉花播种后第 85.2 天，施氮量 30kg/亩较 10kg/亩晚了 4.9 天。就棉花地上生物量最快生长结束时间，施氮量从 10kg/亩增加到 23kg/亩时，最快生长结束时间先增加；施氮 30kg/亩时，最快结束时间减少，最快生长结束时间平均为 121 天。各处理棉花地上生物量最快生长平均时间 35.7 天。棉花地上生物量最大相对增长速率随着施氮量的增加而增加，从 1.43 增加到 2.68。

表 8.42 未活化微咸水膜下滴灌不同施氮量处理下棉花地上
生物量 Logistic 模型参数变化情况

施氮量/(kg/亩)	A	a/g	b	t_1/天	t_2/天	v	t/天
10	74.09	7.68	0.07699	82.7	116.9	1.43	99.8
17	88.93	7.13	0.07029	82.7	120.2	1.56	101.4
20	108.73	7.59	0.07297	86.0	122.1	1.98	104.0
23	128.16	7.36	0.06936	87.1	125.0	2.22	106.1
30	134.77	8.29	0.07964	87.6	120.6	2.68	104.1

未活化微咸水膜下滴灌棉花地上生物量与施氮量之间的关系如图 8.105 所示。由图可知，随着施氮量的增加，棉花地上生物量线性增加，其他学者研究也表明棉花地上生物量和施氮量呈线性增加的关系。拟合关系式如下

$$A = 3.3322x + 41.352 \quad R^2 = 0.9286 \tag{8.59}$$

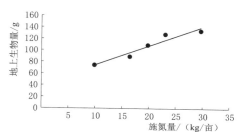

图 8.105 未活化微咸水膜下滴灌棉花地上生物量与施氮量之间的关系

式中：A 为棉花地上生物量的理论最大值，g；x 为施氮量，kg/亩。

取不同施氮量处理下形状系数 a、b 的平均值，得到棉花地上生物量与施氮量及生长天数之间的关系式如下

$$y = \frac{3.3322x + 41.352}{1 + e^{7.6099 - 0.0738t}} \tag{8.60}$$

式中：y 为棉花地上生物量，g；x 为施氮量，kg/亩；t 为从棉花播种起时的天数。

利用式（8.59）模拟未活化微咸水膜下滴灌棉花地上生物量实测值与模拟值关系，如图 8.106 所示。由图可知，施氮量分别为 10kg/亩、17kg/亩、20kg/亩、23kg/亩、30kg/亩，模拟值和实测值能较好地反映出棉花地上生物量与施氮量及生长时间之间的关系。

8.3.1.5 棉花种植经济效益分析

棉花生产的经济效益分析中，投入包括种子、化肥、地膜、机耕费、人工费、农药费、土地承包费、农保费、滴灌带费、水费、养地基金等，净收益（N_R，元/亩）利用下式（8.61）计算

$$N_R = G_R - P_w - I_w - F_w - O \tag{8.61}$$

式中：G_R 为毛收益，元/亩；P_w 为拾棉费，元/kg；I_w 为水费，元/亩；F_w 为化肥投入，元/亩；O 为其他收入，元/亩。拾棉费为 2 元/kg；尿素价格 2000 元/t。查阅文件知，新疆库尔勒地下水水价为 0.5 元/m^3（包含 0.4 元/m^3 的水资源费及 0.1 元/m^3 的资源水价）。其他投入依据参考文献以 1133 元/亩计算（吴立峰等，2015；霍远等，2011），未活化微咸水膜下滴灌不同施氮量处理下棉花投入与收益计算结果见表 8.43。由表可知，施氮量为 10kg/亩时，每亩净收益为 175 元，施氮量为 17kg/亩、20kg/亩、23kg/亩、30kg/亩与施氮量 10kg/亩相比净收益分别高出了 2.52 倍、3.75 倍、3.69 倍、4.05 倍。较小的氮肥投入就可以获得较高的经济效益。

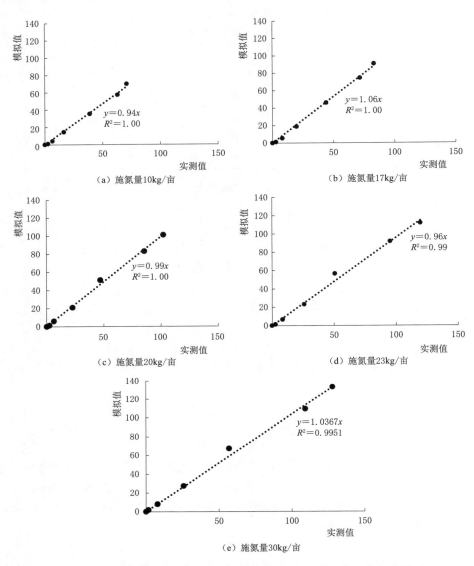

图 8.106　未活化微咸水膜下滴灌棉花地上生物量实测值与模拟值关系

表 8.43　　　　　未活化微咸水膜下滴灌不同施氮量处理下棉花投入与收益

施氮量/(kg/亩)	拾棉费/(元/亩)	水费/(元/亩)	化肥投入/(元/亩)	毛收益/(元/亩)	净收益/(元/亩)
10	768	156	72	2304	175
17	908	156	85	2723	441
20	1019	156	92	3058	658
23	1017	156	98	3051	647
30	1056	156	112	3167	711

8.3.2 去电子微咸水膜下滴灌施氮量对土壤水盐肥分布及棉花生长的影响

为了研究去电子微咸水膜下滴灌与水肥耦合对棉花生长促进效能，开展大田试验，设置 5 个施氮量处理，分别为 10kg/亩、17kg/亩、20kg/亩、23kg/亩、30kg/亩（分别表示为 BD10、BD17、BD20、BD23、BD30）。以此来分析各处理下的水盐肥变化及作物生长情况，为去电子微咸水合理利用提供依据。

8.3.2.1 土壤水盐分布特征

1. 膜下滴灌前后土壤水分分布特征

图 8.107 显示了灌水深度为 37.5mm 时，施氮量分别为 10kg/亩、20kg/亩、30kg/亩时，去电子微咸水膜下滴灌前后土壤体积含水率变化特征。由图可知，不同施氮量下，灌水前后土壤水分分布趋势基本一致。施氮量为 10kg/亩时，灌溉前 0～100cm 土层土壤体积含水率呈现出增加趋势。灌溉后，0～40cm 土层土壤体积含水率呈现出减少趋势，40cm 土层以下与灌溉前变化规律类似。与灌溉前相比，灌水后 0～30cm 土层蓄水深度增加了 33.33mm，0～40cm 土层蓄水深度增加了 35.45mm，0～60cm 土层蓄水深度增加了 36.81mm。施氮量为 20kg/亩时，灌溉前 0～100cm 土层土壤体积含水率随着土层深度的增加而增加；在灌溉后，0～60cm 土层土壤体积含水率呈减小趋势。与灌水前对比，灌后 0～30cm 土层蓄水深度增加了 30.63mm，0～40cm 土层蓄水深度增加了 34.97mm，0～60cm 土层蓄水深度增加了 36.59mm。当施氮量为 30kg/亩时，灌溉前 0～30cm 土层土壤体积含水率高于 30cm 土层以下的土壤体积含水率，随着土层深度的增加土壤体积含水率呈减小趋势。在灌溉后，土壤体积含水率主要增加的部分在 0～60cm 土层范围内，60cm 土层以下土壤体积含水率变化规律与灌溉前一致。与灌水前对比，灌后 0～30cm 土层蓄水深度增加了 27.74mm，0～40cm 土层蓄水深度增加了 36.63mm，0～60cm 土层蓄水深度增加了 37.08mm。去电子微咸水膜下滴灌下，随着施氮量的增加，0～30cm 土层内土壤蓄水深度呈减小的趋势。

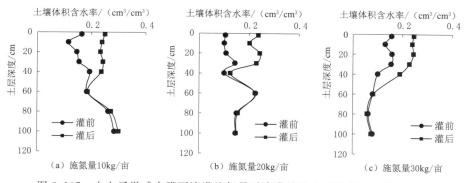

图 8.107 去电子微咸水膜下滴灌施氮量对滴灌前后土壤体积含水率的影响

2. 棉花生育期内土壤水分分布特征

图 8.108 显示了在棉花生育期内，去电子微咸水膜下滴灌条件下施氮量分别为 10kg/亩、17kg/亩、20kg/亩、23kg/亩、30kg/亩时，10cm、30cm、60cm、80cm、100cm 土层处的土壤体积含水率变化特征。由图可知，在苗期，土壤平均体积含水率逐渐减小。开

始灌水后，随着灌水次数和灌水深度的增加，土壤平均体积含水率呈增加趋势。生育期末停止灌水后，土壤平均体积含水率呈减小趋势。生育期末时，土壤平均体积含水率随着施氮量的增加呈现减小趋势，表现为 BD10＞BD17＞BD20＞BD23＞BD30 的变化趋势。在 60cm、80cm、100cm 土层处，在灌水期间，土壤平均体积含水率呈现出一定的波动变化。随着灌水次数和灌水深度的增加，土壤平均体积含水率有增加趋势，但增幅不大。由于在 BD10、BD17、BD20 的试验小区，在 60cm 土层处存在淤泥质的夹层，60cm 土层处三个处理的土壤平均体积含水率均高于其他两个处理，生育期内变化幅度较小。在 0～40cm 土层内，各施氮量处理土壤平均体积含水率变化趋势基本一致，受到灌水次数和灌水深度的增加土壤平均体积含水率呈现出增加趋势。停止灌水后，0～40cm 土层内水量消耗表现为，施氮量大的消耗高于施氮量小的消耗。

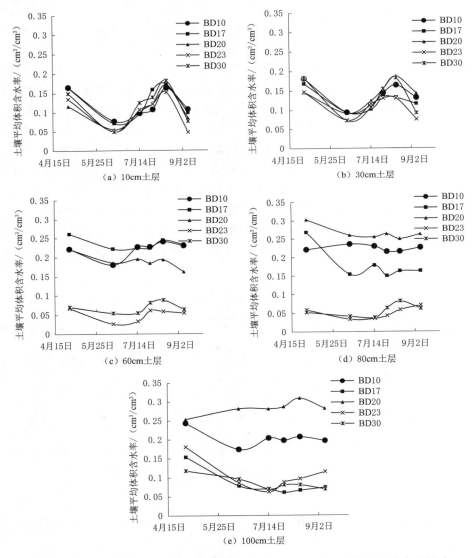

图 8.108　去电子微咸水膜下滴灌施氮量对不同土层土壤平均体积含水率的影响

　　图 8.109 显示了在棉花生育期内，去电子微咸水膜下滴灌施氮量对膜间与膜内处土壤体积含水率的影响。由图可知，各处理膜间处表层土壤体积含水率较低，10～30cm 土层内土壤体积含水率变化不明显。当施氮量小于等于 20kg/亩时，土壤体积含水率随土层深度增加呈增加趋势。施氮量大于 20kg/亩时，30～40cm 土层内土壤体积含水率呈减小趋势；40cm 土层以下土壤体积含水率基本稳定。膜内处分析得出，0～30cm 土层内土壤体积含水率均匀分布。当施氮量小于等于 20kg/亩时，土壤体积含水率随着土层深度的增加继续增加；施氮量大于 20kg/亩时，30cm 土层以下土壤体积含水率没有继续增加。

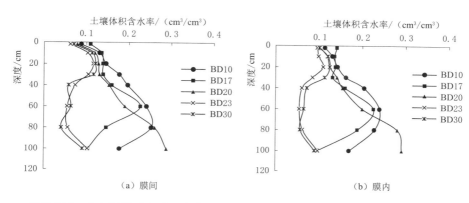

图 8.109　去电子微咸水膜下滴灌施氮量对膜间与膜内处土壤体积含水率的影响

3. 棉花耗水量变化特征

　　表 8.44 显示了去电子微咸水膜下滴灌施氮量对棉花生育期耗水量的影响。由表可知，在苗期，0～100cm 土层内耗水量差异较小，总耗水量介于 488.81～497.84mm。在花铃前期，施氮量为 10kg/亩处理耗水量较大，在花铃后期耗水量较小，吐絮期时施氮量越大时耗水量也会较大。对于 0～60cm 土层内总耗水量来看，施氮量为 10kg/亩和 17kg/亩时耗水量小于其他施氮量处理，施氮量大于等于 20kg/亩时，在 0～60cm 土层内耗水量无明显差异。不同生育期 0～60cm 土层内耗水量分析来看，花铃前期，施氮量为 10kg/亩时耗水量要高于其他处理。

表 8.44　　　　去电子微咸水膜下滴灌施氮量对棉花生育期耗水量的影响

土层深度 /cm	施氮量 /(kg/亩)	苗期/mm 4月23日— 6月15日	蕾期/mm 6月15日— 7月15日	花铃前期/mm 7月15—30日	花铃后期/mm 7月30日— 8月15日	吐絮前期/mm 8月15日— 9月9日	总耗水量 /mm
0～100	10	67.00	137.62	110.54	44.39	137.42	496.96
	17	67.74	130.26	84.42	83.56	125.05	491.03
	20	51.06	118.70	99.53	87.68	133.82	490.79
	23	56.20	153.84	73.20	61.32	144.26	488.81
	30	51.12	148.07	61.57	86.14	150.94	497.84

续表

土层深度/cm	施氮量/(kg/亩)	苗期/mm 4月23日—6月15日	蕾期/mm 6月15日—7月15日	花铃前期/mm 7月15—30日	花铃后期/mm 7月30日—8月15日	吐絮前期/mm 8月15日—9月9日	总耗水量/mm
0~60	10	41.82	128.13	99.93	58.63	119.36	447.86
	17	28.51	143.23	64.39	92.34	134.04	462.51
	20	31.63	130.42	90.06	96.06	133.29	481.47
	23	28.12	152.48	74.61	85.71	141.98	482.89
	30	44.01	141.76	69.48	96.55	136.90	488.70
60~100	10	25.19	9.49	10.60	−14.24	18.06	49.10
	17	39.23	−12.97	20.03	−8.79	−8.99	28.52
	20	19.44	−11.73	9.47	−8.38	0.54	9.33
	23	28.08	1.36	−1.40	−24.39	2.28	5.92
	30	7.11	6.31	−7.91	−10.41	14.04	9.13

4. 膜下滴灌前后土壤含盐量变化特征

图 8.110 显示了灌水深度为 37.5mm 时，施氮量分别为 10kg/亩、20kg/亩、30kg/亩时，去电子微咸水膜下滴灌前后土壤含盐量变化特征。由图可知，当施氮量为 10kg/亩时，灌溉前 0~30cm 土层土壤含盐量波动较大，分别在 10cm 和 30cm 土层处出现两个峰值，30cm 土层以下土壤含盐量逐渐减小后趋于稳定。出现两个峰值可能原因是，棉花根系在 30cm 土层内密度较大，根系吸水后盐分向 30cm 土层处运移，还有水分的向上运动及盐分向上运移。与灌溉前相比，灌后 0~30cm 土层土壤含盐量减少了 361.21g，脱盐率 10.4%；0~40cm 土层土壤含盐量减小了 244.79g，脱盐率 5.4%。当施氮量为 20kg/亩时，灌水前 0~30cm 土层土壤含盐量呈增加趋势，30cm 土层以下的土壤含盐量逐渐减小。在灌水后，0~40cm 土层土壤含盐量呈增加趋势，40cm 土层以下土壤含盐量逐渐减小后趋于稳定。与灌溉前相比，灌水后 0~30cm 土层土壤含盐量减少了 598.9g，脱盐率为 11.5%；0~40cm 土层土壤含盐量减少了 785.5g，脱盐率 10.4%。当施氮量为 30kg/亩时，灌水前 0~30cm 土层土壤含盐量呈增加趋势，土壤含盐量随着土层深度（30cm 土层深度以下）的增加逐渐减小。在灌水后，0~40cm 土层土壤含盐量逐渐增加，土壤含盐量

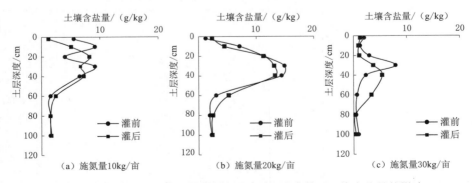

图 8.110 去电子微咸水膜下滴灌施氮量对滴灌前后土壤含盐量的影响

随着土层深度（40cm 土层深度以下）的增加土壤含盐量逐渐减小。与灌溉前相比，灌后 0～30cm 土层土壤含盐量减少了 510.54g，脱盐率为 25.6%；0～40cm 土层土壤含盐量增加了 183.4g，积盐率为 7.7%。随着施氮量增加，0～30cm 土层的脱盐率呈现出增加趋势；对于 0～40cm 土层，土壤脱盐率随着施氮量增加呈现出增加趋势，继续增加施氮量时则出现积盐。

　　5. 膜间、窄行、宽行处土壤含盐量变化特征

　　图 8.111 显示了去电子微咸水膜下滴灌施氮量对膜间、窄行、宽行处土壤含盐量的影响。由图可知，对膜间处土壤含盐量分析来看，表层到 20cm 土层土壤含盐量呈减小趋势；施氮量小于等于 20kg/亩时，膜间处土壤含盐量在 20～30cm 土层内呈增加趋势。在 30cm 土层附近土壤含盐量最高，30cm 土层以下土壤含盐量逐渐减小，60cm 土层以下基本稳定。在窄行处，BD10、BD17 和 BD20 处理，自表层到 40cm 土层内土壤含盐量呈增加趋势，40cm 土层以下土壤含盐量逐渐减小。在 0～100cm 土层内土壤含盐量未有明显增加过程，分布较为均匀；对于 BD30 处理，0～30cm 土层内土壤含盐量呈增加趋势，30cm 土层以下土壤含盐量逐渐减小。在宽行处，各处理表层的土壤含盐量都较大，表层到 10cm 土层处土壤含盐量逐渐减小；随着土层深度的增加，土壤含盐量呈现出增加趋势；土壤含盐量在 30～40cm 土层内出现最大值，土壤含盐量随着土层深度的继续增加而减小。

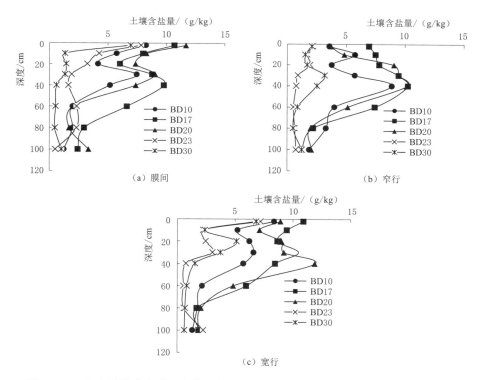

图 8.111　去电子微咸水膜下滴灌施氮量对膜间、窄行、宽行处土壤含盐量的影响

　　6. 土壤积盐量变化特征

　　根据盐分平衡计算原理，以面积为 1m² 作为一个滴灌土体单元，计算去电子微咸水膜下滴

灌不同施氮量处理下单元土体的积盐量变化特征，结果见表 8.45。由表可知，不同施氮量处理在灌水结束后与灌水结束前相比，0～100cm 土层内的土体积盐量随着施氮量的增加有增加趋势，60～100cm 土层内的土体积盐量存在差异。施氮量 BD20 处理下，灌水后盐分主要积累在 0～60cm 土层内，施氮量大于 20kg/亩时，60～100cm 土层的土体积盐量有增加趋势。

表 8.45　去电子微咸水膜下滴灌不同施氮量处理下单元土体的积盐量变化特征

土层深度/cm	单元土体的积盐量/g				
	BD10	BD17	BD20	BD23	BD30
0～100	1161.42	1087.93	1060.44	1199.77	1220.21
0～60	878.43	913.03	713.14	1130.44	1123.35
60～100	282.99	174.90	347.30	69.33	96.86

8.3.2.2　土壤养分分布特征

1. 土壤硝态氮含量

图 8.112 显示了土壤剖面 0～20cm、20～40cm、40～60cm、60～80cm、80～100cm 深度内，去电子微咸水膜下滴灌施氮量对土壤硝态氮含量的影响。由图可知，施氮量分别为 10kg/亩、17kg/亩、20kg/亩、23kg/亩、30kg/亩，苗期 0～20cm 深度内土壤硝态氮含量呈减小趋势，幅度不大。随着施氮次数的增加，土壤硝态氮含量逐渐增加；停止施肥后，土壤硝态氮含量下降较快，不同处理间在施肥前后差异较大。施肥结束时与施肥前相比（8 月 15 日与 6 月 15 日相比），随着施氮量的增加土壤硝态氮增加量呈现出增加趋势，分别增加了 18.08mg/kg、34.47mg/kg、72.08mg/kg、69.34mg/kg、114.10mg/kg。在 20～40cm 深度内，各处理苗期土壤硝态氮含量呈现降低趋势。随着施氮次数的增加各处理土壤硝态氮含量呈现出增加趋势，停止施肥后土壤硝态氮含量呈现出下降趋势。施肥结束后与施肥前相比（8 月 15 日与 6 月 15 日相比），土壤硝态氮含量分别增加了 10.42mg/kg、12.33mg/kg、12.31mg/kg、28.79mg/kg、59.56mg/kg，随着施氮量的增加土壤硝态氮增加量呈增加趋势。在 40～60cm 深度内，苗期土壤硝态氮含量变化较小，随着施氮次数的增加土壤硝态氮含量呈增加趋势。不同施氮量处理下，土壤硝态氮开始增加的时间点有所不同，受到施氮量的影响较大。施肥后与施肥前相比（8 月 15 日与 6 月 15 日相比），土壤硝态氮含量分别增加了 2.93mg/kg、-1.37mg/kg、14.38mg/kg、14.75mg/kg、14.0mg/kg。施氮量小于 17kg/亩时，在全生育期无显著增加；当施氮量大于 17kg/亩时，土壤硝态氮在 40～60cm 深度内累积。在 60～80cm 深度内，施肥后与施肥前相比（8 月 15 日与 6 月 15 日相比），土壤硝态氮含量分别增加了 1.56mg/kg、-0.45mg/kg、5.07mg/kg、3.19mg/kg、12.19mg/kg。施氮量大于 20kg/亩时，土壤硝态氮累积，硝态氮出现淋溶损失。在 80～100cm 深度内，不同处理之间变化较小。施肥结束后与施肥前相比（8 月 15 日与 6 月 15 日相比），土壤硝态氮含量分别增加了 0.07mg/kg、-1.48mg/kg、1.08mg/kg、4.49mg/kg、9.87mg/kg。随着施氮量的增加土壤硝态氮增加量呈现增加趋势，施氮量大于 23kg/亩，土壤硝态氮在 80～100cm 深度累积。

图 8.113 显示了去电子微咸水膜下滴灌施氮量对土壤 0～100cm 土层土壤平均硝态氮含量的影响。由图可知，在苗期，土壤平均硝态氮含量差异不明显，呈现出减小趋势。随

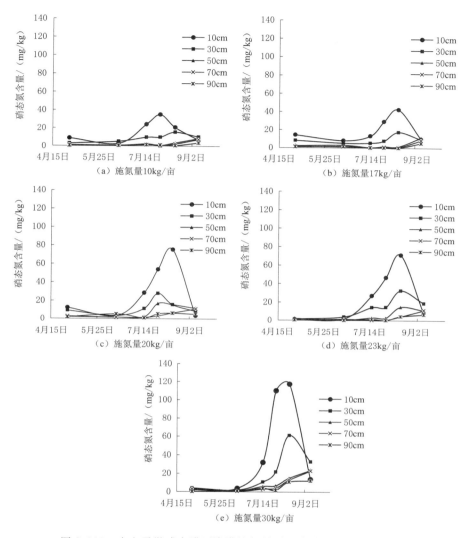

图 8.112 去电子微咸水膜下滴灌施氮量对土壤硝态氮含量的影响

着施氮次数的增加，土壤平均硝态氮含量呈现出
增加趋势。停止施氮后，土壤平均硝态氮含量呈
现出下降趋势。施氮量越大，土壤平均硝态氮含
量越大。最大差异存在于停止施肥后（8 月 15
日），土壤平均硝态氮含量分别为 8.54mg/kg、
12.50mg/kg、23.96mg/kg、25.66mg/kg、43.55mg/
kg，随着施氮量的增加呈增加趋势。施氮量
10kg/亩、17kg/亩、20kg/亩、23kg/亩、30kg/
亩时，停止施肥后与施肥前相比（8 月 15 日与 6
月 15 日相比），土壤平均硝态含量分别增加了

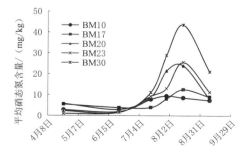

图 8.113 去电子微咸水膜下滴灌施氮量
对土壤 0～100cm 土层土壤平均硝态氮
含量的影响

335

6.61mg/kg、8.70mg/kg、20.98mg/kg、24.11mg/kg、41.95mg/kg，土壤平均硝态氮增加量随着施氮量的增加而增加。

2．土壤铵态氮含量

图 8.114 显示了去电子微咸水膜下滴灌施氮量对土壤 $0\sim100cm$ 土层土壤平均铵态氮含量的影响。由图可知，苗期土壤平均铵态氮含量呈增加趋势，蕾期和花铃期呈波动减小趋势，吐絮前期土壤平均铵态氮含量呈减小趋势，减小幅度较小。施氮量为 10kg/亩、17kg/亩、20kg/亩、23kg/亩、30kg/亩时，苗期（4 月 23 日—6 月 15 日）土壤平均铵态氮含量分别增加了 15.47mg/kg、8.04mg/kg、7.43mg/kg、15.77mg/kg、15.93mg/kg，增加率分别为 146.77%、48.32%、24.57%、105.91%、93.05%。蕾期（6 月 15 日—7 月 15 日）土壤平均铵态氮含

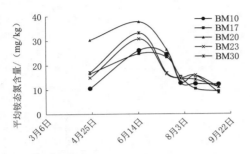

图 8.114　去电子微咸水膜下滴灌施氮量对土壤 $0\sim100cm$ 土层土壤平均铵态氮含量的影响

量分别减少了 1.61mg/kg、1.45mg/kg、11.35mg/kg、14.29mg/kg、16.28mg/kg，减少率分别为 6.19%、5.88%、30.13%、46.61%、49.26%。在花铃期（7 月 15 日—8 月 15 日），土壤平均铵态氮含量分别减少了 12.04mg/kg、12.87mg/kg、10.62mg/kg、0.49mg/kg、2.67mg/kg，减少率分别为 49.34%、55.40%、40.35%、2.99%、15.92%。在吐絮前期（8 月 15 日—9 月 9 日），土壤平均铵态氮含量分别减少了 0.19mg/kg、1.06mg/kg、6.94mg/kg、4.87mg/kg、3.11mg/kg，减少率分别为 1.54%、10.23%、44.20%、30.67%、22.06%。在全生育期（4 月 23 日—9 月 9 日），土壤平均铵态氮含量分别减少了−1.63mg/kg、7.34mg/kg、21.48mg/kg、3.88mg/kg、6.13mg/kg，减少率分别为−15.46%、44.11%、71.03%、26.06%、35.81%。

蕾期施氮量为 20kg/亩、23kg/亩、30kg/亩，土壤平均铵态氮含量减少较快。在花铃期，施氮量为 10kg/亩、17kg/亩、20kg/亩时，土壤平均铵态氮含量减少较快。施氮量为 23kg/亩和 30kg/亩，土壤平均铵态氮含量减少量较小，施加的氮肥可以满足作物的需求。

3．土壤氮素转化特征

表 8.46 显示了去电子微咸水膜下滴灌不同施氮量处理下，$0\sim40cm$、$40\sim80cm$、$80\sim100cm$、$0\sim100cm$ 深度内土壤平均硝态氮含量随时间的变化特征。由表可知，在苗期（4 月 23 日—6 月 15 日），$0\sim40cm$ 深度内土壤平均硝态氮含量值很低，且呈现出减小趋势。随着施肥次数的增加土壤硝态氮逐渐累积，停止施肥后（8 月 15 日）差异较大。在 8 月 15 日，土壤平均硝态氮含量随着施氮量的增加而增加，分别为 18.09mg/kg、30.07mg/kg、45.52mg/kg、52.01mg/kg、89.53mg/kg。吐絮前期（8 月 15 日—9 月 9 日），土壤平均硝态氮含量减少较快，吐絮前期棉花对硝态氮的需求仍然较大。在 8 月 15 日，与施氮量 10 kg/亩相比，施氮量为 17kg/亩、20kg/亩、23kg/亩、30kg/亩的处理的土壤平均硝态氮含量分别增加了 11.98mg/kg、27.43mg/kg、33.92mg/kg、71.44mg/kg，增加率分别为 66.22%、151.63%、187.51%、394.91%。在 $40\sim80cm$ 深度内，施氮量为 10 kg/亩和 17kg/亩时，土壤平均硝态氮含量在施肥期间没有明显增加。施氮量大

于 17kg/亩时，土壤平均硝态氮含量逐渐增加；施氮量小于 17kg/亩时，在 80～100cm 深度内的土壤平均硝态氮含量值低；施氮量大于 17kg/亩时，土壤平均硝态氮含量略有增加，但增加幅度不明显。施氮量为 10kg/亩、17kg/亩、20kg/亩、23kg/亩、30kg/亩时，在 0～100cm 深度内，土壤平均硝态氮分别增加了 6.61mg/kg、8.70mg/kg、20.98mg/kg、24.11mg/kg、41.95mg/kg。与施氮量 10kg/亩相比，施氮量为 17kg/亩、20kg/亩、23kg/亩、30kg/亩处理的土壤平均硝态氮累积量分别增加了 2.09mg/kg、14.37mg/kg、17.50mg/kg、35.34mg/kg，增加率分别为 31.62%、217.40%、264.75%、534.64%。

表 8.46　去电子微咸水膜下滴灌不同施氮量处理下土壤平均硝态氮含量随时间变化规律

土层深度 /cm	施氮量 /(kg/亩)	土壤平均硝态氮含量/(mg/kg)					
		4 月 23 日	6 月 15 日	7 月 15 日	7 月 30 日	8 月 15 日	9 月 9 日
0～40	10	5.78	3.84	16.90	22.39	18.09	8.60
	17	11.17	6.67	9.31	18.53	30.07	9.74
	20	10.85	3.32	19.99	40.91	45.52	5.98
	23	1.04	2.95	20.85	30.86	52.01	13.45
	30	3.08	2.70	21.44	66.12	89.53	23.29
40～80	10	0.83	0.73	1.90	0.72	2.97	7.87
	17	1.87	2.06	0.30	1.38	1.15	10.01
	20	2.52	1.49	1.77	10.04	11.21	11.47
	23	1.13	0.84	1.63	1.69	9.81	11.47
	30	2.46	0.83	4.47	5.30	13.94	23.29
80～100	10	0.65	0.49	1.30	1.06	0.56	3.62
	17	1.12	1.56	0.43	0.34	0.09	5.43
	20	1.90	5.28	0.79	5.51	6.35	5.19
	23	0.35	0.16	1.30	0.17	4.65	6.82
	30	0.24	0.98	3.83	1.82	10.84	12.05
0～100	10	2.771	1.927	7.779	9.453	8.535	7.313
	17	5.442	3.802	3.927	8.03	12.504	8.985
	20	5.725	2.979	8.86	21.482	23.961	8.018
	23	0.935	1.547	9.249	13.052	25.659	11.33
	30	2.261	1.606	11.126	28.929	43.552	21.041

表 8.47 显示了去电子微咸水膜下滴灌不同施氮量处理下氮素累积量变化情况。由表可知，在土壤剖面中氮素累积量分别为 1.76kg/亩、2.32kg/亩、5.59kg/亩、6.42kg/亩、11.17kg/亩，随着施氮量的增加呈增加趋势。与施氮量 10kg/亩处理相比，施氮量为 17kg/亩、20kg/亩、23kg/亩、30kg/亩时，土壤氮素累积量分别增加了 0.56kg/亩、3.83kg/亩、4.66kg/亩、9.41kg/亩，土壤氮素累积量随着施氮量的增加呈增加趋势。去电子微咸水灌溉时施氮量为 17kg/亩时，氮素累积率最小。

表 8.47　　　　　去电子微咸水膜下滴灌不同施氮量处理下氮素累积量变化情况

施氮量/(kg/亩)	氮素累积量/(kg/亩)	氮施入量/(kg/亩)	累积率/%	利用率/%
10	1.76	5.48	32.1	67.9
17	2.32	8.59	27.0	73.0
20	5.59	10.15	55.0	45.0
23	6.42	11.71	548	45.2
30	11.17	14.82	75.3	24.7

4. 土壤速效磷含量

表 8.48 显示了去电子微咸水膜下滴灌不同施氮量处理下，0～40cm、40～100cm、0～100cm 深度内土壤平均速效磷含量随时间的变化特征。由表可知，施氮量为 10kg/亩、17kg/亩、20kg/亩、23kg/亩、30kg/亩时，在 0～40cm 深度内，在苗期（4 月 23 日—6 月 15 日），土壤平均速效磷含量呈减小趋势，分别减少了 16.75mg/kg、5.5mg/kg、0.75mg/kg、0.7mg/kg、3.77mg/kg，减少率分别为 49.26%、18.80%、3.45%、3.33%、17.74%。在蕾期（6 月 15 日—7 月 15 日）施肥后，施氮量 10kg/亩和 20kg/亩处理土壤平均速效磷含量呈增加趋势，分别增加了 12.03mg/kg、2.03mg/kg，增加率分别为 69.74%、9.67%。在施氮量为 10kg/亩时，土壤平均速效磷含量增加较多。在花铃期（7 月 15 日—8 月 15 日），施氮量为 10kg/亩、17kg/亩、20kg/亩时，土壤平均速效磷含量减小，分别减少了 1.6mg/kg、3.0mg/kg、0.7mg/kg，减少率分别为 5.46%、12.99%、3.04%。在施氮量为 23kg/亩、30kg/亩时，土壤平均速效磷含量增加，分别增加了 0.85mg/kg、13.63mg/kg，增加率分别为 4.22%、9.88%。在吐絮前期（8 月 15 日—9 月 9 日），土壤平均速效磷含量减少，分别减少了 6.73mg/kg、2.05mg/kg、4.53mg/kg、0.95mg/kg、6.63mg/kg，减少率分别为 24.31%、10.20%、20.29%、4.53%、24.17%。在停止施肥后，速效磷供应量不足，棉花的吸收利用及速效磷的迁移转化，导致土壤平均速效磷含量下降。在 40～100cm 深度内，在 4 月 23 日—8 月 15 日期间，土壤平均速效磷含量变化不明显。施氮量为 10kg/亩和 23kg/亩处理的土壤平均速效磷含量分别增加了 4.4mg/kg 和 0.95mg/kg。由于施氮量为 10kg/亩时，低氮时棉花生长受到抑制，对磷的需求量也较小。施氮量为 17kg/亩、20kg/亩、30kg/亩时，土壤平均速效磷含量下降，分别降低了 0.42mg/kg、0.15mg/kg、0.68mg/kg。0～100cm 深度内，在施肥后与施肥前对比（8 月 15 日与 4 月 23 日相比），施氮量 10kg/亩时，土壤平均速效磷含量增加了 0.11mg/kg；施氮量为 17kg/亩时，土壤平均速效磷含量减少了 1.91mg/kg；施氮量 20kg/亩、23kg/亩、30kg/亩时，土壤平均速效磷含量分别增加了 1.14mg/kg、2.15mg/kg、2.06mg/kg。整个生育期内，0～100cm 深度内土壤平均速效磷含量变化较小。

8.3.2.3　棉花生长特征

1. 株高

图 8.115 显示了去电子微咸水膜下滴灌不同施氮量处理下棉花株高随时间的变化曲线。由图可知，在苗期，株高缓慢增加；在蕾期，株高快速增加；在 8 月 7 日打顶后，株

表 8.48　　去电子微咸水膜下滴灌不同施氮量处理下土壤平均速效磷含量随时间变化规律

土层深度 /cm	施氮量 /(kg/亩)	土壤平均速效磷含量/(mg/kg)					
		4月23日	6月15日	7月15日	7月30日	8月15日	9月9日
0～40	10	34.00	17.25	29.28	15.50	27.68	20.95
	17	29.25	23.75	23.10	24.15	20.10	18.05
	20	21.75	21.00	23.03	22.75	22.33	17.80
	23	21.00	20.30	20.10	16.63	20.95	20.00
	30	21.25	17.48	13.80	21.35	27.43	20.80
40～100	10	2.50	0.50	2.50	1.28	6.90	4.20
	17	2.00	1.50	3.07	0.92	1.58	13.10
	20	2.00	3.02	2.18	1.85	1.85	8.12
	23	1.17	3.02	9.03	2.37	2.12	5.82
	30	2.00	6.38	3.28	2.47	1.32	6.28
0～100	10	15.10	7.20	13.21	6.97	15.21	10.90
	17	12.90	10.40	11.08	10.21	10.99	15.08
	20	9.90	10.21	10.52	10.21	11.04	11.99
	23	7.50	9.93	13.46	8.07	9.65	11.49
	30	9.70	10.82	7.49	10.02	11.76	12.09

高基本不再增加。施氮量为 23kg/亩和 30kg/亩处理，蕾期时株高小于其他处理。在棉花播种后第 85 天，超过了其他处理。在株高相对稳定时，株高差异表现为 BD30＞BD23＞BD20＞BD17＞BD10，株高随着施氮量的增加而增加，株高从69.3cm 增加到 83.6cm。施氮量每增加一个梯度，株高分别增加百分比为 7.68%、3.62%、1.26%、6.70%；施氮量从 10kg/亩增加到17kg/亩时对株高的增加最明显；其次在施氮量从 23kg/亩增加到 30kg/亩时株高增加 6.7%。

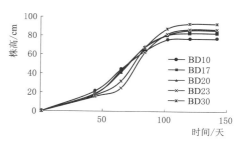

图 8.115　去电子微咸水膜下滴灌不同施氮量处理下棉花株高随时间的变化曲线

2. 茎粗

图 8.116 显示了去电子微咸水膜下滴灌不同施氮量处理下棉花茎粗随时间的变化曲线。由图可知，各处理茎粗均呈现生育前期快速增加，120 天后茎粗基本不再增加。在棉花播种后第 142 天，施氮量为 10kg/亩、17kg/亩、20kg/亩、23kg/亩、30kg/亩时，茎粗分别为 9.123mm、9.315mm、9.973mm、10.072mm、10.298mm。施氮量每增加一个梯度，茎粗分别增加了 2.11%、7.06%、1.00%、2.24%；施氮量由 17kg/亩增加到 20kg/亩时，对茎粗生长的贡献最大。

3. 叶面积指数

图 8.117 显示了去电子微咸水膜下滴灌不同施氮量处理下棉花叶面积指数随时间的变

化曲线。由图可知，各处理随着生长时间的增加而叶面积指数增加。苗期叶面积指数变化较小增长缓慢，吐絮前期叶面积指数减小。在棉花播种后 84 天，叶面积指数快速增加，施氮量对叶面积指数最大值影响较大，叶面积指数值为 3.44～5.66。在棉花播种后的第 65 天，施氮量为 23kg/亩和 30kg/亩，叶面积指数小于其他处理，随着施氮量的增加叶面积指数在第 85 天后超过其他处理。施氮量从 10kg/亩增加到 30kg/亩时，叶面积指数最大值出现的时间从 100 天到 120 天，呈现出增加的趋势。施氮量为 10kg/亩和 17kg/亩时，在 104 天后叶面积指数开始下降，施氮量 20kg/亩时在 107 天开始下降。施氮量大于 20kg/亩时，叶面积指数在 120 天后开始下降；施氮量大于 20kg/亩时，在 102 天到 120 天之间棉花叶片还在增加，在吐絮期叶面积指数都快速下降。

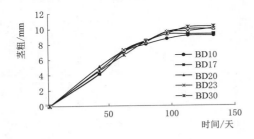

图 8.116　去电子微咸水膜下滴灌不同施氮量处理下棉花茎粗随时间的变化曲线

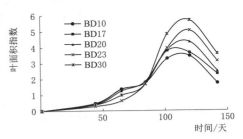

图 8.117　去电子微咸水膜下滴灌不同施氮量处理下棉花叶面积指数随时间的变化曲线

4. 生物量

图 8.118 显示了去电子微咸水膜下滴灌不同施氮量处理下棉花地上生物量随时间的变

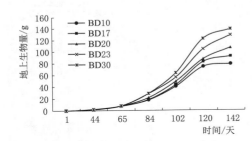

图 8.118　去电子微咸水膜下滴灌不同施氮量处理下棉花地上生物量随时间的变化曲线

化曲线。由图可知，不同处理下地上生物量变化趋势基本一致，苗期缓慢增加，花铃期快速增加，吐絮期缓慢增加。在吐絮时，地上生物量差异较为显著，呈现 BD30＞BD23＞BD20＞BD17＞BD10。与施氮量 10kg/亩相比，施氮量为 17kg/亩、20kg/亩、23kg/亩、30kg/亩时，地上生物量分别增加了 12.07g、31.02g、48.71g、56.85g，增加率分别为 16.9%、43.6%、68.5%、79.9%，随着施氮量的增加生物量呈增加趋势。在吐絮前期，各施氮量处

理下，地上生物量累积速率分别为 0.203g/d、0.422g/d、0.885g/d、1.088g/d、0.758g/d。随着施氮量的增加，后期增加速率随着施氮量的增加呈现出增加趋势，当施氮量继续增加时累积率下降。

在 10～17kg/亩、17～20kg/亩、20～23kg/亩、23～30kg/亩施氮量 4 个梯度下，氮肥的贡献率分别为 1.965g/(kg/亩)、4.500g/(kg/亩)、6.450g/(kg/亩)、1.605g/(kg/亩)。随着施氮量的增加氮肥贡献率呈现出增加趋势，继续增加施氮量时氮肥贡献率呈下降趋势。当氮肥用量从 17kg/亩增加到 23kg/亩时，每亩增加 1kg 氮肥，生物量增加 0.03g。图 8.119 显示了去电子微咸水膜下滴灌氮肥贡献率与施氮量之间的关系，拟合该

关系曲线，可得

$$y=-0.0059x^2+0.2388x-2.0151 \quad R^2=0.8732 \tag{8.62}$$

式中：y 为氮肥贡献率，g/(kg/亩)；x 为施氮量，kg/亩。

当施氮量小于 20.04kg/亩，单位施肥量条件下单株增加的生物量和施肥量正相关；施氮量大于 20.04kg/亩时，单位施氮量下单株生物量增加量与施氮量负相关。去电子微咸水灌溉条件下，施氮量小于 20.04kg/亩时，增加氮肥用量促进作用最大。

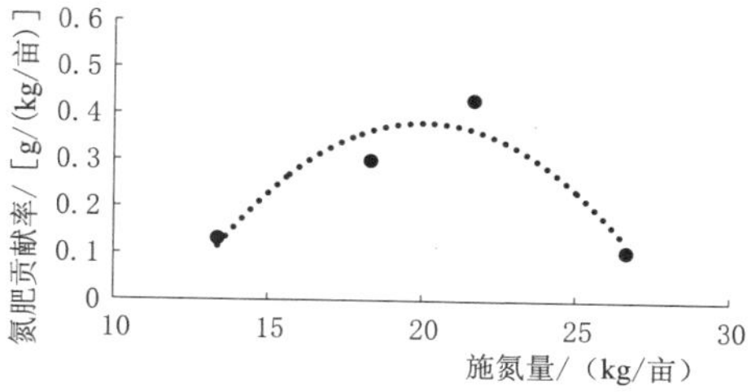

图 8.119　去电子微咸水膜下滴灌氮肥
贡献率与施氮量之间的关系

5. 蕾铃质量分数

将蕾铃质量与地上生物量累积量比值定义为蕾铃质量分数，去电子微咸水膜下滴灌施氮量对棉花蕾铃质量分数的影响见表 8.49。由表可知，同一施氮量下，蕾铃质量分数生长时间的增加而增加。在 6 月 26 日，施氮量为 30kg/亩时，蕾铃质量分数占比最小，施氮量大时延缓了现蕾时间减少了蕾铃质量。在 8 月 20 日，蕾铃质量分数超过地上干物质量的一半，施氮量为 10kg/亩时占比最小。在 9 月 11 日，蕾铃质量分数为 62.56%~68.02%。施氮量为 20kg/亩时，蕾铃质量分数最大为 68.02%。

表 8.49　　　　　去电子微咸水膜下滴灌施氮量对棉花蕾铃质量分数的影响

施氮量/(kg/亩)	棉花蕾铃质量分数/%				
	6 月 26 日	7 月 15 日	8 月 2 日	8 月 20 日	9 月 11 日
10	6.61	21.53	35.80	51.66	62.56
17	3.43	25.86	35.44	52.75	63.80
20	7.22	22.98	38.01	53.07	68.02
23	7.80	13.13	37.44	52.59	63.83
30	2.54	20.09	42.40	56.72	66.65

6. 有效结铃数、蕾铃脱落率和单铃重

表 8.50 显示了去电子微咸水膜下滴灌施氮量对棉花有效结铃数、蕾数、蕾铃脱落率和单铃重的影响。由表可知，有效结铃数随着施氮量的增加呈增加趋势，其值为 5.77~7.73 个/株。与施氮量 10kg/亩相比，施氮量为 17kg/亩、20kg/亩、23kg/亩、30kg/亩时，有效结铃数分别增加了 16.12%、21.32%、27.90%、33.97%。增加施氮量降低了蕾铃脱落率，施氮量 10kg/亩时，蕾铃脱落率最高为 54.26%；施氮量继续增加时，蕾铃脱落率有下降趋势，蕾铃脱落率增加，而单铃重与施氮量之间变化不明显。

表 8.50　去电子微咸水膜下滴灌施氮量对棉花有效结铃数、蕾数、蕾铃脱落率和单铃重的影响

施氮量/(kg/亩)	有效结铃数/(个/株)	蕾数	蕾铃脱落率/%	单铃重/g
10	5.77	12.62	54.26	5.8630
17	6.70	9.75	31.30	5.8558

续表

施氮量/(kg/亩)	有效结铃数/(个/株)	蕾数	蕾铃脱落率/%	单铃重/g
20	7.00	10.25	31.71	5.8668
23	7.38	11.25	34.37	5.7996
30	7.73	12.32	37.29	5.8280

7. 产量和肥料偏生产力

与施氮量10kg/亩相比，施氮量为17kg/亩、20kg/亩、23kg/亩、30kg/亩的棉花产量分别增加了13.60%、21.49%、27.85%、27.02%。去电子微咸水膜下滴灌施氮量与棉花产量的关系如图8.120所示，拟合棉花产量和施氮量关系曲线如下

$$Y_2 = -0.3383x^2 + 19.54x + 258.72 \quad R^2 = 0.9850 \tag{8.63}$$

式中：Y_2 为籽棉产量，kg/亩；x 为施氮量，kg/亩。

在试验设计的施氮梯度范围内，籽棉产量随着施氮量的增加而增加，继续增加施氮量时棉花产量增加不明显。通过式（8.63）计算，当施氮量为28.88kg/亩，产量最大为540.87kg/亩。

去电子微咸水膜下滴灌施氮量与棉花产量及肥料偏生产力的关系如图8.120所示。由图可知，随着施氮量的增加肥料偏生产力呈减小趋势，施氮量为10kg/亩时肥料偏生产力最大，为42.27kg/kg；施氮量30kg/亩时，肥料偏生产力最小，为17.90kg/kg。

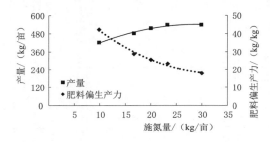

图 8.120　去电子微咸水膜下滴灌施氮量与棉花产量及肥料偏生产力的关系

8. 水分利用效率和收获指数

表8.51显示了去电子微咸水膜下滴灌施氮量对棉花水分利用效率与收获指数的影响。由表可知，与施氮量10kg/亩相比，施氮量为17kg/亩、20kg/亩、23kg/亩、30kg/亩的水分利用效率分别增加了13.61%、21.49%、27.89%、27.08%。各施氮量处理收获指数呈现为：BD10＞BD17＞BD20＞BD23＞BD30，收获指数随着施氮量增加呈下降趋势。

表 8.51　去电子微咸水膜下滴灌施氮量对棉花水分利用效率与收获指数的影响

施氮量/(kg/亩)	耗水量/m³	产量/(kg/亩)	水分利用效率/(kg/m³)	收获指数
10	311	422.726	1.359	0.4319
17	311	480.232	1.544	0.4291
20	311	513.580	1.651	0.3860
23	311	540.459	1.738	0.3348
30	311	536.965	1.727	0.3250

8.3.2.4　棉花生长模型

1. 株高增长模型

表8.52显示了去电子微咸水膜下滴灌不同施氮量处理下棉花株高 Logistic 模型参数

变化情况。由表可知，与施氮量 10kg/亩的处理相比，施氮量 17kg/亩时，株高增加了 7.41%；施氮量 20kg/亩时，株高增加了 11.44%；施氮量 23kg/亩时，株高增加了 13.81%；施氮量 30kg/亩时，株高增加了 21.73%。施氮量处理 10kg/亩最快相对增长起始时间 39.9 天，施氮量为 33kg/亩时最快相对增长起始生长时间在 56.8 天。较最小施氮量延迟 16.9 天，最快增长起始时间随着施氮量的增加延后。最快生长结束时间为 80.8 天～91.5 天，最快生长结束时间随着施氮量的增加延后。各处理下株高平均最快生长时间段平均为 38.2 天，株高最大相对增长速率介于 1.14～1.53 之间。最大相对增长速率出现时间随着施氮量的增加其相应出现的时间延后，在第 60.4～74.2 天之间，棉花相对生长最快。

表 8.52 去电子微咸水膜下滴灌不同施氮量处理下棉花株高 Logistic 模型参数变化情况

施氮量/(kg/亩)	H_0/cm	a	b	t_1/天	t_2/天	v	t/天
10	70.83	3.8853	0.0644	39.9	80.8	1.14	60.4
17	76.08	4.4411	0.0696	44.9	82.7	1.32	63.8
20	78.93	4.3219	0.0659	45.6	85.5	1.30	65.5
23	80.61	5.6393	0.0761	56.8	91.5	1.53	74.2
30	86.22	5.0410	0.0698	53.3	91.1	1.50	72.2

去电子微咸水膜下滴灌棉花株高理论最大值与施氮量之间的关系如图 8.121 所示，拟合方程式如下

$$H_0 = -0.0009x^2 + 0.7976x + 62.887 \quad R^2 = 0.9977 \tag{8.64}$$

式中：H_0 为株高理论最大值，cm；x 为施氮量，kg/亩。

各处理拟合参数 a、b 取平均值，将式（8.64）代入式（8.65），得到株高与施氮量以及时间关系，模型形式为

$$H_{qdz} = \frac{-0.0009x^2 + 0.7976x + 62.887}{1 + e^{4.6657 - 0.0692t}} \tag{8.65}$$

式中：H_{qdz} 为去电子微咸水棉花株高，cm；x 为施氮量，kg/亩；t 为棉花播种起的天数。

对施氮量为 10kg/亩、17kg/亩、20kg/亩、23kg/亩、30kg/亩下的株高的模拟值与实测值进行验证，模拟值与实测值的确定系数分别为 0.992、0.998、0.998、0.986、0.993，相关性较好。表明在一定范围内，式（8.64）可以预测出株高与施氮量及生长时间之间的关系。

2. 生物量增长模型

表 8.53 显示了去电子微咸水膜下滴灌不同施氮量处理下棉花地上生物量 Logistic 模型参数变化情况。由表可知，棉花地上生物量理论最大值随着施氮量的增加而增加，为 83.53～145.26g。与施氮量 10kg/亩相比，施氮量为 17kg/亩、20kg/亩、23kg/亩、30kg/亩时，棉

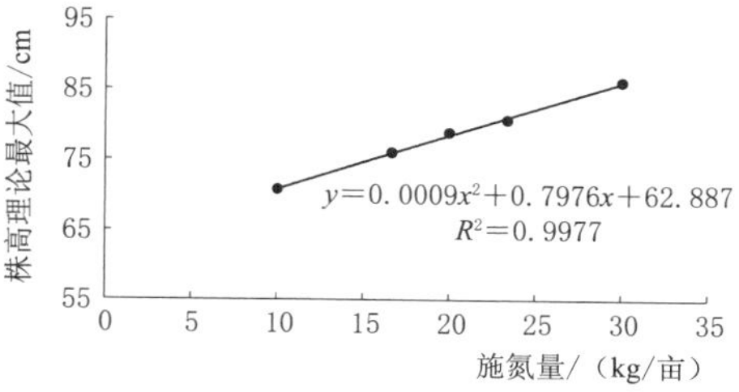

$$y = 0.0009x^2 + 0.7976x + 62.887$$
$$R^2 = 0.9977$$

图 8.121 去电子微咸水膜下滴灌棉花株高理论最大值与施氮量之间的关系

343

花地上生物量理论最大值分别增加了 16.07%、35.46%、62.64%、73.90%。最快生长开始时间随着施氮量的增加而增加，施氮量为 10kg/亩，为棉花播种后 85 天；施氮量 30kg/亩为 87.4 天，平均最快生长开始时间为棉花播种后 86.6 天。施氮量从 10kg/亩增加到 23kg/亩时最快生长结束时间增加，30kg/亩时最快结束时间减小，平均最快生长结束时间在播种后 120.2 天。各处理棉花地上生物量最快累积总天数平均为 33.6 天。棉花地上生物量最大相对增长速率随着施氮量的增加而增加，数值为 1.73～3.02。施氮量小于 23kg/亩时，棉花地上生物量最大相对增长速率出现的时间随施氮量增加而延后。

表 8.53　　　　　　去电子微咸水膜下滴灌不同施氮量处理下棉花地上
生物量 Logistic 模型参数变化情况

施氮量/(kg/亩)	A_0/g	a	b	t_1/天	t_2/天	v	t/天
10	83.53	8.3696	0.0829	85.0	116.8	1.73	100.9
17	96.95	8.5184	0.0827	87.0	118.8	2.01	102.9
20	113.15	7.6400	0.0729	86.7	122.8	2.06	104.7
23	135.85	7.5400	0.0717	86.7	123.5	2.44	105.1
30	145.26	8.5900	0.0833	87.4	119.0	3.02	103.2

　　去电子微咸水膜下滴灌棉花地上生物量理论最大值与施氮量之间的关系如图 8.122 所示。由图可知，随着施氮量的增加，棉花地上生物量与施氮量呈线性增加关系。当施氮量在试验设计梯度范围内，棉花地上生物量随着施氮量的增加而增加，拟合关系式如下

$$A_0 = 3.3662x + 47.857 \quad R^2 = 0.937 \tag{8.66}$$

式中：A_0 为去电子微咸水灌溉下棉花地上生物量理论最大值，g；x 为施氮量，kg/亩。

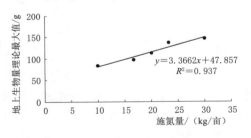

图 8.122　去电子微咸水膜下滴灌棉花地上
生物量理论最大值与施氮量之间的关系

取各施氮量处理下形状参数 a、b 的平均值，得到棉花地上生物量与施氮量及生长天数之间的关系式为

$$y_{qdz} = \frac{3.3662x + 47.857}{1 + e^{8.1315 - 0.0787t}} \tag{8.67}$$

式中：y_{qdz} 为去电子微咸水灌溉下的棉花地上生物量，g；x 为施氮量，kg/亩；t 为棉花播种起的天数。

施氮量分别为 10kg/亩、17kg/亩、20kg/亩、23kg/亩、30kg/亩，去电子微咸水膜下滴灌棉花地上生物量实测值与模拟值关系如图 8.123 所示。由图可知，模拟值和实测值拟合系数良好，可以用来预测去电子微咸水灌溉下棉花地上生物量与时间及施氮量之间的关系。

8.3.2.5　棉花种植经济效益分析

　　在使用年限内，去电子水处理器成本分摊到每年，费用可以予以忽略，去电子微咸水

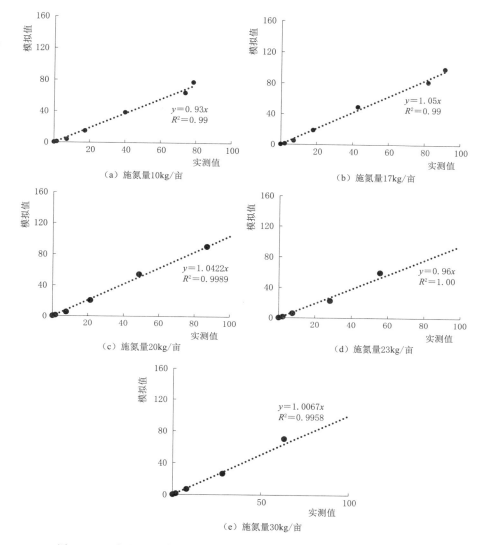

图 8.123　去电子微咸水膜下滴灌棉花地上生物量实测值与模拟值关系

膜下滴灌不同施氮量处理下棉花投入与收益计算结果见表 8.54。由表可知，各处理其他投入费用一致时，主要投入费用差异是拾棉费用与化肥投入费用。施氮量在 10kg/亩时，净收益为 330.40 元；施氮量 17kg/亩时，与施氮量 10kg/亩相比，化肥投入增加 18.6%，净收益增加 65.5%；施氮量 20kg/亩时，与施氮量 17kg/亩相比，化肥投入增加 7.8%，净收益增加 23.2%；施氮量 23kg/亩时，与施氮量 20kg/亩相比，化肥投入增加 7.3%，净收益增加 15.0%；施氮量 30kg/亩，与施氮量 23kg/亩相比，化肥投入增加 13.6%，净收益降低了 3.5%。施氮量增加，毛收益增加，但净收益随着施氮量的增加呈下降趋势。施氮量大于 20kg/亩时，净收益增加不大。对于农户来说，少量的氮肥投入，就可以获得较大的净收益，增加氮肥投入，获得更多抵御风险的能力，推荐氮肥施用量 20kg/亩。

表 8.54　　　　　去电子微咸水膜下滴灌不同施氮量处理下棉花投入与收益

施氮量/(kg/亩)	拾棉费/(元/亩)	水费/(元/亩)	化肥投入/(元/亩)	毛收益/(元/亩)	净收益/(元/亩)
10	845.47	155.53	71.67	2536.33	330.40
17	960.47	155.53	85.00	2881.40	547.07
20	1027.13	155.53	91.67	3081.47	673.80
23	1080.93	155.53	98.33	3242.73	774.67
30	1073.93	155.53	111.67	3221.80	747.33

8.3.3　磁化微咸水膜下滴灌施氮量对土壤水盐肥分布及棉花生长的影响

微咸水磁化处理后，灌溉水的性质改变，对土壤的水盐分布状况产生影响，以及对土壤养分产生一定影响。为分析不同施氮量下，土壤水盐肥及棉花生长的影响，设置 5 个施氮量梯度分别为 10kg/亩、17kg/亩、20kg/亩、23kg/亩、30kg/亩（分别表示为 BM10、BM17、BM20、BM23、BM30）开展研究，为磁化微咸水灌溉下氮肥的合理利用提供依据。

8.3.3.1　土壤水盐分布特征

1. 膜下滴灌前后土壤水分分布特征

图 8.124 显示了灌水深度为 37.5mm 时，施氮量分别为 10kg/亩、20kg/亩、30kg/亩时，磁化微咸水膜下滴灌前后土壤体积含水率变化特征。由图可知，滴灌前，不同施氮量处理下土壤水分分布特征相似，0～40cm 土层土壤体积含水率差异不大，随着土层深度的增加土壤体积含水率呈现出减小的趋势。在灌水后，0～60cm 土层土壤体积含水率呈现出增加的趋势。施氮量为 10kg/亩时，与滴灌前相比，灌水后 0～30cm 土层蓄水深度增加了29.71mm，0～40cm 土层蓄水深度增加了 35.72mm，0～60cm 土层蓄水深度增加了36.96mm。施氮量为 20kg/亩时，与灌水前相比，灌后 0～30cm 土层蓄水深度增加了28.94mm，0～40cm 土层蓄水深度增加了 35.26mm，0～60cm 土层蓄水深度增加了36.35mm。施氮量为 30kg/亩时，与灌水前相比，灌后 0～30cm 土层蓄水深度增加了27.21mm，0～40cm 土层蓄水深度增加了 31.75mm，0～60cm 土层蓄水深度增加了37.17mm。综上所述，随着施氮量的增加 0～30cm 土层内蓄水深度呈现出减小趋势，0～40cm 土层内蓄水深度呈现出减小趋势，0～60cm 土层内各施氮量处理之间差异不明显。

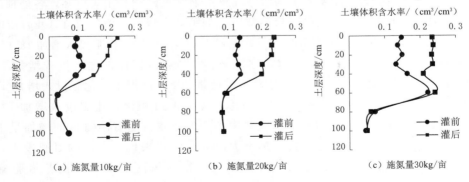

图 8.124　磁化微咸水膜下滴灌施氮量对滴灌前后土壤体积含水率的影响

2. 棉花生育期内土壤水分分布特征

图 8.125 显示了在棉花生育期内，磁化微咸水灌溉膜下滴灌条件下施氮量分别为 10kg/亩、17kg/亩、20kg/亩、23kg/亩、30kg/亩时，10cm、30cm、60cm、80cm、100cm 土层处的土壤体积含水率变化特征。由图可知，在 10cm 土层处，在苗期（4 月 23 日—6 月 15 日）土壤平均体积含水率逐渐减小，随着灌水次数和灌水深度的增加土壤平均体积含水率呈增加趋势，停止灌水后土壤平均体积含水率呈减小趋势。在 30cm 土层处，各处理苗期土壤平均体积含水率逐渐减小，灌水后土壤平均体积含水率逐渐增加，不同施氮量处理之间变化不明显。在 60cm 土层处，对于 BM17 处理，灌水期间土壤平均体积含

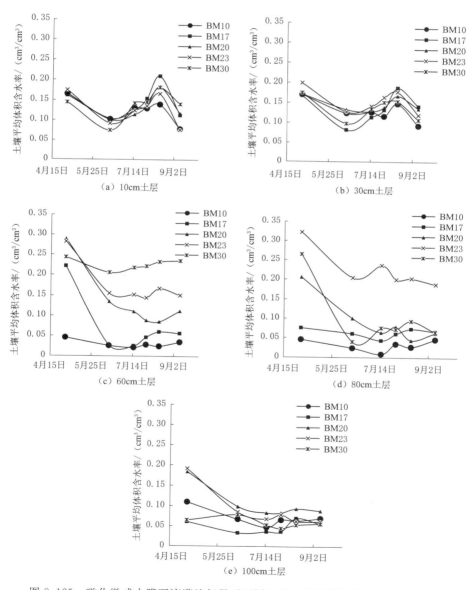

图 8.125 磁化微咸水膜下滴灌施氮量对不同土层土壤平均体积含水率的影响

水率呈增加趋势；对于 BM20 处理，在灌水期间土壤平均体积含水率未有增加，其他处理变化不明显。在 80cm 土层处，各施氮量处理在苗期土壤平均体积含水率有减小趋势。主要春灌时土壤初始体积含水率较高，水分运动和蒸发水量减小，灌水期间变化不明显，基本未受到灌水的影响。在灌水后，土壤平均体积含水率呈增加趋势，主要在 0～40cm 土层内，40～60cm 土层略有增加。

图 8.126 显示了在棉花生育期内，磁化微咸水膜下灌溉施氮量对膜间与膜内处土壤体积含水率的影响。由图可知，对于 BM10、BM17、BM20 处理，在膜间处 0～40cm 土层土壤体积含水率呈增加趋势，40cm 土层以下土壤体积含水率逐渐减小，80cm 土层以下土壤体积含水率趋于稳定；对于 BM23、BM30 处理，0～60cm 土层土壤体积含水率呈增加趋势，60cm 土层以下土壤体积含水率逐渐减小，在 60cm 土层处大小关系表现为 BM30＞BM23＞BM20＞BM17＞BM10。各处理膜内处土壤体积含水率表现为：表层到 10cm 土层土壤体积含水率逐渐增加，10～30cm 土层土壤体积含水率基本保持不变；对于 BM10 处理，30cm 土层以下土壤体积含水率逐渐减小，60cm 土层以下土壤体积含水率趋于稳定。各施氮量处理下，在 10～30cm 土层土壤体积含水率变化幅度较小，作物吸收利用后水分基本稳定不变。

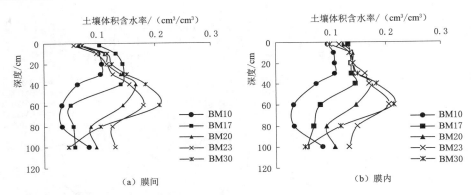

图 8.126　磁化微咸水膜下灌溉施氮量对膜间与膜内处土壤体积含水率的影响

3. 棉花耗水量变化特征

表 8.55 显示了磁化微咸水膜下滴灌施氮量对棉花生育期耗水量的影响。由表可知，在苗期，各施氮量处理耗水量差异较小，花铃期（7 月 15 日—8 月 15 日）耗水量随着施氮量的增加呈增加趋势。继续增加施氮量时耗水量减小，吐絮前期时施氮量大的耗水量较大。在 0～60cm 土层内，各施氮量处理总耗水量差异不明显，在吐絮前期时存在一定差异。随施氮量增加耗水量呈先增加后减小趋势。

4. 膜下滴灌前后土壤含盐量变化特征

图 8.127 显示了灌水深度为 37.5mm 时，施氮量分别为 10kg/亩、20kg/亩、30kg/亩时，磁化微咸水膜下滴灌前后土壤含盐量变化特征。由图可知，当施氮量为 10kg/亩时，在滴灌灌水前，0～30cm 土层土壤含盐量呈现出波动增加，30cm 土层以下土壤含盐量逐渐减小。在灌水后，0～40cm 土层土壤含盐量呈现出增加的趋势，40cm 土层以下土壤含盐量逐渐减小。与灌溉前相比，灌后 0～30cm 土层土壤含盐量减少了 162.72g，脱盐率为

表 8.55　　　　　　　磁化微咸水膜下滴灌施氮量对棉花生育期耗水量的影响

土层深度 /cm	施氮量 /(kg/亩)	苗期/mm 4月23日— 6月15日	蕾期/mm 6月15日— 7月15日	花铃前期/mm 7月15日— 7月30日	花铃后期/mm 7月30日— 8月15日	吐絮前期/mm 8月15日— 9月9日	耗水量 /mm
0~100	10	65.37	159.67	63.99	79.43	106.86	475.32
	17	62.21	167.57	68.89	70.42	130.82	499.91
	20	64.47	185.32	91.01	92.99	96.81	530.60
	23	62.01	181.85	108.96	92.81	104.29	549.92
	30	66.81	174.01	66.06	69.77	152.71	529.36
0~60	10	56.86	152.30	70.93	75.80	118.99	474.88
	17	57.70	159.30	67.73	82.58	127.54	494.85
	20	45.24	175.42	89.98	90.29	104.36	505.29
	23	40.58	177.34	92.94	83.91	106.78	501.55
	30	48.18	163.98	72.81	84.98	134.29	504.24
60~100	10	8.51	7.36	−6.94	3.63	−12.13	0.43
	17	4.52	8.27	1.16	−12.16	3.29	5.08
	20	19.23	9.89	1.02	2.69	−7.56	25.27
	23	21.43	4.51	16.01	8.90	−2.50	48.35
	30	18.62	10.03	−6.75	−15.21	18.42	25.11

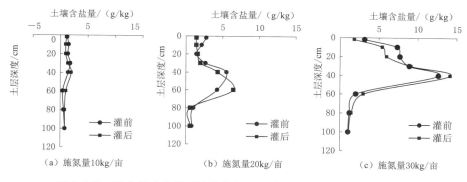

图 8.127　磁化微咸水膜下滴灌施氮量对滴灌前后土壤含盐量的影响

27.3%；0~40cm 土层土壤含盐量减少了 86.64g，脱盐率为 11.1%。当施氮量为 20kg/亩时，灌前后 0~20cm 土层土壤含盐量逐渐减小，20~40cm 土层土壤含盐量逐渐增加，40cm 土层以下土壤含盐量逐渐减小后趋于稳定。与灌水前相比，灌后 0~30cm 土层土壤含盐量减小了 217.18g，脱盐率为 21.4%；0~40cm 土层土壤含盐量减少了 410.13g，脱盐率为 21.3%。当施氮量为 30kg/亩时，在灌溉前，0~40cm 土层土壤含盐量随着土层深度增加土壤含盐量逐渐增加，40cm 土层以下随着土层深度的增加土壤含盐量呈减小趋势。与灌溉前相比，灌后表层土壤含盐量减小了 1.33g/kg；0~30cm 土层土壤含盐量减少了 524.11g，脱盐率为 14.44%；30~40cm 土层土壤含盐量增加了 279.81g，积盐率为

4.84%。磁化微咸水膜下滴灌条件下，0～30cm 土层随着施氮量的增加，脱盐率呈现出减小趋势；0～40cm 土层的脱盐率随着施氮量的增加先呈现出增加趋势，继续增加施氮量脱盐率呈减小趋势。

5. 膜间、窄行、宽行处土壤含盐量变化特征

图 8.128 显示了磁化微咸水膜下滴灌施氮量对膜间、窄行、宽行处土壤含盐量的影响。由图可知，各处理在膜间处表层土壤含盐量最高，0～10cm 土层内土壤含盐量呈减小趋势；对于 BM10、BM17、BM20 处理，在全生育期内土壤含盐量均较小；10cm 土层以下土壤含盐量变化幅度较小，在 40cm 土层处随着施氮量的增加土壤含盐量有增加趋势；对于 BM23 和 BM30 处理，在 40cm 土层处土壤含盐量出现峰值，40cm 土层以下土壤含盐量逐渐减小，60cm 土层以下土壤含盐量趋于稳定。在窄行处，0～40cm 土层内土壤含盐量呈减小趋势，各处理在 30～40cm 土层内有峰值，随着土层深度的增加土壤含盐量逐渐减小，60cm 土层以下土壤含盐量基本趋于稳定。在宽行处，同样在表层土壤含盐量较大，表层到 10cm 处土壤含盐量呈减小趋势；对于 BM10、BM20、BM23 处理，10～30cm 土层内土壤含盐量呈增加趋势，30cm 土层以下土壤含盐量逐渐减小，60cm 土层以下土壤含盐量趋于稳定；对于 BM30 处理，20～40cm 土层内土壤含盐量呈增加趋势，40cm 土层以下土壤含盐量逐渐减小，60cm 土层以下土壤含盐量基本稳定。

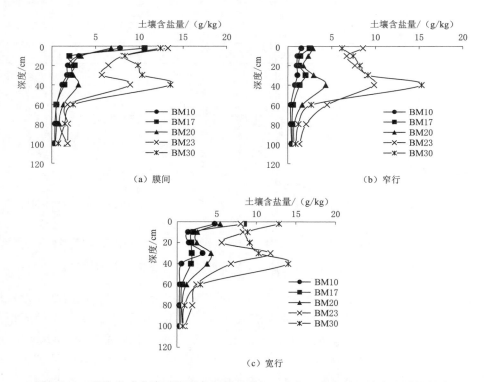

图 8.128　磁化微咸水膜下滴灌施氮量对膜间、窄行、宽行处土壤含盐量的影响

6. 土壤积盐量变化特征

根据盐分平衡计算原理，以面积为 1m² 作为一个滴灌土体单元，计算磁化微咸水膜下

滴灌不同施氮量处理下单元土体的积盐量变化特征，结果见表 8.56。由表可知，0～100cm 土层的土体积盐量，随着施氮量的增加呈增加趋势。施氮量为 17kg/亩、20kg/亩、23kg/亩、30kg/亩与施氮量 10kg/亩相比，土体积盐量分别增加了 14.42％、12.82％、21.07％、23.85％。在 0～60cm 土层内土体积盐量最大，BM10、BM17 处理土体积盐量相对较小，BM30 处理土体积盐量最大。在 60～100cm 土层内，各处理均有积盐现象，土体积盐量增加幅度不大。

表 8.56　　磁化微咸水膜下滴灌不同施氮量处理下单元土体的积盐量变化特征

土层深度/cm	单元土体的积盐量/g				
	BM10	BM17	BM20	BM23	BM30
0～100	980.69	1122.06	1106.37	1187.28	1214.55
0～60	749.15	803.05	1072.92	722.91	1193.97
60～100	231.53	319.01	33.44	464.36	20.58

8.3.3.2　土壤养分分布特征

1. 土壤硝态氮含量

图 8.129 显示了土壤剖面 0～20cm、20～40cm、40～60cm、60～80cm、80～100cm 深度内，磁化微咸水膜下滴灌施氮量对土壤硝态氮含量的影响。由图可知，施氮量分别为 10kg/亩、17kg/亩、20kg/亩、23kg/亩、30kg/亩，在 0～20cm 深度内，苗期土壤硝态氮含量呈减小趋势，随着施氮次数的增加，土壤硝态氮含量呈增加趋势，停止施氮后土壤硝态氮含量呈减小趋势。施肥结束后与施肥前相比（8 月 15 日与 6 月 15 日相比），土壤硝态氮含量分别增加了 20.58mg/kg、63.92mg/kg、77.94mg/kg、99.36mg/kg、97.73mg/kg，随着施氮量的增加土壤硝态氮增加量呈增加趋势。在 20～40cm 深度内，苗期土壤硝态氮含量呈减小趋势，随着施氮次数的增加，土壤硝态氮含量逐渐增加，停止施肥后土壤硝态氮含量呈减小趋势。施肥结束后与施肥前相比（8 月 15 日与 6 月 15 日相比），土壤硝态氮含量分别增加了 12.18mg/kg、34.74mg/kg、24.68mg/kg、44.53mg/kg、72.17mg/kg，随施氮量的增加呈增加趋势。在 40～60cm 深度内，苗期土壤硝态氮含量变化不明显，施肥后随着施氮次数的增加，土壤硝态氮含量呈增加趋势。施肥结束后与施肥前相比（8 月 15 日与 6 月 15 日相比），土壤硝态氮含量分别增加了 2.83mg/kg、14.88mg/kg、30.45mg/kg、14.64mg/kg、49.19mg/kg，随施氮量呈增加趋势，施氮量为 10kg/亩时土壤硝态氮基本不会在 40～60cm 内累积，施氮量大于 10kg/亩则会在 40～60cm 深度内累积。在 60～80cm 深度内，苗期各处理土壤硝态氮含量变化较小，施肥后随着施氮次数的增加，土壤硝态氮含量呈现出增加的趋势。施肥结束后与施肥前相比（8 月 15 日与 6 月 15 日相比），土壤硝态氮含量分别增加了 0.56mg/kg、0.56mg/kg、1.53mg/kg、2.89mg/kg、22.34mg/kg，随着施氮量的增加呈增加趋势。施氮量小于 20kg/亩时，硝态氮基本不会在 60～80cm 深度内累积；施氮量大于 20kg/亩时，硝态氮则会累积。在 80～100cm 深度内，苗期土壤硝态氮含量变化较小，随着施氮次数的增加，土壤硝态氮含量呈增加趋势。施肥结束后与施肥前相比（8 月 15 日与 6 月 15 日相比），土壤硝态氮含量分别增加了 0.32mg/kg、2.03mg/kg、2.75mg/kg、2.06mg/kg、8.71mg/kg，随着施氮量的增加呈增加趋势。当施氮量小于 23kg/亩时，土壤硝态氮含量则不会在 80～100cm 范围内

增加，大于 23kg/亩时硝态氮则会累积。

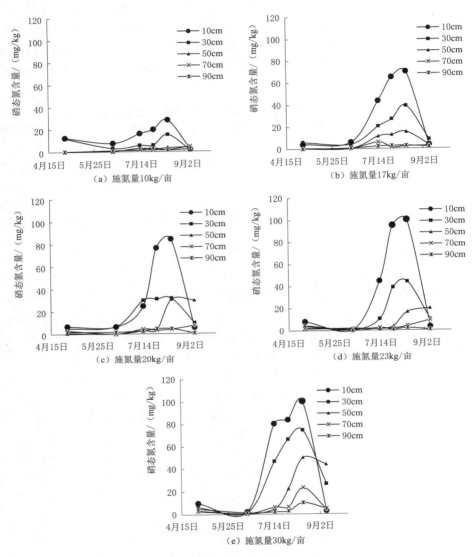

图 8.129　磁化微咸水膜下滴灌施氮量对土壤硝态氮含量的影响

图 8.130 显示了磁化微咸水膜下滴灌施氮量对土壤 0～100cm 土层土壤平均硝态氮含量的影响。由图可知，磁化微咸水灌溉下，0～100cm 深度内土壤平均硝态氮含量变化特征表现为，苗期呈减小趋势，随着施氮次数的增加土壤平均硝态氮含量逐渐增加，停止施肥后土壤平均硝态氮含量逐渐降低。在 8 月 15 日，不同处理之间差异较明显。施氮量为17kg/亩、20kg/亩、23kg/亩、30kg/亩与施氮量 10kg/亩相比，土壤平均硝态氮含量分别增加了 15.94mg/kg、21.01mg/kg、23.44mg/kg、41.52mg/kg，增加率分别为160.86%、211.98%、236.45%、418.95%。施氮量为 10kg/亩、17kg/亩、20kg/亩、23kg/亩、30kg/亩时，施肥结束后与施肥前相比（8 月 15 日与 6 月 15 日对比），土壤平均

硝态氮含量分别增加了 7.29mg/kg、23.42mg/kg、27.97mg/kg、32.49mg/kg、50.56mg/kg，土壤平均硝态氮增加量与施氮量呈正比。

2. 土壤铵态氮含量

图 8.131 显示了磁化微咸水膜下滴灌施氮量对土壤 0～100cm 土层土壤平均铵态氮含量的影响。由图可知，施氮量为 10kg/亩、17kg/亩、20kg/亩、23kg/亩、30kg/亩时，苗期（4 月 23 日—6 月 15 日）的土壤平均铵态氮含量分别增加了 15.12mg/kg、20.80mg/kg、3.06mg/kg、5.68mg/kg、3.65mg/kg，增加率分别为 87.70%、200.77%、11.77%、20.85%、10.56%。蕾期（6 月 15 日—7 月 15 日）的土壤平均铵态氮含量分别减少了 16.76mg/kg、13.71mg/kg、13.8mg/kg、15.96mg/kg、21.02mg/kg，减少率分别为 51.79%、44.00%、47.50%、48.48%、55.03%。花铃期（7 月 15 日—8 月 15 日）的土壤平均铵态氮含量分别减少了 2.95mg/kg、3.84mg/kg、0.91mg/kg、6.08mg/kg、4.15mg/kg，减少率分别为 18.91%、22.01%、5.97%、35.85%、24.16%。吐絮期前期（8 月 15 日—9 月 9 日）的土壤平均铵态氮含量分别减少了 −0.04mg/kg、2.57mg/kg、5.38mg/kg、3.33mg/kg、4.75mg/kg，减少率分别为 −0.32%、18.88%、37.52%、30.61%、36.45%。全生育期内（4 月 23 日—9 月 9 日）的土壤平均铵态氮分别减少了 4.55mg/kg、−0.68mg/kg、17.03mg/kg、19.69mg/kg、26.27mg/kg，减少率分别为 26.39%、−6.56%、65.53%、72.28%、76.03%。

在蕾期，土壤平均铵态氮减少量大小关系为，BM30＞BM10＞BM23＞BM20＞BM17。施氮量为 30kg/亩的土壤平均铵态氮减少最多，施氮量为 17kg/亩的土壤平均铵态氮减少量最小，减少率为 44.0%～55%。在蕾期，土壤铵态氮消耗较快，花铃期时减少率为 5%～35%。施氮量为 10kg/亩时，吐絮前期的土壤平均铵态氮含量有增加，其他处理的土壤平均铵态氮含量继续减少。

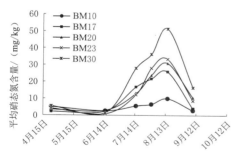

图 8.130　磁化微咸水膜下滴灌施氮量对土壤　图 8.131　磁化微咸水膜下滴灌施氮量对土壤
0～100cm 土层土壤平均硝态氮含量的影响　　0～100cm 土层土壤平均铵态氮含量的影响

3. 土壤氮素转化特征

表 8.57 显示了磁化微咸水膜下滴灌不同施氮量处理下，0～40cm、40～80cm、80～100cm 深度内土壤平均硝态氮含量随时间的变化特征。由表可知，在 0～40cm 深度内，随着施肥次数的增加土壤平均硝态氮含量逐渐增加。停止施肥后（8 月 15 日），土壤平均硝态氮最大，土壤平均硝态氮含量分别为 21.70mg/kg、54.50mg/kg、57.82mg/kg、71.99mg/kg、87.09mg/kg。施氮量为 17kg/亩、20kg/亩、23kg/亩、30kg/亩与施氮量

10kg/亩相比，土壤平均硝态氮分别增加了 32.80mg/kg、36.12mg/kg、50.29mg/kg、65.39mg/kg，增加率分别为 151.15%、166.45%、231.75%、301.34%。8 月 15 日与 4 月 23 日相比，各处理的土壤平均硝态氮含量分别增加了 9.43mg/kg、49.48mg/kg、52.05mg/kg、66.05mg/kg、78.97mg/kg，随着施氮量增加呈增加趋势。在 40～80cm 深度内，8 月 15 日与 4 月 23 日相比，各处理的土壤平均硝态氮含量分别增加了 2.19mg/kg、8.43mg/kg、15.38mg/kg、8.49mg/kg、33.48mg/kg。施氮量为 10kg/亩时，土壤平均硝态氮增加较小；施氮量大于施氮量 10kg/亩时，土壤平均硝态氮含量增加明显，说明硝态氮在 40～80cm 深度土层累积。在 80～100cm 深度内，8 月 15 日与 4 月 23 日相比，各处理土壤平均硝态氮含量分别增加了 1.03mg/kg、2.59mg/kg、2.53mg/kg、－2.5mg/kg、5.03mg/kg。当施氮量小于等于 23kg/亩时，80～100cm 深度内土壤平均硝态氮没有明显的增加；当施氮量大于 23 kg/亩时，土壤平均硝态氮在 80～100cm 深度内累积。吐絮前期（8 月 15 日—9 月 9 日）土壤平均硝态氮含量减小，相对于 0～40cm 深度更加明显，可能是作物的吸收利用，还有硝态氮的运移。

表 8.57　　磁化微咸水膜下滴灌不同施氮量处理下土壤平均硝态氮含量随时间变化规律

土层深度 /cm	施氮量 /(kg/亩)	土壤平均硝态氮含量/(mg/kg)					
		4 月 23 日	6 月 15 日	7 月 15 日	7 月 30 日	8 月 15 日	9 月 9 日
0～40	10	12.27	5.33	10.86	12.75	21.70	1.56
	17	5.02	5.17	32.00	45.93	54.50	5.84
	20	5.77	6.51	27.15	53.57	57.82	7.43
	23	5.94	0.55	27.47	66.85	71.99	6.47
	30	8.12	2.14	63.16	74.66	87.09	14.59
40～80	10	0.24	0.73	2.13	1.86	2.43	4.32
	17	0.34	0.57	8.68	6.94	8.77	2.98
	20	1.90	0.03	3.54	3.59	17.28	18.40
	23	1.84	1.56	1.81	2.70	10.33	14.50
	30	2.96	0.67	5.68	14.45	36.44	24.01
80～100	10	0.26	0.97	1.76	3.26	1.29	2.29
	17	0.14	0.70	2.38	2.65	2.73	1.76
	20	1.89	1.67	2.84	4.52	4.42	0.45
	23	4.60	0.04	2.06	0.71	2.10	0.59
	30	5.08	1.41	2.17	2.90	10.11	4.87
0～100	10	5.05	2.62	5.55	6.49	9.91	2.81
	17	2.17	2.43	16.74	21.68	25.85	3.88
	20	3.45	2.95	12.84	23.77	30.92	10.42
	23	4.03	0.85	12.12	27.96	33.35	8.51
	30	5.45	1.41	27.97	36.22	51.43	16.42

　　表 8.58 显示了磁化微咸水膜下滴灌不同施氮量处理下氮素累积量变化情况。由表可

知，施氮量 10kg/亩、17kg/亩、20kg/亩、23kg/亩、30kg/亩时，土壤氮素累积量分别为 1.65kg/亩、5.28kg/亩、6.31kg/亩、7.33kg/亩、11.41kg/亩。施氮量 17kg/亩、20kg/亩、23kg/亩、30kg/亩时与施氮量 10kg/亩相比，土壤氮素累积量分别增加了 3.63kg/亩、4.66kg/亩、5.68kg/亩、9.76kg/亩。随着施氮量的增加，土壤氮素累积率呈现出增加趋势，施氮量为 10kg/亩时氮素累积率最小，利用率最大。土壤氮利用率随着施氮量的增加呈现出减小趋势，施氮量增加氮利用率降低。

表 8.58 　　　　　磁化微咸水膜下滴灌不同施氮量处理下氮素累积量变化情况

施氮量/(kg/亩)	氮素累积量/(kg/亩)	氮施入量/(kg/亩)	累积率/%	利用率/%
10	1.65	5.48	30.0	70.0
17	5.28	8.59	61.5	38.5
20	6.31	10.15	62.2	37.8
23	7.33	11.71	62.6	37.4
30	11.41	14.82	77.0	23.0

4. 土壤速效磷含量

表 8.59 显示了磁化微咸水膜下滴灌不同施氮量处理下，0～40cm、40～100cm、0～100cm 深度内土壤平均速效磷含量随时间的变化特征。由表可知，施氮量为 10kg/亩、17kg/亩、20kg/亩、23kg/亩、30kg/亩时，0～40cm 深度内，苗期土壤平均速效磷含量呈减小趋势，灌水施肥后土壤平均速效磷含量增加。停止施肥后，土壤平均速效磷含量逐渐下降。就生育期分析来看，苗期（4 月 23 日—6 月 15 日）土壤平均速效磷含量分别减少了 1.32mg/kg、7.02mg/kg、1.92mg/kg、3.55mg/kg、1.97mg/kg，减少率分别为 10.78%、37.95%、11.46%、17.11%、8.30%。在蕾期（6 月 15 日—7 月 15 日），当施氮量为 10kg/亩、17kg/亩、20kg/亩时，土壤平均速效磷含量分别增加了 8.82mg/kg、22.37mg/kg、14.27mg/kg，增加率分别为 80.70%、194.99%、96.22%。当施氮量为 23kg/亩、30kg/亩时，土壤平均速效磷含量减少了 2.75mg/kg、4.90mg/kg，减少率为 15.99%、22.50%。在花铃期（7 月 15 日—8 月 15 日），土壤平均速效磷含量分别增加了 11.23mg/kg、−9.80mg/kg、6.08mg/kg、0.80mg/kg、19.97mg/kg，增加率分别为 56.86%、−28.95%、20.89%、5.53%、118.31%。在吐絮前期（8 月 15 日—9 月 9 日），土壤平均速效磷含量呈减小趋势，分别减少了 11.50mg/kg、4.60mg/kg、15.83mg/kg、4.57mg/kg、18.65mg/kg，减少率分别为 37.12%、19.13%、45.00%、29.97%、50.61%。施氮量 30kg/亩时，土壤平均速效磷含量减少最多，其他处理之间变化不显著。在 40～100cm 深度内，在 4 月 23 日—8 月 15 日，土壤平均速效磷含量波动较小且含量较低，到 9 月 9 日土壤平均速效磷含量呈增加趋势。9 月 9 日与 6 月 15 日相比，各处理土壤平均速效磷含量分别增加了 0.95mg/kg、3.55mg/kg、2.56mg/kg、4.95mg/kg、5.91mg/kg，随着施氮量的增加，土壤平均速效磷含量增加量呈减小的趋势，可能施氮量大于 20kg/亩由于棉花的长势较好，在 0～40cm 深度内的吸收量更多，被淋洗的量也就较小；施氮量小于 20kg/亩时，棉花的长势较差，对磷的需求相对较小，就会有一部分被淋洗。在 0～100cm 深度内，在施肥后与施肥前对比（8 月 15 日与 4 月 23 日相比），施氮量

为 10kg/亩、17kg/亩、20kg/亩、30kg/亩时，土壤平均速效磷含量分别增加了 8.58mg/kg、0.98mg/kg、8.18mg/kg、5.70mg/kg；施氮量为 23kg/亩时，土壤平均速效磷含量减少了 0.33mg/kg。

表 8.59　磁化微咸水膜下滴灌不同施氮量处理下土壤平均速效磷含量随时间变化规律

土层深度/cm	施氮量/(kg/亩)	土壤平均速效磷含量/(mg/kg)					
		4 月 23 日	6 月 15 日	7 月 15 日	7 月 30 日	8 月 15 日	9 月 9 日
0~40	10	12.25	10.93	19.75	18.45	30.98	19.48
	17	18.50	11.48	33.85	32.28	24.05	19.45
	20	16.75	14.83	29.10	27.85	35.18	19.35
	23	20.75	17.20	14.45	19.48	15.25	10.68
	30	23.75	21.78	16.88	28.70	36.85	18.20
40~100	10	2.33	5.22	3.48	2.72	4.15	6.17
	17	3.17	2.58	2.38	1.10	1.10	6.13
	20	1.00	3.47	4.42	6.05	2.35	6.03
	23	0.50	2.47	1.90	0.30	3.62	7.42
	30	1.00	1.87	1.47	3.67	1.77	7.78
0~100	10	6.30	7.50	9.99	9.01	14.88	11.49
	17	9.30	6.14	14.97	13.57	10.28	11.46
	20	7.30	8.01	14.29	14.77	15.48	11.36
	23	8.60	8.36	6.92	7.97	8.27	9.72
	30	10.10	9.83	7.63	13.68	15.80	10.55

8.3.3.3　棉花生长特征

1. 株高

图 8.132 显示了磁化微咸水膜下滴灌不同施氮量处理下棉花株高随时间的变化曲线。由图可知，在生育前期，株高增加缓慢；在灌水施肥后，株高快速增加；棉花打顶后（8 月 7 日），株高基本不再增加。在吐絮前期，随着施氮量的增加株高从 73.8cm 增加到 84.5cm，施氮量每增加一个梯度，株高分别增加了 1.32%、2.77%、7.84%、1.78%。施氮量从 20kg/亩增加到 23kg/亩时，株高的增加值最为明显，株高增加 7.84%，其他施氮梯度的增加对株高增加不显著。

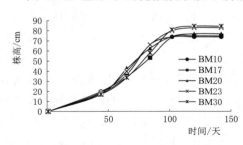

图 8.132　磁化微咸水膜下滴灌不同施氮量处理下棉花株高随时间的变化曲线

2. 茎粗

图 8.133 显示了磁化微咸水膜下滴灌不同施氮量处理下棉花茎粗随时间的变化曲线。

由图可知，各处理茎粗生育前期快速增加，120 天后茎粗基本不再增加。在吐絮期，施氮量为 10kg/亩、17kg/亩、20kg/亩、23kg/亩、30kg/亩时，茎粗分别为 8.688mm、8.845mm、9.491mm、8.900mm、8.978mm。随着施氮量的增加茎粗有增加趋势，继续增加时，茎粗有减小趋势，各施氮量处理差异较小。

3. 叶面积指数

图 8.134 显示了磁化微咸水膜下滴灌不同施氮量处理下棉花叶面积指数随时间的变化曲线。由图可知，各处理的叶面积指数均随着棉花的生长呈现出增加趋势，随着棉花的生长到生育后期呈现下降趋势。施氮量为 10kg/亩、17kg/亩、20kg/亩、23kg/亩、30kg/亩，叶面积指数最大值分别为 3.47、3.51、4.51、4.9、5.1，随着施氮量的增加叶面积指数增加。叶面积指数达到最大值的时间分别为 101 天、103 天、107 天、113 天、109 天，随着施氮量的增加达到最大值天数呈现先增加后减小的趋势。与施氮量 10kg/亩对比，施氮量 17kg/亩对应的叶面积指数最大值时，晚了 2 天；施氮量 20kg/亩相应的叶面积指数最大值时，晚了 6 天；施氮量 23kg/亩相应的叶面积指数最大值时，晚了 12 天；施氮量 30kg/亩相应的叶面积指数最大值时，晚了 8 天。在棉花播种后的第 60～100 天，叶面积指数增加较快。停止灌水后，部分叶片凋落，叶面积指数呈下降趋势。

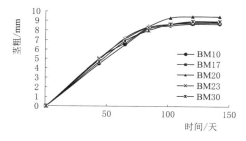

图 8.133　磁化微咸水膜下滴灌不同施氮量处理下棉花茎粗随时间的变化曲线

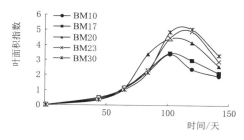

图 8.134　磁化微咸水膜下滴灌不同施氮量处理下棉花叶面积指数随时间的变化曲线

4. 生物量

图 8.135 显示了磁化微咸水膜下滴灌不同施氮量处理下棉花地上生物量随时间的变化曲线。由图可知，在吐絮期时，表现为 BM30＞BM23＞BM20＞BM17＞BM10，地上生物量值分别为 74.67g、89.12g、114.15g、124.93g、134.68g。与施氮量为 10kg/亩相比，施氮量为 17kg/亩、20kg/亩、23kg/亩、30kg/亩时，地上生物量分别增加了 14.45g、39.48g、50.26g、60.01g，增加率分别为 19.35%、52.87%、67.31%、80.37%。自 120 天到 142 天，各处理地上生物量增加速率分别为 0.42g/d、0.72g/d、0.92g/d、0.98g/d、0.87g/d，随着施氮量的增加地上生物量增加速率先增加后减小。

施氮量包括 10～17kg/亩、17～20kg/亩、20～23kg/亩、23～30kg/亩共 4 个梯度，氮肥的贡献率分别为 0.145g/(kg/亩)、0.501g/(kg/亩)、0.340g/(kg/亩)、0.098g/(kg/亩)。当氮肥用量由 17kg/亩增加到 20kg/亩时，每增加 1kg 氮肥，生物量相应增加 0.501g。图 8.136 显示了磁化微咸水膜下滴灌氮肥贡献率与施氮量之间的关系，拟合该关系曲线，可得

$$y = -0.0072x^2 + 0.2822x - 2.3127 \quad R^2 = 0.9025 \tag{8.68}$$

式中：y 为去电子微咸水灌溉下氮肥贡献率，g/(kg/亩)；x 为施氮量，kg/亩。

当施氮量小于 19.57kg/亩，氮肥贡献率与施氮量正相关。施肥量大于 19.57kg/亩时，氮肥贡献率与施氮量呈负相关关系。在磁化微咸水灌溉条件下，施氮量在 19.57kg/亩以内，增加氮肥供应干物质增加效率最高。

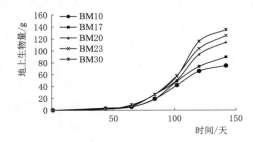

图 8.135　磁化微咸水膜下滴灌不同施氮量处理下棉花地上生物量随时间的变化曲线

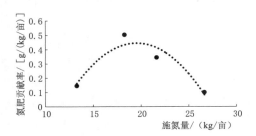

图 8.136　磁化微咸水膜下滴灌氮肥贡献率与施氮量之间的关系

5. 蕾铃质量分数

将蕾铃质量与地上生物量的比定义为蕾铃质量分数，磁化微咸水膜下滴灌施氮量对棉花蕾铃质量分数的影响见表 8.60。由表可知，同一施氮量下，蕾铃质量分数随时间增加而增加。在 6 月 26 日，蕾铃质量分数介于 4.16%～8.99%；在 9 月 11 日，蕾铃质量分数介于 60.99%～66.31%。在 7 月 15 日，施氮量为 30kg/亩时，蕾铃质量分数低于其他处理；在吐絮期时，蕾铃质量分数最大。

表 8.60　　　　　　　　　　磁化微咸水膜下滴灌施氮量对棉花蕾铃质量分数的影响

施氮量/(kg/亩)	棉花蕾铃质量分数/%				
	6 月 26 日	7 月 15 日	8 月 2 日	8 月 20 日	9 月 11 日
10	4.16	16.73	47.29	61.06	65.10
17	6.40	30.01	51.65	56.46	61.36
20	6.13	26.85	42.73	54.61	60.99
23	6.18	25.40	43.87	57.35	63.64
30	8.99	16.14	43.51	58.84	66.31

6. 有效结铃数、蕾铃脱落率和单铃重

表 8.61 显示了磁化微咸水膜下滴灌施氮量对棉花有效结铃数、蕾数、蕾铃脱落率和单铃重的影响。由表可知，施氮量为 7kg/亩、20kg/亩、23kg/亩、30kg/亩与施氮量 10kg/亩相比，活化微咸水灌溉下有效结铃数分别增加了 10.06%、28.49%、30.35%、37.80%，且有效结铃数随着施氮量的增加呈增加趋势。增加施氮量，蕾铃脱落率有减少趋势。与施氮量 10kg/亩相比，蕾铃脱落率分别降低了 11.50%、5.15%、14.33%、9.89%。单铃重随着施氮量的增加先增加，继续增加施氮量时单铃重基本不再变化。

表 8.61　磁化微咸水膜下滴灌施氮量对棉花有效结铃数、蕾数、蕾铃脱落率和单铃重的影响

施氮量/(kg/亩)	有效结铃数/(个/株)	蕾数	蕾铃脱落率/%	单铃重/g
10	5.37	10.25	47.65	5.7090
17	5.91	9.25	36.15	6.1172
20	6.90	12.00	42.50	6.0600
23	7.00	10.50	33.32	6.0024
30	7.40	11.89	37.76	6.0358

7. 产量和肥料偏生产力

磁化微咸水灌溉下，棉花产量随着施氮量的增加呈增加趋势。与施氮量 10kg/亩相比，施氮量为 17kg/亩、20kg/亩、23kg/亩、30kg/亩时，棉花产量分别增加了 18.18%、32.73%、32.44%、37.46%。磁化微咸水膜下滴灌施氮量与棉花产量的关系如图 8.137 所示。拟合棉花产量和施氮量关系曲线如下

$$Y_1 = -0.4014x^2 + 23.32x + 193.47 \quad R^2 = 0.9779 \tag{8.69}$$

式中：Y_1 为籽棉产量，kg/亩；x 为施氮量，kg/亩。

在试验梯度范围，籽棉产量随着施氮量的增加而增加。通过式（8.69）计算，施氮量为 29.27kg/亩时，最大产量为 532.15kg/亩。

磁化微咸水膜下滴灌施氮量与棉花肥料偏生产力的关系如图 8.137 所示。由图可知，随着施氮量的增加肥料偏生产力呈下降趋势，氮肥施用量为 30kg/亩时肥料偏生产力最低，施氮量 10kg/亩时最高。

8. 水分利用效率和收获指数

表 8.62 显示了磁化微咸水膜下滴灌施氮量对棉花水分利用效率与收获指数的影响。由表可知，与施氮量 10kg/亩相比，施氮量为 17kg/亩、20kg/亩、23kg/亩、30kg/亩，水分利用效率分别提高了 18.14%、27.69%、32.39%、37.40%。收获指数随着施氮量的增加呈减小趋势，与施氮量 10kg/亩相比，收获指数分别下降了 1.17%、10.70%、17.99%、19.16%。

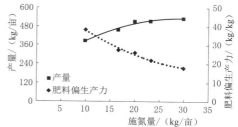

图 8.137　磁化微咸水膜下滴灌施氮量
与棉花产量及肥料偏生产力的关系

表 8.62　磁化微咸水膜下滴灌施氮量对棉花水分利用效率与收获指数的影响

施氮量/(kg/亩)	耗水量/m³	产量/(kg/亩)	水分利用效率/(kg/m³)	收获指数
10	311	383.944	1.235	0.4102
17	311	453.752	1.459	0.4054
20	311	509.608	1.639	0.3663
23	311	508.483	1.635	0.3364
30	311	527.762	1.697	0.3316

8.3.3.4　棉花生长模型

1. 株高增长模型

表 8.63 显示了磁化微咸水膜下滴灌不同施氮量处理下棉花株高 Logistic 模型参数变化情况。由表可知，各处理株高理论最大值 H_0 随着施氮量的增加而增加，其值为 73.02~88.06cm。在棉花播种后 43.5 天，株高最快相对增长起始时间开始出现，最快增长起始时间随着施氮量的增加而延后。最大施氮量为 30kg/亩时，最晚起始生长时间为 49.9 天，较最小起始时间晚了 6.4 天。相对最快生长结束时间在 80.8~92.8 天之间，平均最快生长时间段共为 38.2 天。株高最大相对增长速率为 1.09~1.39，各处理最大相对增长速率出现的时间在 62.3~71.4 天之间。

表 8.63　磁化微咸水膜下滴灌不同施氮量处理下棉花株高 Logistic 模型参数变化情况

施氮量/(kg/亩)	H_0/cm	a	b	t_1/天	t_2/天	v	t/天
10	73.02	4.429	0.0711	43.8	80.8	1.30	62.3
17	75.25	3.9386	0.0579	45.3	90.8	1.09	68.1
20	77.96	4.3206	0.0690	43.5	81.7	1.35	62.6
23	84.99	4.2915	0.0656	45.3	85.5	1.39	65.4
30	88.06	4.3870	0.0615	49.9	92.8	1.35	71.4

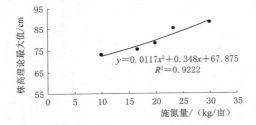

图 8.138　磁化微咸水膜下滴灌棉花株高理论最大值与施氮量之间的关系

磁化微咸水膜下滴灌棉花株高理论最大值与施氮量之间的关系如图 8.138 所示，拟合方程式为

$$H_0 = 0.0117x^2 + 0.348x + 67.875 \quad R^2 = 0.9222 \tag{8.70}$$

式中：H_0 为棉花株高理论最大值，cm；x 为施氮量，kg/亩。

在对不同施氮量处理下 Logistic 模型参数中的 a、b 取平均值，把式（8.70）代入式（8.67）中，得到株高与施氮量及生长时间之间的关系，模型形式为

$$H_{CH} = \frac{0.0117x^2 + 0.348x + 67.875}{1 + e^{4.2733 - 0.0650t}} \tag{8.71}$$

式中：H_{CH} 为磁化微咸水灌溉下棉花株高，cm；x 为施氮量，kg/亩；t 为棉花播种起的天数。

对施氮量为 10kg/亩、17kg/亩、20kg/亩、23kg/亩、30kg/亩下的株高模拟值与实测值进行验证，确定系数分别为 0.992、0.998、0.998、0.986、0.993。模型可以较好预测出施氮量与株高及生长时间之间的关系，在一定条件下可以来预测施氮量与株高生长时间之间的关系。

2. 生物量增长模型

表 8.64 显示了磁化微咸水膜下滴灌不同施氮量处理下棉花地上生物量 Logistic 模型

参数变化情况。由表可知，随着施氮量的增加，棉花地上生物量理论最大值增加，介于 79.54～141.83g。施氮量为 17kg/亩、20kg/亩、23kg/亩、30kg/亩时与施氮量 10kg/亩 相比，棉花地上生物量理论最大值分别增加了 14.80g、42.11g、52.53g、62.29g，增加 率分别为 18.61%、52.94%、66.04%、78.31%。棉花地上生物量最快生长开始时间随着 施氮量的增加而增加，自播种后的 82.2 天增加到 88.5 天，平均最快生长开始时间在播种 后第 85.3 天；最快生长结束时间，介于 118.2～123.3 天；平均最快生长结束时间在播种 后第 120.9 天；棉花地上生物量平均最快生长时间共为 35.5 天。棉花地上生物量最大相 对增长速率随着施氮量的增加呈现出增加趋势，自 1.45 增加到 2.88。施氮量小于 23kg/ 亩时，最大相对增长速率出现的时间，随着施氮量增加延后延长。

表 8.64　　　　　　　　　磁化微咸水膜下滴灌不同施氮量处理下棉花地上
生物量 Logistic 模型参数变化情况

施氮量/(kg/亩)	A/g	a	b	t_1/天	t_2/天	v	t/天
10	79.54	7.3194	0.0731	82.2	118.2	1.45	100.2
17	94.34	7.3885	0.0724	83.8	120.2	1.71	102.0
20	121.65	7.4373	0.0710	86.2	123.3	2.16	104.7
23	132.07	7.6598	0.0737	86.1	121.8	2.43	104.0
30	141.83	8.5153	0.0814	88.5	120.8	2.88	104.7

磁化微咸水膜下滴灌棉花地上生物量理论最大值与施氮量之间的关系如图 8.139 所 示。由图可知，棉花地上生物量理论最大值随着施氮量的增加而增加，拟合关系式如下

$$A = 3.3909x + 46.83 \qquad R^2 = 0.9286 \qquad (8.72)$$

式中：A 为棉花地上生物量的理论最大值，g；x 为施氮量，kg/亩。

分别取磁化微咸水下各施氮量时 Logistic 的 参数 a、b 的平均值，得到棉花地上生物量与施 氮量及生长天数之间的关系如下

$$y_{CH} = \frac{3.3909x + 46.83}{1 + e^{7.6641 - 0.0743t}} \qquad (8.73)$$

式中：y_{CH} 为棉花地上生物量，kg/亩；x 为施 氮量，kg/亩；t 为棉花播种起时天数。

施氮量分别为 10kg/亩、17kg/亩、20kg/ 亩、23kg/亩、30kg/亩，磁化微咸水膜下滴灌 棉花地上生物量模拟值与实测值关系如图 8.140 所示。由图可知，模拟值和实测值拟合良 好，可以用来预测磁化微咸水施氮量下棉花地上生物量与时间及施氮量之间的关系。

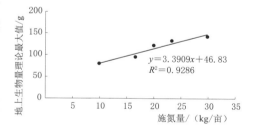

图 8.139　磁化微咸水膜下滴灌棉花地上
生物量理论最大值与施氮量之间的关系

8.3.3.5　棉花种植经济效益分析

不同施氮水平下，磁化器的投入在使用年限内分摊到每年，可以予以忽略不计，磁化 微咸水膜下滴灌不同施氮量处理下棉花投入与收益计算结果见表 8.65。由表可知，施氮量 17kg/亩、20kg/亩、23kg/亩、30kg/亩与施氮量 10kg/亩 相比，化肥投入分别增加了 18.60%、27.91%、37.20%、55.81%，净收益分别增加了 2.52 倍、3.75 倍、3.69 倍、

4.05 倍。与施氮量 10kg/亩相比，施氮量 30kg/亩时的化肥投入增加 112 元时，净收益增加 711 元；对于农民来说，更愿意投入更多的化肥以降低其他风险。从经济效益来看，施氮量为 20kg/亩时相对合理。

表 8.65　　　　　　　　磁化微咸水膜下滴灌不同施氮量处理下棉花投入与收益

施氮量/(kg/亩)	拾棉费/(元/亩)	水费/(元/亩)	化肥投入/(元/亩)	毛收益/(元/亩)	净收益/(元/亩)
10	768	156	72	2304	175
17	908	156	85	2723	441
20	1019	156	92	3058	658
23	1017	156	98	3051	647
30	1056	156	112	3167	711

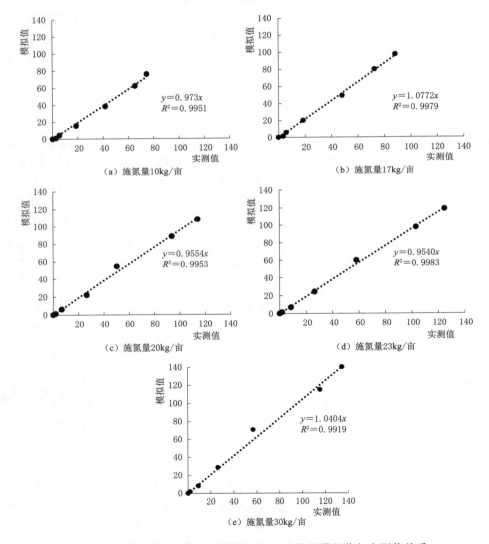

图 8.140　磁化微咸水膜下滴灌棉花地上生物量模拟值与实测值关系

8.3.4 微咸水活化模式与施氮量耦合作用对土壤水盐肥分布及棉花生长的影响

8.3.4.1 膜下滴灌前后土壤蓄水深度变化特征

通过分析对比，随着灌水次数的增加，土壤体积含水率在灌水结束后与灌水结束前存在差异，主要差异在0～20cm、20～40cm土层深度变化最明显。在不同微咸水活化模式与施氮量耦合作用下，利用灌水结束时与灌水前（8月15日与6月15日）土壤蓄水深度进行对比，结果见表8.66。由表可知，0～20cm深度内，未活化微咸水灌溉下，各处理蓄水深度差异较小。去电子微咸水灌溉下，土壤蓄水深度随着施氮量增加呈增加趋势。磁化微咸水灌溉下，随着施氮量的增加蓄水深度呈增加趋势，继续增加施氮量时蓄水深度减小，再增加施氮量时蓄水深度增加。不同活化模式下，各施氮量处理的蓄水深度取平均值，蓄水深度关系表现为：BCK>BD>BM。20～40cm深度内的土壤蓄水深度，随施氮量呈现出波动性变化，不同活化模式下各施氮量处理取均值，大小关系为BD>BCK>BM。

表8.66 不同微咸水活化模式与施氮量耦合作用对膜下滴灌前后土壤蓄水深度的影响

土层深度 /cm	活化模式	蓄水深度/mm				
		BM10	BM17	BM20	BM23	BM30
0～20	BCK	22.84	20.54	21.42	21.57	22.66
	BD	17.16	20.29	22.98	20.35	26.54
	BM	7.45	21.09	16.36	14.81	21.42
20～40	BCK	10.68	16.39	13.14	10.28	16.92
	BD	13.94	7.54	19.04	11.38	21.90
	BM	4.83	21.21	6.99	10.19	11.25

8.3.4.2 膜下滴灌前后土壤脱盐率变化特征

未活化微咸水、去电子微咸水、磁化微咸水处理条件下，施氮量为10kg/亩时，0～30cm土层的脱盐率分别为9.3%、10.4%、27.3%，磁化微咸水脱盐效果最佳，去电子微咸水次之。施氮量为20kg/亩，0～30cm土层的脱盐率分别为14.3%、11.5%、21.4%，磁化微咸水下脱盐率最大，去电子微咸水次之。施氮量30kg/亩时，0～30cm土层的脱盐率分别为24.1%、25.6%、14.44%。当施氮量为10kg/亩和20kg/亩时，磁化微咸水脱盐效果更好；施氮量为30kg/亩时，去电子和未活化灌溉下，脱盐率较磁化微咸水下好。

8.3.4.3 土壤硝态氮含量

采用施肥结束时与施肥前（8月15日与6月15日）的土壤硝态氮的增加量进行分析比较，在不同施氮水平下，活化微咸水灌溉（BD、BM）与未活化微咸水（BCK）灌溉间差异，见表8.67。施氮量为10kg/亩、17kg/亩、20kg/亩、23kg/亩时，去电子微咸水与未活化微咸水相比，土壤硝态氮含量分别减少了4.607mg/kg、5.206mg/kg、5.089mg/kg、4.178mg/kg，减小率分别为41.08%、37.43%、19.52%、14.77%，随着施氮量的增加土壤硝态氮减少率呈现出减小的趋势。施氮量为10kg/亩时，磁化微咸水与未活化微咸水相比，土壤硝态氮含量降低了3.921mg/kg，减小率为34.96%；施氮量为17kg/亩、20kg/亩、23kg/亩、30kg/亩时，磁化微咸水与未活化微咸水相比，土壤硝态氮含量分别增加了 9.512mg/kg、1.901mg/kg、4.205mg/kg、9.577mg/kg，增加率分别为 68.39%、7.29%、14.86%、23.68%。

8.3.4.4　土壤铵态氮含量

不同活化微咸水灌溉下，选择全生育期内土壤铵态氮变化量进行对比（4 月 23 日与 9月 9 日对比），结果见表 8.68。由表可知，同一种水灌溉下，土壤铵态氮减少量与施氮量

表 8.67　　不同微咸水活化模式与施氮量耦合作用对土壤硝态氮含量增加量的影响

活化模式	土壤硝态氮含量/(mg/kg)				
	BM10	BM17	BM20	BM23	BM30
BCK	11.215	13.908	26.071	28.290	40.451
BD	6.608	8.702	20.982	24.112	41.946
BM	7.294	23.420	27.972	32.495	50.028

关系不明显，与土壤初始铵态氮含量关系较大。与土壤初始铵态氮含量相比，未活化微咸水灌溉处理的土壤铵态氮减少率分别为 53.04%、50.35%、56.28%、55.67%、66.08%。当土壤中初始铵态氮含量较大时，土壤铵态氮含量减小量较大。去电子微咸水灌溉时，施氮量为 10kg/亩，土壤铵态氮含量增加了 1.63mg/kg。土壤初始铵态氮含量较低，可被利用和淋洗的量较少，在施肥后有一定的增加；施氮量 17kg/亩时，土壤铵态氮含量在生育期呈现出减小趋势；施氮量为 20kg/亩时，土壤铵态氮含量较小量较大。施氮量 10kg/亩、17kg/亩、30kg/亩时，活化微咸水灌溉与未活化微咸水灌溉相比，生育期内土壤铵态氮消耗量更小。

表 8.68　　不同微咸水活化模式与施氮量耦合作用对土壤铵态氮含量的影响

活化模式	土壤铵态氮含量/(mg/kg)				
	BM10	BM17	BM20	BM23	BM30
BCK	9.43	8.65	11.24	9.72	19.09
BD	−1.63	7.34	21.48	3.88	6.13
BM	4.55	−0.68	23.03	19.69	11.27

8.3.4.5　土壤氮素累积量

表 8.69 显示了不同微咸水活化模式与施氮量耦合作用对土壤氮素累积量的影响。由表可知，当施氮量为 10kg/亩时，去电子微咸水与未活化微咸水相比，土壤氮素累积量减少了 1.23kg/亩，减少率为 41.14%；磁化微咸水与未活化微咸水相比，土壤氮素累积量减少了 1.34kg/亩，减少率为 44.82%。施氮量 17kg/亩时，去电子微咸水与未活化微咸水相比，土壤氮素累积量减少了 1.38kg/亩，减少率为 37.3%；磁化微咸水与未活化微咸水相比，土壤氮素累积量增加了 1.58kg/亩，增加率为 42.7%。施氮量 20kg/亩时，去电子微咸水与未活化微咸水相比土壤氮素累积量减少了 1.35kg/亩，减少率为 19.5%；磁化微咸水与未活化微咸水相比土壤氮素累积量减少了 0.63kg/亩，减少率为 9.1%。施氮量 23kg/亩时，去电子微咸水与未活化微咸水相比土壤氮素累积量减少了 1.11kg/亩，减少率为

14.7%；磁化微咸水与未活化微咸水相比土壤氮累积量减少了 0.20kg/亩，减少率为 2.7%。施氮量 30kg/亩时，去电子微咸水与未活化微咸水相比土壤氮素累积量增加了 0.40kg/亩，增加率为 3.7%；磁化微咸水与未活化微咸水相比，土壤氮素累积量增加了 0.64kg/亩，增加率为 5.9%。当施氮量小于 23kg/亩时去电子微咸水灌溉时，土壤氮素累积量更小。

表 8.69 不同微咸水活化模式与施氮量耦合作用对土壤氮素累积量的影响

活化模式	土壤氮素累积量/（kg/亩）				
	BM10	BM17	BM20	BM23	BM30
BCK	2.99	3.7	6.94	7.53	10.77
BD	1.76	2.32	5.59	6.42	11.17
BM	1.65	5.28	6.31	7.33	11.41

8.3.4.6 土壤速效磷含量

图 8.141 显示了不同微咸水活化模式与施氮量耦合作用对土壤平均速效磷含量的影响。由图可知，施氮量为 10kg/亩、17kg/亩、20kg/亩、23kg/亩、30kg/亩时，去电子微咸水灌溉与未活化微咸水处理相比，土壤平均速效磷含量分别增加了 1.54mg/kg、3.84mg/kg、0.74mg/kg、1.65mg/kg、1.41mg/kg，增加率分别为 15.59%、55.25%、8.22%、19.70%、15.79%。磁化微咸水灌溉与未活化微咸水灌溉相比，土壤平均速效磷含量分别增加了 0.17mg/kg、4.01mg/kg、3.04mg/kg、0.02mg/kg、2.36mg/kg，增加率分别为 1.74%、57.79%、33.47%、0.22%、26.48%。

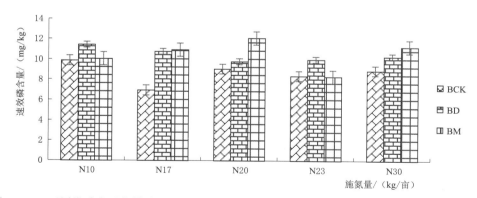

图 8.141 不同微咸水活化模式与施氮量耦合作用对 0～100cm 土层土壤平均速效磷含量的影响

8.3.4.7 棉花株高

通过对棉花株高理论最大对比分析来看，施氮量分别为 10kg/亩、17kg/亩、20kg/亩、23kg/亩、30kg/亩时，株高均随着施氮量的增加而增加。去电子微咸水灌溉的株高与未活化微咸水的处理对比，分别增加了 2.7cm、1.42cm、0.29cm、−0.86cm、3.1cm，增加率分别为 3.96%、1.90%、0.37%、−1.06%、3.73%。磁化微咸水处理与未活化微咸水处理对比，株高分别增加了 4.89cm、0.59cm、−0.68cm、3.52cm、4.94cm，增加率分别为 7.18%、0.79%、−0.86%、4.32%、5.94%。施氮量为 10kg/亩、23kg/亩、

30kg/亩时，磁化微咸水株高比去电子微咸水分别增加了 2.19cm、4.38cm、1.84cm，磁化微咸水灌溉对株高的影响更大。当施氮量 17kg/亩、20kg/亩，去电子微咸水灌溉的株高比磁化水的株高增加了 0.83cm、0.97cm，差异较小。

8.3.4.8　棉花生物量

用吐絮期的棉花地上生物量对比分析活化微咸水与未活化微咸水灌溉的差异，施氮量分别为 10kg/亩、17kg/亩、20kg/亩、23kg/亩、30kg/亩时，去电子微咸水灌溉与未活化微咸水相比，地上生物量分别增加了 7.23g、8.23g、4.26g、8.07g、10.59g，增加率分别为 10.19%、9.89%、4.17%、6.73%、8.27%。磁化微咸水灌溉与未活化微咸水灌溉相比，地上生物量分别增加了 3.56g、5.94g、12.02g、5.11g、6.72g，增加率分别为 5.01%、7.14%、11.77%、4.26%、5.25%。

8.3.4.9　棉花产量

表 8.70 显示了不同微咸水活化模式与施氮量耦合作用对棉花产量的影响。由表可知，去电子微咸水灌溉下，施氮量为 10kg/亩、17kg/亩、20kg/亩、23kg/亩、30kg/亩时，与未活化微咸水灌溉相比，籽棉产量分别高出 17.39%、8.59%、11.77%、10.35%、6.56%；磁化微咸水与未活化微咸水灌溉相比产量分别高出 6.62%、2.60%、10.90%、3.82%、4.74%。活化微咸水灌溉下，相同施氮量时棉花产量均高于未活化微咸水。

表 8.70　　　　不同微咸水活化模式与施氮量耦合作用对棉花产量的影响

活化模式	棉花产量/(kg/亩)				
	BM10	BM17	BM20	BM23	BM30
BCK	360.10	442.24	459.51	489.75	503.89
BD	422.73	480.23	513.58	540.46	536.97
BM	383.94	453.75	509.61	508.48	527.76

综上所述，分析了不同微咸水活化模式对土壤水盐以及养分及棉花相关生长指标的影响。施氮量小于 23kg/亩时，去电子微咸水灌溉下，施肥结束后，土壤硝态氮增加量均低于未活化微咸水处理的土壤硝态氮增加量；施氮量大于 10kg/亩时，磁化微咸水灌溉下的土壤硝态氮含量增加量均高于未活化微咸水处理的土壤硝态氮增加量。从全生育期 0～100cm 土层内的土壤平均速效磷含量来看，活化微咸水灌溉的土壤平均速效磷含量均高于未活化微咸水；不同施氮量处理的土壤平均速效磷含量均值表现为：磁化微咸水灌溉＞去电子微咸水灌溉＞未活化微咸水灌溉。就棉花产量而言，去电子微咸水灌溉较未活化微咸水灌溉产量高出 6.56%～17.39%；磁化微咸水灌溉较未活化微咸水处理的棉花产量高出 2.60%～10.90%。

参 考 文 献

陈平，封克，汪晓丽，等，2003. 营养液 pH 对玉米幼苗吸收不同形态氮素的影响 [J]. 扬州大学学报（农业与生命科学版），24（3）：46-50.

霍远，张敏，王惠，2011. 新疆棉花成本及经济效益分析 [J]. 干旱区地理，34（5）：838-842.

刘清春，千怀遂，任玉玉，等，2004. 河南省棉花的温度适宜性及其变化趋势分析 [J]. 资源科学，(4)：

51－56.

刘文，王恩利，韩湘玲，1992. 棉花生长发育的计算机模拟模型研究初探 [J]. 中国农业气象，(6)：10－16.

孙大志，李绪谦，潘晓峰，2007. 氨氮在土壤中的吸附/解吸动力学行为的研究 [J]. 环境科学与技术，30（8）：16－18.

王会肖，刘昌明，2000. 作物水分利用效率内涵及研究进展 [J]. 水科学进展，(1)：99－104.

吴立峰，张富仓，范军亮，等，2015. 水肥耦合对棉花产量、收益及水分利用效率的效应 [J]. 农业机械学报，46（12）：164－172.

LI N，LIN H，WANG T，et al.，2020. Impact of climate change on cotton growth and yields in Xinjiang，China [J]. Field Crops Research，247：107590.